高等学校教材

心理咨询原理与方法

主　编　郑希付
副主编　宫火良
张方屹

人民教育出版社
PEOPLE'S EDUCATION PRESS
·北京·

图书在版编目（CIP）数据

心理咨询原理与方法/郑希付主编. —2 版. —北京：人民教育出版社，2021.5（2023.8 重印）
ISBN 978-7-107-35862-3

Ⅰ. ①心… Ⅱ. ①郑… Ⅲ. ①心理咨询 Ⅳ. ①B849.1

中国版本图书馆 CIP 数据核字（2021）第 097760 号

心理咨询原理与方法

出版发行	人民教育出版社 （北京市海淀区中关村南大街 17 号院 1 号楼　邮编：100081）
网　址	http://www.pep.com.cn
经　销	全国新华书店
印　刷	人民教育出版社印刷厂有限公司
版　次	2021 年 5 月第 2 版
印　次	2023 年 8 月第 2 次印刷
开　本	787 毫米 × 1 092 毫米　1/16
印　数	3 001~6 000 册
印　张	32
字　数	508 千字
定　价	65.00 元

第二版前言

2008年本书第一版付梓，转眼12年过去了。《国语·晋语四》：“文公在狄十二年，狐偃曰：‘……蓄力一纪，可以远矣。’”韦昭注：“十二年，岁星一周为一纪。”古人把岁星（木星）绕太阳一周约需的时间（12年）称为一纪，并且告诉我们12年是一段足够久的时间，厚积薄发，可以去做一些事情了，比如修订一下《心理咨询原理与方法》这本书。12年的时间里，国内的心理咨询领域发生了什么？一方面是心理咨询专业领域内的变化：（1）新的咨询理念和技术体系持续涌现，如后现代理念下的叙事疗法和焦点解决疗法被越来越多的人接纳、学习和应用；（2）折中或整合的思想被越来越多的人践行，或者以某种理念为框架，吸收和整合其他派别的方法和技术，或者将几种理念体系进行整合，或者以问题为导向，根据来访者的症状灵活采用相应的方法和技术；（3）心理障碍的分类与判别标准随着社会的发展有了新的变化，如美国精神病学会在2013年5月18日推出了第五版《精神疾病诊断与统计手册》（DSM-5）。另一方面是心理咨询行业领域内的变化：（1）2012年10月26日《中华人民共和国精神卫生法》颁布，从此，心理咨询行业的工作有了更为直接的法律规范，如其中明确规定“心理咨询人员不得从事心理治疗或者精神障碍的诊断、治疗”等。该法于2018年4月修正。（2）由于违背专业伦理的案例时有发生，心理咨询专业伦理开始正式进入公众的视野，成为心理咨询从业人员专业素养的重要组成部分。在此背景下，中国心理学会于2018年发布了《中国心理学会临床与咨询心理学工作伦理守则》（第二版），为国内心理咨询专业伦理议题的处理提供了较为全面的参考。

针对上述变化，我们对第一版《心理咨询原理与方法》做了一定幅度的调整，主要有：（1）第一编中增加了对心理咨询基本理论的介绍，突出心理咨询技术和流派背后的基本理念，增加了对心理咨询专业伦理相关知识的介绍，希冀引起更多学习者的关注；（2）重新撰写了第二编，主题从原来的“心理诊断”调整为“心理评估”，呈现更多心理评估的常用方法，对各类心理障碍的介绍也以DSM-5为主要参照；（3）增加了对后现代理念的咨询技术和方法的介绍，主要涉及叙事疗法和焦点解决疗法。除此之外，我们保留了第一版的主体框架和内容，全书仍分为四编：第一编为心理咨询概述，主要介绍心理咨询的历史、目的、基本理论以及心理咨询的两个构成要素——咨询者和来访者；第二编为心理评估，主要介绍心理评估的常用方法以及常见心理障碍的病因与干预；第三编与第一版相比并无变化，仍以临床会谈的基本过程为主题；第四编为心理咨询的方法，除了保留第一版涉及的方法之外，还增加了以经验建构为核心的方法。

在全书的写作体例上，第二版与第一版保持一致。第二版的写作安排如下：由我拟定全书的修改思路和具体方案，确定待合并和调整的章节、重新写作的章节以及新增的章节，在列出详细写作提纲基础上组织人手进行修订。章节写作完成后，我多次审阅修改直至定稿。本书的文字、编排格式以及相关内容的修改，由宫火良完成。全书的写作分工如下：第一、十五章，罗品超；第二、四、二十六章，张方屹；第三、十章，高娟；第五章，曹秋迪；第六章，陆娟；第七章，张梦；第八、九章，刘洁；第十一、十九章，杨明娟；第十二、二十五章，李素卿；第十三、二十三、二十四章，潘莉莉；第十四、二十章，朱婵娟；第十六、十七章，黄伟东；第十八章，袁小娜；第二十一、二十二章，武萌。

在修订的过程中，深感心理咨询工作的神圣性和专业性，我们参阅了众多国内外专家学者的相关文献，力求向读者科学、完整地呈现心理咨询的相关知识与技能，在此向这些专家学者表示深深的敬意和谢忱！由于水平所限，尽管是第二版，书中一定仍有欠缺和失误，敬请读者指正！

郑希付

2020 年 12 月于华南师范大学

第一版前言

目前，我国心理咨询工作受到了普遍的重视，心理咨询师已经成为政府认可的职业，并开始通过考试和认证的方式规范心理咨询的业务。在这种情况下，心理咨询书籍遍地开花，首先涌进中国的是翻译著作。这些著作对中国的心理咨询起到了很好的促进作用，因为西方的心理咨询已经有近百年的历史，该学科也是一门相当成熟的学科。但由于文化背景的区别，翻译著作中的有些部分显然不适合中国国情，因此编写中国特色的心理咨询著作和教材就显得很紧迫了。我们的这本《心理咨询原理与方法》就是在这种情况下酝酿产生的。

本书的内容取舍不同于其他同类书籍。心理咨询原本隶属于临床心理学这个主干学科，随着学科的快速发展，临床心理学分离出心理咨询、心理治疗、社区心理学等分支学科，因此我们这本教材的内容严格限定在心理咨询范畴，不涉及心理治疗。本书共分四编：第一编，心理咨询概述，包括心理咨询的历史、目的，咨询者的条件和要求等；第二编，心理诊断，包括诊断的一般理论问题及认知功能的评估、人格的评估等；第三编，临床会谈，包括会谈的准备和过程等；第四编，心理咨询的方法，包括解释、提问、面质等方法的介绍。

本教材主要有四个特点。(1) 前沿性。无论是理论还是方法，每一部分内容的选择都首先考虑最近的研究成果。(2) 系统性。全书在整体上是一个比较庞大的体系，四个部分紧密联系。(3) 统一性。每一部分内容是理论和实践的统一，既有详细的理论说明，又有实际的操作方法，有的地方还附有案例分析。(4) 实用性。本书各章采用引言、正文、摘要和思考题的编排方式，便于读者领会和思考。

写作安排是这样的，首先由我草拟章节内容的详细写作提纲，然后组织人手写作。各位作者先写出一节的样稿，由我审阅修改，直到符合要求再进行整章的写作。完成写作后，我又对书稿进行了四次修改，最后定稿。本书的文字、编排格式以及相关内容的修改，由副主编宫火良完成。写作的分工如下：第一、二、十七章，罗品超；第三、二十章，袁小娜；第四章，肖星；第五、六、七章，宫火良；第八章，王建侠；第九、十章，刘洁；第十一、十二章，高娟；第十三、二十一章，杨明娟；第十四、二十七章，李素卿；第十五、二十五、二十六章，潘莉莉；第十六、二十二章，朱婵媚；第十八、十九章，黄伟东；第二十三、二十四章，武萌。

在写作过程中，我们参考了很多学者和专家的资料，在此对这些学者和专家表示衷心的感谢。人民教育出版社总编辑助理魏运华博士对本书的出版提出了很好的建议，在此对他表示真诚的谢意！

由于水平所限，书中一定存在不少欠缺和失误，敬请读者指正，以便我们进一步提高。

郑希付

2008年6月于华南师范大学

目　录

第一编　心理咨询概述

第二编　心理评估

第三编　临床会谈

第一编
心理咨询概述

第一章　绪　论

引　言

随着社会的快速发展，人与人之间的竞争越来越激烈，人们承受的压力也越来越大。据世界卫生组织的调查，全球完全心理健康的人只占9.5%，有84.5%的人处于亚健康状态。于是，心理健康越来越受人关注，心理咨询——一门关注人的心灵成长的学科——应运而生并且飞速发展起来。

有人说，心理咨询是一种忠告；有人说，心理咨询是一种理解；有人说，心理咨询是一种帮助；有人说，心理咨询是一种自助自强的生活技巧……。心理咨询究竟是什么呢？心理咨询作为一门学科和职业又是如何发展的呢？本章通过回顾历史和分析现状来探讨人们对心理咨询的理解，涉及的主题如下：心理咨询及其相关概念、心理咨询的产生和发展、心理咨询的基本活动，以及心理咨询的目的和意义等。

第一节　心理咨询的历史

一、心理咨询及其相关概念

（一）咨询

咨询（counsel），古已有之。我国古代，许多诸侯都聘请一些谋士为自己出谋划策；古罗马教会亦曾选择一些有专门知识的人帮助主教，为其提供意见。人们在身体出现毛病时会去咨询医生，在个人的权利受到侵犯时会去咨询律师，学生有学习困惑时会向老师请教……。事实上，由于个人能力的局限性，从人类出现开始，人们就没有停止过咨询。

在我国，“咨询”一词最早见于《尚书·虞书·舜典》：“咨，十有二牧”，“询于四岳”。《说文解字》解释为“谋事曰咨”，即向真诚可信的人询问或求教。《现代汉语词典》（第七版）对“咨询”一词的解释是：询问；征求意见。

在英语中，“counsel”（动词）源于拉丁语“cinsuitato”，有商讨、劝告、征求意见、寻求信息等意思。“counsel”的动名词“counseling”有咨询之义。国外有学者认为：咨询是指受过训练的咨询者（counselor）和来访者（client）之间的一种职业关系，这种关系通常是一对一的关系，尽管有时候这种关系中的个体超过两个人。咨询的目的是：通过一些有意义的过程解决情绪、人际关系等方面的问题，帮助来访者理解和澄清其生活观点，学会达到自己确定的生活目标。雷伯（A. S. Reber）认为，咨询是一个试图用谈话、测验、指导、建议等过程帮助一个人解决问题、计划未来的一般术语（雷伯，1985/1996，第185页）。

对照中外文献对咨询的理解，可以发现其共同点：咨询是指一方向另一方征求意见，寻求帮助。

（二）心理咨询

自从1938年威廉森（E. G. Williamson）首次提出“counseling”一词后，心理咨询这一朝阳行业一直在蓬勃发展，然而到底心理咨询是什么，似乎至今仍无公认的定义。

美国著名心理学家罗杰斯（Rogers，1942，p.14）认为：心理咨询是一个过程，在这个过程中，咨询者和来访者的关系能给予来访者一种安全感，使他可以开放自己，正视自己过去曾否定的经验，然后把那些经验融入已经转变了的自己，做出统合。罗杰斯将心理咨询看成是一种帮助人的过程，强调人际关系在咨询中的重要性，相信人可以通过对自己的重新认识达到自我改变。

《心理学百科全书》认为：心理咨询是咨询者就访谈对象提出的心理障碍或要求加以矫正的行为问题，运用相应的心理学原理及技术，借助一定的符号，与访谈者一起进行分析、研究和讨论，揭示引起心理障碍的原因，找出行为问题的症结，探索解决的可能条件和途径，共同协商出摆脱困境的对策，最后使来访者增强信心，克服障碍，维护心理健康（李维，1995，第1445—1446页）。

《简明心理学词典》将心理咨询定义为：心理咨询者通过和咨询对象的商谈、讨论，使其正确地认识自己与环境的关系，改变其态度与行为，帮助和启发他们解决各种心理问题，并对社会生活有良好的适应（黄希庭，2004，第430页）。

虽然以上的专家学者对心理咨询的表述不尽相同，但本质是一致的：（1）心理咨询的卷入者为咨询者和来访者；（2）心理咨询是咨询者协助来访者解决问题的过程；（3）心理咨询的目的是维护心理健康，发展个人潜能。因此，可以为心理咨询做出这样的解释：心理咨询是指咨询者协助来访者解决各类心理问题以维护心理健康、发展个人潜能的过程。

（三）咨询者

咨询者是指运用心理学以及相关学科的专业知识，遵循心理学原则，通过心理咨询的技术和方法，协助来访者解决心理问题的专业人员。他们必须受过专业教育和训练，具有从业资格。美国学者盖伊（Guy，1987，pp.11–21）认为，一名有效的咨询者必须具备以下特征：（1）对人具有强烈的兴趣，充满好奇心并喜欢探究；（2）善于倾听；（3）善于沟通，喜欢与他人交流；（4）能共情，善于理解他人；（5）有较强的情感洞察力，善于处理各种情感问题；（6）有内省能力，善于在心理咨询的过程中把握自己；（7）宽容，有能力控制自己的不满情绪；（8）幽默，可以发现生活中积极有趣的一面。

（四）来访者

在心理咨询活动中，带着自己的问题向咨询者请教的人称为来访者。罗杰斯在其1951年出版的《来访者中心》一书中首次改“病人”为“来访者”，这一称谓的改动确定了来访者的范围：来访者是指有心理困扰，处于亚健康状态的正常人，而非人们平常所说的“精神病人”或“心理变态者”。马建青认为，来访者最好具备以下几个条件：（1）具有一定的智力基础；（2）咨询内容以心因性问题尤其是与心理社会因素有关的各种适应不良问题、情绪调节问题、心理教育与发展问题等为佳；（3）人格基本健全；（4）有较强的咨询动机；（5）有交流能力；（6）对咨询有一定的信任度。

二、心理咨询的产生和发展

现代西方心理咨询萌芽于17世纪工业革命以后，19世纪末20世纪初逐渐发展起来，尤其是精神分析理论和行为主义理论诞生以后，人们逐渐认识到内心愉快和精神健康的重要性。

（一）心理咨询产生的社会背景

1. 工业革命的影响

工业革命指的是以手工技术为基础的资本主义工场手工业过渡到采用机器的资本主义工厂制度的过程。工业革命在18世纪60年代发生于英国，首先从纺织业开始，80年代因蒸汽机的发明和使用而得到进一步发展，遍及化学、采掘、冶金、机器制造等部门。继英国之后，到19世纪，法、德、美等国也相继完成了工业革命。工业革命不仅是一次技术革命，也是一场深刻的社会变革，对人类社会生活的各个方面都产生了深刻的影响。

工业革命大幅度提高了社会生产力，丰富了人们的物质生活，引起了资本主义国家的社会变革。受工业革命的影响，美国纽约和芝加哥等大城市的工商业迅速发展，各地移民大量涌入，社会问题与日俱增，给人们的生活带来了许多忧虑和困难。同时，掌握生产资料的资产阶级为了获取最大利润，无情地剥削无产阶级，尤其是对童工和女工进行残酷的压榨。工业革命对社会生活带来的深刻影响直接对社会各个阶层人们的心理带来巨大冲击，在这种背景下，心理咨询工作应运而生。

2. 职业咨询与指导运动的影响

职业咨询是指运用心理学、社会学等学科的知识为个体的职业选择和职业发展提供建议、信息与帮助的过程。在日益关注个体和注重工作生活质量的今天，职业咨询在人们职业发展、寻求自我价值实现过程中的地位与作用越来越明显。

职业指导运动可追溯到20世纪初，工业革命的进程大大提高了经营者对劳动者素质的选择性要求，同时工业革命对产业结构、社会结构、经济结构所带来的巨大冲击也体现在对劳动者心理素质的冲击上。失业、对未来的迷惘、对个体不尊重所带来的危机等促进了职业指导的兴起与发展。现代职业咨询产生的标志是1906年美国波士顿大学帕森斯（F. Parsons）《职业选择》（*Choosing a Vocation*）一书的出版。职业指导的目的在于根据个体的智力水平和特点、能力、兴趣、气质等心理因素选择合适的工作，提高生产效率。职业咨询与指导运动的兴起为心理咨询的产生提供了广阔的市场背景。

3. 两次世界大战的影响

第一次世界大战期间，美国军队出于对招募的士兵进行甄别与分类的需要，委托心理学家设计智力测验，这推动了心理测量的发展。战后，军队使用的各种测验转为民用，测量兴趣、能力和态度的诊断技术为职业指导提供了科学手段。从1930年开始，卡特尔（R. B. Cattell）的个别差异和心理测验的科学研究带动了以整个人格为对象的心理咨询，其中包括职业、人格、情感、家庭与健康等方面。20世纪30年代后期，职业指导、心理测量和社会教育逐渐融为一体。

随着第二次世界大战的爆发以及20世纪30年代以后美国经济萧条局面的缓和，以心理测量为基础的指导性谈话的临床咨询模式转变为心理治疗模式，到20世纪40年代，出现了“心理治疗的时代”。第二次世界大战结束后，大量的退伍军人涌进高等院校。当时，入学、就业以及残疾军人的社会适应等方面都需要心理咨询服务。1949年，美国退伍军人管理局与各大专院校合作，成立了许多社区和学校的心理咨询中心。所有这些都促进了心理咨询的发展。

（二）心理咨询产生的学术背景

1. 心理测量学的发展

第一个直接推动测验运动的学者是英国生物学家高尔顿（F. Galton）。1884年，他在伦敦国际博览会上专门设立了“人类测量实验室”，参观者只要付三便士，即可得到身高、体重等身体素质，以及视觉和听觉的敏锐度、肌肉力量、反应时等感觉运动功能的测验结果。此后，实验室迁至伦敦肯辛顿博物院，持续6年之久，积累了9 337人的样本材料。这是第一个大量系统地测量个别差异的研究。

1890年，心理测验史上的著名代表人物美国心理学家卡特尔（J. M. Cattell）在《心理》杂志上发表《心理测验与测量》，这是“心理测验”（psychological test）第一次出现在心理学文献中。1904年，法国心理学家比奈（A. Binet）和西蒙（T. Simon）合作编制了世界上第一个智力量表——比奈—西蒙智力量表（Binet-Simon Intelligence Scale）。1905年，比奈在《心理学年报》上发表《诊断异常儿童的新方法》一文并介绍了该量表。

心理测量学的发展使得对来访者的评估成为可能，并成为心理咨询发展的主要条件和促进因素。

2. 儿童行为矫正问题的研究

19世纪后期，心理科学的地位已经稳定，心理学家纷纷采用科学的方法研究个体差异，而且弗洛伊德（S. Freud）的精神分析理论也为理解心理异常提供了一种系统的理论和方法。在这种背景下，美国心理学家威特默（L. Witmer）作为第一个临床心理学家出现了。1896年，他在布林莫尔学院（Bryn Mawr College）建立了实验心理学实验室，并积极参与了宾夕法尼亚州低能儿童培训学校的工作。同年，威特默在宾夕法尼亚大学创建了心理诊所，这是世界上第一个儿童行为矫正诊所，这一事件成为临床心理学产生的标志。

威特默的研究刺激了心理学家对“临床方法”的兴趣。1897年夏天，威特默开设了一个4周的课程，主题是临床儿童心理学，内容包括个案演示、诊断技术和心理测验的实施，以及在教育治疗方面的训练等。1907年，他创办了系统培训发展学校作为诊所的附属，主要着重于心理诊断和对智力落后学生的训练，并创办了《临床心理学》杂志，发表个案报告、研究、书评以及与临床心理学有关的新闻。威特默的工作为咨询心理学的产生创造了条件，并且为解决儿童行为问题开辟了阵地。

（三）心理咨询发展的历史分期

1. 早期阶段

现代心理咨询起源于美国的职业指导运动，戴维斯（J. B. Davis）、帕森斯和比尔斯（C. Beers）为早期的职业指导运动和心理卫生事业做出了巨大的贡献（于鲁文，1997）。

戴维斯是密歇根州学区的督学，也是第一个在公立学校建立系统的指导课程的人。1907年，他建议该学区所辖学校的英文教师为学生开设每周一次的指导课程，以塑造学生的人格，避免问题行为的发生。尽管当时戴维斯等人的行为并不是真正意义上的心理咨询，却是早期心理咨询的主要表现方式（学校指导）的雏形。

1908年，被公认为“职业指导之父”的帕森斯在波士顿创立了一家具有公共服务和培训性质的“就业辅导局”。1909年，他撰写的《职业选择》一书出版了，该书为择业咨询在方法学方面提供了帮助，并成为职业咨询产生的标志。

比尔斯自己曾因心理疾病数次入院治疗，亲眼看见精神病院的医疗条件及病人遭受的非人待遇。他在1908年出版的《自觉之心》(*A Mind That Found Itself*)一书中，呼吁改善精神病院的医疗条件，改革对心理疾病患者的治疗方法和手段。比尔斯的贡献是使精神病学家和心理学家在观念上发生了深刻的变化，这成为美国心理卫生运动发生的原动力。

1913年，美国国家职业辅导学会(National Vocational Guidance Association，简称NVGA)成立，并从1915年开始发行不定期的专业刊物，这使早期的职业辅导运动朝着科学化、正规化的方向发展。20世纪30年代，美国政府开始更多地参与到心理咨询中，其主要标志是美国就业服务处宣告成立，并在1939年出版了《职业名称词典》，该书随即成为职业辅导专家为学生提供服务的主要信息来源。

2. 发展阶段

20世纪30年代，威廉森第一个提出了心理咨询理论，倡导“以咨询者为中心”的咨询模式。20世纪40年代以后，真正意义上的心理咨询时代来临，心理咨询这门学科发展得很快，心理咨询理论呈现百家争鸣、百花齐放的繁荣局面。心理咨询理论包括精神分析理论、行为主义理论、认知心理学理论、人本主义理论等，涌现了如弗洛伊德、荣格(C. G. Jung)、阿德勒(A. Adler)、罗杰斯、埃利斯(A. Ellis)等一大批杰出的心理学家。

第二次世界大战后，美国退伍军人管理局通过提供奖学金的方式，鼓励更多的学生接受心理咨询和心理学培训。美国退伍军人管理局对职业咨询者的专业角色重新进行了定义，并创造了一个新名词“咨询心理学家”。

20世纪50年代，在美国心理咨询发展史上发生了四个重大的事件，对心理咨询的发展产生了深刻的影响：美国人事与辅导学会(American Personnel and Guidance Association，简称APGA)成立；美国心理学会(American Psychological Association，简称APA)第十七分会咨询心理学分会(Association of Counseling Psychology，简称ACP)成立；美国国会通过了《国防教育法案》(*National Defense Education Act*)；大量新的咨询理论出现。

不仅有关心理咨询的各种理论在不断成熟，有关心理咨询的法案和伦理规范也在不断完善。1953年，美国心理学会咨询心理学分会制定了正式的心理咨询专家培养标准，并成为现在的教育训练委员会研究生院博士课程培养计划的认定标准。到1955年，美国心理学会开始正式颁发心理咨询专家执照。

1961年，美国人事与辅导学会公布了心理咨询者的道德规范条例。1963年，美国国会通过了《社区心理健康中心法案》(*Community Mental Health Centers Act*)，使得各个社区有权力建立自己的社区心理健康中心。此外，心理咨询的职业化进程也在不断推进。

心理咨询工作除了在美国得到迅速发展外，在欧洲大陆也得到了发展。我国的心理咨询从20世纪80年代开始得到重视，以前所未有的速度迅猛发展，并朝向职业化的道路前进。劳动和社会保障部（2008年3月，与人事部合并组建为人力资源和社会保障部，简称人社部）于2001年8月颁布了《心理咨询师国家职业标准（试行）》，从2001年8月执行，其中规定了培训、资格考核条件等内容。2017年9月，人社部公布了新的《国家职业资格目录》，心理咨询师职业资格认证未被列入其中，心理咨询师国家职业资格考试被正式取消。但是，大量有资质的心理咨询师被培养并服务于心理咨询事业，为民众的身心健康维护提供了有力的保障。

三、心理咨询的职业化

心理咨询出现之初，并未被人们看成一种专门的职业。在1931年之前的专业文献中从未出现过心理咨询的概念（Aubrey，1983）。正如心理咨询的先驱者指出的：即便是心理咨询的专业出版物似乎也“忽视了心理咨询作为一种职业的发展历史……在20世纪50—60年代的出版物中，指导、心理治疗、心理咨询的概念混为一谈”（Goodyear & Watkins，1983）。心理咨询从无到有，经历了一个职业化发展的过程，同时也是一整套制度的完善过程。

（一）培训制度

在心理咨询发展的初期阶段，人们并没有认识到培训的重要性，很少对从事这项工作的人员进行专门的培训。随着心理咨询在社会生活中应用价值的不断体现，针对心理咨询从业人员的培训项目也在不断增加并最终形成了较为完整的培训制度。

美国在20世纪70年代开始开设了一些旨在帮助心理咨询从业人员提高沟通技巧的培训课程，以便让他们能够在咨询中建立令人满意的咨访关系（Ivey，1971，p.86）。随着资格证书制度和开业执照制度的确立，在从业之前参加理论学习和咨询实践成为一个前提条件。美国心理学会对课程设置的要求是：教学内容分为基础部分和专业部分。基础部分包括：行为的生理基础；行为的认知、情感基础；行为的社会和多元文化基础；发育和生命全程发展；个体差异；心理学历史和体系；研究方法、设计以及数据分析和测量。对于每个不同的专业还要开设相关的课程，例如咨询心理学课程包括治疗理论和技术，课程实习和临床实习，咨商，督导和训练，伦理、法律问题等方面的内容。美国心理学会的认证强调基础训练和特殊专业训练的结合（江光荣，夏勉，2005）。

英国也在20世纪70—80年代开始将培训作为从业的必备前提，并从1988年开始对培训课程进行鉴定，其鉴定内容包括两个方面：一是培训内容，包括从业政策、理论、技能、个性发展、职业发展、咨询实践、督导、测查和评估；二是看能否通过培训促进从业人员的业务发展（石国兴，2004）。英国的培训分为短期的业余培训和长期的专业培训两种，业余培训通常由成人教育部门、继续教育学院来具体操作，专业培训的对象一般是想获得研究生学位的人。

（二）督导制度

在心理咨询较为发达的国家，准从业人员在接受培训或进行实习时，一般都实行督导制度，即由一个已获得认可的咨询师对准从业人员从专业的角度进行督促、指导。督导的作用是为了帮助准从业人员提高专业水平，确保他们能遵守职业道德，帮助他们进行反移情（Lines，2002，pp.20–21）。英国咨询督导的做法如下（石国兴，2004）：

（1）坚持授权式和发展式督导。英国咨询与治疗协会（British Association for Counselling and Psychotherapy，简称BACP）采取了真正的、带有根本性的却不令人厌烦的督导手段。它坚持较强的授权式和发展式监督，强调创造一种和谐的关系，在这种关系中咨询者感到安全，监督者既不判断，也不指责，而是在咨询者的探索和发展过程中扮演加速器的角色。这种咨询督导和社会上的其他督导形成鲜明的对比。一些社会工作者自愿接受咨询督导，以促使自己发展。

（2）咨询督导的执行者通常由有经验的资深专业人员组成，他们和咨询者除了有同行背景外，没有其他任何关系。他们独立地、严肃认真地执行职责。其职责绝不可由中介公司的经理或其他人员代替。

（3）坚持每月进行督导，个体督导一般维持在每月1~1.5小时。

（三）资格认证制度

在西方发达国家，以心理咨询为业的人必须获得资格证书和开业执照才可以从业。资格认证是指认可某一个体是否达到了既定的职业标准和开业规定要求的评价制度，用于衡量申请人是否达到了特定的标准，是否有资格成为咨询者（江光荣，夏勉，2005）。

美国心理咨询资格认证可分为两类：一类是非官方的，主要是行业协会性质的机构的认证；另一类是官方认证。美国的咨询专业起源于20世纪初的职业指导运动，20世纪20年代中期，纽约和波士顿开始为咨询者颁发资格证书，职业指导的职业化特征开始明确。1976年，美国弗吉尼亚州通过立法，开始实行心理咨询执照制度，从此开始了美国心理咨询资格认证制度的法律规范化进程。美国的资格认证分为州级水平的认证和国家级水平的认证两种（于鲁文，1997）。

州级水平的认证有着较大的自主权，大部分州认证的是执照咨询员、执照临床心理健康咨询员，有的州还认证准执照咨询员（指申请者在教育和考试方面都达到了要求，但是在经验方面还没有达到要求，在正式咨询员的督导下工作）。虽然大多数州都认证执照咨询员，执照的标准又都包括教育、经验、考试三个方面，但具体内容不尽相同。在教育水平方面，心理学家一般要求有博士学位或者专家水平，咨询员最低要求是有硕士学位，但达到硕士学位的学分小时（学分小时是指在一学期内每周听课一小时，自习两小时，由培训机构的课程标准规定）数的最低标准各州有别，从30学分小时到60学分小时不等，中等水平是48学分小时，大致跟中国的研究生学分要求相近。各州对经验的要求也不相同，从一年到四年不等（中等水平是两年）。至于执照考试，各州要求也不一样，从口试或情境考试到客观考试都有。

1983年，国家咨询员认定委员会（National Board for Certified Counselor，简称NBCC）成立，开始对咨询员进行国家水平的资格认证。一开始认证的是国家认可咨询员（National Certified Counselor，简称NCC），这是一种普通咨询员，后来逐渐出现了专业化的趋势。现在NBCC认可五种专业咨询资格：职业咨询、老人咨询、心理健康咨询、学校咨询和成瘾咨询。NBCC规定个人要申请特殊专业的资格认证，必须先申请并取得普通咨询员的认证。国家认可咨询员的最低标准是：在得到NBCC资质鉴定的课程里获得咨询或相关专业硕士及以上学位，有两年研究生毕业后的咨询经验，包括在督导指导之下的咨询实践，通过国家咨询员考试。除此而外，NBCC还要求接受继续教育以及遵守颁布的伦理标准，在五年的认定期里，所有的国家认可咨询员都必须完成100小时的继续教育。申请者须提交包括知识、训练、督导、经验和继续教育等方面的档案资料及其真实性证明。

第二节 心理咨询的基本活动

一、心理咨询的分类

根据咨询内容的不同，心理咨询可分为发展性心理咨询和补救性心理咨询；根据咨询规模的大小，心理咨询可分为个体心理咨询和团体心理咨询；根据咨询采用手段的不同，心理咨询可分为面谈心理咨询、电话心理咨询和网络心理咨询；根据咨询对象的不同，心理咨询可分为儿童心理咨询、青年心理咨询、中年人心理咨询和老年人心理咨询。虽然不同咨询形式的着眼点不同，但心理咨询的终极目标是帮助来访者全面认识自我，实现自我的充分发展，适应社会生活。

（一）基于咨询内容的分类

1. 发展性心理咨询

随着社会的不断进步，人类的物质文明和精神文明都获得了巨大的发展。与前人相比，现代人更加注重生活质量的提高。人们关心如何挖掘自己的最大潜能，希望能和家人、朋友、同事等和谐相处，期望自己能够保持学习和工作的最佳状态；人们也想知道如何缓解生活压力，保持情绪愉快，获得内心世界的安宁。

发展性心理咨询是指以帮助来访者认识自我、适应心理发展、挖掘心理潜能为主要咨询内容的咨询。它是一种预防性咨询，咨询内容一般都是人生发展过程中必然会出现的。发展性心理咨询的内容包括：学习心理；情绪失调；人际关系冲突；社会适应问题；性心理知识；交友与恋爱；婚姻；自我认识问题；择业心理；就业心理；失业心理；再就业心理；孕妇心理；儿童早期智力开发；儿童发展中的心理问题；青少年心理问题，如身心发展不平衡、独立性和依赖性的矛盾等；更年期综合征；老年人社会角色再适应；等等。

2. 补救性心理咨询

随着市场化的发展、社会竞争的加剧、价值观的多元化，人们的心理问题日渐增多。职业的选择、人际的冷漠、婚姻的烦恼、子女的教育等，使人们承受的心理压力不断增大，心理疾病的发生率也越来越高。补救性心理咨询是指以各种类型的心理障碍（非精神病性）为主要咨询内容的咨询。这意味着凡是由各类心理社会刺激（心理社会刺激源包括学习、工作、婚姻、家庭等）而引起的心理障碍均属于补救性心理咨询范围。

补救性心理咨询的内容主要包括：各类神经症，如焦虑症、恐怖症、强迫症、抑郁症；各种情绪障碍；人际交往障碍；学习心理障碍；性功能障碍；性心理变态；各类心身疾病，如溃疡、胃肠疾病；人格障碍；创伤后应激障碍；等等。

（二）基于咨询规模的分类

1. 个体心理咨询

个体心理咨询的着眼点在个人，它是咨询者和来访者两个人之间一对一的咨询。个体心理咨询具有如下优点：（1）为来访者提供了一个私密、安全的环境，有利于来访者降低心理防御，与咨询者建立良好的咨访关系；（2）可以使来访者最大限度地获得咨询者的关注，有利于咨询者收集信息；（3）相对于团体心理咨询而言，时间上的充裕性有利于来访者更好地进行自我表露，可以对个人的心理问题进行深入探讨。但个体心理咨询也有不足之处：咨询往往是咨询者和来访者之间的单线联系，咨询地点一般局限于咨询室，缺乏家庭和社会的介入，不能重现现实社会背景，也无法提供现实人际互动，因此实践性较弱。

2. 团体心理咨询

团体心理咨询的着眼点在团体，是在团体情境中提供心理帮助和指导的一种心理咨询形式。一般而言，团体心理咨询由一至两位领导者主持，其中一位为主要领导者，另一位则为协助领导者。团体规模视参加者问题的性质不同而有所区别，少则五人左右，多则十几人甚至几十人。根据团体参加者问题的相似性程度，团体可分为同质性团体和异质性团体；根据团体参加者在团体心理咨询过程中是否保持稳定，团体可分为开放团体和封闭团体。与个体心理咨询相比，团体心理咨询具有自身的优点：（1）能给团体成员提供一个真实的人际互动环境；（2）能为团体成员尝试新行为提供一个实践的机会；（3）团体成员通过团体互动从他人的反馈中获得益处；（4）可以使团体成员获得归属感。团体心理咨询的不足之处则是：由于他人在场不利于个体的自我暴露，因此个人的深层问题难以得到有效解决。

（三）基于咨询手段的分类

1. 面谈心理咨询

面谈心理咨询是指咨询者和来访者面对面进行的一种心理咨询形式，也是最传统的咨询形式。在面谈心理咨询中，咨询者可以对来访者进行直接观察，通过观察其外貌形态、气质及言谈举止等更好地把握其心态，了解和判断来访者的问题，并制订相应的咨询计划。

2. 电话心理咨询

电话心理咨询是指咨询者和来访者利用电话进行的一种心理咨询形式。电话心理咨询于20世纪50年代开始出现，最初主要是为了进行危机干预如自杀干预等，但后来其范围涉及其他一般性心理咨询。电话心理咨询一般拥有专用的电话号码，有固定的咨询时间，并由专业人士接听电话，协助来访者解决心理困惑。由于电话的普及性和及时性，电话心理咨询成为一种方便快捷的咨询形式并受到人们的青睐，如我国各大高校一般都开通有心理咨询热线，广东省公安厅也在国内率先开通了警察心理健康热线。

3. 网络心理咨询

网络心理咨询是指咨询者和来访者利用互联网进行的一种心理咨询形式。传统的面谈心理咨询容易受地域和时间的局限，而电话心理咨询有时也可能受个人条件的局限。随着网络技术的迅速发展和互联网的日益普及，人与人之间的沟通变得更加顺畅。同时，网络的匿名性也可以满足部分来访者不愿暴露身份的心理。咨询者可以端坐家中，通过网络来处理来访者的各种心理问题。但是，由于网络的虚拟性，咨询者对来访者心理问题的判别和评估变得较为困难。

（四）基于咨询对象的分类

根据咨询对象年龄阶段的不同，心理咨询可分为儿童心理咨询、青年心理咨询、中年人心理咨询和老年人心理咨询。儿童心理咨询主要着眼于解决儿童期的心理问题，如早期智力开发、与父母的分离焦虑等。青年心理咨询以

13—30岁的青年为咨询对象，主要咨询内容包括如何适应学校生活、如何处理情感问题、如何发展良好的人际交往技能以及婚姻恋爱问题等。中年人心理咨询以中年人为咨询对象，咨询的主要内容包括中年及更年期人际冲突、工作及家庭压力的适应问题、更年期综合征等。老年人心理咨询以老年人为咨询对象，咨询的主要内容包括社会角色再适应、空巢感的处理等。

二、心理咨询的研究方法

在心理咨询中，最重要的研究方法是个案研究法。在个案研究过程中，咨询者需要进行大量的文献阅读以了解前人的研究，为自己咨询方案的制订提供翔实的资料。同时，在心理咨询研究中，咨询者可以通过各式各样的量表和来访者的作品对来访者进行评定和分析，以便快速全面地了解来访者的状况，及时调整咨询方案。此外，咨询者还可以将量表和来访者的作品作为了解咨询效果的工具。因此，在心理咨询个案研究中，文献分析法、测量法、作品分析法都是常用的重要方法。

（一）文献分析法

心理咨询的文献包括心理咨询方面的各类书籍、期刊和公开出版的音像制品等。从心理咨询研究的历史可以看出文献的重要作用，其中一个最重要的证据就是当前许多正在研究的问题正是过去曾经的研究热点。例如，20世纪90年代对来访者的研究兴趣（如Rennie，1990）正是源于40年代提出的对来访者中心的研究（如Lipkin，1948）；又如，20世纪60—70年代对学习效率的研究早在40年代已有涉及（Eysenck，1952）；再如，现代心理咨询中“非指导性”的概念在很大程度上反映了“来访者中心”的内涵。通过查阅文献，咨询者可以不断吸收前人的咨询经验，这为咨询者系统观察心理咨询以及应用心理咨询理论提供了机会。

收集文献资料最主要的途径是阅读论文。许多有经验的咨询者经常会将自己的研究成果和经验写成论文发表。例如，*Annual Review of Psychology*（《心理学年鉴》）有专门的心理咨询研究综述（Gelso & Fassinger，1990）和心理治疗研究综述（Goldfried et al.，1990）；又如，*Counseling Psychologist*（《咨询心理学家》）是一本很好的期刊，对于心理咨询师的个人成长可以起到极强的启示作用。咨询者带着问题阅读学习，在阅读结束后形成自己的想法，然后将自己的想法应用于实践，最终形成自己个人独特的咨询风格。

有关心理咨询与治疗的外文期刊（McLeod，1994，p.15）主要有：*American Psychologist*（《美国心理学家》），*American Journal of Psychiatry*（《美国精神病学杂志》），*American Journal of Psychotherapy*（《美国心理治疗杂志》），*American Journal of Orthopsychiatry*（《美国精神卫生学杂志》），*Archives of General Psychiatry*（《普通精神病学文献》），*Behavior Therapy*（《行为治疗》），*British Journal of Clinical Psychology*（《英国临床心理学杂志》），*British Journal of Guidance & Counselling*（《英国指导与咨询杂志》），*British Journal of Medical Psychology*（《英国医学心理学杂志》），*British Journal of Psychiatry*（《英国精神病学杂志》），*British Journal of Psychotherapy*（《英国心理治疗杂志》），*Counseling Psychologist*（《咨询心理学家》），*Counselling Psychology Quarterly*（《咨询心理学季刊》），*Counselling Psychology Review*（《咨询心理学评论》），*International Journal of Group Psychotherapy*（《国际心理治疗杂志》），*Journal of Behavior Therapy and Experimental Psychiatry*（《行为治疗与实验精神病学杂志》），*Journal of College Student Development*（《大学生发展杂志》），*Journal of College Student Personnel*（《大学生人事杂志》），*Journal of Consulting and Clinical Psychology*（《咨询与临床心理学杂志》），*Journal of Counseling & Development*（《咨询与发展杂志》），*Journal of Counseling Psychology*（《咨询心理学杂志》），*Journal of Integrative and Eclectic Psychotherapy*（《整合与兼容心理治疗杂志》），*Journal of Humanistic Psychology*（《人本主义心理学杂志》），*Journal of Mental Health Counseling*（《心理健康咨询杂志》），*Journal for Specialists in Groupwork*（《团体工作专业人员杂志》），*Professional Psychology: Research and Practice*（《职业心理学：研究与实践》），*Psychotherapy Research*（《心理治疗研究》），*Psychotherapy*（《心理治疗》）。

涉及心理咨询与治疗内容的中文学术期刊主要有《心理学报》《心理科学》《中国心理卫生杂志》《心理科学进展》《中国健康心理学》《中国临床心理学杂志》《中国临床康复》等。

（二）测量法

心理咨询的科学研究要求研究者能够精确测量各种变量或概念，如抑郁、焦虑、移情作用、压力、自尊、自信等，因此，大量的标准化测验随之出现。这在某种程度上反映了心理测量学在心理咨询研究中的重要性（DuBois，1970，p.28）。采用心理测验有助于心理咨询研究的量化和精确化。

任何心理测验的编制都是为了有效而准确地测查个体的心理品质。此外，心理测验的另一个目的是估计所要测量的特质在其所处的维度上是处于高水平还是低水平。心理测验的编制通常由七个不同的阶段组成：

（1）目的的确定。确定量表的使用对象和使用用途。

（2）内容的确定。内容的确定包括两个方面：其一是确定内容——编制双向细目表，通过双向细目表可以看出量表所要测的某一内容在量表中的相对重要性；其二是对预测行为进行分析，从而明确量表的内容。

（3）形式的确定。心理测验的种类繁多，按照被试人数的多少可以分为个体测验和团体测验，按照测验性质可以分为结构测验和无结构测验，按照被试完成测验的形式可以分为纸笔测验、口头测验和操作测验，按照测验时间和测验难度可以分为速度测验和难度测验，按照测验答题形式可以分为选择测验和问答测验。本阶段需要明确测验采用的形式，从而为接下来的量表题目编制定下基调。

（4）题目的筛选。首先要大范围选题和编制题目，一般初始题目的数量是最终题目数量的2~3倍，然后进行预测，最后根据预测结果进行修订。

（5）标准化过程。标准化的目的是控制各种因素的影响，包括主试、指导语、测试时间、记分过程等。

（6）测验的鉴定。提供测验的信度和效度资料，以及这些资料取得的条件和情境，包括调查的样本和时间。

（7）编写测验手册。任何标准化的心理测验都必须提供测验手册。测验手册的内容有：测验的标题、作者、施测形式、记录形式；测验的目的和功用；测验编制的理论背景和选择题目的依据；测验的实施方法；测验的标准答案和记分方法；常模资料以及测验的信度资料和效度资料。

（三）作品分析法

在心理咨询研究中，定量研究固然重要，然而，定性研究也不可缺少。作品分析法是指通过来访者创造的作品分析其心理状态的一种研究方法，主要包括词语联想法、语句完成法、故事分析法和绘画分析法四种。

1. 词语联想法

词语联想法由高尔顿首创，后来荣格将它用于检查神经症。一般是由咨询者请来访者大声读出某个词，要求来访者报告他们第一个想到的词。咨询者通常在一些中性词中插入一些情绪化的单词或是对来访者有特殊意义的单词。假如来访者的反应时过长或是对单词有奇怪的联想，则可能表示某种情绪失调症状的存在。

2. 语句完成法

语句完成法是作品分析法中的一种较为灵活、操作简便的方法，同时，经验效标也证明这是心理咨询研究中用来进行人格测量较为有用的方法之一。咨询者可以根据来访者的情况设计一些未完成的句子，然后要求来访者将这些未完成的句子完成。例如，针对一个有情绪障碍的来访者可以让其填充以下句子：我最害怕的是______________；我常常觉得______________；最困扰我的事情是______________。

3. 故事分析法

故事分析法指要求来访者编造一些故事，咨询者通过这些故事分析来访者的人格特征和心理状态。在心理咨询研究中最常用的是主题统觉测验（Thematic Apperception Test，简称TAT），它由默里（H. A. Murray）和摩根（C. D. Morgan）于1935年编制而成。TAT要求来访者根据19张适合其年龄和性别的图片以及一张空白片讲述故事，说明图片中表现的是什么事情，为什么会造成这种情况，以后会产生什么结果。每个故事约需15分钟，讲述得越生动越好。通过这样的方法，咨询者通常能从来访者的故事中了解其最主要的需要、情绪、感情、情结、冲突及其感受到的来自外界的压力，尤其可以有效了解来访者与其父母的关系。

4. 绘画分析法

绘画测验中应用最广泛的是画人测验（Draw-A-Person Test）和房—树—人测验（House-Tree-Person Test）。

画人测验通常是让来访者先在一张纸上随意画一个人，然后在另外一张纸上画一个与前一张纸上性别不同的人。在此过程中，咨询者不加以干预和指导。画人测验的记分和解释主要参考所画人物的各种特征。分析的项目包括：人像的大小、人像在纸上的位置、人像的衣着和发型等等。一般认为，来访者在同性的人像上投射自己能接受的冲动，在异性头像上投射自己不能接受的冲动。

房—树—人测验适用于成人和儿童。咨询者通常请来访者在一张纸上随意画出一座房屋、一棵树和一个人，来访者还可描述并解释所画图形及其背景。精神分析学家认为：人像的解释类似于画人测验，常常代表有意识的自我形象；树的形态可以反映来访者对生活及自身的无意识的态度；房屋的图像通常不能揭示太多的心理学意义，不过能引起来访者对家庭和家人关系的联想。

第三节　心理咨询的目的和意义

一、心理咨询与问题管理

心理咨询给有心理困扰的来访者提供了一种新的学习经验，来访者通过心理咨询开始学会重新思考问题、感受社会以及应付环境的变化，达到减轻内心冲突、提高处理现实问题的能力的目的。

（一）减轻内心冲突

人的一生总在不断经历内心冲突，心理咨询可以帮助来访者认识平时无法认识到的、根源于心底深处的内部冲突，帮助来访者提高解决内心冲突的能力，达到生活的和谐发展。造成来访者内心冲突的冲突源主要包括咨询要求、强迫性命令和内部需要三个方面。

1. 冲突的咨询要求

大多数来访者的心理问题都是由自己的人格问题引起的，然而，他们往往认为这是由自己无法控制的外部原因所引起的，因此，来访者总希望心理咨询能够帮助他们解决这些外部困难。例如，一个在工作上毫无建树的人可能会认为："如果不是因为我有这样一个领导，我肯定早就做出一番成就了。"又如，一个大学生组织一次社团活动，结果不尽如人意，他可能会想："如果不是某某同学不按照我的想法来做的话，我们的活动应该可以取得成功。"然而，心理咨询并不能直接帮助来访者解决来访者以外的他人的问题，因此，来访者对心理咨询的要求和心理咨询本身的作用之间的矛盾便在来访者内心引起了冲突。咨询者要做的第一件事情就是要让来访者认识到咨询者不能帮助来访者解决非来访者的问题，如领导的问题或同学的问题，心理咨询的聚焦点仅仅限于来访者个人，心理咨询能够提出的问题是“有没有什么方法能够改变你自己的认知或行为从而解决这些困扰你的问题”，然后，咨询者协助来访者制订相应的、适合来访者本身的改变计划并实行之，最终达到来访者素质提高和生活改变的目的。咨询者帮助来访者认识到两种咨询要求（分别来自咨询者和来访者）之间的冲突，消除来访者对“咨询是否有效”的疑问和焦虑，解决来访者内心的冲突，澄清咨询者的能力范围，这是提高来访者“为自己负责”的意识、达到咨询目的的首要任务。

2. 冲突的强迫性命令

有些来访者的脑海中常会出现一些冲突的强迫性命令，即他们认为生活中的许多事情都带有强迫性色彩（Cavanagh，1982，p.15）。这些强迫性命令主要涉及个人、人际和社会三个方面。例如，关于个人方面，有些女大学生认为自己“必须漂亮，看起来温柔体贴，对男生具有强大的吸引力”，有些男人则认为自己“必须强壮、性感、事业成功”。关于人际方面，一些来访者认为自己“必须是公平的、受人敬佩的、口才杰出的”。关于社会方面，一些来访者则表示自己“必须考上好大学”“必须获得一份好薪酬”“必须赢得暗恋对象的爱情”等。来访者认为自己的生活如果达不到强迫性命令所规定的程度就不会幸福，然而，正如中国古人所言“天下不如意事十有八九，世事又岂能尽如人意”。现实中来访者往往无法实现心中的理想，强迫性命令与现实的无法统一在来访者心中产生了严重的冲突，给他们的内心造成了一种强大的压力。此外，这种强迫性命令也干扰了来访者的正常生活，他们把大量的时间和精力耗费在自责或悔恨之中，幻想着强迫性命令所表达的愿望实现以后的幸福生活，反而忘了思考怎样去解决问题。因此，心理咨询的又一个目的是帮助来访者学会接受生活现实，减少强迫性命令，减轻现实与强迫性命令间的矛盾带来的冲突，提高个体现实地处理问题的能力。

3. 冲突的内部需要

有些来访者内心存在完全相反的内部需要，这些不可协调的内部需要之间的矛盾在来访者心中造成了强烈的冲突，使他们产生了焦虑感。例如，一个初中生有着强烈的自我独立的需要，他认为自己的父母约束了自己的行为，捆绑了自己的自由，于是使劲地想要挣脱家庭的束缚。但与此同时，他在情感上无法真正割舍对父母的依恋，在经济上无法真正脱离对父母的依赖，于是，独立的需要和依赖的需要之间就产生了矛盾和冲突。这些内部需要间的冲突常常干扰了来访者的正常生活，心理咨询可以帮助来访者重新思索这些需要，协调不同需要间的矛盾，降低冲突强度。当来访者看清自己内心的真实想法后，他们就能做出适合自己的选择，能让自己的生活过得更加幸福。

（二）提高问题处理能力

心理咨询是一种能够协助来访者有效处理现实问题的途径。许多来访者之所以前来求助，是因为在他们自己或他人心目中，陷入了问题难以解决的困境，这些来访者需要找出方法来应付，解决或摆脱其难题。伊根（Egan，1990，p.5）认为，咨询的目的必须基于来访者的需要。咨询有两个基本目标：一是提高来访者处理问题的能力，二是帮助来访者学会更有效地处理其生活。

1. 处理问题的能力

面对问题时，来访者常采用逃避的方式。他们大多数时间都被用来缅怀过去或梦想未来，缺乏“现在”的概念。通常，来访者在咨询室里只能讲自己的昨天和明天，这可能是因为他们有着强烈的逃避现实的倾向。通过咨询，咨询者帮助来访者认识“此时此地”的意义。当来访者能够有“此时此地”的认识时，他们就能知道自己是谁以及自己所处的现实处境。要做到这一点，人们必须对此时此地的体验完全开放，来访者必须认识到：过去的已经过去了，未来的还没来到。因此，如果一个人不能生活在现在，每一个现在很快就变成了过去，个体的生活就会缺乏现实基础，继而产生无穷的困扰。

在来访者舍弃逃避的方式后，咨询者的任务是要帮助来访者提高处理问题的能力，其标志是咨询者帮助来访者成功地处理问题时的效率。伊根指出，来访者处理问题的效率表现在他通过与咨询者的相互作用，使自己有可能达到一种更佳的状态，能更有效地处理问题或挖掘自己的潜能。来访者的成功表现在他们能利用与咨询者会谈中学到的东西，更有效地处理问题，创造更多的发展机会。例如，一个下岗女职工前来咨询，她对生活感到绝望：突然失去了经济来源；重新找工作时又发现自己的知识结构老化，每次面试均以失败告终。首先，咨询者引导该女职工面对现实，接受现实。接着，咨询者引导来访者认识到要积极解决问题，否则，问题永远都会存在。于是，来访者报名参加了下岗职工职业培训班，重新学习了一门技能，找到了一份新工作。在此过程中，咨询者一直支持并鼓励来访者，使来访者建立自信并有效解决了现实问题。

2. 处理日常生活的能力

心理咨询无法回避的一个问题是，咨询结束后，来访者是否能有效处理个人生活中的各种问题。因此，伊根将“咨询结束后，来访者获得有效地处理其今后生活中问题的能力”作为咨询的重要目标之一，同时，他认为，咨询者效率的高低表现为来访者通过咨询过程在何种程度上获得了有效地帮助自己的能力。众所周知，来访者一般都是解决问题能力较弱的人，当问题出现时，如果咨询者不在面前，他们在咨询中学习的解决问题的技能可能就忘得一干二净了。因此，心理咨询的重要意义之一就在于帮助来访者主动地学习，成为更好的问题解决者。正如豪厄尔（Howell）所言：当学习成为我们生活中一个不可分割的组成部分时，生活便增加了许多有意义的选择（伊根，1999，第11页）。例如，上例中的下岗女职工，她从学习到再学习，并将学习到的技能付诸实践，她建构了个人未来生活的目标并且下定决心为实现目标而努力，于是，她的生活便多了一些选择，从而获得了更大的生活自由。

二、心理咨询与潜能发挥

心理咨询可以给来访者提供全新的人生体验，帮助来访者提高解决内心冲突和现实问题的能力，也可以帮助来访者更好地认识自我，处理各种人际关系，从而使个人潜能得到最大程度的发挥。

（一）全面认识自我

心理咨询的一个重要目的是协助来访者全面认识自我并评价自我，从而能够更好地适应社会和生活。当来访者能够较为全面地认识自我后，他们也就认识了自己的需要、价值观、态度、动机、优点和缺点。而且，一旦他们能够全面认识自我，他们就可以合理安排自己的生活，使自己尽快获得心理上的成长并增强个人幸福感。

1. 负面的自我评价

大多数来访者都对自己有着负面的自我评价，比如“我不够漂亮”“我太笨了”“我太自私了”“我太冷酷了”等。这些负面的自我评价常常会在突发性应激事件发生时被诱发。例如，当一个大学生在某一次考试中成绩不理想时，他可能会出现诸如“我太没用了”“我是一个失败者”之类的自我评价，进而非常沮丧，严重者甚至可能产生抑郁。来访者的负面自我评价越多，他们就越容易受到困扰，主要表现在：他们会把大量的时间和精力花在无用的自我责备中，而实际解决困难的时间和精力非常少。这不利于问题的解决。问题无法解决又进一步引发来访者的负面情绪，负面情绪又阻碍了问题的解决，使来访者对自己的能力产生更大的怀疑，负面自我评价就越多，从而形成恶性循环。因此，咨询的着眼点可以放在帮助来访者形成积极的自我评价，使他们能更积极地面对生活中的困难。

2. 过高的自我评价

有些来访者常常过分高估自己的个人特质。例如：虽然自己能力并不强，但是他们仍然认为自己很能干；虽然自己并不聪明，但是他们会认为自己是天才。这样带来的直接后果就是他们常常将自己的形象过于理想化，喜欢做一些力所不能及的事情，然后在不断的失败中产生习得性无助感。但事实上，他们不过是凡人一个，这种不切实际的自我评价只能增加他们的心理负担。帮助来访者降低不切实际的自我评价，形成合理的自我评价是咨询的重要任务之一，只有这样，来访者才能真正合理地确定自己的生活目标，合理地安排自己的个人生活。

3. 不敢展现真实自我

有些来访者在某种程度上能够认识自己，了解真实自我，但他们缺乏展现真实自我的勇气。来访者根据社会需要创造了能够迎合社会的虚假自我形象。例如，社会认为聪明的、独立的、强壮的男人会受人欢迎，一些男性为了迎合这种需要就会伪装出聪明、独立、强壮的男人形象，虽然这种伪装让他们很辛苦，但由于他们认定人们喜欢的是他们伪装出来的虚假自我形象而非其真实自我，因此，他们害怕一旦真实自我暴露，自己就不再受人欢迎，于是，宁愿内心痛苦也不愿摘下这个面具。心理问题便由此而生了。咨询者通过向来访者进行解释，使来访者的真实自我得到释放，缓解其心理困扰。例如，一个已婚女性可能花了很长的时间讲述自己的婚姻，讲她的不幸福，讲她对单身贵族的羡慕，也许她会说“我感到很困惑，我实在搞不清楚发生了什么事情”。其实，她一点儿也不困惑，她只是不敢承认自己已经不再爱自己的丈夫并且想结束婚姻的事实。

（二）建立新的人际关系

一个有效的咨询者应该具有健全的心理特征，能共情，善于倾听，除此以外还应具备良好的助人技巧。尽管咨询者并非完美的人，但他们能在自己和来访者之间建立一种安全的、健康的、带有帮助性质的关系，这就为心理咨询的顺利进行提供了可靠前提。

1. 诚实的人际关系

咨访关系首先是一种诚实的人际关系。咨询者在咨询中所体现出的诚实是指咨询者能够恰如其分地准确反映来访者所表述的问题，来访者的缺点和优点都能在咨询者的帮助下浮现出来。咨询者总是带着真诚且善意的态度诚实地向来访者做出反馈，这种反应方式对来访者而言是全新的并且是具有建设性的，可以促进来访者的自我理解，增强来访者的自尊、自信和独立自主的精神。

2. 理解的人际关系

咨访关系也是一种理解的关系，咨询者真诚地希望让来访者感到被人理解。在日常的人际交往中，许多人喜欢给他人出主意、提建议，但很多时候，来访者需要的并非他人滔滔不绝的意见，而是一种陪伴和理解。例如，在日常生活中，来访者习惯于接受他人一遍又一遍的建议："你不要这样想了，你应该想办法解决问题"，或者是"天涯何处无芳草，不要伤心啦，你肯定能找到一个更好的男朋友的"。这些"安慰"的话语应该说都是有道理的，但是，这种话语对来访者来说是完全不起作用的。来访者不会因为这样的劝慰就能改变自己的行为，有时反而会增加内心的烦闷。咨询者提供了一种新的关系，这种关系中咨询者并不需要不断地给予建议，而是给予来访者一个微笑并告诉来访者"我能理解你现在的感受"或者"我愿意和你分享一下我自己在这方面的经验"。咨访关系中诚实、真诚、理解的特点使来访者感受到与以往不同的人际关系模式，促使来访者据此做出新的反应。

（三）增加心理自由度

心理咨询给来访者提供了一个增加心理自由度的机会。受本身所具有的心理问题的影响，大多数来访者在咨询前都表现出心理自由度不够。

1. 允许个人能力不足

心理咨询允许来访者有所不足，并且帮助来访者明白，不足并不可怕，可怕的是不能接受自己有不足。例如，有些来访者认为自己必须是完美的，不完美是一种错误，因此，他们不敢说“我错了”“我犯了一个错误”“我不知道这道题的答案”“我很抱歉”等话语，于是，给自己带来了巨大的心理负担。心理咨询可以给予来访者一个理解自己并允许自己成长的机会，当来访者能够接受自己作为不完美的人存在时，他们能够获得更多的心理自由，并能够自由地享受生活。

2. 拒绝不合理要求

心理咨询可以帮助来访者发展出拒绝他人不合理要求的自由。一些来访者常常会受到“不能拒绝他人要求”的困扰，心理咨询可以帮助来访者认识是否他人的每一个要求都是合理的，是否与自己的内心意愿相符合。如果他人的要求与来访者的意愿不相符合，咨询者要帮助来访者鼓起勇气说“不”，使来访者的生活减少一些不必要的负担。

3. 允许矛盾情感共存

心理咨询帮助来访者明白矛盾的情感是可以同时存在的。一些来访者无法允许自己同时存在两种矛盾的情感。例如，一个女大学生对咨询者倾诉“我真的非常讨厌我的前任男友，我恨他”，但事实上，她心里仍然爱着那个男孩，被抛弃所导致的仇恨使该女生认为自己不应该对前男友仍然有爱，因此，她觉得很痛苦。事实上，一个人的情感很难完全统一。例如，你可能对前男友既爱且恨，既为朋友取得的成绩感到自豪又对他们产生忌妒，这些矛盾的情感都是可以共存的。当来访者能够接受这种矛盾存在的现实时，他们就可以逐渐理解自己的行为，给予自己的心灵以自由空间。

本章摘要

心理咨询是指咨询者协助来访者解决各类心理问题以维护心理健康、发展个人潜能的过程。它起源于美国的职业指导运动，各种专业团体和学术机构的发展以及官方的重视使心理咨询逐渐走向职业化、专业化的道路并日趋完善，而且建立了包括培训、督导、资格认证等在内的一整套较为完善的职业化制度。心理咨询在20世纪50年代以后得到了蓬勃的发展，涌现了大批的杰出心理学家，产生了大量的咨询理论，为心理咨询事业的发展做出了巨大的贡献。心理咨询和心理学的其他分支学科一样采用科学的研究方法进行研究，其方法主要有文献分析法、测量法和作品分析法，作品分析法又包括词语联想法、语句完成法、故事分析法和绘画分析法。心理咨询的目的和意义体现为协助来访者进行问题管理和发挥潜能：一方面，心理咨询可以帮助来访者减轻内心冲突，提高处理现实问题的能力；

另一方面，心理咨询可以协助来访者全面认识自我，学会建立诚实、理解、尊重的新型人际关系，也可以帮助来访者增加心理自由度。

复习思考题

1. 心理咨询产生的社会背景和学术背景是什么?
2. 心理咨询是如何走向职业化的?
3. 心理咨询的研究一般通过什么方法进行?
4. 心理咨询的目的和意义是什么?

推荐参考书

1. 科里.(2000).心理咨询与心理治疗(石林，程俊玲译).北京：中国轻工业出版社.

2. 梁宝勇.(2002).心理卫生与心理咨询百科全书.天津：南开大学出版社.

3. 伊根.(1999).高明的心理助人者——心理咨询的操作过程与技能(郑维廉译).上海：上海教育出版社.

4. Feltham, C. & Horton, I. (Eds.). (2000). *Handbook of counselling and psychotherapy.* London: SAGE Publications Ltd.

5. McLeod, J. (1994). *Doing counselling research.* London: SAGE Publications Ltd.

参考文献

1. 黄希庭.(2004).简明心理学辞典.合肥：安徽人民出版社.

2. 江光荣，夏勉.(2005).美国心理咨询的资格认证制度.中国临床心理学杂志，13(1)，114–117.

3. 雷伯.(1996).心理学词典(李伯黍等译).上海：上海译文出版社.

4. 李维.(1995).心理学百科全书.杭州：浙江教育出版社.

5. 石国兴.(2004).英国心理咨询的专业化发展及其问题.心理科学进展，12(2)，304–311.

6. 伊根.(1999).高明的心理助人者——心理咨询的操作过程与技能(郑维廉译).上海：上海教育出版社.

7. 于鲁文.(1997).美国心理咨询的发展及职业化过程.心理学动态，5(1)，40–41.

8. Aubrey, R. F. (1983). The odyssey of counseling and images of the future. *Personnel and Guidance Journal, 62*, 78–82.

9. Cavanagh, M. E. (1982). *The counseling experience: A theoretical and practical approach.* Monterey, CA: Brooks/Cole Publishing Company.

10. DuBois, P. H. (1970). *A history of psychological testing*. Boston, MA: Allyn and Bacon.

11. Egan, G. (1990). *The skilled helper: A systematic approach to effective helping*. Pacific Grove, CA: Brooks/Cole Publishing Company.

12. Eysenck, H. J. (1952). The effects of psychotherapy: An evaluation. *Journal of Consulting Psychology, 16*, 319–324.

13. Gelso, C. J. & Fassinger, R. E. (1990). Counseling psychology: Theory and research on intervention. *Annual Review of Psychology, 41*, 355–386.

14. Goldfried, M. R., Greenberg, L. S. & Marmar, C. (1990). Individual psychotherapy: Process and outcome. *Annual Review of Psychology, 41*, 659–688.

15. Goodyear, R. K. & Watkins, C. E. (1983). C. H. Patterson: The counselor's counselor. *Personnel and Guidance Journal, 61*, 592–597.

16. Guy, J. D. (1987). *The personal life of the psychotherapist.* New York: Wiley.

17. Ivey, A. E. (1971). *Microcounseling: Innovations in interviewing training*. Springfield, IL: Thomas.

18. Lines, D. (2002). *Brief counselling in schools.* London: SAGE Publications Ltd.

19. Lipkin, S. (1948). The client evaluates nondirective psychotherapy. *Journal of Consulting Psychology, 12*, 137–146.

20. McLeod, J. (1994). *Doing counselling research.* London: SAGE Publications Ltd.

21. Rennie, D. L. (1990). Toward a representation of the client's experience of the psychotherapy hour. In G. Lietaer, J. Rombauts, & R. Van Balen (eds.), *Client-centered and experiential therapy in the nineties* (pp. 155–172). Leuven: University of Leuven Press.

22. Rogers, C. (1942). *Counseling and psychotherapy*. Boston: Houghton Mifflin.

第二章　心理咨询的基本理论

引　言

在心理咨询的实践中，咨询者和来访者既会考虑近期目标，也会考虑远期目标或最终目标，寻求来访者人格的完善与发展是远期目标或最终目标的核心。因此，如何理解人格的形成与发展，如何看待人格异常或人格适应不良的本质将会影响咨询者采用什么样的方法开展咨询工作。从弗洛伊德创立精神分析学派至今，现代心理咨询与治疗已有上百年的历史，诞生了各种各样的心理咨询与治疗方法。尽管不同方法各有特点，但在理论根基方面大体可归结于以下四种：精神分析理论、行为主义理论、人本主义理论和认知心理学理论。这些理论在人格观上的不同导致人们在对心理困扰成因的看法、咨访关系的处理以及咨询技术的选择上都存在着很大的区别。本章将分别介绍这四种理论的人格观，涉及人格的形成与发展、人格异常的本质等内容。

第一节　精神分析理论

19世纪末至20世纪初，欧洲许多国家的民族矛盾和阶级矛盾日益尖锐，神经官能症和精神病的发病率日渐增高，精神分析作为治疗神经官能症的一种理论和技术，正是适应这一社会需要而产生的。从弗洛伊德的古典精神分析到阿德勒、荣格、霍妮（K. Horney）等的新精神分析，再到客体关系理论，精神分析学派一路走来产生了许多有价值的观点。

一、古典精神分析

（一）人格结构

弗洛伊德在早期认为人的心理由意识和无意识组成，无意识分为前意识和潜意识，前者指能够进入意识的经验，后者指不能或很难进入意识的经验，包括原始的本能冲动和欲望，特别是性欲望。心理各成分之间的关系表现为：前意识居于潜意识和意识之间，扮演“稽查者”的角色，严防潜意识本能冲动进入意识；而潜意识则始终保持积极的活动，当“稽查者”放松戒备时，就通过伪装的方式窜入意识当中。弗洛伊德认为，潜意识虽然不能被察觉，却支配着人的一生。因此，精神分析的主要研究对象不是意识，而是无意识，特别是潜意识现象，研究方法包括自由联想法、梦的解析等。

后期，弗洛伊德将人格划分为本我、自我和超我。本我是原始的自己，包含生存所需的基本欲望、冲动和生命力，它是心理能量的基本源泉。自我是现实生活中的“我”，是自己可意识到的执行思考、感觉、判断或记忆的部分。超我是人格结构中代表道德和理想的部分。超我一旦形成，人的一切心理活动就可以依据三者之间的关系来阐明。自我在超我的监督下，按照现实可能的情况，允许来自本我的冲动进行有限的表达。在健康人格中，人格结构的三个组成部分是均衡协调的，如果平衡被打破，心理失常就会产生。

（二）人格的形成与发展

在人格的形成与发展中，弗洛伊德特别强调个人早期生活经验的影响。他认为每个儿童都要经历某些心理性欲发展阶段。从出生到1岁为口腔期，儿童主要从口腔部位的刺激中得到快感；1岁至3岁为肛门期，儿童主要从自身大小便的刺激中得到快感；3岁至5岁为性器期，儿童开始注意两性之间的差别；5岁至12岁为潜伏期，儿童的性力（也叫力比多，指一切寻求快感的心理能量）从自己的身体转移到外界的各种活动；之后为生殖期。弗洛伊德认为，幼年阶段不利的心理发展或挫折对人格及成年后心理困扰的形成有重大影响。

儿童在这些阶段中的经验决定了他长大后形成哪种人格。如果儿童在某一阶段的发展受阻，就会形成相应的人格障碍。例如，处于口腔期的儿童因某种因素（如过早断奶）而欲求受挫，就可能会产生滞留现象，出现原始信任危机，导致不安全感。以后仍可能采取以口腔活动（如过度进食）为主的方式来减轻焦虑，这就是口腔期人格。因此，弗洛伊德认为，在个人早期生活中形成的各种心理宣泄方式，在人的一生中都基本保持不变。

（三）防御机制与人格

自我的重要任务之一就是对付那些引起焦虑的威胁或危险，而它最常用的方法就是防御机制。因此，心理防御机制是自我的一种防卫功能。很多时候，超我与本我之间、本我与现实之间经常会有矛盾和冲突，人们就会感到痛苦和焦虑，这时自我就可以采用包括压抑、否认、投射等在内的方式调整冲突双方的关系，使超我的监察可以接受，同时本我的欲望又可以得到某种形式的满足，进而达到缓解焦虑、消除痛苦的目的。

每个人在正常或病态的情况下都会自觉或不自觉地运用心理防御机制。运用得当，则可减轻痛苦，防止精神崩溃；运用不当，就会表现出焦虑、抑郁等心理症状。对于个体而言，不会采用所有可能的防御机制，而只会有选择地采用其中的某些机制，这些机制就可能在其自我中固定下来，成为个体人格的一部分（陈秋明，2005）。

二、新精神分析

（一）个体心理学

阿德勒不认同弗洛伊德对人性的以性冲动为主的驱力解释和以潜意识主导一切行为的观念，他的个体心理学主张：（1）人性不是盲目的，人的行为并非受制于盲目的性力冲动，人性具有一定的自主倾向，人能决定自己的未来，创造自己想要的生活。（2）人在生活目标之下有一种与生俱来的、求全求美的内在动力，即“追求卓越”。（3）人追求卓越的动力来源于“自卑与补偿”。（4）生活风格指个体四五岁时，在家庭环境、早期社会生活中形成的特定的行为模式，此后几乎一生不变。（5）社会兴趣是个体具有的先天需要，是在社会环境中发展起来的。早期的亲子关系是儿童形成成熟的社会兴趣的关键因素。社会兴趣是衡量个体健康的主要标准，其水平决定了个体的生活意义及个体对社会贡献的大小。

（二）分析心理学

荣格认为人格由意识、个体潜意识和集体潜意识三个层面构成。意识居于人格结构的最顶层，能够被人所觉知，自我是意识的核心，由各种感觉、知觉、记忆、思维及情感组成。个体潜意识居于第二层，是比自我作用更大的潜意识的表层部分，主要由具有情绪色彩的情结所构成。集体潜意识居于人格结构的最底层，是种族世世代代的活动方式和经验在人脑结构中的遗传痕迹，主要内容为本能和原型。荣格将两种人格态度类型（内倾和外倾）和四种人格功能类型（感觉型、直觉型、思维型和情感型）组合起来，提出八种性格类型。他认为人格发展是连续化、统合化、个别化的过程，个体的人格发展在30岁以后的成年期臻于成熟。

（三）社会文化学派的理论

社会文化学派的主要代表人物有霍妮、沙利文（H. S. Sullivan）、卡丁纳（A. Kardiner）、弗洛姆（E. Fromm）等。霍妮提出了基本焦虑论，认为神经症起源于儿童期异常的人际关系，尤其是充满焦虑情绪的家庭环境。沙利文提出了人际关系论，强调人与环境之间的关系，认为人格从来不能与复杂的人际关系相隔绝，个体生活在这种复杂的人际关系中，并成为他自己。卡丁纳非常关注“原始文化”和少数民族心理研究，提出了文化论，把新精神分析和文化人类学结合起来，用文化相对论和人类学来解释个体人格的形成。弗洛姆认为，现代民主使人们获得了自由感，但是人们在意识到自己个体性的同时，也更加意识到很多自己不能控制的东西，痛苦地面对自己的无能为力。对于这种无能为力，人们的反应方式有两种：要么逃出自由，要么崇尚“积极的自由”（许辛欣，2013）。

（四）自我心理学

在继承安娜·弗洛伊德（Anna Freud）思想的基础上，哈特曼（H. Hartmann）创立了自我心理学。在他看来，自我并不一定要在与本我和超我的冲突中成长。诸如知觉、思维、记忆、言语、创造力的发展乃至各种动作的成熟和学习等自我的适应机能，并不是自我与本我相互作用的产物，它们是在没有冲突的自我领域中发展的。埃里克森（E. H. Erikson）进一步指出，自我的作用是建立人的自我认同感和控制外部环境，人格在一生中都在发展。埃里克森把个体的心理发展分为八个阶段，而发展危机是他划分每个阶段的特征性标准。他认为，这八个阶段的顺序是由遗传决定的，每一阶段能否顺利度过是由社会环境决定的。社会配合本能发展的情况，对不同年龄阶段提出不同的发展要求，也表现为“危机”的形式。其中前五个阶段与弗洛伊德的划分阶段是平行的，但是，在论述上两者很少有一致的地方，埃里克森并不强调性本能的作用，而把重点放在个体的社会经验上。他创造性地提出了人格发展的最后三个阶段，描述了人格的终身发展过程，代表着他对人格心理学的贡献，基于此，他的理论被称为“心理社会发展阶段理论”。埃里克森认为，人格发展的每个阶段都由一对冲突所组成，并形成一种危机。危机的积极解决会增强自我的力量，人格就得到健全发展，有利于个人对环境的适应。

三、客体关系理论

客体关系理论是精神分析学在20世纪中后期的新发展，它是在精神分析的理论框架中探讨人际关系，尤其是婴儿与母亲的关系是如何影响个体的精神结构及人格发展的一种理论。客体关系理论起源于英国，后来受到美国心理分析师的重视并在美国发展起来，主要代表人物有克莱因（M. Klein）、费尔贝恩（W. R. D. Fairbairn）、温尼科特（D. W. Winnicott）、马勒（M. Mahler）等人（姜永志，2015）。

（一）核心观点

客体关系理论家认为，真正影响一个人精神结构及人格发展的是在出生早期婴儿与父母的关系，尤其是与母亲的关系。围绕这一观点，客体关系理论提出了四个核心概念：客体、结构、内部世界、内化过程。这些概念构成了客体关系理论的基础（李倩，2008）。

1. 客体

客体是一个在心理上与主体相对应的概念，也是客体关系理论中的一个最主要、最具特色的组成部分。尽管各个理论家对客体的功能有不同的论述，但都承认客体的首要地位。克莱因认为驱力天生就是对应于客体而出现的，每个冲动与本能都是和某一客体结合在一起的。为了进一步明确客体的概念，格林伯格和米切尔（Greenberg & Mitchell）在1988年确定了客体的四个要点：（1）客体可以是外部世界中的某一真实存在的人，也可以是在内部心理建立的某人的映象；（2）客体具有多变性，它可能是活的也可能是死的，可能是静态的也可能是动态的，可能是善的也可能是恶的；（3）客体被感觉是真实的；（4）客体具有可操作性和可变性。

2. 结构

通常，自我、本我及超我这些概念和其他各种不同的心理过程及其关联方式一样，被认为是“结构”。结构指的是种种组织良好且稳定的心理过程与心理功能，它们是一些概念，不是某种实际的东西。客体关系理论认为，个体与他人关系的经验组成了结构。这些结构组成了早期客体关系的形式，自我和客体表象从日常的情感经验中建立起来，并且这种结构的建立可以使不同的经验联系起来。

3. 内部世界

客体关系理论将内部世界看作由客体关系引起的个体内部与外部相区别的一个方面。在内部世界里，存在着与客体表象相关的内部意象。这些内部意象对于真实世界中客体的表达既可能是准确的，也可能是不准确的。

4. 内化过程

客体关系理论用内化过程来解释外部世界与内部世界之间的联系。内化过程由低级到高级包括三种形式：内射、认同和自我认同。内射是指以某种方式将客体及其某些特性吸收到内部，同时将该客体体验为他人的过程。认同是指内化社会角色的过程，在个体具有一定的认知成熟度的时候才出现。自我认同是指具有整合功能的自我对认同和内射的组织过程。在这个过程中，起组织作用的自我使自我结构得到巩固，个体会产生一种连续性的自我意识，内化的客体关系也会被组织成表象的世界。

（二）人格发展观

客体关系理论认为分裂（splitting）是人格发展的主要心理机制。人格的发展就是婴儿通过与母亲的不断分裂来实现的。通过分裂，儿童逐渐成为有独立意识的个体，发展出完整的客体关系。客体关系理论家们认为人格的发展大致要经过四个阶段（马庆玲，冯华，2012）：

第一个阶段是母体分裂阶段。婴儿脱离母体就意味着分裂的开始，但是，通过与母亲乳房的互动，婴儿认为自己仍然掌控着母亲。到了后期，由于母亲的乳房不能总是满足他们全能的幻想，他们体验到了一定的分裂，于是将母亲分为“好的”和“坏的”。

第二个阶段是想象的分裂阶段。婴儿感受到了与母亲的分裂，但他们又对母亲有很大的依赖性。当他们合理或不合理的要求得不到满足时，怕被毁灭的恐惧使他们既通过合并“好”的客体又通过控制内射进来的“坏”的客体与母亲保持共生。该阶段的婴儿非常依恋自己的母亲。

第三个阶段是分离—个体化阶段。随着认知和情感的发展及生理上的成熟，儿童开始探索周围的世界，发现即使没有母亲的帮助，自己用语言和手脚也能解决一些问题且能获得外人的帮助。在这个阶段，儿童已经意识到了与母亲的分离，个体意识开始形成。

第四个阶段是认同分裂阶段。儿童逐渐形成独立探索外部世界的能力，当与父母、他人在观点上有分歧时，开始认同自我观点。

儿童正是在认知、情感和身体发展的基础上通过上述的一系列分裂形成了自己独特的人格特质。客体关系理论认为，人格是在与客体的关系中发展而来的。因此，心理的病理性也必然是早期客体关系的结果。

第二节 行为主义理论

行为主义是现代心理学的主要流派之一，它把心理学的研究对象定位于人和动物的行为，将无法观察到的人的内部心理活动统统抛弃或是忽略不计。尽管如此，行为主义者并未将人格排除在外，而是将其纳入研究之中，从行为主义的角度对人格进行了全新的解读。华生（J. B. Watson）、斯金纳（B. F. Skinner）、班杜拉（A. Bandura）都是其中比较有代表性的人物。

一、华生的人格观

（一）人格的本质

华生把人复杂的心理活动和行为用S—R（刺激—反应）来表示，关注外显活动和行为，将内部的心理活动全部抛弃，认为内部的心理活动最终还是外显于行为。1919年，华生在《行为主义者眼中的心理学》一书中提出，人格由一系列习得的S—R组成。个体的学习环境不同，学习历史不同，学习风格不同，因此个体所形成的S—R不同。不同的个体接受同一刺激，在不同的S—R基础上，必然产生不同的反应。这样，一系列的S—R构成相应的人格类型。由此总结出，若要改变个体的人格类型，就要改变个体所处的环境。

1925年，华生在《行为主义》一书中重新对人格进行了解释，认为人格是由人的习惯系统所构成的。这里的习惯系统是指占支配地位的习惯系统，容易被观察出来，由此可以对人格进行分类。具有正常人格的个体所拥有的习惯系统是在一定环境中所产生的适应性行为构成的，而变态人格是习惯紊乱导致的。人格的形成、变化和发展也就是习惯系统的形成、变化和发展，习惯系统的变化是受环境变化影响的，由此得出人格的改变源于环境的改变，这与华生之前的观点是相吻合的。

（二）人格的可塑性

作为行为主义的创始人，华生将心理、意识等一切心理活动归为外显行为，这样有利于预测和控制心理和行为。华生将人格描述为习惯系统，也为在实践中预测和控制人格提供了理论依据。预测和控制人的行为正是华生所主张的心理学的主要任务。华生有一个大胆的设想，如果给他一打（12个）健康的婴儿，由他来控制这些婴儿所生长的环境和条件，他可以保证随意指定的一个婴儿成为一种类型的典型人物，如医生、律师、商人、艺术家甚至是乞丐、小偷。由此可以总结出，华生认为人格是可控制的。这种可控性主要体现在对环境的控制上，华生是环境决定论的倡导者，相信改变环境也就能够改变生长于环境中的个体，这一思想贯穿于华生所倡导的行为主义之中。但应该强调的是，这种可控性是被动的控制性。

二、斯金纳的人格观

（一）人格的本质

在斯金纳看来，人格是个体行为受到强化的结果的整合，是一系列经过强化的行为反应组合。每个人所独具的人格特征都反映在人的特殊反应上，个体的特殊反应正是人格的代表。斯金纳认为，人的特殊反应是由各种操作行为组成的，也就是说，代表人格的是一系列操作行为。由此可见，人格是强化的结果，人格是由一系列操作行为反应组合形成的。人格的形成过程就是个体的操作行为接受强化的过程，个体的许多操作行为的结果是不一样的：有的操作行为受到强化，在类似情境中出现类似操作行为的可能性就大；有的操作行为未受到强化，在类似情境中出现类似操作行为的可能性就小甚至为零。在某一情境中的行为反应或行为反应的组合经过强化作用后会固定下来，由此形成个体独特的人格。斯金纳认为，无论是正常的人格还是异常的人格，在本质上都是相同的，都是外部强化、学习的结果，而在异常行为的获得过程中，环境因素的作用更强烈一些。

（二）人格的可塑性

人格的可塑性是通过强化理论体现出来的。在关于人格的理论中，斯金纳考虑到控制或操纵行为的重要事件，即对人格的形成有重要影响的事件，而控制和操纵行为的方法便是强化。斯金纳认为行为发生变化的原因就是强化作用，对强化的控制就是对行为的控制。

在巴甫洛夫（И. П. Павлов）的经典条件反射中，强化意味着在条件刺激物之后出现无条件刺激，这样的操作被称为强化；在斯金纳的操作性条件反射中，强化是指在行为之后出现有助于增加该行为出现概率的事件。斯金纳对强化做出了全面丰富的分析，根据不同的标准把强化划分成不同的类型，并区分了一些在日常生活中容易与强化概念混淆的概念。根据强化物的性质，他把强化分为正强化和负强化，前者是指由于刺激物的出现而增加某一行为出现的概率，后者是指排除某一刺激物的出现以增加某一行为出现的概率；根据强化影响人类行为的程度，他将强化分为一级强化和二级强化，前者是指与人或动物基本生理需要相关的强化，后者是指某一中性刺激与一级强化物反复联合后所形成的强化；根据强化实施的间隔时间，他把强化分为连续强化和间隔强化，连续强化是指个体某一行为反应出现后立即施以强化，间隔强化是指行为反应的发生与强化物的出现之间有一定的时间间隔，按照一定的规律安排这些间隔。另外，斯金纳还区分了强化和奖励、负强化和惩罚这些概念。强化和奖励不是一回事，奖励有时是强化的一种，但不一定所有的奖励都能起到强化的作用；负强化不同于惩罚，前者是撤走刺激使得行为反应增加，后者是增加负性刺激或撤走正性刺激使得行为得到抑制（郭利，2013）。

三、班杜拉的人格观

班杜拉的理论背景虽然是行为主义，但他同时吸收了认知心理学及人本主义心理学的思想，创立了社会学习理论。该理论摈弃了传统行为主义对环境的依赖，指出人的更普遍、更有效的学习方式是观察学习，强调了人的认知因素在学习过程中的重要作用，认为行为、认知及环境三者之间构成了动态的交叉互动关系，重视人的自我调节和自我效能感。

（一）观察学习理论

观察学习就是通过观察他人或榜样的行为（这种行为对于观察学习者来说是新的行为），获得示范行为的象征性表象，并做出与之相对应的行为的过程。观察学习不同于模仿，模仿是指学习者对榜样行为的简单复制，而观察学习则是一种较为复杂的学习过程，是从他人的行为及其后果中获得信息，其中可能包含模仿，也可能不包含模仿。班杜拉认为观察学习不要求必须有强化，也不一定产生外显行为，由四个相互联系的子过程组成，即注意过程、保持过程、动作再现过程和动机过程。

（1）注意过程。班杜拉认为，学习者置身于大量的示范事件下，从中观察什么、知觉什么、吸取什么，是由注意过程决定的。制约和影响注意过程的因素很多，概括起来主要有三种：一是示范原型的特点，那些具有一定社会地位、较高的能力和较大权力的示范原型较易受到关注；二是观察者本身的特征，即知识经验、认知能力、已经形成的知觉定势等；三是人际关系的结构特征。

（2）保持过程。保持过程就是把示范行为转换成表象或言语符号保留在记忆中。班杜拉认为，示范行为的保持主要依赖两个系统：表象系统和言语系统。表象系统与示范行为的言语编码有关，调节行为的认知过程大多数是言语的而不是表象的。班杜拉认为，言语符号编码可以促进观察学习。

（3）动作再现过程。这个过程是把符号性的表征转换成适当的行为。这一过程比较复杂。再现出来的行为并不是准确无误的，还需要给予调整和纠正。对于自己能够观察到的行为，学习者可以通过自我反应的监察来纠正或调整；对于那些自己观察不到的行为，学习者需要他人提供反馈信息来加以纠正或改进。

（4）动机过程。班杜拉认为，人们能够通过观察而获得新知识，但人们可能采用这种方式，也可能不采用这种方式，这取决于强化引起的动机作用。班杜拉把强化分为直接强化、替代强化和自我强化三种。直接强化是指通过外界因素对学习者的行为直接进行干预；替代强化是指学习者看到他人因成功而受到赞扬或因失败而受到惩罚的行为，就会增强或抑制产生同样行为的倾向；自我强化是指行为达到自己设定的标准时，以自己能支配的奖赏来增强、维持自己行为的过程。

（二）三元交互决定理论

对行为的因果分析在心理学界历来有不同的看法，有的强调行为由环境因素决定，有的强调行为由个人因素决定。班杜拉认为，个人因素和环境因素并不能独立发挥作用，两者是交互决定的，而且人也不是独立于行为之外的。他把人的认知因素引入对行为的因果决定模式的分析中，提出三元交互决定理论，即强调在社会学习过程中行为、认知和环境三者的交互作用。

在班杜拉看来，行为、认知和环境是“你中有我，我中有你”，不能把某一个因素放在比其他因素重要的位置。尽管有时环境的影响对行为具有决定作用，有时行为也可能成为这三个交互决定因素中的主要成分，有时认知因素也可能在这个交互决定链中起决定作用。但在大多数情况下，这三者是密切相联、互为因果的，这是三元交互决定理论的核心所在（李晶晶，2009）。

（三）自我调节理论

自我调节是指人们基于自我的认识对自己的行为设立一个标准，通过奖励或惩罚等强化方式来维持或改变自己的行为，以期达到目标的过程。班杜拉将自我调节划分为广义的自我调节和狭义的自我调节：前者泛指人们给自己制定行为标准，并用自我可控制的奖惩来强化、维持或改变自己行为的过程；后者则特指自我维持和强化，即当人们达到了自己制定的行为标准时，用自我可控制的奖赏来强化并维持自己行为的过程。

班杜拉认为自我调节由自我观察、自我判断和自我反应三个基本过程组成。自我观察是指人们依据社会活动中的不同标准对自身的行为表现进行观察的过程；自我判断是指人们为自己的行为设立某个标准，并判断自己的行为与标准的差距，从而做出自我肯定或否定的评价的过程；自我反应是指个体在对自己行为评价的基础上产生的各种内心体验，如自我满足、自豪、自怨等（段锦云，梁凤华，曹莹，2017）。

（四）自我效能感理论

班杜拉把自我效能感定义为人们关于自己是否有能力控制影响其生活的环境事件的信念。班杜拉对自我效能感的形成条件及自我效能感对行为的影响进行了大量的研究，指出自我效能感的形成主要受四种因素的影响。

（1）成败经验（直接经验）。以往的成败经验是自我效能感形成的重要前提，它为个体提供判断与构成自我效能感的信息。成功的经验使个体对自己的能力充满信心，自我效能感较高；多次失败则会使个体降低对自己能力的评估，丧失信心。

（2）替代性经验（间接经验）。个体在观察到与自己能力相当的人获得成功时，则会增强自信心，相信自己也有能力完成同样的任务；相反，个体在看到一个与自己能力不相上下的人付出了很大的努力但失败时，就会降低自我效能感，认为自己也没有成功的可能，因此付出的努力也不会太多。

（3）言语劝说。言语劝说主要包括他人的暗示、建议、劝告等。言语劝说是否能发挥作用依赖于劝说者的声望、地位以及劝说的内容是否切合实际，与个体自身的经验关系不大，所以对自我效能感的影响也不是很大，而且经由言语劝说形成的自我效能感在面临困境时比较容易消失。

（4）情绪和生理状态。班杜拉认为，情绪和生理状态也会影响自我效能感的形成。个体在面临某项任务时，身心反应平静则会镇定、自信，焦虑不安则会对自己的能力产生怀疑。

第三节　人本主义理论

人本主义心理学是继精神分析和行为主义之后的心理学的第三势力。它以存在主义和现象学为哲学基础，主张心理学应关心人的价值与尊严，研究对人类进步富有意义的问题；反对行为主义的环境决定论和精神分析的生物还原论思想，突出人的动机系统与高级需要的重要作用；主张研究人的本性、潜能、经验、价值、创造力及自我实现。主要代表人物有马斯洛（A. H. Maslow）、罗杰斯和罗洛·梅（Rollo May）等。

一、马斯洛的人格观

作为人本主义心理学的创始人之一，马斯洛毕生致力于健康人格的研究，其创立的理论体系主要由需要层次理论、自我实现理论等构成。这些理论观点不仅完善了人们对心理健康的认识，也为人们理解心理疾病的成因提供了独特的视角。

（一）需要层次理论

马斯洛认为，人类的需要可以分为两类。一类是基本需要，指个体因身体上或心理上的某种缺失而产生的需要，因此也称作缺失性需要。另一类是发展需要，是个体成长所必需的，因此又称为成长性需要。前者属于低层次需要，后者属于高层次需要。在低层次需要没有得到满足的情况下，个体很难产生高层次需要。低层次需要一旦得到满足，就不再具有动机作用。发展需要具有较大的个体差异，主要由实现个体的潜能、超越自我所驱使。这类需要得到一定的满足之后，并不会像基本需要那样不具有动机作用，相反会具有更强的动机作用，促使个体不断地去追求满足。

马斯洛认为，人类的需要按照优势出现的先后或力量强弱排列为等级系统。一是生理需要，指维持个体生存和种族发展的需要，是人的各种需要中最原始、最基本、最需优先满足的一种。二是安全需要，指对稳定、安全、秩序、保障等的需要。安全需要是在生理需要相对满足后出现的，它同样可以支配个体的行为。三是爱与归属的需要，指个体对于友情、家庭的需要，对受到组织、团体认同的需要。四是尊重的需要，指个人对尊严和价值的追求。包括两个方面，一是他人对自己的尊重，二是个体自己对自己的尊重。五是自我实现的需要，指个体对于实现自己的理想、抱负，充分发挥自己的潜能，成为所期望的人物的需要。这五个不同层次的需要在不同时期所表现的迫切程度是不同的。需要层次的顺序是相对的，不是固定不变的。

（二）自我实现理论

究竟什么是自我实现？马斯洛认为，自我实现就是一个人力求变成他能变成的样子。具体来说，自我实现包含两层含义：一是完美人性的实现，即作为人类共性的潜能的自我实现，包括友爱、合作、求知、审美、创造等特性或潜能的充分展现；二是个人潜能的实现。马斯洛认为，自我实现者可以区分为两种不同的类型：（1）健康型自我实现者。这类人更加实际、现实、世俗，而且更加能干，他们更像是入世者，以非常实用的态度待人接物和处理问题。（2）超越型自我实现者。这类人经常意识到内在价值，生活在存在水平或目的水平，且具有更丰富的超越体验（俞国良，罗晓路，2016）。

马斯洛十分细致地描述了自我实现者的人格特征，主要包括以下15个方面：（1）能准确、充分地认识现实，并与现实保持良好的关系；（2）能接纳自我、他人和自然；（3）能自然地表达情绪和思想；（4）以问题为中心；（5）有独立和独处的需要；（6）有自主性，超越文化与环境的束缚；（7）有反复欣赏生活的能力；（8）有高峰体验；（9）对人类怀有认同感、同情心和关爱之情；（10）与他人建立深厚的人际关系；（11）对他人没有歧视，能以平等的态度待人，以虚心的态度向他人学习；（12）能对方法和结果进行辨别，有明确的伦理道德标准；（13）有富于哲理的、善意的幽默感；（14）有创造力；（15）在遵守社会习俗与规范的同时，能坚守自己的价值体系和行为方式，保持内在的超脱，能抵制现实的压力和束缚（戴正清，徐飞，徐旭辉，2005）。

（三）心理疾病的成因

关于基本需要，马斯洛提出了一个著名的观点，即基本需要是介于本能和非本能之间的似本能。似本能在本质上还是一种本能，但在强度上比本能弱。柔弱的似本能很容易被恶劣的社会环境所吞没、所摧残，需要在一个良好的环境中得到表现和满足。如果似本能被压抑而不能得到正常表现，就会产生病态的后果。马斯洛指出，之前的任何一个理论在解释精神病的成因时，都要借助于挫折和冲突这两个概念，即认为精神疾病都是由挫折和冲突引起的。但实际情况是，有的挫折可导致病态，而有的挫折不导致病态，有的冲突可导致病态，而有的冲突不导致病态。马斯洛认为，之所以出现这种情况，是因为挫折和冲突在精神疾病的产生中仅仅是间接的原因，而基本需要才是最直接的原因。

既然心理问题是因为基本需要没有满足造成的，那么治疗心理问题的途径和方法就是满足这种需要。怎么去满足基本需要呢？马斯洛认为，既然有效的心理治疗在本质上是一种良好的人际关系，那么日常生活中良好的人际关系也应具有心理治疗的作用。根据一种人际关系能否给来访者带来基本需要的满足，马斯洛将人际关系区分为良好关系和不良关系。一种关系，如友谊、婚姻、亲子，如果能增进归属感、安全感与自尊感，就是一种良好关系；相反，如果它不能增进归属感、安全感与自尊感，就是不良关系。

二、罗杰斯的人格观

罗杰斯是美国当代心理学家和教育学家，其人本主义思想主要体现在他的人格理论及他创立的来访者中心疗法之中。

（一）人格理论

1. 自我概念

罗杰斯的人格理论常被称为人格的自我理论，自我概念和经验是其理论中比较重要的两个概念。经验是人们在某一时刻所具有的主观精神世界。自我概念是指人们对自己的真实本体如何看待，包括对自己身份的界定、对自我能力的认识、对自己的人际关系及自己与环境关系等的认识。个人的经验会影响其自我概念的形成与发展，而个人的自我概念又决定他接受与处理经验的方式和态度。罗杰斯还提出了理想自我的概念，这是个人所希望的自我形象，在自己的心目中有很高的价值。他认为，实际经验中的自我（自我概念）和期望中的自我（理想自我）都是可以测量和评估的，二者的一致性程度可作为个体心理调节能力的标志。

2. 机体评价过程

罗杰斯认为，个体对一切经验的评价都是以实现倾向为参照系的，符合实现倾向的经验使人感到满足和愉悦，对个体具有积极的价值，背离实现倾向的经验会让人感到烦恼和难受，是消极的。他将这种评价过程称为机体评价过程。罗杰斯认为，个体有能力判断一个经验是否符合实现倾向，进而产生对该经验及相关事件是采取趋近还是回避的态度。换言之，机体评价过程作为一种反馈系统，它使个体能调节自己的经验，朝向实现倾向，达到维持、增长、完善和发挥生命潜力的目的。与此同时，个体还具有积极关注的需要，需要他人，特别是重要他人（如父母、伴侣、好友等）对自己的肯定、看重、认可和喜爱。当个体获得满足或愉悦感体验的行为受到重要他人的消极对待，或者并不能让个体产生满足或愉悦感体验的行为受到重要他人的积极关注时，积极关注需要和机体评价过程之间的矛盾就出现了。如果人们想朝着实现倾向发展，重要他人就要让个体的机体评价过程起作用，不以其行为表现是否符合自己的价值标准来进行评判，无条件地给予关怀、喜爱和认可，即表达“无条件积极关注”的态度（肖君政，2007）。

3. 机能完善的人

罗杰斯在其人格理论中提出机能完善的人的概念。他认为自我实现倾向是生命的驱动力量，使人更加特异化，更加独立，更具社会责任感。一个机能完善的人具有以下特征：（1）坦诚对待自己的经历，对任何经验都开放，不需要防御机制。（2）关注此时此地，关注现实的空间，即所谓活在当下。（3）相信自己的感觉，不太屈从社会的要求，因而也往往有高度的创造性。（4）自我概念和经验相协调。（5）无条件地自我关怀，即随时随地对自己的经验和行为给予肯定。（6）与他人和睦相处，给予他人无条件的积极关注。

（二）来访者中心疗法

1. 基本思想

在生活的早期阶段，个体的经验是没有遭受扭曲和否认的。随着年龄的增长，个体遇到的反对、拒绝以及来自外界的威胁越来越多，这些负面的经验使人产生焦虑。个体的自我概念会受到这些消极经验的影响，于是，消极的自我概念不断被强化，个体逐渐远离了真实的自我。心理咨询的宗旨就是重建个体自我概念和经验之间的和谐。

2. 基本方法

咨询过程中的氛围是关键，咨询者对来访者的态度应做到三个方面：真诚一致、无条件积极关注和设身处地地理解。真诚一致指咨询者的想法与他对来访者的态度和行为应该是一致的，不能虚伪做作。在咨询过程中，咨询者以“真正的我”出现，没有防御式伪装，不把自己藏在专业角色后面，不戴假面具，不是在扮演角色或例行公事，而是表里一致、真实可信地置身于与来访者的关系之中。无条件积极关注指咨询者对来访者应该表现出尊重、关心、喜欢和接纳，即使在来访者叙述某些可耻的感受时，也不表示冷漠或鄙视，即无条件尊重。另外，咨询者要深入了解来访者的感情和想法，设身处地地理解和体会来访者的内心世界（冯晖，2009）。

三、罗洛·梅的人格观

罗洛·梅是20世纪著名的人本主义心理学家，也是存在主义哲学在美国的积极倡导者，他的理论观点具有浓郁的存在主义色彩。

（一）基本观点

罗洛·梅认为个体生存最重要的是体验存在感，人存在于世界的各种关系之中，人的自我存在感是自我价值的体验。他认为每个个体都是具体时间和具体空间的存在体，而存在是一种本能的需要。存在的本质就是存在于世，即存在于周围世界之中，存在于人际世界之中，存在于自我世界之中。

（1）周围世界。周围世界是自然万物的总和。人与世界密不可分，周围世界构成人类生存的外部环境，自然世界和物质世界都影响着个体的生活。人与物质的关系、人与动物的关系在生活中都会影响个体的存在感。

（2）人际世界。人存在于人际世界之中。客体关系理论认为，影响人生存和发展的关键因素就是“关系”，人际关系是人类所独有的。罗洛·梅认为，每个人都生活于自我中心之中，谁攻击这个中心，谁就攻击其存在本身。但是如果过分独立，过分自我中心，人就会脱离社会关系，变得孤独和疏离。闭锁的环境会影响健康人格的发展，适当的“顺应”有利于促进个体生活的内在平衡。

（3）自我世界。人存在于与自我的关系之中。罗洛·梅认为，每个人都是与众不同的独立存在，都具有自我的核心性，具有特有的自我意识的世界。个体在与自我的相处之中，需要提升一种自我感悟的能力，督促自己，鼓励自己，在可能的范围进行自我选择，自己承担责任，与内在自我更好地相处。

这三个世界彼此之间并不是孤立的，而是相互依存的。若仅仅强调其中之一，就会妨碍对自我真实面目的理解，甚至造成人格障碍。罗洛·梅认为，在周围世界中，人必然会遇到各种各样的自然力量，人只能接受和顺应自然规律的支配。在人际世界中，一方面，人要适应自己所处的人际环境，积极地进行自我整合，另一方面，个体必须保持独立，以维护自我中心性。独立和顺应是人格中相辅相成的两个方面。如果过于独立，人就缺少正常的交往，把自己封闭在狭小的空间，不利于人格的正常发展；反之，如果顺应、依赖、参与过多而失去生活的平衡，个体必然会远离自我中心，成为一个过分外向的人，甚至感觉空虚、无聊和生活无意义。在自我世界中，人应有很强的自我意识。在三个世界中，自我世界是核心，是连接其他两个世界的出发点。罗洛·梅认为，只有提高人的自我意识，增强人的存在感，才能把三个世界统一起来，促进人的心理健康（冯大彪，刘国权，2006）。

（二）心理咨询观

罗洛·梅认为，心理咨询最主要的目的是使来访者重新认识到自己的存在。咨询者的作用在于引导来访者勇敢地面对真实的自我，承担自由选择的结果，重新获得责任感、意义感和价值感。在这个过程中，咨询者可以从以下几个方面入手。

（1）引导来访者接受自我的独特性，体验自我的存在感。罗洛·梅指出，每个自由的个体都是独一无二的。心理健康的首要条件在于接受自我的唯一性或独特性，发现和实现自我的潜能，使自己成为一个独立的个体，体验到自我存在感。为此，咨询者应该引导来访者发现真实的自我，发掘自己与众不同的独特品质，激发保持自我的勇气，体验自我的存在感。

（2）帮助来访者发展自由选择的能力，促使来访者做一个自由的人。罗洛·梅认为，个人的行为并不是盲目的，也不是由环境决定的，而是自由选择的。一个人的存在如果没有自由做基础，他就没有创造性意志或潜能，甚至也没有自由选择和决定的能力。咨询者应帮助来访者接受自己对生活的责任，勇敢地承担自由选择的结果，发展自由选择的能力。当然，这种自由是相对的，并非恣意妄为，而是要受到时空与遗传和环境的限制。

（3）引导来访者实现个人与社会的整合，建立健康的人际关系。罗洛·梅强调，人类自我意识的建构及人类自由的实现必须依赖自我与社会的协调，即个人与社会的整合。因为人不可能独立地存在于这个世界上，必须与周围的环境发生联系，通过合理的社会整合来增强自身的存在感和存在价值。咨询者应引导来访者接受社会，并运用选择的自由，发掘建设性的社会因素，使其既表现为强烈的自我独特性，又表现为对世界、对社会的成熟责任感。

（4）鼓励来访者勇于承担人生责任，实现人生理想。罗洛·梅认为，人能够从实现人生理想的过程中获得人生的最高价值和生命的意义。人是自主、有责任感的动物，当人不可能实现自己的所有理想时就会体验到罪疚感和孤独感。这种体验使人不断产生心理紧张，由此推动自我意识的发展。咨询者应鼓励来访者在责任和理想的驱使下，努力克服阻碍自我发展的恐惧与焦虑，完善自我。

（5）帮助来访者提高觉知水平，增强对自身境况的把握能力。觉知是指人与世界接触时所具有的直接感受，是对自我核心的主观认识，是自我意识的基础，人必须经过觉知，才能形成意识。通过觉知，人们可以发现外在的威胁或危险，及时调整自我的选择和决定，从而保持自我与环境的协调性。咨询者要提高来访者的觉知水平，增强其自由选择和承担责任的能力，使其能够勇敢地面对现实，从而更快地恢复或建构自我意识。

（6）引导来访者学会合理应对焦虑，建构自我意识。焦虑是指人的存在面临威胁时所产生的一种痛苦的情绪体验。当个体意识到自己的存在受到威胁，可能被毁灭的时候，他就会感到焦虑。罗洛·梅认为，每个人都不可避免地会产生焦虑，焦虑直接影响个体自我意识的建构。咨询者要帮助来访者正确认识和把握自己的存在，直面存在的困境，积极采取建设性的行动去应对焦虑，建立起自尊，发展自我的生命力，建构自我意识，实现其作为一个独特个体存在的独特性。

第四节 认知心理学理论

认知心理学是20世纪50年代中期在西方兴起的一种心理学思潮，20世纪70年代成为西方心理学的一个主要研究方向。认知心理学家关心的是作为人类行为基础的心理机制，其核心是输入和输出之间发生的内部心理过程。目前，与人格适应有关的认知心理学理论主要包括社会信息加工思想、个人构念理论和认知疗法相关理论等。

一、社会信息加工思想

认知心理学有广义和狭义之分。广义的认知心理学是指凡是研究人的认知过程的，都属于认知心理学。狭义的认知心理学就是信息加工心理学，指用信息加工的观点和术语，通过与计算机相类比来研究人的认知过程，认为人的认知过程就是信息的接受、编码、贮存、交换、操作、检索、提取和使用的过程。按照这一观点，认知可以分解为一系列阶段，每个阶段是一个对输入的信息进行某些特定操作的单元，而反应则是这一系列阶段和操作的产物。信息加工系统的各个部分之间都以某种方式相互联系着。

（一）社会信息加工模型

深受狭义的认知心理学思想的影响，克里克和道奇（Crick & Dodge）基于攻击行为研究，在1986年提出了社会适应的社会信息加工（social information-processing，简称SIP）模型，并于1994年对模型进行了完善。该模型把个体对社会信息或线索的加工看作一系列连续的认知加工过程。个体在面临某一社会情境时，会把社会线索、生物能力及记忆中贮存的数据信息进行联结，通过一系列信息加工，最终对社会刺激做出反应。该模型提出，个体的社会信息加工过程包括六个阶段：（1）线索编码（encoding of cues）。个体选择性地对社会环境中特定的内部和外部线索进行编码。（2）线索解释（interpretation of cues）。个体通过因果归因、意图归因和其他解释过程等方式对进入注意范围的线索加以解释。（3）目标澄清（clarification of goals）。个体在线索解释的基础上，澄清自己期望的目标或结果，并使机体处于唤醒状态。（4）反应产生或形成（response access or construction）。个体在记忆数据库中搜索并形成适合当前情境的反应模式。（5）反应决定（response decision）。个体对第四阶段产生的各种行为反应及其结果以及自己在该行为反应中的自我效能感进行预期评价，并做出反应决定。（6）行为表现（behavioral enactment）。个体实施并执行已选择的行为反应。

根据SIP模型，个体在社会情境中的行为反应是其对该情境中各种社会性刺激进行一系列认知加工的结果。如果个体能够准确顺利地完成信息加工的每一阶段，就能形成积极良好的行为反应（如正常行为、亲社会行为）；如果个体在信息加工的某一阶段出现了认知偏差，就会导致消极不良的行为反应（如社会退缩行为、攻击行为）。以攻击行为为例，攻击性儿童的社会信息加工特点具体表现为在面对模糊的挑衅情境时，较少注意相关的人际线索，易于对他人的行为进行敌意归因，认为报复、泄愤等具有较高的社会价值，而维持亲密关系的社会价值较低。遇到人际冲突时，攻击性儿童常常会使用攻击的方式解决问题，而不愿采取说理或者维持良好友谊关系的方式解决问题，并对攻击行为的后果做出正向、积极的预期。

（二）认知加工偏向及其矫正

认知对于人类的情绪情感有重要意义。对同一事件的不同认知倾向与情绪障碍的易感性有关。认知加工偏向（cognitive processing bias）是指个体对信息的选择性加工和处理。目前，认知加工偏向的研究主要集中三个方面。（1）注意偏向（attentional bias）：个体对某些信息存在高度敏感性并有选择性地注意这些信息，形成一个固定的倾向。（2）记忆偏向（memory bias）：个体倾向于提取某些信息，或者对某些信息表现出偏好。（3）解释偏向（interpretive bias）：个体以一种积极、中性或消极的方式对模糊的社交或非社交情境信息进行解释的倾向。

认知加工偏向通常是自动化的，不是随意可控的，需要通过多次重复练习才能改变。认知偏向矫正（cognitive bias modification，简称CBM）是一种新颖的改变认知加工偏向的方法。CBM是指通过系统地练习替代性的认知加工风格来改变那些引起不良情绪或情绪情感障碍的认知加工风格。大量实验证明，认知加工偏向是可以改变的，而且这种改变可以影响随后的情绪反应。与认知加工偏向相对应，CBM也主要集中在三个方面：（1）注意偏差矫正（cognitive bias modification-attention，简称CBM-A；attention bias modification，简称ABM）指的是对于信息的选择性注意的矫正。注意偏差矫正范式源于注意偏差的检测范式，常见的包括点探测任务（dot probed task）和视觉搜索任务（visual search task）。（2）记忆偏差矫正（cognitive bias modification-memory，简称CBM-M）指的是对于信息的选择性记忆的矫正。（3）解释偏差矫正（cognitive bias modification-interpretation，简称CBM-I；interpretation bias modification）指的是对个体进行训练，使其对模糊情境形成一定的解释模式。常见的CBM-I技术包括多义词范式、词句关联范式以及模糊情境范式，其中模糊情境范式的使用最广且变式较多。认知偏差矫正具有操作简单、成本较低、推广容易等特点，对于临床的应用有着重要的价值，且众多研究支持其实践效果，因此在心理咨询与治疗领域具有良好的应用前景（黄嘉笙，王雨吟，2015）。

二、个人构念理论

凯利（G. Kelly）是近代极有影响的临床心理学家，他所提出的个人构念理论是其实践经验的总结，同时也是其实践活动的理论基础。

（一）核心观点

1. 人是科学家

凯利是一个构念决定论者，他反对行为主义的刺激决定论，认为世界以相同的方式影响着人，而人们的心理差异很大的根本原因在于人们对这个世界的解释不同，人们有不同的构念，人们时刻在形成、选择和使用构念，因此他是一个典型的构念选择主义者。凯利认为，人们每天都在进行实验，时时刻刻都在确定假设，然后根据自己确定的假设进行实验，最后检验自己假设的正确性。和科学家一样，每个人都有不同的假设，即使他们研究的是同一个事物。而且他们使用了不同的实验方法，就和赌博一样，有的人在这个地方下赌注，有的人在那个地方下赌注，有的人下的赌注很大，有的人下的赌注很小。

科学研究有几个基本的要素：一是形成假设，二是进行实验，三是进行预测并检验假设。凯利认为人的一生都在进行着各种各样的预测，这是人的行为的根本动力，也是科学家从事研究的目的和动力，科学家的一切研究是为了对自己研究的对象进行预测。凯利反对精神分析和行为主义的动力论，认为人的行为并非由什么本能的欲望和强化所决定，活动的根本目的是预测。按照行为主义的观点，趋乐避苦是人活动的根本动力，获得强化会使一个人感到满足，但是很多情况下并非如此，有的时候获得强化反而会使人感到焦虑或产生其他不良情绪。他举例说，一个一直以为自己比较愚笨的学生实际上有一个聪明对愚笨的构念，而他用愚笨的一极对自己的行为进行解释，并据此形成假设，进而验证假设。有一天，一个老师说这个学生并不愚笨，只要使用好的方法，他就会取得好的成绩。于是，这个学生就开始对自己进行新的实验，结果发现自己确实取得了好的成绩。按照行为主义理论，这是强化，他应该感到快乐，但实际上这个学生变得十分焦虑，因为他的预测失败了。在这种情况下，他就要去做些什么，或者继续检验自己的假设，或者改变自己的构念，然后继续进行预测。

2. 思维的二重性

凯利认为，人们在认识事物的时候，总是将事物放在一个对立的模式之中，如黑—白、老—少、长—短。在此基础上，人们采用特定维度的一个极来界定事物或人，如认为这个东西是黑的，这个人是善良的。采用这个思维规律去分析人的心理问题时，有很多问题可以得到很好的解释。有些人偏执地认为“所有男人都是不可靠的”，他们是在用“可靠对不可靠”这个构念分析男人，问题是他们仅仅看到这个构念的一极，而否定了构念的另一极。心理咨询目的是通过具体的例子让他们看到，很多男人是可靠的，用这样的方法证明他们的构念是有问题的，从而让他们使用有效的构念。

基于思维的二重性，人们在对事物进行思考的时候，起码要对三个事物进行比较。也就是说，当一个人用一个特定的二重维度思考的时候，这个维度起码包括三个外延，其中有两个是相似的，并且和第三个区别开来。否则，思维就没有什么意义，也就无法构成一个二重维度。以黑—白维度为例，至少存在两个被认为是黑色的东西，而且至少有一个与黑色的东西相区别的被称为白色的东西。换言之，如果存在A、B、C三个事物，你要对这三个事物使用一个构念进行思考，那么以下条件必须满足：其中两个在某些方面具有相似性，并且与第三个区别开来。如果三个事物都被人们认定为黑色的，相互之间没有差异，或者说世界上只有黑色的东西，没有与此相区别的白色的东西，那么这个黑色的东西就失去了意义，也就无法形成一个构念。凯利的二重思维对于某些心理现象的解释十分有效。有些有某种过失或遭遇过某种挫折的人，认为自己和他人是不同的，他们仅仅肯定差异而否定和自己相似的人的存在，因此表现出异常的行为方式。心理咨询的方法之一是将问题泛化，让他们看到很多人有类似的问题，这样就可以大大减轻其心理压力。

（二）心理疾病的成因

凯利认为，人产生心理问题的原因既不是动力系统的问题，也不是行为上的紊乱，而是人的构念的问题，引起心理疾病的主要原因包括人的构念系统本身的问题以及构念使用过程中出现的问题。

1. 构念系统问题

心理疾病的主要原因是人的构念系统问题，具体包括以下方面：（1）构念缺乏。很多人的问题是由构念缺乏引起的。例如，一个没有异性构念的人第一次遇到异性，这个时候就会表现出心理上的混乱。（2）构念通透性问题。构念的通透性指一个构念包容其他构念的水平。有的人的构念通透性很低，甚至不具有通透性，因此无法包容新的因素。例如，有的人的友好构念仅仅包括自己的父母而不包括其他人，因此他们总是对其他人表现出敌视和怀疑。（3）构念老化。当一个人的预测过程有变化的时候，他的构念也要有所变化，这时他就要对构念进行调整，或者抛弃这个已经过时的或预测失败的构念，或者对这个构念予以修正。如果他仍使用原来的构念，就会出现心理问题。例如，人在童年时期似乎表现出很明显的依赖性，这个时期的依赖性实际上是不分散的，仅仅是对父母的依赖，因为他们的需要都是通过父母而得到满足的。有的人长大以后仍然表现出对父母的强烈的依赖性，自己的活动缺乏独立性，自理能力差，甚至无法与除父母之外的人进行沟通，凯利认为这种人的心理问题就是由于他们长大后使用的仍是童年时期的依赖构念。（4）构念单一。人的构念应该是多种多样的，也就是说针对不同的事物使用不同的构念。但是，有的人使用的构念很单一，仅仅使用一个维度或很少的几个维度去对待人或物。例如，有的人仅仅依据诚实对不诚实这个维度去对待他人，把他人分成诚实的和不诚实的。

2. 构念使用问题

凯利认为，人们一生都在检验自己的构念是否有效，其标准是观察自己基于特定构念的预测是否成功。但是，这个过程中会存在一些问题，这些问题会使人们出现心理混乱，具体表现在以下几个方面：（1）惧怕预测结果的出现。虽然人们做实验的目的是去检验某个结果是否会出现，但是他们又惧怕这个结果出现，于是往往会出现矛盾和冲突，甚至拒绝去做这样的实验。例如，一个被怀疑患恶性肿瘤的人就十分惧怕进行这方面的严格检验，甚至表现出强烈的逃避倾向。很多人之所以不愿意到心理咨询机构进行咨询，也是由于他们惧怕自己预测的结果得到证实。（2）活动周期问题。人们的活动存在一个周期，包括审视、先取和控制三个阶段。审视就是从多个侧面对事物进行分析，这个时候一般使用多种构念分析事物。先取是在审视的基础上进行的，即经过审视，人们会选取其中的一个构念，利用这个构念去分析事物。控制是指人们选择构念中的某一极，并采取行动。这里容易出现的问题是：第一，缺乏审视阶段。在遇到某种情况的时候，人们不从多个侧面进行思考就选取一个构念，然后马上采取行动。第二，审视时间过长，缺乏控制阶段。有的时候，人们用相当长的时间使用多种构念对几乎所有的事情进行分析，但是很少付诸行动。这会造成个体的优柔寡断（郑希付，2003）。

三、认知疗法相关理论

认知疗法的理论基础是贝克（A. T. Beck）提出的情绪障碍认知理论。他认为，每个人的情感和行为在很大程度上是由其自身认识世界、处世的方式或方法决定的。也就是说，一个人的思想决定了他的内心体验和反应。认知疗法的本质就在于通过与来访者共同探讨，咨询者启发、引导和帮助来访者改变那些歪曲的、不合理的、非理性的思想观念，调整认知结构，用新的思想观念和认知方式取代原有错误的思想观念和认知方式，对生活中发生的各类事件做出更为现实合理的理解和评价（邹艳荣，2012）。

（一）贝克认知疗法的基本观点

贝克创立的认知疗法在临床上被广泛应用。贝克认为，人类有思考的能力，能够对外界的信息进行解释和评价，通过这种认知途径，人们实现了与外界的相互作用。他认为，所有的心理问题都是思维的歪曲或功能受损造成的，因此，不是人们的经验或处境使他们愤怒、抑郁或焦虑，而是他们对这些经验的看法使他们出现了负面情绪。贝克指出了人们认知过程中常见的逻辑性错误，包括：（1）武断的推论。人们常常在没有任何证据的情况下得出某一结论。（2）两极化思想。人们总是采用极端的想法，如总是用“绝不”或“一直”来代替“有时”，或者将某种经验置于两个极端，如对一个女人的评价只有两种，不是“漂亮”就是“丑陋”。（3）扩大化或缩小化。事件的重要性常常被扩大化或者缩小化。例如，一个一向脾气温和的老板可能某天对某一员工发火，于是这个员工就将这个发火的事情扩大化，认为这个老板是一个“坏老板”。当这些逻辑性错误经常出现时，人们就会产生消极的自动思维。例如，一个焦虑的人会有“我什么也应付不了”的自动思维，而一个抑郁的人则会有“我这个人一无是处”的想法。贝克认为，这种自动思维与遗传基因、儿时经验以及社会学习有关。

认知疗法遵从一种积极的指导性的咨询方式，咨询者和来访者之间必须建立非常好的咨访关系。咨询者良好的教育能力有助于来访者理解认知、情感、生理和行为之间的关系，有助于来访者学会监控并矫正自己非功能性的自动思维模式。

（二）理性情绪疗法的基本观点

理性情绪疗法是埃利斯于20世纪50年代所创立的。他认为人的情绪和行为后果（consequence）不是由某一刺激事件（activating event）直接引起的，而是由经受这一事件的个体对它不正确的认知和评价所引起的，这些不正确的认知和评价被埃利斯称为非理性信念（belief），因此，埃利斯的理论又称为ABC理论。埃利斯认为，非理性信念有以下三个特征：（1）要求的绝对化。来访者常用“必须”或“应该”来造句，并毫无根据地认为某一事件必定会发生或不会发生，然而客观事物的发生往往不以个人的主观意志为转移，因此持有这种看法或信念的人极易陷入情绪的困扰。（2）过分概括化。对事件的评价以偏概全。例如，他人稍有差错，就认为他很坏，一无是处，其结果导致一味责备他人，并产生敌意和愤怒情绪。（3）糟糕至极。认为事件的发生会导致非常可怕或灾难性的后果。这种非理性信念常使个体陷入抑郁、悲观、绝望、极端痛苦的情绪体验中而不能自拔。

理性情绪疗法的核心是帮助来访者改变认知，用理性思维的方式来替代非理性思维的方式，最大限度地减少由非理性信念所带来的情绪困扰的不良影响。

本章摘要

促进人格的发展与完善是心理咨询的核心目标，所以，各种各样的人格观就成为心理咨询工作的理论基础，大体可归结为精神分析理论、行为主义理论、人本主义理论和认知心理学理论。弗洛伊德的古典精神分析对人格的结构、人格的发展、人格的适应等话题均做出了精彩的论述，阿德勒的个体心理学、荣格的分析心理学、社会文化学派的理论、埃里克森等人的自我心理学构成了新精神分析的理论体系，客体关系理论则是精神分析学派在20世纪中后期的新发展，以人际关系，尤其是亲子关系为理论体系的切入点。行为主义虽然并不主张研究意识，却对人格话题进行了新颖的论述，华生和斯金纳作为行为主义的代表人物，均强调环境对个体人格（行为）的塑造作用，将人格视作一套惯常化的行为系统。班杜拉一方面认可行为主义的主张，提出了社会学习的观点，强调榜样、替代强化的作用，另一方面强调个体内部心理活动的作用。人本主义者从个体的尊严、价值和潜能出发，从更为积极的角度理解人格。马斯洛的需要层次理论和自我实现理论为理解心理疾病的成因提供了新的角度；罗杰斯在其对自我概念理解的基础上提出了来访者中心疗法；罗洛·梅深受存在主义哲学思想影响，将存在感和自我意识作为心理咨询的目标。认知心理学中与心理咨询相关的理论主要有三个方面：一是对认知过程的探讨，如社会信息加工模型以及与之对应的认知加工偏向矫正；二是凯利提出的个人构念理论，将构念作为人们理解世界（包括自身）的方式；三是认知疗法的相关理论，重点关注错误认知或非理性信念，以贝克的认知疗法和理性情绪疗法为代表。

复习思考题

1. 试述弗洛伊德的人格观及其对心理咨询的影响。
2. 试述新精神分析学派的人格观及其对心理咨询的影响。
3. 试对比华生和斯金纳的人格观及其二者对心理咨询的影响。
4. 试述马斯洛的人格观及其对心理咨询的影响。
5. 试述罗杰斯的个人中心疗法。
6. 试述罗洛·梅的人格观及其对心理咨询的影响。
7. 简述社会信息加工模型和认知偏差矫正训练。
8. 试述凯利的个人构念理论及其对心理咨询的影响。

推荐参考书

1. 奥尔森，赫根汉.（2018）. 人格心理学入门（陈会昌，苏玲译）. 北京：中国人民大学出版社.

2. 范德.（2018）. 人格心理学：人与人有何不同（许燕，邹丹等译）. 北京：世界图书出版公司.

3. 科里.（2009）. 心理咨询与治疗的理论及实践（谭晨译）. 北京：中国轻工业出版社.

4. 郑雪.（2017）. 人格心理学. 广州：暨南大学出版社.

参考文献

1. 陈秋明.（2005）.精神分析中的人格理论. 中国临床康复，9（36），117–119.

2. 戴正清，徐飞，徐旭辉.（2005）.论马斯洛自我实现理论. 宁波大学学报（人文科学版），18（2），87–90.

3. 段锦云，梁凤华，曹莹.（2017）.自我调节理论的产生背景、理论内容及其应用. 景德镇学院学报，32（5），67–75.

4. 冯大彪，刘国权.（2006）.罗洛·梅的存在心理治疗观之述评. 牡丹江师范学院学报（哲学社会科学版），（6），117–120.

5. 冯晖.（2009）. 助人自助——罗杰斯"求助者中心疗法"的理论与方法. 伊犁师范学院学报（社会科学版），（2），132–135.

6. 郭利.（2013）.人是"机器"、人是"动物"——行为主义人格理论论述. 社会心理科学，28（5），11–14.

7. 黄嘉笙，王雨吟.（2015）.认知偏差矫正：范式与效果. 中国临床心理学杂志，23（3），443–447.

8. 姜永志.（2015）.古典精神分析客体关系取向的修正与发展——从社会文化到客体关系的转向. 西北师大学报（社会科学版），52（1），91–96.

9. 李晶晶.（2009）.班杜拉社会学习理论述评. 沙洋师范高等专科学校学报，10（3），22–25.

10. 李倩.（2008）. 客体关系理论的心理治疗述评. 科教文汇（中旬刊），（2），207.

11. 马庆玲，冯华.（2012）. 精神分析发展的新模式——客体关系理论解读. 延安职业技术学院学报，26（3），7–9.

12. 王金奎.（2012）. 马斯洛的心理咨询思想研究. 医学与哲学，33（2A），34–36.

13. 肖君政.（2007）. 自我：当事人中心治疗的一个核心概念. 牡丹江教育学院学报，（1），83–84.

14. 许辛欣.（2013）. 精神分析理论的发展及评价. 改革与开放，（18），23.

15. 俞国良，罗晓路.（2016）. 马斯洛：人的心理健康即自我实现. 中小学心理健康教育，(2)，42–45.

16. 郑希付.(2003).凯利的个人结构心理学与心理诊断.湖南师范大学教育科学学报，2(3)，74–78.

17. 邹艳荣.(2012).论认知疗法理论及其在心理咨询中的应用.吉林省教育学院学报，28(1)，43–44.

第三章　咨询者和来访者

引　言

咨询特质（attributes of counseling）是在咨询过程中表现出来的对咨访关系和咨询效率有直接影响的人际反应特点。许多研究指出，咨询者的个人特质对于咨询效果的影响，就如同他们所使用的方法一样具有某种程度上的意义。心理咨询是一个人际交互作用的过程，咨询者的特点会影响咨询效果，来访者的特点也同样会影响到整个咨询过程。他们身上的许多因素都会影响到咨询的趋向、持续时间和效果。对于某一特定的咨询者来说，并非所有来访者都适合自己，来访者和咨询者个性特征的匹配对咨询效果会有一定的影响。本章主要涉及以下几个方面的内容：咨询者的特质、来访者的特质、来访者与咨询者的匹配等。

第一节　咨询者特质分析

一、咨询者特质的确定方法

（一）专家推测

咨询者教育与督导学会于1990年指出，专业的心理咨询人员应该具备以下六个基本特点：信任每一个人；赞同个体价值；对周围世界有敏锐的洞察力；大度；理解自我；职业欣赏。

美国国家社会工作者协会于1990年提出，理想的心理咨询人员应该具备如下特点：对人特别是对来访者感兴趣；对他人有很好的敏感性；情绪稳定；客观、尊重事实；能够得到他人的信任。

美国心理学会于1991年指出，一个良好的咨询者应具备的条件为：对人的动机敏感；容忍；谦虚；外向；强烈的责任感；稳定的情绪；具有某水准之上的智能与判断力；建立良好关系的能力。

（二）效果群体研究

这是对咨询者不同于其他专业人员的特质以及有效与无效咨询者之间特质的差异进行的研究。科特尔（W. C. Cottle）等的研究指出，男性咨询者在自制性、社会性、情绪稳定性、客观性、友善性、人际关系、男性气质等方面的分数均显著高于一般大学生。

此外，还有一些研究也发现，男性咨询者在爱德华个人偏好量表（Edward's Personal Preference Schedule，简称EPPS）上所测得的自省性、顺从性、慈爱性、附属性等心理需求均显著高于常模，女性则在自省性上显著高于常模。

迪莫斯（G. D. Demos）等人的研究则发现，有效咨询者在慈爱性和亲和性上的得分较高，而在自主性、攻击性和谦逊性上的得分较低。奥尔森（M. M. Ohlsen）也指出，省察性和咨询效果呈正相关，而攻击性和咨询效果呈负相关（潘正德，2000，第52—53页）。

（三）相关分析

使用这个方法的目的是分析与良好的咨询过程有关的变量。约翰逊（V. E. Johnson）及其同事对此问题进行了研究，得出如下结论。

（1）效果好的男性咨询者有这样的特点：自信、友好、和善、接受和喜爱。

（2）效果好的女性咨询者有这样的特点：高效、有自信的外表、个人定向而非目标定向。

（3）效果好的男性和女性咨询者都有这样的特点：喜欢和赞赏他人。

（四）评价量表

（1）专家评价，使用专家评价量表完成。

（2）同事评价，使用同事评价量表完成。

（3）来访者评价，使用来访者评价量表完成，如科雷尔（J. W. Correl）的来访者观察报告（Client Observation Report，简称COR）等。

二、有效咨询者的特质

（一）专家学者的看法

心理咨询作为一种助人职业，它对实践者的素质和能力有很高的要求，除了上面已经列出的基本素质要求之外，有效的咨询者还必须具备其他一些心理品质。

伊根（Egan，1986，p.75）曾对咨询者的特点进行了综合分析研究，整理出以下十五个特质：（1）积极面对自我的成长，包括身体、智能、社会、情绪和精神层面，因为他知道自己要做来访者的模范；（2）注重身体健康，以便有旺盛的精力来生活；（3）有适度的智能，同时通过不断主动的阅读、学习来装备自己，好让自己能更有效地帮助人；（4）有良好的常识和社会生活能力，同时有能力对人的广泛的需要做出回应；（5）关注来访者整个人，留心聆听对方说话，也能从来访者的角度来了解对方；（6）尊重来访者，不会批判他，也相信来访者潜在的动力和资源可以帮助他进行有效的生活；（7）很真挚诚恳，如有需要，会和来访者进行个人分享；（8）表达具体简洁；（9）能协助来访者将自己的经验、感受和行为做出统合；（10）若对来访者有帮助时，会出于关心进行对质；（11）知道仅有自我认识是不够的，故会协助来访者做出行为改变；（12）是实用主义者，明白整个咨询过程是为了引导来访者建设性地改变行为；（13）拥有自己咨询的模式和风格，可以娴熟灵活地运用与变更；（14）很喜欢与人相处，也不害怕进入他人的生活并和他们一同去面对生活中的愁苦，同时不是靠帮助人来解决自己的需要，而是很珍惜和尊重自己有帮助人的权利；（15）不会逃避自己人生中的问题，相反还会去不断认识自己并做一个不断前进的人，明白被人帮助是怎么一回事，明白这个过程如若不能为人提供助力，就会贻害他人，故会谨慎小心地工作。

W. H. 科米尔和L. S. 科米尔（Cormier & Cormier，1985，pp.54–61）认为最为有效的咨询者是那些可以把人格因素和科学的理论方法加以完美结合的人。他们提出一个优秀的心理咨询者应具备以下六项心理品质：（1）智力，即对新知识具有强烈的学习愿望和能力；（2）精力，即咨询者在咨询过程中充满活力与感染力；（3）适应力，即咨询者可以根据来访者的需要选择适当的理论和方法，而不是只限于某一特殊的理论和方法；（4）支持与鼓励，即咨询者支持来访者自己做出决策，帮助他们发挥自己的潜力，避免强制行为；（5）友善，即咨询者以良好的意愿去帮助来访者重新构筑新的生活方式或行为方式，促进来访者的独立性；（6）自我意识，即咨询者对自己的知识结构、态度与情感有明确的认识，并能认识到这些情感和态度是如何产生的。

（二）有效咨询者应具备的特点

作为一个有效的咨询者，应该具备一些相关特质，这已经成为众多专家学者的共识。综合分析和实践经验表明，具备下列特质对于咨询者更好地胜任心理咨询工作是非常重要的。

（1）专业能力和技巧。这里的专业能力和技巧既包括比较具体的技术技巧，又包括经过多年咨询经验的积累而形成的综合的、高度复杂的能力，如和来访者形成并维持良好咨访关系的能力，提供教育与指导的技巧和能力，调整来访者的想法、态度与信念并进行认知干预的能力和技巧，识别、处理或利用移情（transference）的技巧，自我暴露（self-disclosure）的技巧，应对阻抗（resistance）的技巧等。

（2）能够意识到自己的价值和信念。咨询者知道对自己而言最重要的是什么，知道决定自己生活和工作的标准是什么。这种明确的信念和价值系统能够促使咨询者找到生活的意义。他们能够避免无效的行为，并且不总是去追求可以得到强化的行为。他们具备稳定、成熟和客观的情感，有良好的自我意识，对自己的不足和长处有明确的认识。关于这一点，美国心理学家认为，咨询者和来访者所沟通的就是价值观。咨询者希望来访者成为怎样的人，以及认为人生应发挥哪些健康的功能，这些的确都是在传播他们的价值观。咨询者的自我意识是一个非常重要的品质（Weiner，1975）。

（3）对不同的亚文化有一定了解。我国有56个民族，尽管汉族占绝大多数，但居住在各个地区的人的性格特点、风俗习惯等还是有很大差异的。即便是居住在同一个地区的人，城乡之间也是有一定差异的。咨询者面对的来访者往往具有不同的亚文化背景以及特殊的价值观，而来访者的问题常常与其特殊的亚文化背景有关，因此咨询者对来访者问题的处理必须考虑来访者的文化特点。咨询者在处理来自不同地区、不同民族的来访者时，必须对不同的文化有一定的了解，考虑到他们所处环境的特殊性（陈金定，2001，第11页）。

（4）开放自己的情感和经验。咨询者在意识到自己的情感的时候，不要向他人隐瞒或者歪曲自己的情感，而要坦然接受真实的情感。有效的咨询者能够接受自己的悲伤、愤怒、恐惧等情感，而非否定或歪曲。他们之所以能够很好地控制自己的行为，主要就是因为他们能够意识到自己的情绪反应，从而选择适当的行为方式，而不是让情绪影响自己的行为。

所谓开放自己的经验，主要是指对自己开放，而不是说必须对自己接触到的每一个人都开放。但在必要的情况下，咨询者开放自己的感觉和经验对来访者可以产生助益。此外，开放自己还包括另一层意思，即无防卫地接纳来访者的任何经验，不加以批评或价值判断。

（5）敏锐的觉察能力。咨询者的这一能力不但可以帮助自己，也可以帮助来访者。如果咨询者能随时随地地觉察自己主观的感觉和想法，就可以避免对来访者产生偏见，从而及时调整自己的立场。另外，咨询者在协助来访者了解问题时，不但要注意来访者的叙述，还要深入来访者的内心世界，敏锐地觉察来访者的言语和非言语行为的变化，从而协助来访者觉察他们没有觉察到的感觉和想法。

（6）拥有积极、幽默的处世态度。咨询者的目的之一是帮助来访者以积极的态度去看待人生，即使是看似消极的经验，也有其正面的意义。咨询者既然要帮助来访者从消极经验中寻找力量和潜能，首先就要以身作则，树立榜样，以积极的心态看待不如意的事情，以幽默的态度转化自己的负面感觉和想法。幽默可以舒缓紧张情绪，调节人际关系，也表现了有弹性的思考与开放的人生观。有幽默感的咨询者可以在许多情境下从不同的角度看待事物，给来访者提供不同的视角，帮助他们产生新的构想和行动。

（7）能够容忍暧昧不明的情况。人的心理品质的形成与发展是渐进的，同样，人的不良心理品质或心理变态也不可能只经过一次心理咨询就能恢复正常。因此，心理咨询是一个渐进的过程，效果通常不是立竿见影的。并且，来访者的咨询效果往往是有波动的，面对混沌不明的情境，咨询者要耐心等待，反复进行指导、解释，不要急于提出建议或直接为来访者解决困难，甚至厌恶、指责来访者，而是要相信来访者自己有能力解决问题、做出决定，给自己和来访者足够的时间。

（8）能够与他人形成和睦而深入的关系并且对他人积极接纳。有效的咨询者能够欣赏他人，欣赏他人的情感、观点，能够不做任何评价和判断地去关爱他人，能够不加条件地接受他人。他们相信来访者作为一个人应该受到尊重，值得给予帮助，也相信来访者有能力改变自己，并且善于通过关心、支持和鼓励向来访者表达自己的期待。

有效的咨询者在对待来访者的态度上是没有偏见的。他们不会因为来访者同自己在受教育水平、文化背景、社会地位、经济状况、道德观与宗教信仰以及年龄和性别等方面有差别而对其形成刻板印象或偏见。当他们发现自己对某一个或者某一类来访者的态度可能会干扰咨访关系时，他们不会试图掩盖或隐瞒，而是在尊重来访者意愿的情况下终止咨访关系，或将其转介给其他的专业人员。

（9）共情。共情又称为神入、同感、同理心。有效的咨询者能够敏锐、准确地领会和理解来访者所表达的意思及其内含的情感，并将这种领会和理解向对方传递。对于来访者的痛苦，有效的咨询者既能进得去，又能出得来，这一点对于避免咨询者的身心疲惫和保障他们的工作不受干扰十分重要。加兹达等（Gazda et al.，1984，pp.55–60）曾将卡克赫夫（R. R. Karkhuff）和贝伦森（B. G. Berenson）的五个层次的共情回应归纳为四个层次。其中，最高层次是咨询者回应的内容能够反映来访者未表达的深层想法与感觉，这种回应可以协助来访者觉察与体验先前无法接受或未觉察到的感觉。

三、咨询者的特点与咨询效果的关系

（一）咨询者的自我觉察

自我觉察意味着咨询者很了解自己，知道自己的需要，了解自己的情绪，正视自己的缺点和优点。咨询者的自我觉察非常重要，只有随时进行敏锐的自我觉察，才会意识到自己的行为、想法与感受，并做进一步的思索、衡量与过滤。咨询者只有对自己有清楚的了解，才有可能在咨询中从更多的角度去了解来访者，并且把用来了解自己的技巧传授给来访者，从而对咨询效果产生积极的影响。

（二）咨询者的经验

咨询者的经验和咨询效果的关系问题得到了广泛的研究。在咨询者的经验、专业水平、吸引力方面，并没有得出完全一致的结论，没能得出咨询者的经验对来访者关于咨询者说服力评价的影响。实习咨询者与老资格咨询者对来访者的情感性陈述的反应没有区别，咨询者的经验和咨询效果之间的关系尚没有得到明确的证明（姜志辉，1996）。

（三）咨询者的主动性和期望程度

咨询者在咨询过程中的积极参与程度对咨询过程有重要的影响。如果咨询者在咨询过程中一直扮演主动和积极的角色，比如不断地提出问题、参与讨论，那么咨询更容易出现良好的效果。相反，如果咨询者在咨询过程中一直采取消极被动的态度，仅仅听取来访者的叙述，或仅仅进行记录，那么咨询过程就很难出现良好的效果。

另外，咨询者对咨询效果的期望与咨询效果之间存在显著正相关。咨询者越是对来访者的行为变化有积极的期望，咨询效果就越好。研究表明，咨询者的积极期望比来访者的积极期望对咨询效果的影响更加明显。

（四）咨询者的态度

咨询者对他人的接受态度是影响咨询效果的重要因素。咨询者越是接受他人和接受自我，咨询效果就越好（姜志辉，1996）。有效的咨询者能够欣赏他人，对不同的个体能够以非批判性的态度去衡量判断，并且去了解和欣赏这些差异。

（五）咨询者的认识倾向

人本倾向（person-oriented）的咨询者围绕来访者进行活动，其目的是使来访者感到咨访关系的重要性。来访者中心疗法强调的就是这种倾向性，把咨询者和来访者之间的关系当作是最根本的，认为若能给来访者提供适宜的心理环境，他们将有能力了解自己并调整自己的行为，从而达到良好的主观选择与适应。来访者中心疗法忽视具体的方法和技术，认为咨询的气氛和过程本身就具有很好的治疗作用。

目标倾向或症状倾向（symptom-oriented）的咨询者则主要依据来访者的具体情况确定目标，然后使用一定的方法和技术。例如，行为疗法就认为在治疗过程中可以设计某些特殊情境和专门程序来使来访者形成正常的行为反应。

研究表明，上述两种倾向都有良好的效果。但是，对于不同的来访者而言，其作用的大小是有区别的。

（六）咨询者的自我概念

越来越多的人认为咨询者的自我概念是影响咨询效果的核心因素。一个好的咨询者的自我概念具有这样的特点：认为自己是一个严肃认真的人；认为自己是一个真诚、有耐性的人；认为自己是一个讲话温和的人；有自我中心意识；与社会本位比较，更是一个家庭本位者。而差的咨询者的自我概念的特点是：认为自己并非严肃认真；认为自己语言冷淡；缺乏自我中心意识；家庭与社会同等重要。

第二节　来访者特质分析

一、来访者的基本特征

当咨询者面对一个有比较严重问题的来访者展开咨询的时候，很可能发现其有以下几种特质。

（1）缺乏一般性的共情。许多来访者对倾听他人说话以及了解他人的观点感到很困难。

（2）缺乏正向关怀。来访者往往专注于他们负面的观点，对自己缺乏正向关怀。

（3）缺乏尊重和温暖。有严重困扰的来访者往往缺乏自我尊重，也很难尊重他人并提出有建设性的意见。他们会表现出过度的自我保护和占有欲，或者会把温情用作控制他人的工具。

（4）缺乏具体性。在心理咨询过程的早期，来访者常常难以清楚、直接地表达自我；在咨询进展到一定阶段时，他们的表达才会逐渐变得较为具体和清晰。

（5）缺乏即刻性。来访者有时除了不谈论此时此地的事情外，什么事情都会提到。一个不专业的咨询者往往会对这些与来访者成长关系不大的琐事及细节过分感兴趣，甚至允许和支持来访者的这种逃避情形。

（6）缺乏对立性。来访者会逃避一些对立性的重要事项。

（7）缺乏可靠性及真实性。许多来访者接受咨询，就是因为他们感到不能真正地做自己，而且与他人的关系缺乏真实性。

（8）精微技巧使用范围狭窄。在咨询开始时，来访者所能用到的精微技巧很有限。例如，一个害羞胆小的来访者可能会进行内容的表达，但是会逃避情感的表达。咨询者要去检视来访者所用的精微技巧，当交谈进展较顺利时，来访者会平衡地使用内容表达和情感表达。

二、良好来访者的特征

（一）求助动机强烈

来访者有无强烈的咨询动机直接影响到咨询的效果。他们要有相当的勇气，能承认自己的短处、缺陷或问题，并愿意与咨询者谈论自己的短处、过错或问题。一般来说，动机越强烈，双方就越容易密切配合，越容易取得良好的效果。有些人起初是由亲友强迫而来的，根本没有接受心理咨询的要求，在这种情况下，咨询者应该帮助他们找到并正视自己的问题，逐渐培养其接受咨询、改善自己心理与行为的动机。

（二）智力和人格正常

一般来说，心理咨询要求来访者具有一定的智力水平。因为心理咨询是一个言语交流的过程，来访者要能够叙述自己的问题以及其他相关情况，要能够理解咨询者的言语和非言语信息的含义，还要有一定的领悟能力，能够在事件中建立联系，有能力看到过去的事件和现在的问题之间的联系。一般而言，来访者的智力水平越高，文化层次越高，越适合进行心理咨询。但这并不是说受教育水平较低的人就不适合接受心理咨询，很多实践案例表明，那些受教育水平不高但内心质朴的人也很容易接受咨询者的指点和建议，从而获得理想的咨询效果。

另外，来访者的人格也应基本正常，无明显的人格障碍。因为他们要向咨询者述说自己的问题或症状，接受咨询者的指导，努力改善自己的行为，这就需要来访者有基本正常的人格。否则，不仅会妨碍咨访关系的建立，还会影响咨询的进程。

（三）善于省察

来访者应善于省察，能够仔细思考、回想自己的动机，检视自己的言行。例如，一个学生一遇到考试就肚子痛，或者一个下属总是跟领导有矛盾。在这样的情况下，这个学生要能了解，肚子痛可能是心理紧张的表现；而下属应该考虑是不是因为自己家里最近出了问题，所以把不良情绪带到工作中。当然，不可能每个人一开始就能做到这一点。但经过一段时间，由咨询者说明、指导后，来访者如果能学会如何思考、内省、联想，也就能顺利地进行咨询了。

（四）求助问题适当

并非任何与心理有关的问题都可以通过心理咨询获得满意的解决。有的内容适合心理咨询，而有的内容则不适合。一般来说，凡属于因思考、态度、观念、情绪、意志、言行和生活方式而引起的心理困扰或情绪问题，均能通过心理学的方法去改善心理状态和行为反应。例如，一个人在工作单位由于人际关系失调而产生心理困扰，这时咨询者无法像领导那样通过调解或者采取行政手段来为他争取到比较有利的结果，从而缓解其心理困扰，但是如果来访者想通过调整自己的某些不合理的认知和信念，培养自己达观、超然的人生态度，调整或改善自己的某些行为，那么咨询者能帮助他达到目的。

有些精神状况，如因癫痫而引起的性格变化，因使用精神兴奋剂而产生的怀疑妄想状态，周期性地交替出现躁郁症状，或者整天胡言乱语，有幻觉、妄想、人格崩溃的精神病状态，则适宜以精神医学的方法去治疗。

（五）年龄适宜

严格来说，心理咨询并无明确的年龄限制。就适宜性而言，每个年龄段的人都有长处和短处。但青少年比其他年龄段的人更适合接受心理咨询。一方面，与儿童相比，青少年的心理发展程度更高一些，他们可以较准确地表达自己的问题，也容易接受咨询。另一方面，他们年纪较轻，性格尚未完全定型，比较容易接受咨询，从而改变其态度与行为方式。而过了中年的人，其性格已经慢慢固定，较难改变。并且，青年人受到心理困扰的时间相对比较短，出现的问题多为适应不良、情绪障碍，距离童年期还不长，容易挖掘问题的根源，咨询效果比较明显（乐国安，2002，第100页）。

（六）匹配性好

匹配性包括两个方面：一是咨询者和来访者心理相容，彼此相互接受、相互容纳、相互吸引；二是来访者的特征恰好与咨询者所擅长的相吻合，从而咨询效果很明显。例如，某咨询者擅长对某一人群（如儿童、妇女等）的咨询，在处理某些问题（如家庭关系等）上很有经验，专长于某一种理论和方法（如行为疗法），而来访者的特征又恰好符合咨询者的特长，那么，在这种情况下更容易取得良好的咨询效果。

三、来访者的特点与咨询效果的关系

（一）来访者的期望

对英国一个咨询中心的来访者的调查发现，来访者在前来咨询时大多怀着这样的期望：通过咨询过程能够改变情绪状态，使自己不再苦恼；提高自尊和自信，进一步认识自己；能够解决个人所面对的问题和困难，提高应付生活中各种事件的能力；能更有效地学习和生活，改善与他人的关系；等等（Oldfield，1983，pp.132–152）。大多数来访者都对心理咨询抱着积极的期望。一些研究发现，来访者对从咨询中使症状减轻的期望值与感知到的初次面谈所获得的症状减轻程度之间的关系是：在一定范围内，期望越高，感知到的症状减轻程度越大；而超过这个范围，期望越高，感知到的症状减轻程度越小（郑希付，2003，第38页）。

（二）来访者的求助动机

前来求助的来访者是各种各样的，其动机水平高低有别，求助动机也不尽相同。根据林家兴的研究，来访者中大约一半是自行求助，另一半是他人转介。其中，通过他人转介来的来访者，有的是自愿的，有的则不是自愿的。一般来说，自行求助的来访者的求助动机高于转介来的来访者。他们求助的意愿高，乐于合作，因而咨询效果比较好。

大多数来访者都有某种程度上的心理困扰。他们在不同程度上感受到痛苦、沮丧、抑郁、焦虑和不满，想通过心理咨询有所改变。一般而言，持改变动机的来访者往往能够和咨询者有较好的配合，从而出现良好的咨询效果。但有些来访者表面上是想有所改变，实际上真实的动机并非如此，例如想获得咨询者的肯定，想证明自己的与众不同或咨询者的无能为力。在这种情况下，咨询效果会受到影响。

（三）来访者的个性特征

有研究者把适合心理咨询的理想来访者归结为YAVIS，即年轻（young）、有吸引力（attractive）、善于言表（vigorous）、聪明（intelligent）和成功（successful）（Schofield，1964，pp.33–41）。来访者的个性特点不仅影响其是否接受咨询的决定，也影响到咨询的过程和结果。有学者曾对加利福尼亚大学新生进行研究发现，内倾者更倾向于寻求咨询帮助，特别是大学生，前来咨询的内倾者大大超过外倾者。还有的学者曾经研究过来访者的依赖性与咨询者对此的接近—回避态度的关系。结果表明，依赖性强的来访者容易产生对咨询者的依赖，这种依赖总体上和良好的咨询效果相联系，因为这种依赖是移情产生的基础。但是有的时候，来访者突出的依赖性容易导致他对咨询过程或咨询者产生无条件依赖（郑希付，2003，第46页）。

（四）来访者问题的严重性

有的学者认为，来访者的问题越严重，进步越大（Stone et al.，1961）。然而，有的研究得出了完全相反的结论（Barron，1953）。也有研究者指出，问题较轻或者较重的来访者心理咨询效果差，而问题严重程度中等的来访者心理咨询效果则较好（Miller & Gross，1973）。尽管研究结论之间的不一致降低了可信度，但越来越多的近期研究似乎是一致的，即普遍认为那些问题越严重的个体，心理咨询效果越差（Garfield，1994）。

（五）来访者的理解水平

来访者的智力和理解水平是影响咨询过程有效性的重要因素。缺乏理解能力的来访者难以有效地理解咨询者所传递的言语和非言语信息，也就谈不上行为和态度上的改变。

（六）来访者的性别差异

一般来说，心理咨询效果的大小和来访者的性别无关。传统观点认为，女性比男性更善于用心理学的眼光看待周围事物，并且女性较少使用防御机制，这些特点常成为心理咨询的有利因素。研究发现，由于男性与女性的心理发展模式各异，所以性别不同的人有着不同的思维模式。男性在简化一个非常复杂的事件时，可能被认为是“假如……然后……”式的思维者。男性的思维方式倾向于注重结果和达到某个特定的目标。而女性则不同，她们是“相关”式的思考者，她们在开始行动之前，总要考虑各种可能性和这些可能性之间的关系（Gilligan，1982，pp.112–120）。这对于咨询者理解不同性别的来访者是很重要的。

第三节 来访者和咨询者之间的匹配性

一、国外研究概况

（一）多重维度比较

一些研究者试图考察咨询者和来访者的个性差异程度或共同程度对咨询效果的影响。他们使用测量的方法，把咨询者和来访者在个性的四个维度上进行匹配，研究重要性、相似性或差异性与咨询效果、咨询持续时间之间的关系。他们比较的维度是：判断型—知觉型、思维型—情感型、感觉型—直觉型、外倾型—内倾型。结果发现，二者的相似程度与咨询持续时间存在线性增长的关系。咨询者和来访者在各个维度上的差异越大，即相似性越小，咨询持续时间越短。他们认为，来访者的个性影响其前来寻求咨询的决定，而咨询者和来访者之间的个性特征匹配是咨询结果的决定因素（郑希付，2003，第48页）。

（二）个性一致性程度比较

卡森（R. C. Carson）等人的研究认为，咨询者和来访者个性之间的一致性越大，咨询成功的可能性越大，但是达到一定程度之后，这种一致性的提高反而会降低咨询成功的可能性。因为，如果咨询者非常喜欢来访者，则咨询者可能难以保持客观中立的态度；如果咨询者不喜欢来访者，则咨询者对来访者的理解可能会受到影响，从而影响咨询效果（郑希付，2003，第49页）。

（三）生活环境异同比较

霍尔斯曼（H. Holsman）比较了来访者和咨询者生活环境之间的异同与咨询效果之间的关系，比较的条件涉及如下方面：年龄、受教育程度、职业、智力、宗教信仰、民族。结果发现，二者的相似程度与咨询效果之间存在线性相关。也就是说，在来访者和咨询者处于比较一致的生活背景的情况下，咨询者更有可能理解来访者，理解来访者所体验的现实世界，更有可能达到共情的境界（郑希付，2003，第50页）。

二、不匹配的来访者和咨询者

（一）咨询内容的不匹配

由于每位咨询者所受到的训练不同，加上自身条件（年龄、经验、性别）的限制，其擅长的咨询内容也会有所不同。例如，从事家庭婚姻咨询的咨询者对学校心理咨询就不一定很熟练，而一直从事青少年心理咨询的咨询者对成人心理咨询则不会很在行。再比如，一位未婚的男性咨询者对解决处于婚姻危机中的中年女性来访者的问题可能会觉得力不从心，一位年轻女性咨询者去接待一个由于性生活不协调而导致夫妻矛盾的男性来访者也不太恰当。所以说，对于某一个特定的咨询者来说，并非所有的来访者都适合自己。

（二）价值观、宗教观的不匹配

咨询者也是人，在心理咨询过程中要想完全避免或隐藏自己的价值观是不可能的，完全排除价值干预或价值影响也是很难做到的。在咨询过程中，如果咨询者发现自己与来访者在价值观、人生观上有很大分歧甚至对立，那么咨询不适合继续进行，否则，咨询效果收效甚微。例如：咨询者是坚定的无神论者，而来访者是虔诚的宗教徒；咨询者在性的问题上很保守，并且对同性恋持有异议，而来访者恰好是个同性恋者。当道德、宗教或政治的价值观介入成为来访者主要的问题，并且这些问题超过咨询者所能处理的能力范围或使双方在相处时感到很不舒服时，咨询者应当把来访者转介给其他没有这些问题限制或与来访者有相同价值观的咨询者（Tjeltveit，1986）。

（三）个性的不匹配

有些咨询者和来访者在个性等方面存在着某种不协调。例如：有些咨询者本身非常外向、活跃，不喜欢过于内向、退缩的来访者；有些咨询者不能容忍傲慢、自以为是的来访者；有的年轻咨询者比较内向，害怕异性来访者；有的咨询者害怕移情的发生；等等。在这些情况下，咨询者应该极力发挥自己的能力去排除消极因素对咨询活动的影响。作为一个有效的咨询者，必须有良好的自我控制能力和宽容、耐心等心理品质。如果实在没有办法排除自身的消极因素，就需要征求来访者的意见，把他们转介给合适的咨询者。

（四）来访者的特殊背景

来访者和咨询者有某种私人关系时，比较容易削弱咨询者的公正性，也潜藏着利益冲突，扭曲了咨访关系的专业本质。一方面，来访者在述说自己的私事时会有顾虑；另一方面，咨询者在给出指导和建议时，也难免失去客观性和职业性，从而影响到咨询效果。一般来说，咨询者应避免给那些与自己有私人关系的来访者做心理咨询，可将其转介给其他咨询者。如果实在没有办法避免，则应慎重进行咨询，尽量与来访者保持客观、中立的职业关系。

还有些来访者有着特殊的背景，例如来访者是社会名流、高官子弟等，咨询者常常考虑到他们的背景而无法以平常自然的方式进行咨询，从而影响咨询的顺利进行。对于这种情况，咨询者应该将其转介给其他适合的咨询者。

三、匹配的来访者和咨询者

很多研究表明，咨询者和来访者的特点匹配对于强化咨访关系是十分重要的。下面的特点匹配对于咨访关系有积极的影响。

（一）态度相似

当咨询者和来访者对很多问题的看法一致时，双方容易形成密切的关系，在以后的咨询过程中也更容易形成一致的意见，来访者更容易认同咨询者的观点。正如社会心理学和临床心理学所显示的，人们喜欢和态度相似的人在一起。

（二）积极期望一致

当咨询者和来访者都认为咨询会有好的结果时，可以引发新的行为出现。如果咨询者对参与咨询工作表现出十足的信心，对咨询的结果持积极乐观的期望，则来访者自然会感觉到咨询者的信心，并且会全力配合。

（三）性格特点一致或互补

研究发现，来访者和咨询者在性格特点上非常相似或非常不相似都可能给咨询带来积极的影响。当来访者和咨询者在控制性和暴露性上互补（支配与顺从的互补、自我暴露方面的互补）时，咨访关系会变得更好。而来访者和咨询者在感受性上的相似更有助于咨访关系的发展（郑希付，2003，第82页）。

（四）背景条件的相似

来访者和咨询者在年龄、受教育水平、职业、智力、民族、文化、经济条件等方面的相似性与社会接纳有显著关系，即相似性越高，越容易形成良好关系。

本章摘要

心理咨询是一个人际交互的过程。来访者的特征、咨询者的个人特质都是影响咨询效果的重要变量。咨询特质是咨询者在咨询过程中表现出来的对咨访关系和咨询效果有直接影响的人际反应特点。不论咨询者采取哪种咨询方法，他的个性、品质、态度等都会对来访者产生影响。同时，来访者对咨询的期望、求助的动机、智力、个性整合水平和社会适应性等因素对咨询效果也有非常重要的影响。容易建立有效的咨访关系的来访者大多具有年轻、有魅力、愿意交流、聪明、有成就感等特点，不易建立有效的咨访关系的来访者的特点则可能是年长的、不愿交流的、守旧的、固执的。此外，咨询者和来访者的特点匹配对于咨访关系的强化也十分重要。研究表明，咨询者和来访者在态度、积极期望、背景条件、性格特点、价值观、宗教观等方面的一致性或相似性对于良好咨访关系的建立有重要影响。

复习思考题

1. 有效的咨询者应该具备哪些特质？
2. 来访者的哪些特点会影响到咨询效果？
3. 哪些来访者不适合接受心理咨询？
4. 在什么情况下，来访者和咨询者是不匹配的？

推荐参考书

1. 科里.(2000).心理咨询与心理治疗（石林，程俊玲译）.北京：中国轻工业出版社.
2. 潘正德.(2000).咨商理论、技术与实务.台北：心理出版社.
3. 乐国安.(2002).咨询心理学.天津：南开大学出版社.
4. 郑希付.(2003).心理咨询原理.广州：广东高等教育出版社.
5. S. 科米尔，B. 科米尔.(2000).心理咨询师的问诊策略（张建新等译）. 北京：中国轻工业出版社.

参考文献

1. 陈金定.(2001).咨商技术.台北：心理出版社.
2. 姜志辉.(1996).影响心理咨询效果的因素探讨.医学与社会，9(3)，26–28.
3. 潘正德.(2000).咨商理论、技术与实务.台北：心理出版社.
4. 乐国安.(2002).咨询心理学.天津：南开大学出版社.
5. 郑希付.(2003).心理咨询原理.广州：广东高等教育出版社.
6. Barron, F. (1953). Some test correlates of response to psychotherapy. *Journal of Consulting Psychology, 17*, 235–241.
7. Cormier, W. H. & Cormier, L. S. (1985). *Interviewing strategies for helpers: Fundamental skills and cognitive behavioral interventions.* Monterey, CA: Brooks/Cole.
8. Egan, G. (1986). *The skilled helper: A systematic approach to effective helping.* Monterey,

CA: Brooks/Cole.

9. Garfield, S. L. (1994). Research of client variables in psychotherapy. In A. E. Bergind & S. L. Grafield (Eds.), *Handbook of psychotherapy and behavior change* (pp. 190–228). New York: John Wiley & Sons.

10. Gazda, G. M., Asbury, F. R., Balzer, F. J., Childers, W. C., & Walter, R. P. (1984). *Human relations development: A manual for educators*. Boston: Allyn and Bacon.

11. Gilligan, C. (1982). *In a different voice: Psychological theory and women's development.* Cambridge, MA: Harvard University Press.

12. Miller, J. O. & Gross, S. J. (1973). Curvilinear trends in outcome research. *Journal of Consulting and Clinical Psychology, 41*, 242–244.

13. Oldfield, S. (1983). *The counselling relationship: A study of the client's experience.* London: Routledge & Kegan Paul.

14. Schofield, W. (1964). *Psychotherapy: The purchase of friendship.* Englewood Cliffs, NJ: Prentice-Hall.

15. Stone, A. R., Frank, J. D., Nash, E. H. & Imber, S. D. (1961) An intensive five-year follow-up study of treated psychiatric out-patients. *Journal of Nervous and Mental Disease, 133*, 410–422.

16. Tjeltveit, A. C. (1986). The ethics of value conversion in psychotherapy: Appropriate and inappropriate therapist influence on client values. *Clinical Psychology Review, 6*, 515–537.

17. Weiner, V. (1975). On being sane in insane places: A process analysis and critique. *Journal of Abnormal Psychology, 84*, 433–441.

第四章　心理咨询专业伦理

引　言

在开展心理咨询实践与研究时，心理咨询者常常会面临以下问题：保密原则是否适用于来访者提供的所有信息？来访者送的礼物能不能收？可不可以为自己认识的人（如自己学校的学生）提供咨询服务？待发表的论文涉及某个来访者的情况，是否要征得其同意？……这些问题似乎都没有一个明确的答案，最可能的回应是：视情况而定。所以，有许多咨询者把这些话题戏称为心理咨询中的“灰色地带”。如何把握其中的尺度，涉及的就是心理咨询专业伦理。本章将在对专业伦理概述的基础上，分别介绍心理咨询过程中的常见伦理议题和心理咨询培训、督导和研究等工作中的常见伦理议题。

第一节　心理咨询专业伦理概述

伦理是指人与人相处的各种道德准则。按照适用对象的范围，伦理可以分为一般伦理和专业伦理两种。一般伦理指那些适用于所有社会成员的规范，而专业伦理是指适用于某一类专业人员的规范，即规定从事某一专业工作的人员在执行专业相关的业务时所须遵守的行为准则和规范的总和，以确保专业服务达到合理的标准。心理咨询专业伦理就是心理咨询团体针对心理咨询的专业特性研究发展出来的道德价值观与行为规范，是在心理咨询专业领域里工作的理想指南，为心理咨询从业者在遇到专业方面的伦理道德问题时做适当抉择提供依据，也是来访者和心理咨询从业者安全和权益得到保障的基础性条件。

一、专业伦理概述

（一）专业伦理的内涵

徐震、李明政先生在研究社会工作伦理时明确了专业伦理的内涵：专业伦理指的是社会中所有牵涉专业角色与专业行为的哲理思想、价值体系、原则与标准。这里明确指出专业伦理包含四个层次的内容，即专业哲理思想、专业价值体系、专业伦理原则与专业行为标准。这四个层次的内容层层递进，从抽象到具体。

专业哲理思想是专业价值体系形成的基础。“价值”本身就是一个哲学概念，它是指客体对主体的意义及主体对客体的评价。专业价值体系中的“价值”显然主要侧重于主体对人类自身思想或行为的评价，即是专业自身对其从业者的思想或行为对专业存在与发展的意义做出的评价。只有将专业行为上升到哲学高度，认识到专业本身在社会中所处的地位及存在的价值和意义，认识到专业行为可能对自然、社会、专业本身的生存与发展造成的影响，才能对专业做出正确的价值定位，从而确立自己的基本价值观和价值体系。专业伦理原则是提出专业行为标准的依据。

从本质特征看，专业伦理是“责任伦理”。它以界定专业人员的伦理责任并监督其执行为己任。这种责任和义务的界定有几个方面的前提和依据。第一，行为者的相对位置。处于有利地位的人要对处于不利地位的人承担责任。这种有利地位主要来自对相关知识和情况的掌握。第二，行为者的相对脆弱程度。在关系双方中处于强势的一方应当对处于弱势的一方承担责任。第三，对行为者的相对危险性。风险的制造者应当对风险的承受者承担责任。第四，对行为者的相对机会。有机会剥削、利用他人的人要对处于可能被剥削和利用地位的人承担责任。专业人员是掌握专门知识、熟悉专门技能、具有专业权威的人，很显然他们在上述四个层面的关系中属于处于有利地位、相对强势、可能制造危险、有机会利用他人的群体，因而他们必须为自己的行为承担更多的伦理责任。

（二）伦理和法律的关系

伦理和法律是人类建立和维系社会生活秩序的最基本的和最重要的两大规范。两者之间既有区别又有联系，两者间的相互支撑保证了人类活动的有序进行。对于特定专业的健康发展而言，伦理和法律都是必要的。

伦理和法律的区别体现在以下方面：首先，两者的价值层次不同。伦理是一个多层次的规范体系，而法律所能吸收的只是伦理规范体系中最基本的内容和最起码的要求。其次，在规范调整范围上，伦理广于法律。伦理既包括价值观念，又包括行为规则，所以既规范行为，又约束意识，而法律规范的仅仅是人的行为，调整的是有意识支配的行为而不是无行为载体的意识。最后，伦理和法律是两种规范方式不同和强制程度不同的规范。在规范方式上，法律是他律的，伦理是自律的。在强制程度上，法律的强制力显然强于伦理的强制力。

伦理和法律之间又具有密切的关联。首先，一定社会的道德观念和伦理规范在很大程度上影响法律的形成以及法律的内容本身。凡是法律所禁止并制裁的行为，应当是伦理所反对和谴责的行为；凡是法律所要求并肯定的行为，应当是伦理所提倡和颂扬的行为。其次，只有当法律反映并且服从一定社会条件所认同的道德价值指向时，法律才具备存在并且产生实际效力的必要条件。如果法律的价值认同和伦理的价值认同是背离的，法律将会失去伦理的基础，成为一堆无意义的文字。最后，法律是伦理实现的保障。法律规范具有普遍性和确定性的特点，所以伦理所提倡的善和所谴责的恶可以通过法律确认而规范化和具体化；法律强制具有有效性和权威性的特点，所以伦理所提倡的善和所谴责的恶可以通过法律的强制力而达到真正扬善惩恶的目的。

二、心理咨询专业伦理的原则

从专业伦理的内涵可以看出，专业伦理原则是专业行为规范提出的直接依据。所以，明确心理咨询的专业伦理原则对于制定相应的行为规范具有重要的指导意义。

《中国心理学会临床与咨询心理学工作伦理守则》（第二版）（以下简称《守则》）将心理咨询专业伦理的原则概括为五个方面并做了相应的阐释。

（1）善行：心理师的工作目的是使寻求专业服务者从其提供的专业服务中获益。心理师应保障寻求专业服务者的权利，努力使其得到适当的服务并避免伤害。

（2）责任：心理师应保持其服务工作的专业水准，认清自己的专业、伦理及法律责任，维护专业信誉，并承担相应的社会责任。

（3）诚信：心理师在工作中应做到诚实守信，在临床实践、研究及发表、教学工作以及各类媒体的宣传推广中保持真实性。

（4）公正：心理师应公平、公正地对待专业相关的工作及人员，采取谨慎的态度防止自己潜在的偏见、能力局限、技术限制等导致的不适当行为。

（5）尊重：心理师应尊重每位寻求专业服务者，尊重其隐私权、保密性和自我决定的权利。

三、心理咨询专业伦理的意义

《守则》在开篇中指出："制定本《守则》旨在揭示临床与咨询心理学服务工作具有教育性、科学性与专业性，促使心理师、寻求专业服务者以及广大民众了解本领域专业伦理的核心理念和专业责任，以保证和提升专业服务的水准，保障寻求专业服务者和心理师的权益，提升民众心理健康水平，促进和谐社会发展。"从这段表述中可以看出，心理咨询专业伦理的作用不仅涉及咨询者和来访者的福祉，也涉及心理咨询专业本身的发展。

（一）保护来访者

咨询伦理的核心是把来访者的利益放在第一位，尊重来访者的权利。咨询者是为来访者服务，全情投入到咨询中，深深理解来访者，与他共情，通过心理咨询促进来访者的自我成长。在咨询过程中，来访者将自己的情感完全暴露在咨询者的面前，展现不被人所知的一面，处于非常容易被伤害的位置。而咨询者拥有专业知识和技术，能对来访者施加影响。特别是当咨询维持一段时间后，来访者会越来越依赖咨询者。这时，咨询者如果利用咨访关系，跨越咨询界限，则容易对来访者造成伤害。例如，将自己没有用过的干预技术在来访者身上进行试验，利用来访者的依恋与其形成亲密关系甚至发生性关系，利用来访者的资源为自己谋私利，不尊重来访者的意愿，泄露来访者的隐私……这些行为都不符合伦理规范。因为，在上述任何一种情况下，咨询者都不是从来访者的最大利益出发，而是为了达到某些其他目的——通常是自己的私利。

（二）保护咨询者

国外经常发生咨询者被起诉的案件，若咨询者按照咨询伦理进行咨询，如签订协议、遵循保密原则、做好咨询记录等，就可以使自己免于被起诉，保护自己。另外，心理咨询的情形相当复杂，咨询者只有在咨询伦理的限制下，或者说保护下，才会是安全的。

（三）提升咨询品质

心理咨询需要在一个安全信任的关系框架下展开，而咨询伦理起到了保护伞的作用。例如，咨询伦理守则中有保密同意，这就使得来访者的自我暴露处在一种安全的空间中，这是咨询者和来访者深入工作的基础，也是彼此建立信任关系的基础。再例如，咨询伦理守则中有知情同意，意思是说，来访者有权知道心理咨询的大致要求（例如心理咨询的益处、可能的风险等）以及咨询者的基本信息（从业经历、资质、理论取向等）、保密性质与例外等内容。这是尊重来访者自主选择的权利。咨询者的及时告知，有助于来访者形成被尊重、被关怀的感觉，增进对咨询者的信任。

（四）维护专业信誉

践行专业的伦理职责是成熟专业得到社会认可的必要条件。一个职业要作为成熟专业得到社会的认可，必须具有权威性，且这种权威性能够被社会大众感知到。但这种权威性不是专业天然具有的，而是借助于专业人员在长期的专业实践中向社会公众显示的“专业性”才能获得的。其中一个重要的衡量依据就是专业所承担的服务社会的责任是否得到了践行，服务对象的利益是否得到了维护和提升。一旦从业者的行为有悖于专业对社会的承诺，整个专业的形象就会或多或少受到损害。因此，每个成熟的专业都要适时设立自己的专业伦理委员会，制定专业伦理守则并监督其在专业行为中的践行情况，倡导和奖励符合专业伦理要求的行为，受理对专业行为的伦理投诉并对相应的违规行为进行制裁。尤其重要的是，专业伦理委员会的这些工作应当在社会上具有一定的透明度，以便促成专业良好形象的树立或适时扭转其形象危机。

第二节　心理咨询过程中的伦理议题

心理咨询是在特定的时空环境下咨询者和来访者借助一定的媒介实现特定信息交流的互动过程。影响心理咨询工作开展的因素多种多样，由此带来的伦理议题也是多种多样的。这里仅介绍心理咨询过程中比较常见的几个伦理议题。

一、保密

保密是与隐私密切联系在一起的。所谓隐私，就是来访者不想让他人知道的信息。来访者之所以在咨询过程中能够做到没有保留，是因为咨询环境是安全的，咨询者是可以信任的，咨询氛围是温暖的，咨访关系是融洽的。而保密恰恰是做到上述这些的重要基石。但是，在特定情况下，保密又会有例外。《守则》指出："心理师应清楚地了解保密原则的应用有其限度，下列情况为保密原则的例外：（1）心理师发现寻求专业服务者有伤害自身或他人的严重危险；（2）不具备完全民事行为能力的未成年人等受到性侵犯或虐待；（3）法律规定需要披露的其他情况。"何元庆和方存峰（2015）以高校心理咨询为例，阐述了与保密话题有关的伦理困境与应对策略，比较具有参考价值。

（一）常见伦理困境

1. 隐私保护问题

隐私保护问题主要涉及两个方面：一是咨询者主动泄密，指因为咨询者内部的原因出现的保护来访者隐私不力的情况，包括与家人和朋友谈论来访者、在公共场所与同事和朋友讨论咨询内容、在发表咨询案例时没有隐去可能会据此辨认出来访者身份的信息（得到书面授权除外）；一是咨询者被动泄密，指因为咨询者外部的原因出现的保护来访者隐私不力的情况，如咨询记录被辅导员等学生工作者以及其他人员看到，存放纸质和电子档案于保密措施不足的空间等。

2. 保密例外失当

咨询者在进行保密例外时也可能陷入伦理困境，主要体现在：（1）保密例外过少，指的是咨询者未能够打破保密原则或者预警信息提供不足的情况，包括当来访者有危机时不进行预警或者不及时泄密以及透露信息过少等；（2）保密例外过度，指的是咨询者超过了预警所需的范围，将与危机无关的咨询内容透露给外界的情况，包括在来访者没有危机时预警，提供所有咨询记录而不是仅仅提供与危机相关的内容等。

3. 知情同意不足

知情同意不足包括缺少知情同意和知情同意不当两种情况。缺少知情同意指的是在咨询的开始和过程中，咨询者没有让来访者知道泄密的风险，在实施保密例外时也没有与来访者讨论，如首次会谈没有告知来访者保密原则与例外的条件等。知情同意不当指的是咨询者在进行知情同意的过程中出现不适当的行为，如咨询开始前直接让来访者签署而不是与其讨论知情同意书等。

（二）应对策略

1. 多方守住保密底线

守住保密底线的第一责任人是咨询者，对咨询者开展培训可以减少其主动泄密的可能。培训的目的是提高咨询者的保密意识和操作技能，使咨询者明确知道违反保密原则的行为有哪些。另外，完善纸质和电子版咨询工作记录的管理，明确咨询者之外的人员无查阅权限，优化咨询室硬件也十分重要。

2. 研发保密例外细则

保密例外细则中应明确界定保密例外的范围和程序，重点规范来访者出现自杀、杀人、严重触犯法律以及伦理和法律要求泄密时的操作性流程。特别要明确规定非咨询者本人不得查阅咨询工作记录；一般情况下，咨询者不能对外提交完整的咨询记录，可以提供相关问题的报告等文件。

3. 充分运用知情同意

咨询者明确告知来访者在咨询情境下保密的范围与符合保密例外的条件，以及存在的风险，便于来访者在理解后选择是否咨询。知情同意不是一次性的，应融入咨询的全过程。咨询者只要发现有需要来访者知道的情形，有可以选择的机会时，都需要进行知情同意。如果来访者多次出现保密例外的情况，咨询者就要多次与其讨论，而不是因为以前有过类似的知情同意，就默认来访者同意。

二、多重关系

多重关系是指咨询者和来访者之间除心理咨询或治疗的关系外，还存在其他社会关系。《守则》指出："心理师要清楚了解多重关系（例如与寻求专业服务者发展家庭、社交、经济、商业或其他密切的个人关系）对专业判断可能造成的不利影响及损害寻求专业服务者福祉的潜在危险，尽可能避免与后者发生多重关系。在多重关系不可避免时，应采取专业措施预防可能的不利影响，例如签署知情同意书、告知多重关系可能的风险、寻求专业督导、做好相关记录，以确保多重关系不会影响自己的专业判断，并且不会危害寻求专业服务者。"

（一）常见伦理困境

下面仅以学校场域为例，列举多重关系中可能存在的伦理困境。

1. 和来访者熟悉

由于学校的特殊性，咨询者除了从事心理咨询工作外，还需担任心理健康教育类课程的教师或是辅导员、班主任等角色。咨访双方更多时候实际上也是师生关系，在课堂教学、课外活动中有了更多的接触机会，彼此之间更加熟稔和了解。由于学生对教师已有一定的认识和了解，在咨询中可能无法坦然敞开心扉，难以表达内心真正的想法和情绪，或由于过度熟悉而出现移情，从而使真正平等的咨访关系难以建立。咨询者也容易因为“先入为主”而难以客观看待来访的学生。

2. 兼具管理和教育职责

作为教学管理者，咨询者在进行咨询时往往不能完全脱离学校的管理制度，必须遵从管理和教育的原则，当面对一些有品行问题或触犯校规的来访学生时，就难以完全按照心理咨询的目标来进行，而会融入一些说教的方式，从而导致伦理两难困境的发生。

3. 源于人情关系的来访者

咨询者可能会面临来访者是同事或领导介绍而来的情况。部分同事和领导会在来访者咨询前特意打招呼要求咨询者多多关照，给予积极的指导与帮助，甚至会打听来访者的咨询进展。这将对咨访关系、咨询效果以及咨询者与同事间的关系带来不良的影响。

（二）应对策略

1. 发挥已有师生关系的积极作用

学生来访者在接受咨询前已经对担任咨询者的教师有一定的了解，这有助于加快建立安全、温暖的咨访关系，为来访者处理和化解心理困惑提供更多时间和空间。发挥好多重关系中的积极方面，同样可以保证心理咨询带来的良好效果。

2. 加强对咨询者的伦理教育

对咨询者的伦理教育，旨在使咨询者熟悉现行的心理咨询工作伦理守则，了解多重关系对心理咨询工作的利与弊，自觉地树立职业道德规范意识，完成从“人情关系”到“契约关系”的过渡与转变。

3. 寻求专业督导

督导师是咨询者的“咨询者”，他可以帮助咨询者提高分析和解决个案的能力，也可以帮助咨询者提高自我觉察能力，促进咨询者的个人成长。因此，寻求专业督导可以帮助咨询者认清自己的角色，设定清晰的职业边界，保证多重关系在咨询工作中受到监督，防止在咨询中出现对来访学生的剥削和伤害，提高咨询质量。

4. 加强心理咨询专业伦理的宣传

加强对非从业者关于心理咨询伦理的宣传，让他们了解多重关系可能会为心理咨询带来不利影响，一方面有助于来访者知情同意的进行，另一方面有助于保持咨询者工作的独立性和专业性。

三、网络心理咨询中的伦理议题

网络技术不仅深刻影响着人们的生活，也带来了新颖的工作形式和内容。网络心理咨询就是互联网技术和传统心理咨询工作的结合。美国的国家咨询员认定委员会将其定义为咨询者与异地的当事人运用计算机在网络上沟通时所进行的心理咨询和信息提供等服务。作为一种新的咨询服务形式，网络心理咨询工作既有独特的伦理议题需要考量，也面临着与传统心理咨询工作一样的伦理议题。

（一）常见伦理议题

1. 资质能力和身份确认问题

在心理咨询开始前，来访者有权了解咨询者的职业资格、受训背景和胜任能力的佐证材料，这在传统心理咨询中较易操作，来访者可以要求咨询者出具有关证书、证明、资料，并当面鉴定真伪。但在网络心理咨询中，这个操作变得困难起来，尽管咨询者可以出具有关材料的电子版，但来访者无法验证材料的真伪，更无法确定向自己提供心理咨询的是不是咨询者本人。另外，由于来访者身份是可以隐匿的（这促进更多的来访者大胆、放心地选择网络心理咨询），咨询者很可能不了解来访者的真实信息。如果出现保密例外的情况，咨询者可能无法采取及时有效的处理措施。

2. 隐私保密问题

从理论上讲，互联网上没有秘密可言，信息只要上了互联网，就有被任何其他人获取和利用的可能性。这给来访者带来个人隐私被泄露的风险，也给咨询者为来访者的资料保密提出了挑战。另外，与传统心理咨询不同的是，网络心理咨询中保密和保护与咨询者和来访者双方都有关系，这是因为，双方都处在网络状态下，都有可能导致信息泄露。从这个角度说，网络心理咨询中来访者和咨询者一样应当承担一定的保密和保护责任。

3. 知情同意问题

知情同意是指咨询者在咨询前应该将网络心理咨询的相关特性和可能出现的问题告知来访者并获得其认可。除了应对网络心理咨询的特征、形态、保密程序、相关限制加以说明之外，咨询者还应将自己的专业资格、收费方式等信息事先告知接受咨询服务的来访者。当来访者为未成年人时，咨询者还应获得其家长或监护人的同意。也就是说，咨询者给来访者提供的信息应足够让他们权衡网络心理咨询的利与弊并做出相应的选择。但网络的匿名性使咨询者要想获得来访者的同意非常困难，且在判断来访者是否已经成人这一点上也有较大难度。

4. 安全保护问题

安全保护问题主要涉及对来访者的保护。首先，在网络上咨询者难以判断来访者言语的真实性，也就无法有效判断来访者当前是否真的处于危机状态。其次，虽然在咨询之前许多咨询者要求来访者提供姓名、地址、电话等信息，但这些信息资料的真实性难以判断，而且也可能会由于对来访者的地域或者文化、语言不熟悉而判断不准确，导致来访者一旦发生紧急情况，咨询者难以迅速联系到相关人。最后，由于网络的非接触性，网络心理咨询难以对来访者进行有效的保护，如果来访者在网络上出现自伤、他伤、自杀等意图时，咨询者的干预手段非常有限。

5. 其他方面的伦理问题

因为网络的特性，相比传统心理咨询，网络心理咨询的伦理更显多样而复杂，除了上述伦理问题之外，还涉及很多方面，比如心理测量、评估方面的伦理问题，咨询方法方面的伦理问题，咨询效果检验、评估和保障方面的伦理问题，对咨询者咨询活动评价和考评方面的伦理问题，对于咨询投诉接受和处理方面的伦理问题等。这些都需要人们去识别与应对。

（二）应对策略

针对上述网络心理咨询中的各种伦理议题，许多学者提出了应对的策略，现将比较有共识的应对策略整理如下（吴岚等，2006）。

（1）网络心理咨询机构应以严格的验证方式限制其计算机使用者的身份与资格，使不具备心理咨询资格的人无法使用该台计算机或进入网络心理咨询的系统。例如，可采用电子签名的方法来获取来访者的知情同意或者传输有关咨询者的认证信息等。

（2）在可能的情况下，应尽量为网络来访者提供面对面的咨询机会。这样一方面能够建立更真实的咨访关系，另一方面能够对咨询者网络心理咨询的有效性进行检验。

（3）应采取严格的保密措施。提醒来访者网络心理咨询中可能会出现的泄密方式，根据来访者的上网方式和计算机使用情况提出有效的保密建议，特别应提醒来访者一些可能的泄密渠道，以保护其隐私。对于咨询者一端的计算机应该有严格的安全措施，这些措施包括：①严格的验证制度（这个验证包括对咨询者和来访者两个方面），确保有资格的咨询者和有足够资格的来访者（即成年人）使用咨询服务；②一套完整的网络技术，如防火墙的使用、咨询信息和文件传输中的加密与解密、咨询信息的存储与备份等。

（4）应加强咨询者的培训。这包括对咨询者信息素养的培训和心理咨询伦理道德规范的培训。咨询者应有足够的计算机使用和网络技术，能够处理简单的、突发的计算机和网络障碍，确保在线咨询的顺利进行。由于网络心理咨询地点的可移动性（即咨询者和来访者都有可能随时更换不同的地点登录进行咨询）以及咨询信息的电子化，资料泄密的可能性大大增加。因此，咨询者的基本伦理道德意识应该得到规范和强化。

随着互联网技术的广泛应用，网络心理咨询被越来越多的人使用，《守则》也专门针对远程专业工作（含网络心理咨询）制定了相应的伦理规范，其中明确提出："心理师有责任告知寻求专业服务者远程专业工作的局限性，使其了解远程专业工作与面对面专业工作的差异。寻求专业服务者有权选择是否在接受专业服务时使用网络/电话咨询。远程工作的心理师有责任考虑相关议题，并遵守相应的伦理规范。"

第三节　心理咨询工作中的其他伦理议题

心理咨询工作除了心理咨询活动之外，还有其他形式多样的内容，例如为心理咨询从业人员提供督导、为来访者提供心理测验、进行心理咨询领域的科学研究、多样化的宣传推广等等。在这些工作的开展中，也有相应的伦理议题需要考虑。

一、心理督导

梁毅等认为，心理督导是指心理健康服务从业者在有经验、有资质的督导师指导帮助下，实践咨询技巧，监控咨询服务质量，改进咨询工作，提高自身专业水平的过程。在这个过程中形成的督导关系比咨访关系更为特殊和复杂，也更容易引发伦理问题。这种特殊性主要体现在三个方面：督导者与受督导者之间权利的差异；督导关系中的“似治疗性”；督导者与受督导者的角色冲突。督导关系的好坏不仅会影响督导者和受督导者双方，也会影响来访者的福祉，因此，心理督导中的伦理问题越来越引起人们的重视。

（一）常见伦理议题

1. 双重关系

这里的双重关系指的是督导者与受督导者之间存在着督导关系以外的另一种关系。当督导者扮演了咨询者的角色或者以其他的方式与受督导者建立了亲近关系时，双重关系就出现了。在督导关系中最可能发生的双重关系有两种：性关系和咨访关系。无论何种关系存在，都可能存在伦理风险，因为双重关系会妨碍专业判断，存在剥削受督导者的危险，也会造成个人需求和专业需求的暧昧不明。

2. 告知督导过程

在督导过程中，受督导者有权知道有关训练的目标、评量的过程、评鉴的标准等信息，督导者应在督导初期把这些信息告知受督导者。在后续的督导过程中，督导者应持续性地和小心地监督、评量受督导者的表现，定期地给予口头和书面反馈，受督导者有权通过督导过程获得定期的评鉴与反馈。

3. 理念系统的呈现

在督导关系中，督导者通常会成为很好的示范：尊重受督导者，尊重他们在价值经验上的差异及个人隐私；提供有用的、有理论基础的概念架构；教导实践技巧，并鼓励受督导者尝试使用新的策略。督导者对受督导者的尊重是非常重要的，督导者的开放态度有助于受督导者成长与学习。

4. 其他议题

在督导关系中，除了上述需要关注的议题之外，有学者指出还应检验以下议题：（1）负面情感转移的可能性；（2）督导者对权力与权威的不当使用；（3）受督导者对督导者过分依赖；（4）对督导强烈的情绪反应，包括正向和负向的。为了能够清楚地觉察到这些议题，如同咨询者一样，督导者也需要同行的评鉴和支持，必要时也需要个别咨询。

（二）应对策略

1. 督导训练的加强

督导的训练可以分为职前训练和在职训练两种，可以由助人专业教育机构来提供，或者由助人实践机构来提供。最好的方式是助人专业教育机构在专业养成过程中进行职前的督导课程训练，助人实践机构通过持续的在职训练维持专业的质量。

2. 督导伦理守则的制定

督导伦理守则的制定既可以规范督导者的行为，也有助于提高人们对督导伦理问题的关注。《守则》第六部分对督导伦理进行了专门的描述："从事教学、培训和督导工作的心理师应努力发展有意义、值得尊重的专业关系，对教学、培训和督导持真诚、认真、负责的态度。"该部分包含13条细则，涉及督导者的资格能力、督导工作的开展，可以供相关从业人员参考。

二、心理测验

心理测验是咨询者对来访者开展心理评估的重要手段之一。许多来访者对心理测验也抱有极大的兴趣，在咨询中会主动提出做心理测验，甚至有些来访者会因为自己做了某种心理测验而寻求心理咨询。显然，无论是咨询者还是来访者，都把心理测验作为衡量个体心理状况的一把尺子，如何看待这把尺子的作用，如何用好这把尺子，涉及伦理议题。

（一）心理测验的选择

1. 咨询者的角度

作为一名咨询者，需要具备的知识和技能有很多，心理测验方面的知识和技能无疑是其中之一。咨询者需经过心理测验方面的专业训练，包括心理测量的基础知识，心理测验科学性的评估，心理测验的种类、优点和缺点，某种测验的施测程序、计分方式、结果解释等。当然，咨询者更要确认选择什么样的测验更能匹配来访者当下的需求或者对来访者主诉心理状况的了解。同时，需要特别注意的是，咨询者不能出于其他目的（如经济利益的考虑）而滥用心理测验。

2. 来访者的角度

有的来访者想要通过心理测验了解自己当下的状态，对于此种诉求，咨询者可以考虑把它视为专业助人服务的一部分，不可草率拒绝。如果有符合来访者需求的两种以上的测验，咨询者可以向来访者做简要的介绍和比较，双方共同讨论以选择最适当的测验；如果仅有一种测验可以使用，咨询者可以就该测验做简要的介绍，解答来访者的个人疑问，征求其个人意见，以此共同确认该测验的适当性。

（二）心理测验的实施

在实施心理测验时，咨询者应确认施测环境是否适当，实施测验的过程是否合乎标准化的程序；确认来访者的作答和操作方式是否适当，并随时监控以维护施测过程的正确性和标准化。在实施计算机化或网络化测验时，咨询者应确认计算机或网络系统的运作正常，并随时监控来访者完成计算机化或网络化测验的过程。

（三）测验结果的使用

1. 测验结果的解释

在测验施测完毕后，咨询者在进行结果解释时应力求合乎客观性和正确性的要求，并且将这些信息传达给来访者。在告诉来访者施测结果时，咨询者还应当与来访者进行双向的沟通和充分的讨论，恰当地解答来访者的有关疑问。在进行结果解释时，咨询者应充分考虑到影响施测结果的各种可能因素，包括来访者的个人特质、身心状态、生活经验和文化背景，测验本身的质量和限制，施测环境等。

2. 测验结果的管理

施测的结果如果需要对外公开，应当获得来访者的同意，并且咨询者应做到准确地传达信息；测验的相关资料，如纸质测验、答题纸、来访者个人信息等应当妥善保管，测验结果的报告和资料应有安全保管的措施和相关保密规定。《守则》对此做了说明："未经寻求专业服务者授权，心理师不得向非专业人员或机构泄露其测验和评估的内容与结果。""心理师有责任维护心理测验材料（测验手册、测量工具和测验项目等）和其他评估工具的公正、完整和安全，不得以任何形式向非专业人员泄露或提供不应公开的内容。"

三、研究与发表

和心理学许多领域的研究不同，心理咨询领域的研究者常常兼具咨询者和研究者双重身份。从咨询者的身份而言，咨询者和来访者的关系为工作同盟，咨询者主要关心的是来访者的福祉；从研究者的身份而言，研究者和研究对象的关系为科学同盟，研究者主要关心的是新知识的发现。因此，心理咨询领域的研究者常常面对一些伦理议题。

（一）研究

1. 知情同意

在研究工作中，知情同意指的是研究对象在对研究的过程及其相关的风险和效益了解之后同意参加研究。在征求同意的过程中，研究者还需要承诺保证研究对象的隐私权、安全和退出研究的自由。知情同意的重要性在于：可保护人们的自主权；可减少有害的研究；可保证只有在研究对象自愿同意的情况下才会暴露在危险之中；可减少人们对研究的否定态度。

从定义中可以看出，知情同意的要素包括知识、自愿和能力三个方面。不但研究对象要有充分的知识且已被告知，而且同意的决定必须是由被判断为有能力的人在自愿的情况下提供的。研究对象需要知道研究的哪些内容?《守则》中有明确规定："应向被试（或其监护人）说明研究性质、目的、过程、方法、技术、保密原则及局限性，被试可能体验到的身体或情绪痛苦及干预措施，预期获益、补偿，研究者和被试各自的权利和义务，研究结果的传播形式及其可能的受众群体等。"关于研究对象是否有能力决定参与研究这一话题特别会出现在三类人身上：智能不足者、认知能力减弱的老年人、儿童。《守则》

指出：“若被试没有能力做出知情同意，应获得其法定监护人知情同意。”

2. 控制组

在研究伦理中最被关注的问题大概算是关于在研究中设置不加处理的控制组。控制组的被试虽然需要同样的协助，却不能予以满足。而心理咨询研究中所面临的两难困境是，假如研究者要对处理的效果提出有效的结论的话，某种形式的控制组是必需的，但这会因为剥夺那些被认为需要帮助的来访者的咨询机会而有潜在的伦理问题。

对于上述伦理问题，有学者提出设置其他处理方法的比较组来取代控制组，但这种做法的风险在于只能得到两种处理情况间的差异情况，并不能确定这两种处理与未接受处理相比是否更优。还有学者建议采用组内设计的形式，这种做法的缺陷是无法控制一些无关变量的影响，如时间或心智的自然成熟等因素。当前较为人们接受的做法是在研究前评估研究对象呈现的问题类型和严重性，然后考虑采用何种设计更能维护来访者的福祉。总之，在这类研究中，没有完美的伦理抉择，只有伤害最小而利益最大的较佳抉择。

（二）报告

研究工作的最后阶段就是研究报告的撰写和出版。在这个阶段，最重要的伦理问题主要涉及研究报告的撰写和出版荣誉的归属问题。

1. 研究报告的撰写

撰写研究报告不仅要忠实地呈现统计结果，也要说明其实用价值，对所有研究工作者予以诚实的交代。撰写研究报告不是陈述研究者个人的主观意见，而是把研究所得数据和结果完整并客观地呈现出来。此外，还应根据样本的代表性限制，做出审慎的结论和合理的推论。

在撰写研究报告时最重要的伦理问题是资料的有意造假。编造假数据的方式至少有三种：未经真正的资料收集，捏造数据；擅改或篡改真实的数据，而使其更加接近研究假设；删除部分真实的数据，以去除不想要的或矛盾的数据。研究资料的造假不仅会造成对专业领域人员的误导，也是对科学精神的亵渎。《守则》明确规定：“撰写研究报告时，心理师应客观地说明和讨论研究设计、过程、结果及局限性，不得采用或编造虚假不实的信息或资料，不得隐瞒与研究预期、理论观点、机构、项目、服务、主流意见或既得利益相悖的结果，并声明利益冲突；如果发现已发表研究有重大错误，应更正、撤销、勘误或以其他合适的方式公开纠正。”

2. 出版荣誉的归属

正确地签署出版荣誉归属是重要的，因为：可以让公众知道在研究中共同参与的研究者的个人贡献，并给予其个人应有的荣誉；有助于促进个人生涯的发展，如职务晋升、升学就业等；被公众知晓本身就是一种精神荣誉。因此，当某人对某一研究成果有具体的专业贡献时，应被列名为作者。如果贡献较小，可以脚注或文内说明的形式呈现；如果作者超过两人，则共同作者的排名顺序应依据贡献大小进行。另外，文章著作应避免重复发表。所谓重复发表是指同样的论文或同样的研究结果以超过一种以上书面形式发表的做法。该做法既掠夺了他人发表的空间，也让个人的成果数量充斥着水分，因此是不合伦理的。《守则》指出：“全文或文中重要部分已登载于某期刊或已出版著作，心理师不得在未获原出版单位许可情况下再次投稿；同一篇稿件或主要数据相同的稿件不得同时向多家期刊投稿。”

研究工作从设计、实施到最后完成，研究者本人最了解其中的细节。在写作研究报告的过程中，研究者应诚实报告自己的研究成果，不得抄袭。抄袭的原因是多种多样的，比较常见的有：可能是疏忽和不注意而未注明出处；可能有时难以确定谁是研究构想的原创者；可能基于妒忌或人际竞争而有意排斥他人的文献；有意地重述他人的文献或重复他人的构想，将其据为己有。《守则》明确规定：“心理师在发表论著时不得剽窃他人成果，引用其他研究者或作者的言论或资料应按照学术规范或国家标准注明原著者及资料来源。”

本章摘要

心理咨询专业伦理是心理咨询团体针对心理咨询的专业特性研究发展出来的道德价值观与行为规范。像其他专业伦理一样，心理咨询专业伦理也包含专业哲理思想、专业价值体系、专业伦理原则与专业行为标准四个方面的内容。善行、责任、诚信、公正和尊重是心理咨询专业伦理的五项基本原则。保护来访者、保护咨询者、提升咨询品质和维护专业信誉是心理咨询专业伦理的意义所在。在心理咨询过程中，与保密有关的常见伦理困境包括隐私保护问题、保密例外失当和知情同意不足，应对策略有多方守住保密底线、研发保密例外细则、充分运用知情同意等。多重关系是指咨询者和来访者之间除心理咨询或治疗的关系外，还存在其他社会关系。多重关系涉及的常见伦理困境包括和来访者熟悉、兼具管理和教育职责、源于人情关系的来访者等，应对策略包括发挥已有师生关系的积极作用、加强对心理咨询人员的伦理教育、寻求专业督导、加强心理咨询专业伦理的宣传等。网络心理咨询中的常见伦理议题有资质能力和身份确认问题、隐私保密问题、知情同意问题、安全保护问题以及其他方面的伦理问题。心理督导领域常见的伦理议题包括双重关系、告知督导过程、理念系统的呈现以及其他议题，应对策略有督导训练的加强、督导伦理守则的制定等。心理测验方面的常见伦理议题涉及心理测验的选择、实施和测验结果的使用。在心理咨询的研究与著作发表方面，知情同意和控制组的使用是研究方面常见的伦理议题，研究报告的撰写和出版荣誉的归属是发表方面常见的伦理议题。

复习思考题

1. 简述心理咨询专业伦理的原则和意义。
2. 试述心理咨询过程中与保密有关的常见伦理困境及应对策略。
3. 试述网络心理咨询中的常见伦理议题及应对策略。
4. 试述心理咨询研究与发表中的常见伦理议题及应对策略。

推荐参考书

1. 牛格正，王智弘.（2018）. 助人专业伦理. 上海：华东师范大学出版社.
2. 斯佩里.（2012）. 心理咨询的伦理与实践（侯志瑾译）. 北京：中国人民大学出版社.

参考文献

1. 何元庆，方存峰.（2015）. 高校心理咨询中保密的伦理困境与解决出路. 中国临床心理学杂志，23（2），378–380.

2. 吴岚，张大均，余林.（2006）. 试论网络心理咨询中的伦理问题及其应对策略. 西南师范大学学报（人文社会科学版），32（4），68–72.

第二编
心理评估

第五章　心理评估概述

引　言

心理评估是心理咨询与治疗工作中的一个重要环节，但目前网络上、各种娱乐杂志上流行的很多心理测验让人们对心理评估形成了一种娱乐性的感觉。又由于某些实施者实际上对心理评估的内涵并不理解，容易根据某一测验结果，简单地给来访者贴上标签。这使人们在面对心理评估的时候，出现了两种比较极端的观念：第一，不信任咨询者使用心理测验得出的结果；第二，极度相信测验结果，给自己贴上某种标签。这两种观念对于咨询者的心理评估工作都是很不利的。咨询者要熟练掌握心理评估的各种手段，对心理测验结果做出恰当合适的解释，依据心理评估的各种信息资料，做出科学的评估。本章将介绍以下内容：心理评估的定义和发展，心理评估的原则、注意事项，心理评估与心理诊断的区别，心理评估的方法，心理评估的过程。

第一节　心理评估的概念

一、心理评估的定义和发展

由古到今，人们总是希望可以了解自己，了解他人，从而找出人与人之间的差异。许多社会都因为人与人的差别而把人们分为复杂的等级。根据人与人之间的差别来选拔政府官员或合适的职位人选，已有悠久的历史。

心理评估在历史上并没有很系统的详细记载，也没有一个很系统的历史线索，更多与心理评估有关的历史是在人员选拔、通过外貌或体液划分人的类型以及评价成就等方面。所以，我们所能了解到的心理评估的历史只局限于测量个别差异以及测验的应用方面。

《心理学百科全书》记载："对心理功能的评估在两千五百多年前有所萌芽，古代教育家孔子就根据自己的观察把其学生分为中人、中人以上和中人以下；隋朝所实行的科举制度，实质上是一种能力的测验方法。在国外，公元前4世纪，古希腊名医希波克拉底就开始以问诊和望诊作为诊病的主要手段，到了17世纪以后，相继出现了听诊法、叩诊法等一系列体格检查方法；而对心理功能评估则主要开始于19世纪，对评估内涵的认识也因此得到了深化和完善……"（《心理学百科全书》编辑委员会，1995，第1365页）

心理评估是应用心理学的重要基础，一般来说，临床心理学包含两大块内容：一块是心理干预，如我们所熟知的心理治疗、心理咨询都属于心理干预的范畴；另一块就是心理评估。心理评估是心理干预的重要前提和依据，没有准确或恰当的评估，就无法进行正确的干预。系统的心理评估其实是有效治疗的良好开端。心理治疗的初始阶段是开展评价和评鉴的过程，心理评估是指咨询者通过对来访者的言谈举止的仔细观察，参考相关的心理测验结果，并对来访者以及相关人员所提供的信息进行分析判断后，根据这些信息对来访者的认知、情感、行为、个性特征、生理状况形成一个大致的了解，对来访者是否存在心理问题、问题性质、问题严重程度、是否需要心理咨询、是否愿意接受咨询、需要什么样的咨询、能否提供咨询形成一个大概分析和判断。同时心理评估还可对心理干预的效果做出判定。在实际工作中，有时心理评估与心理干预是同时进行的，或二者糅合在一起，很难截然区分。但就方法和内容来说，心理评估有其独特的方式和目标指向，需要加以注意。

（一）我国古代的心理评估

两千五百多年前，孔子（前551—前479）主张"因材施教"。他承认学生个性的差异和程度的高低，所以平时非常注意观察，了解每个学生的爱好、个性和程度，根据学生程度的高低和接受能力的大小，将学生分为中人、中人以上和中人以下，并进行不同的教育，即"中人以上，可以语上也，中人以下，不可以语上也"，以便发展每个学生的特长，取得最佳的学习效果。这可以说是最早利用观察法对人进行评估的例子。

比孔子稍晚的孟子（约前372—前289）也说过："权，然后知轻重；度，然后知长短。物皆然，心为甚。"这就明确指出了对心理现象进行测量的必要和可能（林传鼎，1980）。

公元245年，三国时期刘劭著《人物志》一书，提出了八条“知人之道”，即“观其夺救以明间杂，观其感变以审常度，观其志质以知其名，观其所由以辨依似，观其爱敬以知通塞，观其情机以辨恕惑，观其所短以知所长，观其聪明以知所达”。这八条实际上就是一个设计精巧的人才心理测试方案。其中“观其感变以审常度”这一条提出了心理观察的原理。用心理学术语解释，意指在心理观察中根据一个人的行为变化可推测他的一般心理活动。

6世纪，在我国的江南一带，流行一种“抓周”的民间习俗。这是世界上最早的婴儿发展测验。据史书记载，此风俗兴于魏晋南北朝。在《颜氏家训》中，就有详细的记载：“江南风俗，儿生一期（一周岁的意思），为制新衣，盥浴装饰。男则用弓矢纸笔，女则刀尺针缕，并加饮食之物，及珍宝服玩，置之儿前，观其发意所取，以验贪廉愚智，名之为试儿。”人们通过这种方式来测卜儿童未来的志趣、前途和将要从事的职业。

隋朝初，我国建立了科举制，这为广大士子开辟了一条比较开明的出仕途径，中国古代真正的考试选官制度从此开始。唐代科举考试分制科和常科。制科主要应试对策，也就是对时政的看法和建议。常科的考试科目有五十多种，其中明经、进士两科是主要科目。进士科以考时务策为主，后来也考帖经和杂文。在唐代，考中进士只是有了出身，即具备了做官的资格，下一步还要经过吏部选试，合格才被授予官职。选试包括身、言、书、判四个方面。宋代在革除了唐代科举制弊病的基础上，建立起一套相当完整、严密的科举制度。宋代科举实行三级考试，即解试（州试）、省试（礼部试）、殿试。殿试由皇帝亲自主持。凡登科进士，一律由吏部授官。宋代科举考试向士大夫广泛开放，对于各科举人，不重门第，只要文章合格，就可以录取。辽、金、元时期基本上沿用宋朝科举制度。这种以文取士的方式方法，有争议的地方在于被选拔者的道德品质究竟如何，做事为政的实际本领到底怎样，凭几张应试卷文和几次简单的面试是否能得到准确的判断。但是，这种几近苛刻的科举制，也为国家选出了不少优秀人才。其中的帖经和对偶，就相当于现在西方言语测验中常见的填字和类比。

清朝后期出现的玩具七巧板也叫益智图，形状大小不同的七块小板可以组成近百种动物和实物的形状，这可以算是最早的考察创造力的方法之一了。还有九连环，也是可以用来考察创造力的，它的设计非常巧妙。这些都属于古代非文字的智力测验。

以上是我国历史上零零星星的一些与心理评估相关的记载，由此我们也可以看到，应用各种手段对人的心理进行分析、观察、评估，在我国已经有相当长久的历史。我们应当深入挖掘中国古代的心理评估思想，将古代心理评估的思想精华融会到现代心理评估学的内容中去。

（二）西方古代的心理评估

古希腊医生希波克拉底（Hippocrates）根据古希腊医学家恩培多克勒（Empedokles）的人体构成的“四根说”（血液是火根，呼吸是空气根，液体部分是水根，固体部分是土根）提出“四液说”。希波克拉底认为人体中有四种体液：（1）血液出于心脏（相当于火根）；（2）黄胆汁出于肝脏（相当于空气根）；（3）黑胆汁出于胃部（相当于土根）；（4）黏液出于脑部（相当于水根）。复杂的人体就是由这四种体液组成的。希波克拉底根据不同体液在人身上的优势地位，把人分为四种类型：多血质、胆汁质、黏液质和抑郁质。这种分类一直沿用至今。

柏拉图（Plato）根据人的心境所处的不同身体部位，划分出三种职业类型。心境存于头部则为哲学家、诗人和官吏，心境存于胸部则为军人，心境存于腹部则为市井中的平民。柏拉图把人的灵魂分为三个部分：欲望、激情、理智。与此相应，人也可以分为三种基本类型：逐利者、好胜者、爱智者。其中，爱智者就是哲学家。

希腊哲学家狄奥弗拉斯塔（Theophrastus）有一部著作叫《性格论》，广泛流传后世。他以一种独特的方式把人分成30类，每类人有不同的特点。

首次尝试智力测量的是16世纪的西班牙医生华特（Huarte），他是最早尝试选拔天才的人，并且他提出了这样一个问题：是否需要为天才儿童开办特殊学校？

根据人的体貌，也可以了解人的人格和病理特征，这种观点在18—19世纪广为人知。如高尔（F. J. Gall）认为，可以通过测量头骨来测量人的智力。他认为人的各种复杂的能力是与脑的各个严格限定的部位密切联系的，头颅骨上的隆起决定了人的心理能力的个体差异。

18世纪末出现了一种描述人格的方法，与现代心理学中的传记法很相似。

之后还有一些早期的成就测验。在意大利的博洛尼亚大学，口试从13世纪就作为一种成就测验开始使用。17世纪，牛津大学实行了相同的考试方式。1860年以后，欧洲和美国已普遍实行笔试。

到了19世纪，更加现代的心理评估诞生了。心理评估与精神病学是密切相关的。19世纪和20世纪初，精神病学和年轻的心理科学成为心理评估的理论、内容和评估程序的源头。作为精神科医生，要对一个精神病患者的病症进行评估，就得面对病人的行为、认知和情绪等方面的因素。因此，19世纪的一些精神科医生便开始运用一些类似心理测验的方法对病人进行评估。20世纪20年代，罗夏（H.Rorschach）编制了著名的罗夏墨迹测验。这是非常有代表性并在当今世界上广为使用的心理投射测验，主要是通过观察被试对一些标准化的墨迹图形的自由反应来评估被试所投射出来的个性特征。20世纪30年代后，出现了主题统觉测验和明尼苏达多相人格调查表（Minnesota Multiphasic Personality Inventory，简称MMPI）。到目前为止，国际上上千种心理测验在应用。

二、心理评估的原则

（一）客观性原则

咨询者要以实事求是的态度去对待来访者，避免过分依赖心理测验结果或单凭心理测验结果进行评估。心理测验结果只能作为一种评估的辅助，而不是绝对的标准。咨询者要避免单凭来访者的主诉对问题做出判断，一定要充分利用在会谈、行为观察以及心理测验中所获得的资料进行综合分析，并用多种方法相互印证。

为了更好地做到客观评估，咨询者应该注意几个方面：（1）在收集资料时，必须如实地、详尽地记录来访者的情况；（2）在资料的处理、结果的分析整理时应尽可能地用某种客观的尺度来评定，避免受主观偏见的影响；（3）在做结论时，要根据客观的事实下判断，不要做过分的推论。

（二）科学性原则

态度和评估方法要科学，对评估结果的解释要慎重。在评估的过程中，咨询者要参考可靠的评估标准。资料的来源不同，使用的术语和对术语含义的理解不同，检查的方法不同，都会使评估结果产生差异。所以，在评估过程中，咨询者要综合国内外的评估标准，使用标准化的量表，保证施测环境的稳定性，注意计分方法和对结果的解释。标准化的量表保证了评估的有效性与可靠性，保证了评估结论的科学性。

（三）整体性原则

咨询者要防止凭主观推测或凭片面认识进行判断，要用系统论的观点来全面分析、评估各种信息，把握来访者的整体心理特征。

（四）发展性原则

任何问题都不会是一成不变的，咨询者在做出评估的时候也要充分认识到这一点。人的成长是一个动态的过程，咨询者的心理也是动态发展、不断变化的。所以，即使已经对来访者的问题做出了初步的评估，咨询者还是应该继续观察来访者的心理变化，观察在咨询或治疗的过程中，来访者哪些方面得到了改善，哪些方面没有变化，哪些方面出现了非咨询者预期中的问题。这有利于咨询者对来访者做出确切的评估，以调整咨询的方案与计划。

（五）保密性原则

心理评估的资料是咨询内容的一部分，根据心理咨询原则，咨询者要为来访者保密，尊重其隐私权。在许多国家，职业心理学伦理特别强调对有关个人资料绝对保密的原则。为遵从保密性原则和保护人格的原则，许多国家的职业伦理条例规定了心理评估资料如何归档和储存。

对于心理评估的结果，咨询者应该向来访者传达，让其了解情况，鼓励来访者进一步验证或修正评估结果。但为避免对来访者造成标签效应，有利于咨询或治疗的进行，对于评估结果的告知应有选择性。

三、心理评估的注意事项

心理评估者应具备一定的专业素养。首先，应具有充足的心理学专业知识；其次，要有心理评估与心理测量专业知识和专业操作训练，还要对精神病学的相关知识有所了解，以便鉴别出正常或异常的心理现象。心理评估者还应具备良好的心理素质，包括：观察能力，以捕捉被评估者的语言和非语言信息；智力水平；自我认识能力，以了解自己，排除个人因素（情绪、价值观、道德标准、宗教信仰等）对评估结果的影响；沟通能力，以有效地与被评估者进行沟通。被评估者要意识清楚，能控制自己的情绪、行为以适应评估的要求；精力充沛，自愿合作。在评估的时间上，心理评估者要选择被评估者身体状态最佳的时候。总之，心理评估者要了解各类评估法的优缺点、适用范围，熟练掌握各种评估法的运用和对结果的解释，根据被评估者的状况选择恰当的方法进行评估，对评估结果要正确看待，客观解释。

四、心理评估和心理诊断的区别

“诊断”一词是医学上常用的一个术语，指的是对病人的病情做出性质和程度的判定。心理诊断这个概念先是在精神病领域使用，后来很快延伸到了临床心理学领域，测量成人与儿童的智力水平、人格倾向、情绪状态、兴趣爱好、能力水平，以及测量各种偏离常模行为的工作都纳入了心理诊断的范畴。心理诊断是指临床工作者根据世界卫生组织发布的临床诊断分类及标准，对患者的症状进行分类总结，做出判断和鉴别。

同疾病诊断一样，心理诊断不可能一次完成，而是一个过程。因此，近年来临床心理学上出现了心理评估的概念。心理评估是指临床工作者应用测试、观察及面谈等多种方法获得信息，对个体某一心理现象做全面、系统和深入的客观描述的过程。评估中对现存的问题进行明确分类十分重要。

心理诊断和心理评估这两个概念的内涵尽管在某些方面是一致的，在没有特别强调的情况下可以通用，但两者并非完全相同。心理评估的范畴比心理诊断更广；心理诊断强调的是结果和确定性，是一个相对静止和孤立的概念，而心理评估强调的是过程，是一个侧重联系和变化的概念。

第二节　心理评估的方法

一、心理测验

心理测验是一种测量的技术。心理学家常用心理测验来测量、评估人们的某种行为，作为判断个体心理差异的工具。美国心理学家阿纳斯塔西娅（Anastasia）认为，心理测验是行为样本的客观的、标准化的测量。心理测验的种类很多，心理评估运用较多的测验有三类：智力测验、人格测验和心理健康测验。

（一）智力测验

智力测验的主要功能是测量人的一般智力水平。如斯坦福—比奈智力量表（Stanford-Binet Intelligence Scale）、韦克斯勒智力量表（Wechsler Intelligence Scale）等，都是现代常用的著名智力测量工具。智力测验用于测量人的智力，评估人的智力水平，主要目的是测定一个人的心理能力以及心理功能的水平，对一个人多方面的能力进行评定。根据智力测验获得的资料，咨询者可以评估来访者的个性是否混乱。在进行测验的过程中，咨询者还可以对来访者的行为进行观察，获得一些测验之外的信息。这类测验可在来访者有特殊要求时以及怀疑来访者存在智力障碍时使用。

（二）人格测验

人格测验有助于咨询者对来访者人格的了解，帮助咨询者找出问题更深层次的原因，以便有针对性地进行心理咨询与治疗。人格测验一般有两类：一类是问卷式人格测验，另一类是投射式人格测验。这两类测验可以在使用中相互印证。常用的问卷式人格测验有艾森克人格问卷（Eysenck Personality Questionnaire，简称EPQ）、十六种人格因素问卷（Sixteen Personality Factor Questionnaire，简称16PF）、明尼苏达多相人格调查表。常用的投射式人格测验有罗夏墨迹测验、主题统觉测验、绘画测验等。

（三）心理健康测验

心理健康在我们的生活中扮演着重要的角色。心理健康测验的主要功能在于了解个体的心理健康水平，促进个体的自我认识、自我评价，以正确地接纳自我，不断取得心理平衡，提高心理承受能力，达到良好的心理状态。常用的心理健康测试量表有生活质量综合评定问卷（Generic Quality of Life Inventory，简称GQOLI）、总体幸福感量表（General Well-Being Schedule，简称GWB）、焦虑自评量表（Self-Rating Anxiety Scale，简称SAS）以及抑郁自评量表（Self-Rating Depression Scale，简称SDS）。生活质量影响人的心理健康，而对生活质量的考察目前多以生活各领域的幸福感（well-being）或满意度（satisfaction）作为指标，也就是说，人们更多地把生活质量看作一种主观感受。对生活质量的评估可以较好地筛选出影响人们健康的因素，所以在咨询中使用比较多。

二、观察与访谈

（一）观察法

观察法就是通过对来访者心理和行为的观察，来进行心理评估的方法。主诉只是表达了来访者自己对事件的看法和感受，来访者的语言有时并不表达其最真实的想法，或并不说明现实的情况。当来访者说谎或者某些问题引起他的焦虑的时候，咨询者往往可以通过观察发现。除了可以在现实情境中观察来访者的行为，咨询者更多的是在临床会谈时进行行为观察，包括来访者与咨询者的互动、与环境的互动，以及独处时的行为。在心理咨询过程中，对来访者的观察，既包括观察其态度，说话的语调、语流、语速，情感反应，也包括观察其眼神、表情、动作特点、姿态、行为有无异常等等。咨询者要根据来访者表现出来的各种身体语言，帮助自己更好地对其心理状态进行剖析。在心理咨询过程中，咨询者要特别留意当咨询出现"冷场"时，或双方处于沉默阶段时，来访者的反应。例如，在询问来访者某一问题时，来访者突然陷入沉默中，那么，这个时候咨询者一定要仔细观察来访者出现的所有细微的表情与动作。咨询者从来访者的表情可以推测，这个问题对他来说是不知道怎么回答还是已经让他产生了某种程度的焦虑，他是否在试图回避该问题。对于言语表达困难或言语很少的来访者，行为观察的结果几乎是咨询者做出评估的主要依据。

来访者的各种身体语言给咨询者传达的信息如下：

（1）咧着嘴笑、手掌打开、双眼平视等传达的是一种开放与接纳的态度。

（2）谈话时，身体前倾、坐在椅子边缘、全身放松、双手打开、解开外套纽扣、手托着脸等表示对对方的谈话内容感兴趣，愿意配合对方。

（3）抬高下巴，坐时上半身前倾，站立时抬头挺胸、双手背在身后，手放在口袋时露出大拇指，掌心相对、手掌合起来呈尖塔状，翻动外套领子等是自信的表现。

（4）吹口哨，抽烟，坐立不安，以手掩口，使劲拉耳朵，绞扭双手，把钱、钥匙弄得叮当响等反映了一种紧张的心理状态。

（5）捏弄自己的皮肤、咬笔杆、两个拇指交互绕动、啃指甲等是缺乏安全感的表现。

（6）双臂交叉于胸前、偷瞄、侧视、摸鼻子、揉眼睛、笑时紧闭双唇、紧缩下巴、说话时眼睛看地上、瞪视、双手紧握、说话时指着对方、握拳做手势、抚摸后颈、摩拳擦掌、双手交握放在后脑勺、整个人向后靠在椅背上等是一种自我防卫的体现。

（二）访谈法

一般来说，首次会谈的目的有两个：第一，通过会谈，咨询者与来访者建立良好的咨访关系，培养双方的相互信任感。第二，咨询者通过会谈的方式收集来访者的一般资料，了解来访者的基本问题，包括来访者的主诉、成长背景以及健康史等。只有在与来访者的交谈中，咨询者才能察觉其问题的存在，了解其内容，分析其意义。

在会谈的过程中，有时来访者急于说出自己的苦恼与问题，一时表达毫无头绪，咨询者可让他选择一件事先讲，然后再讲另一件事，或先了解其主要的咨询目标，然后帮助来访者围绕这一目标展开谈话。在这个过程中，咨询者要让来访者充分发表自己的想法，但又必须引导其围绕一定的主题展开，切勿让其漫无目的地泛泛而谈。在收集信息阶段，咨询者一方面应注意引导对方的思路，另一方面应注意倾听对方的谈话，不是在特殊情况下不应随意打断对方的话题，以免扰乱其思路。咨询者要倾听来访者对目前所遇到的问题的描述以及他对问题的想法、这个问题给他所带来的困扰。咨询者要在对来访者的问题形成一个全面认识的基础上，捕捉来访者提到的那些复杂的人物、事件当中的重要信息，以利于对问题的评估分析。要善于询问，注意询问的方式，利用询问收集所需要的信息。

1. 主诉

主诉，即来访者对自己问题的陈述以及感受，这是从来访者的角度了解问题。来访者的诉说一般是他对事件的感受和看法，所以，咨询者首先要注意区分事实与主观描述。咨询者更要注意来访者对于他自身、他人及有关事件的看法，注意由此引发的情绪活动，以及来访者是怎样处理自身所遇到的问题的。对来访者思维与情绪的认识，有助于了解思维与情绪之间的交互作用，以便咨询者判断来访者是否存在理智与情绪不协调甚至对立的情况。

当然，在咨询的过程中，咨询者会碰到个别来访者主诉很少或者主动言语很少的情况。当发生这种情况的时候，咨询者可以通过询问来访者或其家庭的方式，来了解来访者的主要问题是什么，最近是否有特殊事件发生，以及来访者在事件中的反应及表现。

咨询者在了解来访者的问题之后，要进一步确定咨询或治疗的目标，根据确定的目标，对问题形成的原因进行深入探讨，以便对问题的形成背景有完整的了解。

2. 资料收集

心理问题的产生一般与个人的生活经历、生活背景有关。对于来访者背景资料的收集，不但有利于咨询者对来访者形成一个全面的认识，而且有利于咨询者对来访者问题的分析，找出其心理问题产生的社会背景。

三、神经生物学评估

在某些情况下，如来访者患有某种特定精神心理问题时，咨询者会建议来访者进行神经生物学评估，以排除某些可能导致或加重现存问题的躯体疾病。当代神经生物学评估主要包括脑成像评估、神经递质评估、神经心理测验和心理生理学评估。

（一）脑成像评估

计算机断层扫描（computed tomography，简称CT）可以用来评估脑结构异常（也可以对身体其他部分进行医学检查）。其原理是：移动的X射线对脑的横切面进行360度扫描，在另一边的X射线检测仪计算穿过的放射性强度，这样就可以发现组织密度的细微不同。之后，计算机根据这些信息形成清晰度最佳的二维图像。图像可以显示脑室的增大（脑组织退化的信号）和肿瘤、血块的位置。CT正在逐渐被磁共振成像（magnetic resonance imaging，简称MRI）所取代。MRI对大脑内部结构的扫描更加清晰，因为其对于软组织的改变特别敏感。并且，MRI的操作过程相对简单，患者的辐射暴露也少得多。MRI的推广应用目前遭遇的最大问题是部分患者对于置身MRI狭窄的检查设备中会产生幽闭恐惧反应，而狭窄的圆柱体检查腔对于产生磁场及隔离外界射线信号是十分必要的。另一种技术是人体代谢的正电子发射断层成像（positron emission tomography，简称PET）。CT只能够反映某个器官的解剖特征，比如形状等，而PET可以反映一个器官的功能如何。PET可以通过追踪在大脑或其他器官中代谢的人体自身组成成分，如葡萄糖，来呈现器官各部分的代谢程度。通过揭示大脑不同部位的代谢率，PET可以找出疾病的大脑病变部位，从而协助临床工作者做出更明确的诊断。由于PET对人体侵入性较大，目前已减少其使用率。功能性磁共振成像（functional magnetic resonance imaging，简称fMRI）更为进步。fMRI测量的是大脑中的血流量。当大脑中某区域的神经元开始活动时，该区域的血流量会增加，所以大脑特定区城的血流量是一项合理的神经活动指标。

（二）神经递质评估

神经递质评估的常用方法是分析神经递质经酶分解的代谢产物，这种代谢产物会分布在尿液、血清和脑脊液中，代谢产物浓度越高，说明递质浓度越高，反之亦然。但是，血液或尿液中的代谢产物反映的是整个身体的神经递质水平，脑脊液中的代谢产物反映的是大脑和脊髓的活动，并不能代表大脑的神经递质水平。这种方法的另一个问题是，只能表明相关，不能表明因果，不能确定患者的某种神经递质水平异常是障碍的原因还是障碍所导致的结果，需要进一步验证。神经递质评估的另一种方法就是使用能够升高或降低神经递质水平的药物。例如，如果一种药物能够提升5-羟色胺的水平，那么它应该能缓解抑郁；而减少该药物的服用应该能诱发抑郁症状。大多数实验中的药物对人体的作用极为短暂，神经递质系统很快回归正常水平，所以对人体影响不大。但不好的是这些药物在改变某种神经递质水平时，通常也会对其他神经递质系统造成一定的影响。

（三）神经心理测验

神经心理测验通常与脑成像联合使用来探测脑功能失调，帮助医生找出受影响行为所对应的精确脑区位置。神经心理测验的假设为，不同心理功能（如运动速度、记忆、语言）是依靠不同脑区来实现的。例如，神经心理测验能辅助确认在中风时脑损伤的程度，在脑成像技术无法确认脑损伤位置时提供线索。心理病理学评估中包括大量的神经心理测验，比如由瑞坦（R. M. Reitan）根据霍尔斯特德（W. C. Halstead）开发的系列测验改编而来的霍尔斯特德—瑞坦神经心理成套测验和基于苏联心理学家鲁利亚（A. Luria）的研究编制的鲁利亚—内布拉斯加神经心理成套测验。

（四）心理生理学评估

心理生理学关注与心理活动有关的身体变化。研究者利用诸如心率、肌肉紧张程度、不同身体部位的血流量、脑电波等指标来研究个体心理活动中的身体变化。其中一项重要指标是心率。将电极置于胸部可以记录心跳产生的电生理变化，继而将信号传输到多导生理记录仪中，形成心电图。皮肤电反应是研究情绪生理反应的一项重要指标。焦虑、恐惧、愤怒和其他情绪会使交感神经系统兴奋，汗腺分泌增加，皮肤电反应增大。大脑活动可以用脑电图（EEG）来反映，将电极置于头皮之上可记录脑电活动。

心理生理学评估与脑成像技术结合运用，能够在个体进行某种行为或认知活动的过程中提供相当完整的数据。

第三节 心理评估的过程

一、评估的流程

（一）初次评估

初次评估主要指咨询者运用心理评估的各种技术与来访者第一次接触后所形成的初步评估，有时是心理问题的性质判断，有时是心理问题类型的判断，有时是心理问题的大概印象。

一般来说，初次评估安排在心理咨询或心理治疗的初始阶段。但是，咨询者不能简单地把与来访者的初次会谈视为初次评估，也就是说，不能把与来访者的初次接触当作初次评估。与来访者的初次会谈一般包括几个步骤：第一，介绍心理咨询的原则及心理咨询的情况；第二，与来访者建立良好的咨访关系；第三，收集咨询者做出评估所需要的资料；第四，通过倾听、提问、分析对来访者的情况做出初步的评估。咨询者要注意，第四个步骤是建立在咨询者对来访者有一定了解，而且有比较充足的信息支持的基础上进行的。如果在初次会谈之后，咨询者对来访者的了解还没有完成，没有获得相对充分的资料，就不能进行初次评估，咨询者对来访者的初次评估可以推迟进行，直至对来访者的问题有了大致的了解。对初次评估的理解也不要单纯从初次与来访者的接触时间来看，因为时间只是参考指标。

初次评估是对来访者的问题所形成的一个初步的鉴别，是对其心理问题的一个判断。初次评估容易受到一些因素的影响。

（1）初次评估容易迅速地对问题做出选择和判断，缺乏深入的论证。这是由初次评估本身的特点造成的。由于心理咨询或心理治疗的需要，咨询者必须在掌握一定的信息资料后，迅速对来访者的问题进行分析判断，所以，一般来说，初次评估会缺乏深层次的论证和探讨。

（2）初次评估经常在信息不充分和不全面的情况下进行。在以50分钟为一个单位的会谈时间里面，要完成几个部分的内容，包括对来访者资料的收集。在有限的时间内，深入了解来访者的信息资料是很困难的，因此，初次评估只能是以有限的时间最大限度地掌握来访者的有关信息，并根据这些资料做出初步判断。

（3）初次评估会受第一印象的影响，也就是首因效应。在短时间的接触中，首因效应的是比较大的。咨询者对来访者做出初步判断，一般是在整个咨询或治疗的初始阶段。这个时候，咨询者和来访者的接触还很短暂，首因效应比较大。所以，对来访者所形成的第一印象会影响咨询者对来访者的心理与行为特征的解释。咨询者和来访者接触时间短暂，而咨询者要及时、准确、快速地做出判断，确实有些困难。

在对来访者进行初次评估时，咨询者一定要采取谨慎态度。初次评估的结果对之后所采用的技术及方法有直接影响，从而影响咨询效果。

（二）再次评估

再次评估是在初次评估的基础上，为了进一步确认或修正初次评估的结果而进行的进一步评估。再次评估的目的是检验或者修正评估结果，再次评估的过程使心理评估更准确。

一般来说，再次评估包括以下几个步骤：第一，审阅初次评估记录；第二，对初次评估进行再推理；第三，分析无关证据；第四，再次进行评估。在初次评估和再次评估之间，有一定的时间，在这期间，咨询者可能从不同渠道获得更多关于来访者问题的信息资料。在再次评估过程中，咨询者重新审视初次评估的结果，反复思考评估过程，并分析材料与初次评估结果之间的逻辑关系，对于新信息和旧信息进行整合推断，对之前认为无关的一些资料进行再分析，看是否能够提供新的评估思路，确保评估的可靠性。

再次评估和初次评估的区别表现在以下三个方面：

（1）程度不同。再次评估是在初次评估基础上的深入，因此，再次评估阶段一般比初次评估阶段拥有更详实的评估资料。这个阶段需要咨询者进行更深入的信息加工，对信息资料进行更全面的分析。而初次评估经常在信息不充分的情况下进行，信息资料不全面。

（2）要求不同。再次评估是对初次评估过程的回溯，要求咨询者做出准确而严密的评估。这个过程要对初次评估阶段所收集的信息资料重新考察，因此特别强调逻辑推论，要求对初次评估阶段的逻辑推理进行再思考，对所有资料进行严密的分析与推论。而初次评估一般要求咨询者迅速对来访者的问题做出一个判断，所以，初次评估一般缺乏深入的推理。

（3）再次评估不是对初次评估的简单重复。初次评估为问题确定了大概方向，而再次评估阶段的资料收集更为完善。可以说，再次评估是比初次评估更严密的论证。再次评估是在初次评估的基础上确定问题。

（三）转介

转介主要是指把不适合心理咨询与治疗的来访者转介给相关部门，或将不适合自己咨询与治疗的个案介绍给其他咨询者。

由于心理咨询与治疗的局限性，有些问题并非心理咨询与治疗可以解决的，而且每个咨询者都有自己擅长的领域和问题，因此，咨询者必须承认心理咨询与治疗的局限性。此外，还应注意一点：不是所有的来访者都适宜接受心理咨询与治疗，有些来访者的个人因素会影响心理咨询与治疗过程，从而难以取得积极的结果。对于咨询者说来，必须清醒认识到，自己并非能对所有前来求助的来访者进行帮助。如果咨询者坚持认为自己能帮助所有的人，这种想法对于心理咨询与治疗工作将是有害的。对于不适合自己处理的个案，咨询者一定要及时转介，以防耽误对来访者的心理咨询与治疗。

咨询者也是活生生的个体，也会犯错误，自身也有不可解决的问题。如果咨询者发现自己对某一来访者的心理咨询与治疗是不适宜的，最好的办法是把他介绍给其他咨询者。有的咨询者可能对充满敌意的、没有礼貌的来访者感到棘手，有的咨询者则对言语极少的、被动的来访者感到难于应付，有的咨询者对来访者的某些问题感到难以接受，如同性恋、性关系混乱等。在这些情况下，若勉强继续心理咨询与治疗，则效果难以保证。

案例1：某女，38岁。因发作性哭闹、走路欠稳3个月后送诊。既往健康，脾气大。约在3个月前，与女儿吵嘴后哭闹，自称“气得我不会走路”。其后，逐渐走路不稳，以后需扶着行走，发作性哭闹，有时称“头痛”。初次诊断为癔症，治疗无效，且病情加重，因此入院治疗。入院检查身体，只发现行走不稳。意识清晰，能与医生主动交谈，谈论女儿对她的不好；情感脆弱，好流泪；四肢活动自如，有部分自知力。后诊断为癔症综合征。进行心理治疗，各种暗示治疗皆无效。1个月后，发现说话欠清晰。后送神经科会诊，无阳性发现，转介神经外科，经检查，最后诊断为脑内神经胶质瘤。该患者所表现出的类似癔症的症状，其实都是该肿瘤引起的病变（韩春美，2003，第252页）。

二、评估的步骤

心理评估的步骤包括收集资料、分析资料、对问题做出评估、确定咨询目标。

（一）收集资料

收集资料是指收集与来访者及其问题有关的资料。资料的收集是在咨询的最初阶段进行的，是心理评估和心理咨询最重要的一步。丰富的个案资料，对于咨询者的心理评估以及咨询是相当有利的。所以，咨询者必须在有限的时间内，充分利用各种资源，最大化地扩充与来访者有关的信息。咨询者可以收集来访者的以下资料：

（1）基本情况，包括姓名、性别、年龄、学习成绩、健康史等；

（2）家庭情况，包括成员结构、家庭中的人际关系、教育方式和态度、经济状况、生活方式、父母的文化程度等；

（3）社会关系情况，包括学校、工作与生活中的人际关系。

如果来访者实在不愿透露自己的姓名，咨询者则不必追问，这样可使来访者彻底打消顾虑。来访者的健康史主要是指他从小到大的生理健康与心理健康史，包括生过什么病、是否住院、是否接受过手术、有无遭受过意外或创伤等，以及是否接受过精神治疗或心理咨询（林家兴，王丽文，2003，第83—109页）。对于青少年，还应重点询问其儿童期的情况，如饮食、睡眠习惯的形成，与人接触时的行为特点，情绪是否稳定，有无害羞、恐惧等表现以及青春期发育过程。如有必要，咨询者还需了解来访者家庭成员是否有精神病史，以了解来访者的状态是否受遗传因素影响。

关于家庭情况，在询问来访者本人无法获得的情况下，可以询问其家庭成员，包括来访者的排行，家人的关系和感情如何，亲子关系如何，父母以何种教养方式对待孩子，有无重大家庭事件发生，等等。对于学生来访者，可以更多地了解学校方面的资料，如来访者在学校的同伴关系以及同伴地位如何，是否遭遇过校园暴力，与教师的关系情况，学习情况，等等；对于成人来访者，可以多了解来访者的婚姻与工作的情况，以及来访者的人际关系与情感生活，是否有对来访者影响重大的人物，等等。

对来访者过去经历的了解，有助于咨询者判断来访者是否有童年创伤，成长环境是否健康；对来访者现状的了解，有助于咨询者获得来访者对自己和自身问题的理解及看法等。

（二）分析资料

对收集到的资料进行分析，是心理评估重要的环节。资料一般可以从会谈、行为观察以及各种测验中获得。如何对这些不同来源的资料进行充分的利用，就需要咨询者对其进行有机整合和分析。有时，会遇到这样的情况，当咨询者询问来访者对于一个问题的看法的时候，比如“当你拿到又不及格的试卷时，你的感受是什么”，来访者可能会笑着回答：“没什么啊，不及格就下次努力，成绩并不代表能力……”这时，细心的咨询者看到，来访者几次用手托了托眼镜，并且眼神显得有些游离。量表的测试结果显示，来访者的考试焦虑处于一般程度，并不显著突出。那么，咨询者应该对来访者的问题做出一个什么样的评估呢？是根据来访者的表面言语和量表的结果判断其并无考试焦虑还是根据咨询者的行为观察做出另外一种判断？这就需要咨询者充分利用其他可利用的信息，对所有信息进行综合，才能做出正确的评估。所以，分析资料在整个心理评估过程中是一个举足轻重的环节，必须予以高度重视。

（三）对问题做出评估

正如上面提到的例子一样，在评估过程中，通过资料收集和直觉观察所获得的信息总有一些是模糊的或者不全面的，有的甚至可能是矛盾的。对于这些问题，咨询者必须经过更详尽的分析与综合才能获得较明确的结论。所以，在这个阶段，咨询者要对有疑问的地方进行取证以及论证，对来访者的问题及其原因进行分析和确认。此外，是否接受来访者作为自己的咨询对象，亦是咨询者要确定的事项之一。

（四）确定咨询目标

咨询者要在心理评估的基础上与来访者共同制订咨询目标。经过心理评估之后，咨询者和来访者对问题的认识基本比较明确。这个时候，咨询者可以这样问来访者："通过咨询，你希望解决什么问题，有什么改变？"确定心理咨询的目标，可以让接下来的工作更加有效、有针对性地进行。

三、影响评估的因素

（一）咨询者因素

1. 第一印象

在心理评估中，咨询者对来访者所形成的第一印象可能会给咨询者错误的暗示，导致咨询者产生不全面或者错误的判断。

> 案例 2：某一来访者在会谈中表示，总怀疑自己的房间内被偷装了窃听器、监视器。咨询者听了来访者的报告后，只是确认性询问："你是否有被窃听、被监视的想法？"来访者回答"是"。咨询者凭这一点所带来的第一印象就认为来访者有精神分裂的倾向，认为他的表现属于原发性妄想，将他评估为精神分裂症。之后，发现存在错误评估后，其他咨询者对来访者反映的问题又继续追问，其回答是：实际上是自己控制不住的想法，也知道室内没有，但是这种想法是难以改变的，想控制也控制不住。并且说：脑子里还出现许多想法，也控制不住。这属于强迫症的强迫观念及强迫性穷思竭虑。最后更正评估为强迫障碍。

很多情况下，对来访者的第一印象可能影响最终的评估结果。当更符合客观实际的新资料出现并与第一印象冲突时，作为咨询者必须尊重资料，不要固守自己的印象。

2. 心理定势

心理定势可以使咨询者参照已有的知识经验做出快速的评估，并使咨询者在心理评估中节约心理资源。它可以使咨询者在从事评估活动时相当熟练，甚至达到自动化程度。但是，心理定势的存在也会束缚咨询者的思维，使咨询者只用常规方法去解决问题，而不求其他"捷径"突破，因而也会给解决问题带来消极的影响。心理定势还会使咨询者的评估沿固有的模式进行，特别是在接待其他咨询者转介过来的来访者时，容易受到前一咨询者的评估或书面报告的影响。

3. 询问不够深入

当来访者报告有某些症状发生时，咨询者只注意来访者报告的表层意思，没有对原因进行深入的询问，在这种情况下所做出的评估往往是不恰当的。

案例3：在与来访者进行会谈的过程中，咨询者询问："你脑子里想的事情不说出来，别人能知道吗？"来访者回答说"能知道"。咨询者在未继续追问"谁能知道？怎么知道的？"的情况下，就将来访者的问题评估为精神分裂的思维被洞悉。之后再进行会谈，来访者对这个问题的解释是："自己脑子里想的事情不说出来，任何人是不知道的，当前还没有这么高明的仪器可以测试人的思维。"在被问到之前为什么回答"能知道"时，来访者回答："原来和我打架的人，他凶狠地打了我，我见了他我内心就骂他，他还猜不出来吗？"（韩春美，2003，第145页）

咨询者在进行评估询问时，一定要注意对问题深入讨论，特别是对那些容易混淆心理障碍与一般心理问题的关键问题，一定要谨慎检查，防止只获得表面信息而造成错误评估。

（二）来访者因素

1. 受咨询者的暗示

在心理评估中，咨询者的期望通常通过非言语方面的暗示对来访者产生影响。咨询者和来访者之间的非言语交流传递了咨询者所希望获取的信息，某些来访者为了取悦咨询者，报告了一些咨询者期望获得的信息，从而使评估资料产生偏差，影响了评估的客观性与科学性。那些受暗示性高的来访者，如癔症患者，特别容易受影响。癔症患者可能会根据咨询者的用词，将幻想说成是妄想，将表象说成是幻觉，将自身观念说成是妄想，等等。

2. 不配合

某些来访者并非自愿接受心理咨询，当面对咨询者的询问时，可能会产生不配合的行为，甚至对咨询者所询问的一切问题都回答"没有""不存在""感觉很好""没有任何问题"等等。有些来访者到心理咨询室求助只是为了证明自己没有问题，而并非真正有求助意向，或者因为害怕被评估出存在某种心理问题，所以隐瞒自己存在的某些问题。这就容易使咨询者在对其进行评估时产生错误的判断。

3. 夸大描述

某些来访者存在强烈的求医心理，急于要咨询者为其消除困扰，对于咨询者关于症状的询问，只要有一点点症状符合，便给予肯定回答，但没有报告症状程度。某些来访者言语夸张，将本来症状很轻的问题描述得非常严重，使咨询者获得错误信息，导致错误评估。

本章摘要

心理评估主要是指依据心理学的理论和方法对人的心理功能、心理品质及水平做出的评估。心理评估在我国和西方都有着悠久的历史。心理评估要遵循客观性、科学性、整体性、发展性、保密性的原则。心理评估的方法主要有心理测验、观察与访谈、神经生物学评估等。心理评估的整个流程包括：初次评估，指咨询者运用心理评估的技术与来访者首次接触后所形成的初步评估；再次评估，指在初次评估的基础上，确认或修正初次评估的结果，以使心理评估更准确；转介，指把不适合心理咨询与治疗的来访者转介给相关部门，或把不适合自己咨询与治疗的个案介绍给其他咨询者。心理评估一般要经过收集资料、分析资料、对问题做出评估和确定咨询目标等几个步骤。心理评估会受到一些因素的影响，其中咨询者因素包括第一印象、心理定势、询问不够深入等，来访者因素包括受咨询者的暗示、不配合、夸大描述等。心理评估在心理咨询中有着相当重要的作用，咨询者要掌握科学的方法，客观地进行心理评估，以便让心理咨询工作有效开展。

复习思考题

1. 心理评估中的资料是否应该保密？
2. 在心理评估中，有哪些注意事项？
3. 心理评估与心理诊断的区别是什么？
4. 如何提高心理评估的准确性？

推荐参考书

1. 布彻，米内克，胡利.（2014）.异常心理学（耿文秀等译）.上海：上海人民出版社.

2. 凯利.（2001）.个人结构心理学（郑希付译）.杭州：浙江教育出版社.

3. 克林，约翰逊，戴维森.（2016）.变态心理学（王建平等译）.北京：中国轻工业出版社.

4. 钱铭怡.（1994）.心理咨询与心理治疗.北京：北京大学出版社.

5. 徐光兴.（2017）.心理咨询与治疗——临床心理学的理论与技术.上海：上海教育出

版社.

6. 郑希付.（1997）.临床心理学.开封：河南大学出版社.

参考文献

1. 韩春美.（2003）.精神疾病误诊学.北京：军事医学科学出版社.

2. 林传鼎.（1980）.我国古代心理测验方法试探.心理学报，（1），75-80.

3. 林家兴，王丽文.（2003）.心理治疗实务.广州：广东世界图书出版公司.

4.《心理学百科全书》编辑委员会.（1995）.心理学百科全书.杭州：浙江教育出版社.

第六章　心理测验

引　言

心理测验是心理咨询工作中常用到的较为客观的评估方法。那么，究竟怎样的心理测验才是客观的、科学的呢？本章将从心理测验的基础、心理测验的实施来概括描述心理测验，然后介绍常见的心理测验。

第一节　心理测验概述

一、心理测验的基础：信度和效度

心理测验结果的准确性是信度和效度的统一。信度和效度都会对心理测验产生影响，是心理测验的重要基础。

（一）信度

1. 信度的概念

信度（reliability）又称可靠性或精准度，是指在前后一致的环境条件下，对同一客观事物进行多次测量，测量结果之间的一致程度。如果使用同一测量工具重复测量某一客观事物，测量结果之间一致程度越高，则说明该测量工具的信度系数越高。信度作为测验标准化的重要技术指标之一，其系数高低对测量有重要影响。通常情况下，心理测验的信度系数应达到0.70以上。

2. 信度的分类

信度评估主要是评定在测量中不同的主试、不同的时间、不同的工具对测量结果稳定性的影响。根据信度的估计方法，可以将信度分成重测信度、复本信度、同质性信度和评分者信度。

重测信度（test-retest reliability）是指在不同的时间，用同样的测量方法对同一对象进行重复测量所得结果的一致性。一致性越高，说明该测量方法的稳定性越好，重测信度也越高。重测信度用相关系数来表示。相关系数越趋近于1，则重测信度越高。具体方法是使用研究工具（量表或问卷等）对研究对象进行第一次测试，隔一段时间以后对同一研究对象再使用该研究工具进行测试，然后计算两次测量结果的相关系数，这个相关系数反映了研究工具重测信度的高低。

复本信度（alternate forms reliability）是指两个假定相等（相同）的研究工具同时被用于测试对象的一致程度。当同一测验不能用来实施两次时，就需要为该测验编制两份平行的测题，这样就可以分别用这两份平行的试题进行测试。例如：教师想使用两份形式不同但考核内容相同的试卷，测量学生在学完课程后掌握知识方面的情况；某大学期末考试各科考题均以A、B卷形式出现，以保证缓考和补考的公平性。对于创造力、逻辑推理能力的测量，不宜用相同的测题对被试进行测试。此时，可计算复本信度。让被试先完成复本A（第一份问卷），然后在最短的时间内完成复本B（第二份问卷），再计算出两份问卷得分的相关系数，即复本信度。相关系数越接近于1，则问卷的一致性越好，复本信度越高。

在临床心理学或医学心理学研究中，经常会有一些测验既无复本，也不可能重复测量。这时，我们可用同质性信度（homogeneity reliability）。同质性信度也叫内部一致性系数，是指组成研究工具的各项目之间的同质性或内在相关性，内在相关性越大或同质性越好，说明组成研究工具的各项目都在讨论同一问题，也说明工具的内在一致性越好，信度越高。例如，一个在威胁情境下报告口干的人，肌肉也应该变得紧张，因为它们都是焦虑常见的表现。

当不同评分者使用同一工具同时测量相同对象时，需计算评分者间的一致程度，称为评分者信度（interrater reliability）。有些情况下，被试的得分会受到评分者态度的影响，不同的评分者对相同被试的评分存在着差异。例如，高考作文的评分、职业面试等，需要考虑评分者之间的一致程度。当只有两个评分者时，让评分者分别给同一组被试的同一测试结果评分。若评分为连续变量，则计算简单相关系数；若评分为等级变量，则计算等级相关系数［斯皮尔曼（Spearman）等级相关系数］。当评分者有三个以上且采取等级评分时，可以计算肯德尔（Kendall）和谐系数。

3. 影响信度的因素

测试题目取样不当、格式不妥，如题目数目过少或取样缺乏代表性，则被试的反应易受机遇的影响。测试难度一般来说对信度估计没有直接影响。如果测试对某个群体而言太难，被试对许多题目只能做随机反应，即猜测，这时，测试得分的判别就主要取决于随机分布的测量误差；相反，如果测试太容易，被试对许多题目的反应都是正确的，那么得分很接近，分数分布范围就变得很窄。这两种情况都会导致信度下降。测试题目或指导语含糊不清、模棱两可，也容易使被试随意猜测作答，产生不稳定的分数。在测试实施过程中，周围环境，如光线、温度、背景声音、空间等都可能影响测试结果的稳定性。开放式题目的评分标准难以客观，尤其是多个评分者，更难以保证得分的一致性。

（二）效度

1. 效度的概念

效度（validity）又称准确度，用以反映测量结果与“真值”的接近程度。它是指一个测量工具是否有效地测定到了它想要测量的内容，或测定工具的测定结果与真实结果的符合程度。效度是针对测试结果的。例如，在医院测试个体的述情障碍状况，他可能会问：“这个测试有效吗？”实际上，他问的是：“这个测试真的能测出是否有述情障碍吗？”因此，效度是测试结果的有效性程度。效度是针对某种特殊用途而言的，不具有普遍性。也就是说，心理测验都是为了特定的目的而设计的，没有一种对任何测量目的都有效的测验。效度只有程度上的差异，而不是“全”和“无”的差别。对于某个测试结果，不能说“有效”或“无效”，而要在考虑到用途的基础上，用“高效度”“中效度”“低效度”来对它进行评价。因此，效度是个相对的概念。

2. 效度的分类

评估测量工具效度的指标有不同种类，不同的指标说明的是效度的不同方面。

表面效度（face validity）是指测量方法或测试结果符合该领域专家和公众的共识。例如，测量工具是用来调查教师对职业的态度，如果看表面效度，研究者可以逐题仔细推敲是否都与教师对职业的态度有关。如果有关，那该测量工具就具有表面效度，也就是从表面上看来，这个工具确实是在测量教师对职业的态度。由于表面效度是一种直觉判断，未体现程度上的高低，所以严格说来，它不算是效度，一般不能作为测量工具有效的有力证据。

内容效度（content validity）是指测验对拟测量内容取样的适当程度。对测试工具是否包括足够的项目而且有恰当的内容分配比例的判断，需要建立在大量文献查阅、工作经验以及综合分析的基础上，多由有关专家委员会经过评议后做出。内容效度旨在评估测试是否充分代表了所要测试的内容范围。例如，要求学生在学期结束时掌握1 500个英语单词，为了检验学生的学习情况，可以编制一个包括150个单词的词汇测试。显然，只有当150个单词能代表所要求掌握的1 500个单词时，测试结果才有比较高的内容效度。

效标关联效度（criterion-related validity）又称标准效度，即以一个公认有效的量表作为标准（通常称为金标准），检验新量表与标准量表测量结果的相关性。效标关联效度可分为同时效度（concurrent validity）和预测效度（predictive validity）两种。同时效度又称平行效度，是指测试工具与现有标准之间的相关。预测效度是指测试工具作为未来情况预测指标的有效程度。同时效度和预测效度的主要区别是时间上的差异，前者是同期相关，后者是前后相关。

结构效度（construct validity）是指研究工具能说明心理学上的理论结构或概念框架的程度，或者说，结构效度就是研究者所构想的量表结构与测试结果的吻合程度。结构效度的验证包括三个步骤：首先，对所研究的结构或性质进行界定（建立理论框架），说明该结构或性质的心理学意义，它与其他结构或性质之间的关系；然后，依据理论框架，提出各种可能的有关假设；最后，验证假设是否成立。

3. 影响效度的因素

影响效度的因素很多，在编制量表和选择标准化测验时，都应该考虑这些因素，以免影响测试结果的有效性。测试题中所用词汇、句型难度不能过大，应适合被试的文化水平。测试题不能意思含糊，容易产生歧义，以至于被试产生误解。答案不能有明显的规律，以至于被试发现规律而影响效度。测验的实施要做到标准化，否则会影响测验的效度。此外，被试的动机、兴趣、情绪、态度、合作程度及健康状况也会影响测试结果的可靠性（信度）和准确性（效度）。

二、测验的实施

所有测验都必须按测验工具所规定的程序进行，一般包括三个步骤：准备、实施测验和计分（评分）。

（一）准备

预先准备是测验程序重要的一环，初次从事测验工作的人员往往对此认识不足，导致因准备不足而影响测验结果。准备工作包括下述内容。

1. 布置测验环境

要选择合适的实施测验的房间。房间的大小、布局、通风、采光、隔音、温度等都是需要考虑的因素。要有适当的方法阻止测验过程中无关人员的进出，如在门上挂一块写有“请勿打扰”的牌子等。对于躯体残疾的被试也应有所考虑。

2. 准备测验材料

测验材料的准备是另一个重要的预备步骤。尤其是在实施有操作作业的测验前，要熟悉材料的内容，将材料放置在便于使用的地方，不得在测验过程中因找不到或弄错材料而影响测验结果，也不得在取材料的过程中让被试分心。对于消耗性材料应定期清点和补充，剔除已经损坏的材料。当需要使用仪器时，要进行检查和校验。

3. 熟悉指导语和测验过程

在大多数个别测验中，主试必须熟记指导语。熟记指导语可以使主试在测验期间表现得更为轻松自然。熟悉测验的全过程是做测验的重要前提，这需要足够的培训。在团体测验时，相关人员的分工、整个测验从开始到结束的程序应事先明确。

4. 准备应付突发事件

要事先估计可能发生的意外事件，如停电、特殊被试等，做好应对的心理准备和物质准备。

5. 预告

事先告知被试所要做的测验和要达到的目的，征得其同意，解答被试对测验的各种疑问。即使是选拔测验，也应事先通知，确保被试知道时间、地点、目的、内容和方式，使被试对测验有充分的准备，调整智力的、情绪的及生理的状态，从而保证测验得到可靠的结果。

（二）实施

1. 建立协调关系

协调关系（rapport，或称为和睦关系）指主试与被试之间的关系，它能激起被试对测验的兴趣，得到他们的合作，促使他们以合适的方式对测验时的刺激情境做出反应。在智力、能力测验中，合适的方式指尽最大努力取得好成绩；在自陈式人格测验中，合适的方式指诚实坦率地报告自己的典型行为；在投射测验中，合适的方式指详尽报告由刺激所引起的联想，对内容不做删改；在症状评定中，合适的方式指尽量做到客观、准确，不夸大也不隐瞒。总之，协调关系有助于按指导语或测验手册的要求实施测验。

2. 严格按标准化程序操作

在测验手册里全面、清楚地说明测验程序是测验编制者的责任，而一丝不苟地遵循标准化程序则是主试决不能马虎的事。如果被试对指导语或测验程序、测验条目不理解或有疑义，主试可以做进一步澄清，但不可以做任何暗示，更不可以明示如何做出反应。

3. 不要说无关的话和做无关的事

与测验无关的话和事不仅无谓地占用了被试的时间，还有可能分散被试的注意，引起其烦躁不安的情绪、对主试的不满甚至敌意等。

4. 应对特殊被试和突发事件

有严重测验焦虑、年幼、有心理障碍、受教育水平低、有生理缺陷的被试有可能出现突发事件。外界突发事件如停电、来人干扰等也有可能发生。主试必须机智、灵活地应对这些突发事件。

对于合格的主试来讲，一定的灵活性和对特殊事件的敏感性都是必需的。这里的灵活性和敏感性不是故意做作或无事生非，不是对标准化要求的违背，而是一种尽量减少特殊事件给测验带来偏差的能力，使测验更符合标准化要求。

5. 记录例外事件

任何不同寻常的测验条件和事件，即使它们看上去毫不重要，在分析结果时也可能是非常有意义的。

（三）计分（评分）

计分（评分）的标准化原则是指主试完全按照测验手册的规定给分数，并对分数加以转换和计算。

第二节 认知类测验

一、注意能力的评估测验

注意对学习与工作绩效所起的重要作用使得对注意能力的评估备受人们的关注。在心理咨询中，有一些心理问题与注意能力存在密切的关系，如注意缺陷多动障碍（attention deficit hyperactivity disorder，简称ADHD）。ADHD是儿童期常见的精神卫生问题之一，几乎在所有的国家和文化背景下均有此种障碍发生。在美国精神病学会的《精神障碍诊断与统计手册》中列出了ADHD的18条症状，分为三个亚型。在9条注意不集中的症状中，如果符合6条以上，即可诊断为以注意障碍为主型（predominatly inattentive type，简称PI）；在9条多动/冲动症状中，如果符合6条以上，即可诊断为以多动/冲动为主型（predominatly hyperactive/impulsive type，简称HI）；如果两种类型都符合，则诊断为混合型（combined type，简称CT）。当前心理咨询中采用的注意能力评估主要是对ADHD中注意缺陷的评估，常用的评估方法包括纸笔测试和仪器操作测试两种。

（一）注意力测验

由华东师范大学心理学系周步成等人根据日本的注意力测定修订而成的注意力测验是纸笔测验评估注意力的代表。测验内容包括：（1）数每条曲线的断开处；（2）数与问题相同的图形；（3）数与问题相同的文字；（4）数与问题相同的数字；（5）数左右两个数与问题数字相同的数。然后，分别算出各个测验的正确回答数（称“正答数”），并按年级转换成等级。正确回答数除以错误回答数即作业速度，同样按年级转换成等级。根据正确回答数和作业速度综合评定被试的注意力水平。该测验适用于小学四年级至高中三年级的学生，测试时间为20分钟。该测验考察的是气质与智力对注意力的影响。其题目如图6–1所示：

题目：上面画有黑色的圆形、矩形和三角形等十种图形。请你数一数各种图形的数量，并将答案填入下面的答题区。

图形相同的图形数目（　　　　　　　　　　　　　　　　　　　　）

图6-1　注意力测验题目举例

刘翔平、刘雪梅（2000）编制了儿童注意缺损多动障碍量表（教师用），在对433名7—12岁小学生样本施测的基础上确定了各年龄的平均分和标准差。总体而言，纸笔测试模式在咨询实践中运用较少，人们更多地采用仪器操作测试来评估注意力的高低。

（二）NJ22注意力测试仪

与纸笔测试相比，仪器操作测试的客观性更强，操作简便、快速，所以在心理咨询和临床实践中更受人们的欢迎。由上海仪器仪表研究所生产的NJ22注意力测试仪的使用较为普遍。NJ22注意力测试仪主要利用眼睛跟踪光点的方法，将儿童在一定时间内对微型计算机生成的匀速、变速、固定光点的跟踪和凝视能力转换成电参量曲线进行描记，然后通过定量分析，来反映儿童的自控能力和注意力集中的持续时间（陈顺珍等，2005）。

在临床上，注意力变量检查（test of variables of attention，简称TOVA）也是一种可供选择的注意力评估方法。与NJ22注意力测试仪相同，注意力变量检查也是以注意的稳定性作为主要的考察指标，这与人们对ADHD的认识有密切的关系。在实践中，除了稳定性外，注意的其他三个品质也会对学习与工作绩效产生重要的影响，针对特定的人群开发出较为完善的注意力评估方法是今后努力的一个方向。

二、记忆能力的评估测验

记忆障碍是临床上一种常见的症状，由此也导致了各种各样的记忆能力评估方法的涌现，特别是那些科普性的记忆能力测试更是随手可得。总体而言，对记忆能力评估所采用的材料与记忆的内容相对应，包括图形的和言语的、视觉的和听觉的。但一般的评估方法往往只考察记忆的部分种类或部分特征，专门用于检测记忆能力的成套记忆测验较少。就目前而言，国内当前常用的测验主要有两种：韦克斯勒记忆量表（Wechsler Memory Scale，简称WMS）和临床记忆量表（Clinical Memory Scale，简称CMS）。

（一）韦克斯勒记忆量表

韦克斯勒（D. Wechsler）在编制他的智力量表的同时，于1945年发表了他的记忆量表，国内称韦克斯勒记忆量表，共包括7个分测验。原版WMS的年龄起点为20岁，我国湖南医学院龚耀先教授等人对WMS进行了修订，将年龄起点向前推至7岁，并编制了相应的儿童（7—15岁）常模和成人（16岁以上）常模作为评分的参照标准。修订后的WMS同样分甲、乙两个平行本，共包括12个分测验，分属于三个维度：长时记忆、短时记忆和瞬时记忆。具体如下。

长时记忆：（1）个人经历；（2）时间、地点的定向；（3）顺数数序；（4）倒数数序；（5）累积计算。

短时记忆：（1）记忆实物图片后立即回忆；（2）记忆实物图片后立即再认；（3）记忆几何图形后立即默画；（4）记忆成对词，立即从一词联想出配对词；（5）手摸形板后立即回忆形状和位置；（6）听故事后复述。

瞬时记忆：顺背和倒背数字。

龚耀先等人对韦克斯勒记忆量表儿童常模的研究发现，儿童在各分测验的成绩随年龄的增长而提高，某些分测验上存在性别差异，说明在临床上解释记忆测验结果时一定要结合被试的年龄、性别、智力水平等做全面的评估（龚耀先等，1991）。周世杰、龚耀先（2003）根据记忆的有关理论重新编制了记忆成套测验（儿童版），由10个分测验组成，分属于四个维度：工作记忆、听觉记忆、视觉再认和视觉自由回忆。该测验具有较好的信度和效度，有望进一步标准化后在实践中加以推广应用。

（二）临床记忆量表

中国科学院心理研究所许淑莲等人于1985年正式发表了一套较适合中国具体情况的临床记忆量表，以满足国内临床和实际心理测验工作需要。该测验分甲、乙两套，每套分有文化和无文化两部分，每套共包括5个分测验：指向记忆、联想学习、图像自由记忆、无意义图形再认和人像特点联系回忆。将5个分测验的得分换算后得出记忆商（memory quotient，简称MQ）。

临床记忆量表已建立了成年人（20—89岁）的常模。研究表明，该量表具有较好的信度和效度指标（临床记忆量表编制协作组，1986）。在1989年前后，许淑莲等人又进一步将成人临床记忆量表的常模扩展至7—19岁。但与成人用的临床记忆量表相比，该年龄段用的量表取消了无文化部分，共建立了7岁、8岁、9—11岁、12—14岁、15—19岁五个年龄组的常模（孙长华等，1992）。

（三）多维记忆评估量表

多维记忆评估量表（Multiple Memory Assessment Scale，简称MMAS）是程灶火等人依据多重记忆系统理论，在借鉴国内外成套记忆测验的基础上编制而成的，包括外显记忆、内隐记忆和日常生活记忆三个维度，共17个分测验，用于5岁以上的人。17个分测验又分为两个部分：基本测验（12个分测验）和备选测验（5个分测验）。一般临床应用只做基本测验，备选测验是供研究者选用或供特殊人群选用的。多维记忆评估量表的信度和效度均符合心理测量学要求（程灶火等，2002）。

三、思维能力的评估测验

推理是思维的基本形式之一，也是实践中最常用的思维能力评估指标。目前在实践中应用较为广泛的当属瑞文标准推理测验（Raven's Standard Progressive Matrices，简称SPM）。由于思维是智力的核心成分，所以人们经常也将瑞文标准推理测验看作智力测验的一种。

瑞文标准推理测验是英国心理学家瑞文（J. C. Raven）1938年设计的非文字测验（如图6–2所示），我国学者张厚粲、王晓平等人对该测验进行了修订并制订了中国城市常模（张厚粲，王晓平，1989）。该测验适用于5岁以上的人，由60题组成，分为5组，每组12题。组间和组内题目均由易到难排列。

测验一般在40分钟内完成。

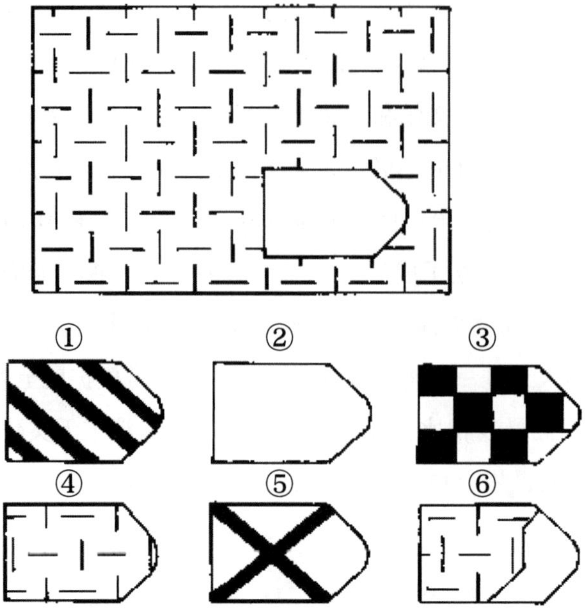

图6-2　瑞文标准推理测验题目举例

需要说明的是，尽管临床上许多研究者把瑞文标准推理测验作为智力测验使用，但在做结果解释时一定要谨慎。瑞文标准推理测验中大部分测验单元的得分与韦克斯勒智力量表的操作智商（performance intelligence quotient，简称PIQ）显著相关，而只有一个单元的得分与言语智商（verbal intelligence quotient，简称VIQ）显著相关。这表明瑞文标准推理测验所测量的更多是操作智商而非言语智商。

国际上通行的创造力测验较多，但基本思想都是围绕着发散思维的三个特征展开的，较为常用的创造力测验包括南加利福尼亚大学测验、威廉斯创造力测验和托兰斯创造力测验。这些创造力测验的基本前提就是，认为发散思维是创造力的核心。随着测验的广泛使用，人们发现这些测验的预测效度不高，至少是很不稳定的。近年来，许多研究者都支持创造力的多侧面的本质。随着对创造力认识的深入，相信人们能够寻找到对创造力的操作性界定，能够更好地甄别出社会所需的创造型人才。

四、智力的评估测验

在智力测验中用于衡量智力水平的尺度有很多，目前大家最熟悉也最常用的当属智商（intelligence quotient，简称IQ），而智商又分比率智商（ratio IQ）和离差智商（deviation IQ）两种。斯坦福大学教授推孟（L. M. Terman）在智力测验中率先引入了智商的概念，表示一个人在智力发展上同其他同龄人相比时的相对水平，是智力年龄与实足年龄两者的比率，这就是比率智商。其计算公式为：智商（IQ）＝智龄（MA）/ 实龄（CA）×100。由于智力水平与年龄并非正比关系，而是到了一定年龄后出现稳定状态，随后会出现下降态势，所以韦克斯勒提出了离差智商的概念以代替比率智商，表示的是被试的成绩偏离同年龄组平均成绩的距离。其计算公式为：智商＝100＋15（*X–M*）/ *SD*。其中，*X*为被试的成绩，*M*为样本成绩的平均值，*SD*为样本成绩的标准差。

在心理测验中，产生最早并且应用最广泛的当数智力测验了。自1905年比奈发表第一份科学的智力量表以来，智力测验至今已有一百多年的历史。心理学家编制了无数的智力测验，其中较为通行的有以下几种。

（一）斯坦福—比奈智力量表

1905年的第一版比奈—西蒙智力量表是一种个别测验式的量表，包括30个测量一般智力的项目，其中既有对较低级的感知觉方面的测量，也有对较高级的判断、推理、理解等方面的测量。第二版比奈—西蒙智力量表发表于1908年，在前一个量表的基础上增加并修改了测验的项目，更重要的是将全部项目按年龄分组。美国斯坦福大学教授推孟于1916年对比奈—西蒙智力量表进行了修订，修订后的量表称为斯坦福—比奈智力量表。该量表引入了智商的概念，并对测试结果做了细致的划分：智商在140以上，为天才；智商在120—140，为最优秀；智商在110—120，为优秀；智商在90—110，为常态；智商在80—90，为次正常；智商在70—80，为临界正常；智商在60—70，为轻度智力孱弱；智商在50—60，为愚鲁；智商在25—50，为痴愚；智商在25以下，为白痴。被诊断者的智商在60左右应该引起怀疑，并应做进一步检查。如果被诊断者的智商在25以下，可以确诊为严重的智力落后。

（二）韦克斯勒智力量表

韦克斯勒认为，智力是由诸要素或诸能力构成的，这些要素或能力虽非完全独立，但彼此之间有质的区别。韦克斯勒智力量表是一系列测验的总称，包括韦克斯勒成人智力量表、韦克斯勒儿童智力量表和韦克斯勒幼儿智力量表三种。各量表均包括言语测验和操作测验两大类，每个量表的测验结果可获得言语智商、操作智商和全量表智商三个分数。韦克斯勒智力量表对智商的分类与斯坦福—比奈智力量表较为相似，在对弱智的解释上做了更为详细的说明：智商为55—69，属于轻度弱智，虽不能适应正常学校教育，但通过学习可获得有限发展；智商为40—54，属于中度弱智，接受训练后可从事简单手工劳动；智商为25—39，属于重度弱智，需要护理，但部分生活能自理；智商在25以下，属于极重度弱智，需要全面护理。各量表言语智商和操作智商间的差异显著，有时可作为脑器质性损害的诊断依据。美国临床心理学家瑞坦（R. M. Reitan）等研究发现，成人智力量表中言语智商显著低于操作智商可作为大脑左半球损害的诊断依据，操作智商显著低于言语智商则表示大脑右半球损害。但诊断的前提是差异必须显著。

除了上述两个常用的智力量表外，国外较常用的智力量表还有基于认知心理学的理论和观点而编制的考夫曼儿童成套评估测验（Kaufman Assessment Battery for Children，简称K-ABC）（适用于2.5—12.5岁）和侧重于幼儿及学龄初期儿童的麦卡锡儿童智能量表（McCarthy Scale of Children Abilities）（主要适用于2.5—8.5岁）等。

应当指出的是，尽管近些年来，中外学者在智力的实质及相关理论研究上都取得了突飞猛进的发展，一系列新的智力理论不断涌现，如智力的PASS模型（planning-attention-simultaneous-successive processing model）、生态智力理论、多元智力理论等等，但以这些理论为基础的智力评估工具一直未能成形或广泛使用，临床中应用较多的仍是传统的评估工具。显然，以这些理论为依托，开发并应用更能揭示智力本质的评估工具是今后智力评估的主要方向。

第三节 人格类测验

一、人格评估的问卷范式

当你走进咨询室后，几乎每个咨询者最有可能做的一件事情就是：拿出一份试卷，请你做完它，并通过一些看上去较为精密的计算告诉你问题在哪里，通常的情况是你对咨询者的解说连连点头。这些透露了你的问题或特点的试卷就是人格评估中问卷范式的具体体现。常用的人格评估问卷有16PF、EPQ、

MMPI等。

（一）16PF

16PF适用于16岁以上的成年人，英文原版共有5种版本：A、B本为全版本，各有187个题目；C、D本为缩减本，各有106个题目；E本适合文化水平较低的被试，包括128个题目。我国的研究者对该问卷进行了修订，截至目前，共有三个修订本：1970年刘永和、梅吉瑞修订本，1981年辽宁省教科所李绍衣修订本，1988年华东师大戴忠恒、祝蓓里修订本。国内的修订本均包含187个题目，测量结果可获得16种人格因素（A，乐群性；B，聪慧性；C，稳定性；D，恃强性；F，兴奋性；G，有恒性；H，敢为性；I，敏感性；L，怀疑性；M，幻想性；N，世故性；O，忧虑性；Q_1，实验性；Q_2，独立性；Q_3，自律性；Q_4，焦虑性）、4种次级因素（X_1，适应与焦虑；X_2，内外向；X_3，感情用事与安详机警；X_4，怯懦与果断）和4种预测因素（Y_1，心理健康；Y_2，专业有成就；Y_3，创造力；Y_4，适应新环境）的情况。

16PF之所以能够成为目前国际上使用较为广泛的人格测验之一，是因为它具备以下显著的优点：（1）客观性。该测验结构明确，每题都有三个可能的备选答案，被试任选其一（例如，我所喜欢的人大都是：a.拘谨缄默的；b.介于a和c之间；c.善于交际的），这样就避免了在“是”与“否”之间的迫选性；尽量采用“中性化”题目以避免动机效应；题目的排列采取按序轮流排列的方式；等等。（2）标准化。不仅指导手册完整规定了严格的施测程序和注意事项，而且大量研究表明，该问卷具有较好的信度和效度。（3）多功能。16PF不仅可以反映被试人格的16个方面和整体人格特征组合情况，还可以反映内外向等次级因素，并可对心理健康等进行预测。（4）广泛性。该问卷的常模群体为正常人群，因而适用领域较广。既可以个别施测，还可以团体施测，每次测验45分钟左右即可完成。凡具有初中以上文化程度者均适用。

（二）EPQ

EPQ由英国心理学家艾森克（H. J. Eysenck）及其夫人于1975年编制而成。EPQ包括内外倾（extraversion-introversion，简称E）、精神质（psychoticism，简称P）、神经质（neuroticism，简称N）和说谎（lie，简称L）四个分量表，分儿童版（7—15岁）和成人版（16岁以上）两套。成人问卷包括101个题目，儿童问卷包括97个题目。被试根据自己的情况做出“是”或“否”的回答。前三个分量表分别代表了艾森克人格结构的三个维度，L量表是一个效度量表，但许多研究者认为L也代表了一种稳定的人格功能，可以反映被试的社会朴实程度或幼稚水平。

与其他的人格问卷相比，EPQ的题目较少，易于测查，当前我国使用较多的是陈仲庚修订本（陈仲庚，1983）和龚耀先修订本（龚耀先，1984）。龚耀先修订本的儿童问卷和成人问卷各由88个题目组成。每个题目都有“是”和“否”两个选项（在儿童问卷改为“是”和“不是”两个选项）供被试选择。通过标准化工作，该修订本取得了全国范围内的信度和效度资料，制订了中国儿童（男、女）和成人（男、女）常模。该修订本至今仍具有较好的信度和效度指标（程灶火，谭林湘，2004）。钱铭怡等人于2000年公布了EPQ简式量表的中国修订本（EPQ-RSC），共包括48个题目，问卷结构与先前相同，以我国30个省份8 637人（16—70岁）的样本数据为基础提供了EPQ-RSC的中国常模。研究表明，修订后问卷的信度和效度均达到了心理测量学的要求（钱铭怡等，2000）。

（三）MMPI

MMPI是由美国明尼苏达大学教授哈撒韦（S. R. Hathaway）和心理治疗学家迈金利（J. C. McKinly）于20世纪40年代共同编制的。MMPI所涉及的内容非常广泛，包括身体各方面的状态（如神经系统、心血管系统、生殖系统的状态）、精神状态以及对家庭、婚姻、宗教、政治、法律、社会等的态度。MMPI共有566个题目，其中16个题目为重复题，实际测试题目为550个。1966年的修订本将测试题目都集中在1—399题，400题之后主要与研究有关，如果诊断用，只需做前面的399题即可。1982年前后，中科院心理所的宋维真等人对MMPI做了修订，并制订了全国的常模。MMPI可团体施测，也可个别施测。被测者通常是年满16岁并具有小学以上文化水平的人。测验时间通常为45分钟，最长可能达到90分钟。有研究表明，中文版MMPI具有较好的结构效度（纪术茂等，1996）。在国内，使用MMPI测量较多的心理障碍主要集中在精神分裂症、情感性精神病、神经症、精神活性物质依赖、性变态等方面。进入20世纪90年代后，MMPI在各领域的应用日益广泛。

MMPI的组成题目要求被试根据自己的实际情况做出“是”、“否”或“不做回答”三类反应。整份问卷共包含14个分量表——10个临床量表和4个为效度量表。MMPI临床量表的具体结构如下：疑病症、抑郁症、癔病、精神病态、男子气—女子气、妄想狂、精神衰弱、精神分裂、轻躁狂、社会内向。为了保证问卷的效度，MMPI还包括4个效度量表，即说谎量表、诈病量表、校正量表、疑问量表。

与大部分人格问卷不同，MMPI编制的初衷就是在临床上做出有效的精神病学诊断。因此，自广泛使用以来，MMPI对心理障碍的诊断价值一直是众多使用者和研究者关心的话题。总体而言，MMPI在判断精神状态有无障碍和个性有无偏移方面（即区分正常与异常方面）具有较大的价值，特别是对临床诊断不十分肯定或不愿暴露思想的被试，可借助MMPI的测试结果来帮助诊断，但不能以此来代替心理障碍的诊断标准或作为诊断的唯一依据，最终的诊断还是要以临床诊断为主。

二、人格评估的投射范式

投射（projection）一词最初来源于弗洛伊德对一种心理防御机制的命名，指个体将自己不能容忍的冲动、欲望转移到他人身上，以免除自责的痛苦。这里所提到的投射测验虽然也是从外化的角度考察个体的内心世界，但涉及的内容已远远超出了原本的范围。投射测验的基本假设是：人们对于外界刺激的反应都是有原因且可以预测的，个人本身的心理状况及整个的人格结构对当时的知觉与反应的性质和方向都起了很大的作用；人格结构的大部分处于潜意识中，个人无法凭其意识说明自己，而他在面对一种不明的刺激情境时，却可以使隐匿在潜意识中的欲望、需求、动机等“泄露”出来，把一个反映他的人格特点的结构加到刺激上（陈国鹏，2005，第53页）。人格评估的投射测验主要有罗夏墨迹测验、主题统觉测验和绘画测验等。

（一）罗夏墨迹测验

罗夏墨迹测验由10张墨迹图组成，图形均为毫无意义与内容的墨迹。其中5张为黑白墨迹图，2张为黑白墨迹上附有红色墨迹的图，3张为彩色墨迹图。罗夏墨迹测验最初只用于成人，后来有研究者编制了儿童版。由于不受文化限制，所以罗夏墨迹测验也可在人格发展和跨文化的研究中使用。大量的研究表明，尽管该测验的重测信度无法获得，但评分者信度还是比较高的，并且在临床上也具有较好的准确性和预测性。

测验的实施共分四个阶段。第一阶段为自由反应阶段。主试按规定顺序和方位逐一呈现图片，然后问被试："你看到什么？""这像什么？""这使你想到什么？"被试根据自己想象的内容自由作答。对被试的回答，主试要做详细的记录，并记录下对每张图片的回答时间和完成测验所用的全部时间。第二阶段为提问阶段。被试的反应按反应的区位、决定因素和内容三个维度进行标记。提问阶段就是弄清楚被试的反应在这三个维度上的情况。第三阶段是类比阶段，是对提问阶段尚未充分了解的问题进行补充了解。第四阶段是极限试探阶段。主试在此阶段往往采用结构化的直接提问方式，使那些在前三个阶段回答含糊的被试能给出充分的信息。前三个阶段记录越详细，该阶段的必要性就越小（陈国鹏，2005，第73—75页）。

对测验结果的评分与解释可从被试的四类反应入手：被试领域（被试注意的墨迹部分是全部还是部分）、决定的原因（知觉时以形状为主还是以颜色为主）、反应的内容（答案的内容是什么）、反应的创意性（反应是一般人常有的还是特殊的）。

在实践中，只按照某个维度进行评价会产生偏差。这是因为它的记分与一般的心理测验不同，分数大都不符合正态分布，且每个分数都不会与外部效标有很高的相关，因此凭单个指标并不能得出有意义的结论，在对被试进行诊断和解释时，必须整体地考虑测验结果（杨光艳，2006）。另外，罗夏墨迹测验的使用需要较高的技巧，主试必须按照标准化的程序严格控制测试过程，尽可能减少测试中可能出现的误差。

在罗夏墨迹测验的使用过程中，有许多资料显示，1/3以上的被试都会做出同一种回答。因此有理由相信，被试所报告的物体与相应的墨迹图确实相像。那么，作为一种投射测验，投射在什么时候会出现呢？判断被试的反应中是否包含投射要依据以下两点：（1）被试的反应是否歪曲了墨迹图。例如，有严重躯体疾病的病人的反应中有很多与X光片和解剖学概念有关的内容，这些内容表达了他们对躯体的先占观念（preoccupation），投射了他们的情感和态度。（2）对反应的修饰中是否加进了主观的、脱离墨迹图固有特征的意义。例如对图6-3，最简单最常见的回答是"蝙蝠"，但接着被试会对它做进一步说明，如"这是只飞翔的蝙蝠"，"这是只死亡了的蝙蝠"……这些修饰有的是基于墨迹图的固有特性，有的则完全出于被试的想象，加进了主观的意义。

图6-3　罗夏墨迹测验图举例

（二）主题统觉测验

主题统觉测验是由美国心理学家默里和摩根编制的，是一种与罗夏墨迹测验齐名的投射测验。主题统觉测验的基本假设是：个人面对图画情境所编造的故事与其生活经验有密切的关系。故事内容有一部分固然受当时知觉的影响，但其想象部分包含个人意识的和潜意识的反应。也就是说，被试在编故事时常常会不自觉地把隐藏在内心的冲突和欲望穿插在故事情节中。如果对被试的故事加以分析，便可了解其心理需求。

当前普遍使用的是1943年的主题统觉测验修订版，全套测验有30张人物和风景的黑白图片，还有一张空白卡片。图片上的形象有些非常抽象、模糊、阴暗，有些比较明显或有结构。与罗夏墨迹测验相比，主题统觉测验的信度和效度有更多的证据支持。大多数研究者认为主题统觉测验的评分者信度尚可接受，辨别效度的研究显示主题统觉测验可区分不同的效标样本。我国学者依据我国的人文背景、风俗习惯对原版图片进行了改绘，对操作形式也加以改良，并制订了浙江省的常模。研究表明，修订后的测验具有较好的信度和效度（张同延等，1993）。

图片共分为四套，分别适用于某一性别和某一年龄。测验时被试分为男14岁以上组、男14岁以下组、女14岁以上组、女14岁以下组。每组用20张图片（包括空白卡片），其中有些图片是各组共用的。测验分两次进行，每次10张图片。第一次约需一个小时，第二次要间隔一天或更多的时间。测验时每次给被试看一张图片，要求以图画内容为主题，凭个人想象自由地编造一个故事。要求说出图画描绘的是什么，其前因后果是什么，图画中的人物有什么样的思想和情感，发展下去可能会有什么结果。至于空白卡片，也要求被试先想象上面有一幅什么样的图画，将它描述出来并编造一个故事。测验后主试要和被试交谈一次，以便深入了解和澄清故事内容。每张图片的故事约为300个字。有时根据被试情况可只选做10~12张图片，用以探询被试在某方面的情况。当讲完一个故事后，如果故事中存在概念不明确、意义不清楚等情况，主试还需要对被试进一步询问。

对主题统觉测验结果的解释较为复杂，默里认为可以从六个方面进行分析：

（1）主角本身。被试认为代表他自己的角色是领袖还是罪犯。

（2）主角的动机和情绪。在分析时要注意主角的行为，特别是那些非常规行为。被试提到的次数多就是强烈的表示。

（3）主角的环境力量，指环境中与主角相互作用的各种人和物的力量。主角的环境力量，有时是图画中没有的人和物，是被试自己杜撰的，它们对主角所产生的影响如何？

（4）结果。主角本身的力量和环境力量的对比，经历了多少困难和挫折？结果是成功的还是失败的，是快乐的还是不快乐的？

（5）主题。主题是前面四种分析的综合。主角的需要和环境力量相互作用的结果是成功还是失败，这是简单主题。许多情况联合成一串的情形出现就是复杂主题。从中分析被试最严重最普遍的难题是来自环境的压力还是来自自身的需要。

（6）兴趣和情操。看看被试把图画中的人物比喻成了谁，如将老年妇女比喻成母亲，将老年男子比喻成父亲。在角色表现上，看看被试把图画中的人物表现成正面人物还是反面人物。

主题统觉测验能够较好地区分出一些异常被试。精神分裂症和神经症病人对图片的异常反应比正常人要多得多，如出现奇异的主题、不正常的情绪反应、较差的故事结构、支离破碎的内容等。具有攻击性的青少年和青少年罪犯讲的故事有较多的攻击性内容，即使对那些毫无攻击情境的图片也会产生攻击性的内容（陈国鹏，2005，第77—78页）。

原版的主题统觉测验主要适用于个别施测。日本学者在此基础上编制了团体主题统觉测验，主要用于考察社会性需要，以及在需要没有得到满足的情况下的反应及结果。团体主题统觉测验由10张图片和一份答卷构成。测验时要求被试按图根据自己对图片的感受，选择问卷中符合自己的选项，时间约需40分钟。

（三）绘画测验

作为个体表达内在心理世界的一种方式，绘画不仅是一种认知活动，更是一种象征符号和情感宣泄。在临床心理学中，主试给被试铅笔、橡皮以及几张白纸，要求他们在白纸上描绘一些图画，然后根据一定的标准，对这些图画进行分析、评定、解释，以此来了解被试的心理现象、功能，判定其心理活动是正常还是异常。绘画测验的结构性相对较弱，所以在对测验结果的评分与解释方面也更为细致、更为困难，因此，在临床上使用相对较少，主要用于对儿童人格与智力特征的评估。目前在临床中用到的绘画测验包括画人测验、画树测验（Draw-A-Tree Test）以及在此基础上衍生的房—树—人测验等。

1. 画人测验

画人测验（也称绘人测验）最初是由美国明尼苏达大学的古迪纳夫（F. L. Goodenough）于1926年编制的，1963年哈里斯（D. B. Harris）对其进行了修订，并发表了现在广泛使用的古迪纳夫—哈里斯画人测验。该测验适用于4—13岁的儿童，主要任务是让儿童在一张白纸上画一个人的全身，在评分上不考虑儿童的艺术才华，只看所画的身体生理特征完整、恰当与否以及服饰细节等，因此，具有一定的文化公平性。画完后，被试要对所画之人稍加解释，并根据所画的内容讲一个故事。最早的画人测验用于测量智力，后来逐渐用于对人格的评估。

对画人测验结果的解释是围绕图画的各种属性展开的，包括大小、身体的细节、位置、衣着、阴影、面部表情、姿势等等。图画中的各种细节都可能反映出被试的人格特征或某些心理病理特性。例如，长睫毛与癔病相联系，双眼扩大提示多疑，黑、深的阴影提示强烈的攻击冲动，少身体属性提示精神病或脑损伤等（陈国鹏，2005，第79页）。我国对画人测验的应用主要集中于对儿童智力的测试。

2. 房—树—人测验

房—树—人测验由美国心理学家巴克（J. H. Buck）于1948年率先在美国《临床心理学杂志》（*Journal of Clinical Psychology*）上系统论述。该测验在形式上有许多变通。例如：有的简单要求被试画出房、树、人；有的要求被试在画完房、树、人后，再用蜡笔涂色；有的对人物画要求画性别不同的两个人。另有一种统合性房—树—人测验，要求被试在同一张纸上画房、树、人。在施测过程中，对于房、树、人等没有特定的限制，因此被试会把情绪状态在画面上描绘下来，甚至通过画面来反映他们的愿望。

被试对房、树、人的描绘，部分与部分之间的组合、比例，是表达描绘对象的部分还是整体等，都具有特别的意义。由于绘画中牵扯到的因素较多，因此对测试结果的分析与解释相对较为困难。整体而言，包括八个方面：有关部分方面的分析和解释；比例方面的分析和解释；透视方面的分析和解释；时间方面的分析和解释；描绘线条质量方面的分析；判断性方面的分析和解释；描绘态度方面的分析；冲动方面的分析。研究发现：强迫性神经症病人画的线条较刻板，对某些部分反复强调，注意局部而忽视整体；焦虑性神经症病人画的树相对单调，有树枝无叶子，画的人的形象为站立的人，给人一种紧张的感觉，癔症心因性反应的病人有幼稚画的表现。我国有研究者将房—树—人测验用于对精神分裂症患者的测查，结果表明，该测验具有较好的临床诊断意义（谢丽亚，叶秀红，1994）。

第四节　心理健康类测验

一、心理卫生综合评定量表

（一）症状自评量表

症状自评量表（Symptom Check List 90，简称SCL-90）由德罗加蒂斯（L. R. Derogatis）等人于1943年编制并于1975年修订。该量表共包括90个项目，项目来源均为精神病症学方面的临床表现。全量表含9个因子：躯体化、强迫观念与行为、人际敏感、抑郁、焦虑、仇恨、恐怖焦虑、偏执观念、精神质。由于SCL-90能够反映广泛的心理症状和准确地暴露被试的自觉症状特征，现已成为临床心理评估最常用的自评量表。随着研究的增多，分别出现了适用于特定群体的常模可供参考。

（二）阿肯巴克儿童行为量表

在众多的儿童行为量表中，被使用较多的、内容较为全面的就是阿肯巴克儿童行为量表（Achenbach Child Behavior Checklist，简称CBCL）。CBCL分教师版、家长版和儿童自填版（适用于10岁以上的儿童）三套测验，其中家长版使用最多。三套测验内容大同小异，主要用来筛查4—16岁儿童的社交能力和行为问题，评估时按性别和年龄分档。我国有研究者对CBCL的1991年版进行了再标准化，结果表明修订版具有较好的效度，并提高了对各种心理障碍诊断的敏感性和诊断的一致性，值得推广使用（苏林雁等，1998）。

该量表获取的信息主要包括三个方面：

（1）一般信息，如姓名、性别、年龄、种族、父亲职业、母亲职业等。

（2）社交能力，涵盖七个方面的内容，分别是参加体育活动的情况、课余爱好、参加集体活动的情况、课余职业或劳动、交友情况、与家人和其他小孩相处的情况、在校学习情况。

（3）行为问题，如强迫、抑郁、攻击性、违纪等，内容因年龄和性别而略有不同。

项目按0、1、2记分，各种行为问题因子的分数相加再转化成T分数，即可判断是否存在行为问题。T分数低于70属正常，高于70即可认为可能异常，需要引起重视。

二、生活质量与幸福感量表

世界卫生组织生活质量研究组将生活质量（quality of life）定义为不同文化和价值体系中的个体对于同他们的目标、期望、标准以及所关心的事情有关的生存状况的体验。对生活质量的考察目前多以生活各领域的幸福感（well-being）或满意度（satisfaction）为指标，也就是说，人们更多地把生活质量看作一种主观感受。对生活质量的评估可以较好地筛选出影响人们健康的因素，所以在咨询中使用较多。

（一）生活质量综合评定问卷

由李凌江和杨德森于1998年编制的生活质量综合评定问卷（General Quality of Life Inventory，简称GQOLI）是评定我国社区各种人群生活质量的综合性问卷，包括74个项目。该问卷主要作为社区普通人群生活质量的评估工具，考察包括躯体功能、心理功能、社会功能、物质生活状态在内的四个维度20个因子。问卷采用5级评分，评价指标包括总分、维度分、因子分，评分越高，生活质量越好。经检验，问卷的信度和效度均符合心理测量学的要求（李凌江等，1995）。

（二）总体幸福感量表

总体幸福感量表（General Well-Being Schedule，简称GWB）由美国国家卫生统计中心于1977年编制，主要用于评定被试对幸福的陈述及总体幸福感程度。该量表共33个项目，每个项目有5~7个选项。除了评定总体幸福感之外，该量表还通过将其内容组成6个分量表，对幸福感的6个因子进行评定。6个因子分别是：对健康的担心、精力、对生活的满足和兴趣、忧郁或愉快的心境、对情感和行为的控制、紧张感。量表采用6级评分，得分越高，幸福感就越高。项目表述如下："你睡醒之后是否感到头脑清晰和精力充沛（在过去的一个月里）？"我国有研究者对该量表做了修订，初步研究发现，修改后的总体幸福感量表具有较好的信度和效度（段建华，1996）。但由于样本较小，尚需做进一步的研究。

三、焦虑与抑郁评定量表

（一）焦虑自评量表

焦虑是一种较为普遍的精神体验。若个体长期存在焦虑反应就容易引发焦虑症，不仅会出现持续的忧虑、不安、担心和恐慌，还常伴有明显的运动性不安和各种躯体上的不舒服感。由宗（W. K. Zung）于1971年编制的焦虑自评量表（Self-Rating Anxiety Scale，简称SAS）是目前使用较为广泛的焦虑评估工具。SAS包含20个项目，采用4级评分，主要评定最近一个星期内项目所定义症状出现的频率。该量表适用于具有焦虑症状的成年人，项目总分越高，表示焦虑症状越严重。一般来说，焦虑总分低于50分（标准分）者为正常，50—60分者为轻度焦虑；61—70分者为中度焦虑；70分以上者是重度焦虑。研究表明，国内焦虑自评量表的修订版具有较好的信度和效度（陶明，高静芳，1994）。

（二）状态—特质焦虑问卷

随着对焦虑研究的深入，R. B. 卡特尔和斯皮尔伯格（C. D. Spielberger）等人先后提出了状态焦虑（state anxiety）和特质焦虑（trait anxiety）的概念。状态焦虑描述的是一种不愉快的情绪体验，伴有自主神经系统的功能亢进，一般为短暂性的。特质焦虑用于描述相对稳定的、作为一种人格特质且具有个体差异的焦虑倾向。斯皮尔伯格等人编制的状态—特质焦虑问卷（State-Trait

Anxiety Inventory，简称STAI）能够很好地区分出这两种焦虑，为不同的研究目的和临床实践服务，当前普遍应用的是1979年的修订版。该问卷共40个项目，分状态焦虑量表（S-AI）和特质焦虑量表（T-AI）两部分。每个分量表最低分为20分，最高分为80分，分别反映状态焦虑、特质焦虑的程度。问卷的信度和效度均达到心理测量学的要求。

（三）贝克抑郁问卷

贝克抑郁问卷（Beck Depression Inventory，简称BDI）由美国心理学家贝克于20世纪60年代编制，是美国最早的抑郁自评问卷之一。问卷包含21个项目，每个项目代表一个症状类别，均为抑郁的临床表现。这些类别分别是心情、悲观、失败感、不满、罪恶感、惩罚感、自厌、自责、自杀倾向、痛哭、易激惹、社会退缩、犹豫不决、体象歪曲、活动受抑制、睡眠障碍、疲劳、食欲下降、体重减轻、有关躯体的先占观念、性欲减退。每个类别的症状描述按程度分别按0—3分评分。总分越高，抑郁程度越严重。对于结果的解释，有研究者提出以下标准：小于或等于4分，无抑郁或极度轻微抑郁；5—13分，轻度抑郁；14—20分，中度抑郁；21分以上，重度抑郁。

（四）抑郁自评量表和抑郁状态问卷

抑郁自评量表（Self-Rating Depression Scale，简称SDS）由宗于1965年编制，用于衡量抑郁状态的程度。1972年，宗增编了与之相应的他评用表，称为抑郁状态问卷（Depression Status Inventory，简称DSI），评定时间跨度为最近一周。SDS和DSI分别由20个项目组成，反映抑郁状态的四组特异性症状：精神性—情感症状、躯体性障碍、精神运动性障碍、抑郁的心理障碍。每个项目按1—4进行四级评分。抑郁严重度指数按下列公式计算：抑郁严重度指数=各项目累计分数/80。指数范围为0.25—1.0。指数越高，抑郁程度越重。宗等曾对评分结果做过以下划分：0.50以下，无抑郁；0.50—0.59，轻微至轻度抑郁；0.60—0.69，中度至重度抑郁；0.70以上，重度抑郁。

四、应激及相关问题评定量表

应激（stress）是个体面临或觉察到环境变化，应激源对机体有威胁或挑战时，做出的适应和应对的过程。在整个应激过程中，有几个因素对个体的健康有重要的影响：应激源、个体自身的防御方式（应付方式）、所处环境。由于应激与人们的健康息息相关，所以对相关因素的评估在咨询中经常出现。

（一）生活事件量表

生活事件量表（Life Event Scale，简称LES）是杨德森、张亚林等人于1986年参照社会再适应量表，根据我国的实际情况编制的，适用于16岁以上的人群。该量表强调被试对生活事件的主观感受，并对正性和负性生活事件做了区分。LES包括家庭生活、工作学习、社交及其他三个方面共48项我国成年人较常见的生活事件。生活事件刺激量的计算方法如下：

某事件刺激量＝该事件影响程度得分 × 该事件持续时间得分 × 该事件发生次数；

正性事件刺激量＝全部好事刺激量之和；

负性事件刺激量＝全部坏事刺激量之和；

生活事件总刺激量＝正性事件刺激量＋负性事件刺激量。

LES总分越高，说明个体承受的精神压力越大。95％的正常人在一年之内的得分不会超过20分，99％的人不会超过32分（陈国鹏，2005，第121页）。

（二）防御方式问卷

防御方式问卷（Defense Style Questionnaire，简称DSQ）由加拿大心理学家邦德（M. Bond）于1983年编制，我国学者路敦跃、李宁先后对该问卷做了修订。原问卷包含88个项目，用于考察4个因子，分别是成熟防御机制、中间型防御机制、不成熟型防御机制和掩饰度。各项目均采用9级评分。因子均分＝因子分/因子所属项目数，越靠近9表明应用某类机制的频度越大；防御机制均分＝防御机制分/防御机制所属项目数，越接近9表明应用此种防御机制的频度越大。研究表明，该问卷具有较好的心理测量学特性，不仅可以用于研究正常人的防御行为，也可以用于研究各种心理障碍患者和躯体疾病患者的防御行为。

我国学者肖计划等在20世纪90年代编制了类似的应付方式问卷（COPE Scale），适用于14岁以上具有初中以上文化程度的人群。问卷含62个项目，分6个分量表，分别代表忍耐、幻想、自责、求助、合理化、解决问题六种压力应付方式（肖计划，许秀峰，1996）。其中，解决问题和求助为成熟型应付方式，忍耐、自责、幻想为不成熟型应付方式，合理化为混合型应付方式。各分量表的得分=所含题目分数总和/分量表题目数。根据被试在各分量表上的得分，研究者可通过剖面图的形式分析被试采用的应付方式（张厚粲，2005，第225—226页）。

（三）社会支持评定量表

尽管当前人们对社会支持的概念和作用机制的认识仍不统一，但许多研究表明，社会支持与个体社会技能、工作绩效、自我概念和身心健康存在显著正相关。我国学者肖水源（1994）将社会支持分为客观支持、主观支持和对社会支持的利用度三类。主观支持指个人自我感觉获得他人支持的程度，客观支持是个人实际上与他人联系的数量和情况，对社会支持的利用度是指个体在遇到生活事件时能够利用他人的支持和帮助的程度。在此基础上，肖水源于1986年编制了社会支持评定量表（Social Support Rating Scale，简称SSRS），包括客观支持、主观支持和对社会支持的利用度等三个维度共10个项目。该量表适用于对14岁以上各类人群的健康评估。总分与各分量表分为各自所包含题目得分之和，分数越高，表明个体获得社会支持越多。大量研究表明，该量表具有较好的信度和效度。

第五节　神经心理测验

一、神经心理学与神经心理测验

神经心理学是心理学的一个分支学科，采用多种方法研究脑损伤病人的心理障碍与脑损伤定位和性质之间的关系，从而揭露心理活动的脑解剖学和生理学基础（陈国鹏，2005，第160页）。可以看出，神经心理学的研究对象是心理现象和大脑生理结构的相互关系，主要是对大量的脑损伤病例开展行为观察和分析。在国外，神经心理学研究已有较长的历史。1973年，苏联学者鲁利亚《神经心理学原理》一书的出版奠定了近代神经心理学的基础。斯佩里（R. W. Sperry）因其割裂脑的研究获得了1981年诺贝尔生理学或医学奖。

神经心理测验是在现代心理测验基础上发展起来的用于脑功能评估的一类心理测验方法，是神经心理学研究脑与行为关系的一种重要方法。神经心理测验评估的心理或行为的范围很广，包括感觉、知觉、运动、言语、注意、记忆和思维，涉及脑功能的各个方面。近几十年来，神经心理测验呈现出发展迅速、应用广泛的特点。神经心理测验的应用范围最初限于医学领域，后来扩展到司法、工业和教育领域（洪炜，2006，第228页）。神经心理测验的用途表现在四个方面：为大脑损伤病例提供定位诊断的症状学依据；提供药物和外科等其他治疗的判定标准；评定治疗效果；为制订高级神经机能的神经康复治疗步骤和措施提供心理学依据（王小英，张明，2002，第201页）。

按不同的标准可以对神经心理测验做出多种划分。最常见的分为单个测验和成套测验，按检测的脑区可以分为额叶功能测验、颞叶功能测验、顶叶功能测验、枕叶功能测验以及判别大脑左右两侧功能的测验。在实践中选用什么样的测验，关键在于能否最大程度地暴露大脑损伤后病人的脑机能缺陷，能否提供有助于探讨大脑认知研究和疾病诊断的可靠信息（陈国鹏，2005，第161页）。

在前面的章节中已经涉及了一些用于测查记忆方面的神经心理测验，下面着重介绍一些常见的综合性（成套）神经心理测验。因为脑损伤造成的功能失调种类较多，行为表现也较为多样化，所以成套神经心理测验在临床上使用较多。

二、常用神经心理测验介绍

（一）霍尔斯特德—瑞坦神经心理成套测验

霍尔斯特德从1935年开始在他提出的“生物智力”理论基础上编制神经心理测验，最初有27个分测验，通过与瑞坦合作，发现有一些分测验对区分正常和脑损伤不敏感而予以淘汰，最终形成了现在的10个分测验，即霍尔斯特德—瑞坦神经心理成套测验（Halstead-Reitan Neuropsychological Battery，简称HRB）。该测验分幼儿、儿童和成人三个版本。分测验中部分为言语测验，部分为非言语测验。由于测验内容包括从简单的感觉运动到复杂的抽象思维，评分客观，有定量标准，所以霍尔斯特德—瑞坦神经心理成套测验现已被广泛接受和使用。我国龚耀先等人先后完成了成人、幼儿和儿童三个版本的修订工作，并建立了常模。

修订后的霍尔斯特德—瑞坦神经心理成套测验的10个分测验分别是范畴测验、触觉操作测验、音乐节律测验、语音知觉测验、手指敲击测验、连线测验、握力测验、感知觉障碍测验、霍尔斯特德—维普曼（Halstead-Wepman）

失语甄别测验、侧性优势测验。每个分测验都有不同的年龄常模。霍尔斯特德—瑞坦神经心理成套测验采用划界分作为常模，即区分有无病理的临界分。然后根据划入异常的测验数计算损伤指数，损伤指数为划入异常的测验数与测验总数之比。损伤指数在0—0.14提示正常，0.15—0.29为边缘状态，0.30—0.43表示轻度脑损伤，0.44—0.57为中度脑损伤，0.58以上提示重度脑损伤。

（二）鲁利亚—内布拉斯加神经心理成套测验

鲁利亚—内布拉斯加神经心理成套测验（Luria-Nebraska Neuropsychological Batrery，简称LNNB）是由内布拉斯加大学戈尔登（C. J. Golden）及其同事根据苏联神经心理学家鲁利亚编制的一套神经心理测验修订而成的。鲁利亚把大脑看作一个机能系统，机能系统中的每个区域都被看作是一条链子上必需的一环。如果任何一环受到了损伤，整个系统就会垮掉。LNNB分1980年和1985年两个版本。第一个版本包括269个项目，共11个分测验，第二个版本比第一个版本多了一个中间记忆（intermediate memory）分测验。国内徐云和龚耀先等人对LNNB第一版进行了修订，并建立了地方性常模。

构成LNNB第一版的11个分测验分别是运动测验、节律测验、触觉测验、视觉测验、感知言语、表达性言语、书写测验、阅读测验、算术测验、记忆测验、智力测验等。除此之外，LNNB还有3个附加的量表，即疾病特有病征量表（定性量表）、大脑左半球定侧量表和右半球定侧量表。这些量表的项目均来自前述11个分测验。LNNB的每个项目采取三级评分的方式，“0”表示正常，“1”表示边缘状态，“2”表示异常，各分测验得分累加即为LNNB的原始分，得分越高，表明损伤可能越重。如果将原始分根据*T*量表换算成*T*分，则可进行各量表间的比较，以进行进一步的临床分析（王小英，张明，2002，第214页）。

（三）快速神经学甄别测验

由于大多数的神经心理成套测验实施操作复杂，时间较长，所以，国外许多研究者编制了一些简便有效的神经心理甄别测验，快速神经学甄别测验（Quick Neurological Screening Test，简称QNST）即是其中一例。我国龚耀先等人于1994年编译了该测验，主要用于测量与学习有关的神经学综合功能。由于涉及内容较少，测量需时也较短，一般20分钟左右即可完成。有研究者将修订后的QNST用于对学习困难或学习障碍儿童的甄别，结果表明该测验具有较好的鉴别力（蔡小梅等，2000；程灶火，姚树桥，1994）。

QNST由15个项目组成，分别是：手的技巧、图形认识和再生、手心形状辨认、眼跟踪、声音形式、指鼻测验、手指成圆、手和颊同时刺激、手掌迅速翻转运动、伸臂和伸腿、跟尖步、单腿独立、跳跃、辨别左右、行为异常。如果测验总分达到50分以上，说明儿童在普通班上学习可能有困难。总分高一定是个别项目的分数在高的范围。如果总分达到25—50分，通常表明儿童有一个或更多的症状，可能是发音上的或神经学上的。分数高低取决于儿童的年龄和症状的严重程度。一个严重症状往往以症状群的形式出现。如果总分为25分以下，说明儿童不存在特殊的学习无能。反映在测验上，表现为没有一个项目是高分。也就是说，那些获得这类分数的儿童不会有什么大脑功能障碍（陈国鹏，2005，第169页）。

三、使用神经心理测验的注意事项

一般的神经心理学评定的理论假设是：（1）大脑的器质性病变必然会导致大脑功能性改变；（2）通过对病人脑功能的测查，就可以推测其是否有脑器质性病变以及病变部位及程度。但有研究指出，大脑的器质性病变并不一定导致大脑的功能性改变。由于大脑具有较强的代偿功能，因此大脑中一些不具有特异性功能的区域受损后完全可以由其他相应的区域来代偿，其功能并不表现出明显的差异，同样，大脑的功能性改变也不一定是由脑器质性病变引起的。所以，神经心理学评定更适合于反映脑功能的变化，而不是直接反映大脑有无器质性病变。这样的结论正是在神经心理测验的使用过程中首先要注意的。在神经心理测验中，除了病变基本因素以外，还有一些因素值得使用者注意（朱华燕，陈伟伟，2002）。

（1）年龄因素。在许多神经心理测验中，年龄往往并未被作为一个重要的变量来考虑。例如，霍尔斯特德—瑞坦神经心理成套测验最初使用时就只是规定了每个分测验各自的划界分，而并未按照年龄阶段来划分。众所周知，年龄因素对于个体认知能力的发展是极其重要的，认知能力变化与年龄大致可呈倒U字形的关系。例如，许多研究者发现，在霍尔斯特德—瑞坦神经心理成套测验的大多数分测验中，被试的成绩随着年龄的增长而下降。因此，许多老年人被误划入脑病组或被认为其损伤指数升高，这在很大程度上是年龄因素影响的结果。

（2）性别因素。性别因素也是讨论神经心理学评定效度时不能忽视的一个重要因素。一项47个神经疾病患者与正常人进行匹配设计的研究发现，男性在那些包含较多运动或空间成分的任务中得分明显高于女性。另一项研究发现，手指敲击存在性别差异，焦虑特质与手指敲击成绩呈负相关，而与形板测验时间呈正相关。

（3）躯体与情绪因素。大脑损伤患者除有高级心理功能障碍外，往往还有瘫痪、头痛等躯体症状。这类被试通常情绪低沉，容易疲乏，一般不能承受复杂的测验。这时，测验实施者必须根据情况选用患者能胜任的较简单的测验或者将测验分段进行。情绪效应的一个突出例子是心境的抑郁程度。一个严重抑郁的病人往往会表现出记忆缺陷或思维迟缓，从而导致其在神经心理学评定中得分偏低，但以此来推断其有神经病变将是不充分的。在实际生活中，何种抑郁程度才能使得分达到脑病变水平以及如何测量病人的抑郁水平始终是一个困扰我们的问题。

（4）文化教育因素。病人的受教育水平也被证实是一个对神经心理学评定有复杂影响的变量。一个受到良好教育的脑病患者，虽然发生了认知功能的衰退，但其得分仍可能处于正常组的范围。因此，神经心理测验对这类患者的测试结果变得不够准确，甚至有很大漏诊的可能性。研究还表明，文化教育效应在不同测验中的影响也是不完全相同的。

本章摘要

心理测验是依据一定的心理学原理和技术，对人的心理现象或行为做出推断和数量化测量分析的一种手段。信度和效度是心理测验的重要基础。常见的心理测验主要包括认知类测验、人格类测验和心理健康类测验。经常被人们关注的特定认知内容集中在注意、记忆和思维三个方面。常用的注意评估方法包括纸笔测试和仪器操作测试两种。由于记忆的种类和特征比较复杂，成套记忆测验一直是主要的评估工具。推理是思维的基本形式之一，也是实践中最常用的思维能力评估指标。瑞文标准推理测验是目前应用较为广泛的思维评估工具。常用的人格评估方法主要包括两种范式：问卷范式和投射范式。在我国的咨询实践中，使用较多的人格问卷主要有16PF、EPQ和MMPI三种。由于操作较为复杂，人格投射测验在心理评估中使用的频率相对较低。现今使用较多的、形式较为完整的投射测验主要是罗夏墨迹测验、主题统觉测验和绘画测验等。与心理健康有关的评估工具繁多，大体上可分为总体性评估工具和特定问题评估工具两种。常用的神经心理测验包括霍尔斯特德—瑞坦神经心理成套测验、鲁利亚—内布拉斯加神经心理成套测验、快速神经学甄别测验等。

复习思考题

1. 心理测验的信度和效度分别是什么？
2. 试介绍几种智力测验。
3. 试比较两种人格评估范式的不同。
4. 试述症状自评量表的结构及结果解释。
5. 使用神经心理测验过程中应注意的事项有哪些？

推荐参考书

1. 卡普兰，萨库兹.（2005）.心理测验（赵国祥等译）.西安：陕西师范大学出版社.
2. 黎光明.（2019）.心理测量.北京：清华大学出版社.
3. 郑日昌.（2013）.心理测量与测验.北京：中国人民大学出版社.
4. 郑日昌.（2015）.心理与教育测量.北京：人民教育出版社.

参考文献

1. 蔡小梅，朱冬生，钟细霞.（2000）.学习障碍儿童的快速神经学甄别测验.中国儿童保健杂志，8（6），378–379.

2. 陈国鹏.（2005）.心理测验与常用量表.上海：上海科学普及出版社.

3. 陈顺珍，曾方，唐辉屏.（2005）.注意力测试仪在儿童注意缺陷多动障碍诊断中的应用.华夏医学，18（2），261–262.

4. 陈仲庚.（1983）.艾森克人格问卷的项目分析.心理学报，（2），211–218.

5. 程灶火，李欢欢，郑虹，耿铭，王力，王湘.（2002）.多维记忆评估量表的信效度研究.中国心理卫生杂志，16（4），237–241.

6. 程灶火，谭林湘.（2004）.艾森克个性问卷理论结构的因素分析.中国临床心理学杂志，12（1），9–12.

7. 程灶火，姚树桥.（1994）.快速神经学甄别测验在学习困难儿童中的应用.中国临床心理学杂志，2（1），30–32.

8. 段建华.（1996）.总体幸福感量表在我国大学生中的试用结果与分析.中国临床心理学杂志，4（1），56–57.

9. 龚耀先.（1984）.艾森克个性问卷在我国的修订.心理科学通讯，（4），11–18.

10. 龚耀先，蔡太生，赵声咏，华秀馨，田成惠，周迁璋，李荫，陈云华，邓君林，江达威.(1991).儿童韦氏记忆量表常模样本的测验结果在年龄和性别中的差异.心理科学，(5)，6–10.

11. 洪炜.(2006).心理评估.天津：南开大学出版社.

12. 纪术茂，陈佩璋，纪亚平，董群慧，程刚.(1996).MMPI中文版的结构效度研究.中国临床心理学杂志，4(1)，20–23.

13. 李凌江，郝伟，杨德森，张亚林，吴舸，罗友根，黄俊，张斌，刘解宁，廖巨福.(1995).社区人群生活质量研究——Ⅲ生活质量问卷（QOLI）的编制.中国心理卫生杂志，9(5)，227–231.

14. “临床记忆量表”编制协作组.(1986).“临床记忆量表”的编制.心理学报，(1)，100–108.

15. 刘翔平，刘雪梅.(2000).注意缺损多动障碍量表的编制.心理发展与教育，(1)，55–59.

16. 钱铭怡，武国城，朱荣春，张莘.(2000).艾森克人格问卷简式量表中国版（EPQ-RSC）的修订.心理学报，32(3)，317–323.

17. 苏林雁，李雪荣，罗学荣，万国斌，杨志伟.(2000). Achenbach儿童行为量表的再标准化及效度检验.中国心理卫生杂志，12(2)，67–69.

18. 孙长华，吴志平，吴振云，许淑莲.(1992).关于《临床记忆量表》7—19岁的标准化工作.心理科学，(4)，54–56.

19. 陶明，高静芳.(1994).修订焦虑自评量表（SAS-CR）的信度及效度.中国神经精神疾病杂志，20(5)，301–303.

20. 王小英，张明.(2002).心理测量与心理诊断.长春：东北师范大学出版社.

21. 肖计划，许秀峰.(1996).“应付方式问卷”效度与信度研究.中国心理卫生杂志，10(4)，164–168.

22. 肖水源.(1994).《社会支持评定量表》的理论基础与研究应用.临床精神医学杂志，4(2)，98–100.

23. 谢丽亚，叶秀红.(1994).精神分裂症患者统合型“房树人绘画测验”测试结果分析.中国心理卫生杂志，8(6)，250–252.

24. 杨光艳.(2006).罗夏墨迹测验——一种不该被冷落的人格测验.湖北教育学院学报，23(5)，97–98.

25. 张厚粲.(2005).实用心理评估.北京：中国轻工业出版社.

26. 张厚粲，王晓平.(1989).瑞文标准推理测验在我国的修订.心理学报，(2)，113–120.

27. 张同延，徐嗣荪，蔡正宜，陈志敏，王翠莲，徐方忠.(1993).主题统觉测验中国修订版（TAT-R，C）的编制与常模.心理学报，（3），314–323.

28. 周世杰，龚耀先.（2003）.龚氏记忆成套测验（儿童本）的初步编制.中国临床心理学杂志，11（1），18–23.

29. 朱华燕，陈伟伟.（2002）.神经心理学评定的新进展.浙江教育学院学报，（4），84–89.

第七章　心理障碍的分类

引　言

在心理咨询的过程中，来访者会陈述各种心理困扰。《中华人民共和国精神卫生法》第二十三条规定：“心理咨询人员不得从事心理治疗或者精神障碍的诊断、治疗。心理咨询人员发现接受咨询的人员可能患有精神障碍的，应当建议其到符合本法规定的医疗机构就诊。”那么，判定来访者遭受的困扰是一般心理问题还是心理障碍（即精神障碍）就成为咨询者进行心理评估时面临的一项重要任务，也是维护来访者福祉的重要保证。作为一名心理咨询人员，掌握与心理障碍相关的知识就显得非常必要。本章将围绕几种常见的心理障碍进行讨论。通过对本章的学习，读者将会加深对各种心理障碍的认识和了解。

第一节　心理障碍概述

一、心理障碍的定义

心理障碍（mental disorder），有的心理学家称之为精神障碍、精神疾病或者心理疾病。对其概念的界定是一件非常棘手的工作：第一，各种心理障碍并没有一个共同的致病因素；第二，很难找到判定心理异常所必需的标准；第三，正常行为与异常行为之间并不存在明显的界限。因此，尽管许多心理学家都曾努力尝试给心理障碍下一个完善的定义，但均不成功。不过，回顾前人所做的贡献，仍可发现许多可借鉴之处。

《心理学大辞典》（林崇德等，2003，第1402页）将“mental disorder”译为“心理失常”或“精神失常”，指心理状态发生病理性变化而无法有效地适应生活的异常现象，属于心理病态学范畴。

《心理咨询百科全书》（车文博，2001，第69页）认为，心理障碍亦称精神障碍、心理异常、心理变态，指心理与行为显著偏离正常，以精神病性症状、社会功能下降、本人感到精神痛苦为特征的一组疾病。

1994年，美国心理学会给心理障碍下了一个很长的定义：心理障碍是指某种具有临床诊断意义的行为、心理症状或模式，它必须表现出现时的痛苦（如令人痛苦的症状）或某种能力丧失（如一种或多种重要功能的损伤），或者有明显增加的可能导致死亡、痛苦、能力缺损以及严重丧失自由的危险性。此外，这种症状或模式不能是对某一特定事件的预期的或是文化许可的反应模式，比如亲人去世。不管其最初的起因如何，心理障碍都必须表现为一个人现时的行为、心理或生理功能缺损。行为偏离（政治的、宗教的、性的）或个体与社会之间的冲突，如果没有造成个体的功能受损，它们就不能被诊断为心理障碍。

《心理学与生活》（第十六版）认为，对心理障碍最好的理解是：它是一个从心理健康到心理疾病的连续体（如图7–1所示）。因为正常与异常之间的界限是相对的，而不是绝对的，所以把心理障碍看作一个连续体是合适的。连续体的一端定义为最佳心理健康的行为，另一端则定义为最差心理健康的行为，在中间逐渐增加的是适应不良的行为。

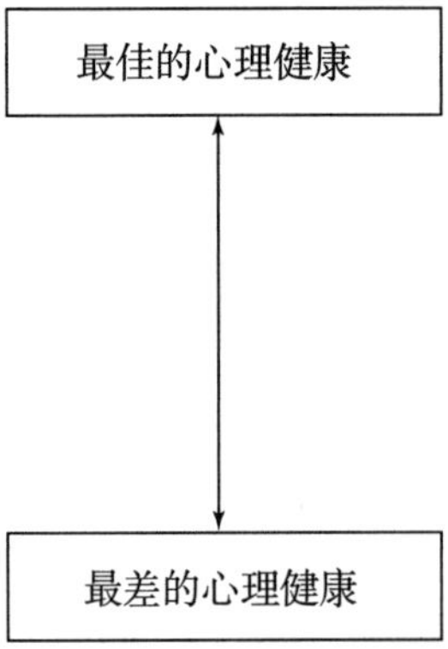

个体的、小组的和环境的因素协同有效地作用，保证

- ◆ 主观的幸福感
- ◆ 心智能力的最佳开发和运用
- ◆ 实现合乎理想的标准
- ◆ 基本的平等状态

个体的、小组的和环境的因素冲突，导致

- ◆ 主观的痛苦感
- ◆ 心智能力的缺损或发育不良
- ◆ 不能达到目标
- ◆ 破坏性的行为
- ◆ 不平等的建立

图7–1　心理障碍概念示意图

王建平等人在对心理障碍的基本元素进行分析的基础上，提出了一个较为简洁的定义：心理障碍是一种不为某种特定文化所期待或非典型的行为反应，常常表现为内部的心理功能紊乱，并伴随着痛苦或功能性损伤而出现。

二、心理障碍的分类

目前，我国对心理障碍分类的依据主要有以下三种：《中国精神障碍分类与诊断标准》（*Chinese Classification and Diagnostic Criteria of Mental Disorders*, 简称CCMD）、《国际疾病分类》（*International Classification of Diseases*, 简称ICD）和《精神疾病诊断与统计手册》（*The Diagnostic and Statistical Manual of Mental Disorders*, 简称DSM）。这些诊断分类依据为心理障碍患者的及时识别与有效治疗做出了重大的贡献。随着社会的变迁，一些心理障碍不再被视作疾病，一些新的心理障碍不断出现，还有一些心理障碍的诊断标准发生了变化，因此上述三种依据也都有不同程度的更新。截至目前，更新较快且被较多业内人士使用的是DSM，2013年更新至第五版（DSM-5），本章接下来对各类心理障碍进行介绍时用到的相关知识以该版本为参照。DSM-5对各种障碍做了清晰的划分，主要有以下几大类：神经发育障碍、精神分裂症谱系及其他精神病性障碍、双相及相关障碍、抑郁障碍、焦虑障碍、强迫及相关障碍、创伤及应激相关障碍、分离障碍、躯体症状及相关障碍、喂食及进食障碍、排泄障碍、睡眠与觉醒障碍、性功能失调、性别烦躁、破坏性、冲动控制及品行障碍、物质相关及成瘾障碍、神经认知障碍、人格障碍、性欲倒错障碍，其他精神障碍。

第二节　心境障碍

每个人的情绪都会经常发生变化，受一些事情的影响，大部分人会经常感觉抑郁和沮丧，做事情提不起精神。而有的时候，我们又会抱着积极乐观的态度，以充满活力的姿态面对生活。这种情绪的起伏是正常的，但是心境障碍涉及的情绪起伏要严重得多，而且会对生活造成不良的影响。

一、概述

心境障碍（mood disorder）包括两种关键情绪：一是躁狂，通常以激动、兴奋、强烈和不切实际的感觉为特征；二是抑郁，通常是极度悲伤和沮丧的感觉。在有心境障碍的人当中，有些人在某些时间或事件中只体验到抑郁情绪。而有些人在某些点躁狂发作，在某些点抑郁发作（布彻等，2011/2015，第152页）。心境障碍的一个突出特征是阵发性。在一段时间内，本来正常的人会陷入绝望或达到疯狂的顶峰。一旦这个阶段结束，这个人就会回到正常或接近正常的状态。

在DSM-5中，心境障碍主要被划分为抑郁障碍和双相障碍。抑郁障碍主要包括破坏性心境失调障碍、重性抑郁障碍、持续性抑郁障碍等。双相障碍是一种典型的反复发作障碍，通常始于青春期和成年早期。双相障碍发作时既有躁狂发作，又有抑郁发作。经历躁狂发作的个体有明显高涨、愉悦和夸张的心境，甚至有强烈的激越或突发的暴力。

二、病因

（1）生物因素。去甲肾上腺素、多巴胺和甲状腺的活动水平都与心境状态调节有关，此外生物节律的紊乱与双相障碍也有关系。从遗传方面来讲，基因对双相障碍的影响大得多。

（2）心理因素。认知因素通常聚焦于特定的消极思维模式，这一模式使容易产生抑郁的个体在面临一个或者多个应激生活事件时更有可能变得抑郁，从而使病情更加严重。

（3）社会因素。压力事件也会导致抑郁障碍的发生，抑郁的人对自己和周围的事物有消极观念，这就使得压力事件的影响更为复杂。例如，抑郁症患者遭遇应激事件是因为他们糟糕的人际问题解决能力，而缺乏人际问题解决能力又反过来导致其更高水平的人际压力，进一步造成抑郁症症状。

三、干预

急性心境障碍的早期诊断和治疗可降低复发风险。心理疗法可作为药物疗法的主要辅助治疗。心理疗法有行为疗法、认知疗法等。行为疗法可从强化患者的积极行为、训练患者的社交技巧着手。认知疗法可不断改变患者的思维，对其思维与行为之间的关系进行有效的调整，最终改善患者的不良情绪。

第三节 焦虑障碍

焦虑是我们生活的一部分，所有人都会有焦虑症状，正如罗洛·梅所说：人们几乎在人生的每一个十字路口都会遇到焦虑问题。但是，当焦虑严重到成为一种可怕的令人痛苦的担忧感，个体极力对之加以压制时，就演变为心理障碍，我们称之为焦虑障碍。

一、概述

焦虑障碍（anxiety disorder）的特征是显性的焦虑、持续性紧张，或是以防止焦虑为目标的行为模式。患有焦虑障碍的个体，其体验到的焦虑并非由实际的威胁所致，往往也与现实事件不符；其生理体验为发汗、心悸、呼吸困难、脸红、头昏、颤抖等，认知上表现为担心、非理性的恐惧以及有变疯或要死的想法、重复主题的想法，情绪上体验到紧张、害怕、担心、激动，行为上过度谨慎、颤抖、回避等。认为自己无法控制周围环境的人患焦虑障碍的风险更高。

DSM-5指出了七种主要的焦虑障碍：特定对象恐惧症、社交恐惧症、惊恐障碍、广泛性焦虑障碍、强迫症和创伤后应激障碍。

二、病因

（1）心理因素。焦虑障碍患者经常报告说预感有不好的事情要发生。关键问题不在于为什么人们会有这种消极的想法，而在于这些想法为什么一直持续。原因在于个体思考和行动的方式：为了逃避恐惧，选择采取安全行为。因此，安全行为使人维持了过度消极的认知。注意偏向对焦虑障碍也有很大的影响。焦虑的个体更容易注意到不好的事情，而且注意转移也比平常人显得更困难。

（2）生物因素。焦虑障碍患者恐惧回路中的杏仁核部分特别活跃，而杏仁核对恐惧的调节发挥着至关重要的作用。面对威胁信号时，焦虑障碍患者的杏仁核活动的强度远远超过无焦虑障碍者。因此，恐惧回路的活动增强，尤其是杏仁核的活动增强，也许可以解释很多不同的焦虑障碍的原因。

（3）社会因素。比起可控并且可预测的事件，不可控和不可预测的事件会使人更紧张，会引发更多的焦虑。焦虑障碍患者经历的很多事件可能是不可控和不可预测的。

三、干预

针对焦虑障碍的治疗方法有暴露疗法、系统脱敏法、认知重建法等。其中，暴露疗法对于焦虑障碍的治疗十分有效。在运用暴露疗法时，要注意两点：第一，暴露要尽可能多地包含恐惧物的特点；第二，暴露应该尽可能地在多种背景下呈现。

也有人提出了对暴露疗法的认知主义观点。根据该观点，暴露帮助人们纠正了他们认为自己不能面对刺激物的错误信念。暴露治疗让人们认识到自己能够在不失控的情况下忍受令自己厌恶的情境，从而减轻了症状。虚拟现实技术有的时候被用于模拟恐怖的场景，比如飞行、高空，甚至社交互动。使用虚拟现实技术的暴露疗法大大减轻了焦虑障碍患者复发的痛苦。一些小规模的随机控制实验表明，仿真情境的暴露和真实场景的暴露，效果相当。

第四节　躯体化障碍

一、概述

躯体化障碍指的是来访者抱怨有躯体症状，但实际上没有任何器质性病变可以合理地解释其症状。

实际上，大部分人在一生中的某段时间都会体验到至少一种轻微的、无法解释的身体症状，这样的个体往往非常关注自身的健康状况及各种可能的身体器官异常或疾病。躯体化障碍患者倾向于频繁地寻求医学治疗，有时还会为此付出巨大的代价。他们经常就某个特定的健康问题咨询多个医生，并可能尝试多种医疗方法。他们常常会住院治疗甚至接受手术。尽管此类障碍的患者是医疗机构的常客，但他们对于自己获得的医疗服务往往并不满意。对于其中许多人的症状，目前都没有确定的医学解释或治愈的方法。他们常常将医生看作无能和冷漠的，尽管如此，他们依然会继续四处寻求治疗，预约新的医生，要求做新的测试，许多患者由于严重的担忧而无法工作。

二、病因

（1）生物因素。躯体化障碍尽管在医学情境中比较常见，但是我们对其发展过程及具体病因仍难以确定。有研究发现，对男性而言，反社会人格障碍与家庭有联系，而对女性而言，躯体化障碍与家庭有联系。也就是说，某种潜在的致病因素，可能至少有一部分基因遗传的基础，使得男性表现出反社会行为，女性表现出躯体化障碍。

（2）心理因素。躯体化障碍的其他致病因素可能包括人格、认知和学习等变量的交互作用。神经质的人格特质（容易感受到负面情绪状态）可能是一个非特异性的易感因子。那些来自某种家庭背景、比较神经质的个体可能更倾向于对躯体感觉产生错误的解释，把其看成是一种威胁甚至是无能。而认知方面的因素无论是起到致病的作用，还是在维持症状方面起到相对基础的作用，有一点我们要清楚，那就是躯体化障碍患者选择性地关注某些躯体感觉，并倾向于将躯体感觉看作躯体症状。

（3）社会因素。家庭因素对躯体化障碍有很大的影响，以下几种家庭背景中成长的个体更有可能发生躯体化障碍：小时候经常听到家人抱怨疼痛；从他人身上学到抱怨躯体症状可以获得他人的同情和关注，甚至免掉很多责任。这些情况在那些混乱无序、父母在照料孩子时反复无常的家庭中尤其常见。应激事件也可能会导致躯体化障碍，心理应激所带来的高水平的生理唤起可能会进一步增强躯体感觉，这正是遭受痛苦的患者所担心的状况。

三、干预

躯体化障碍的治疗很难，对于疗效也很少有系统研究。一般而言，有效的治疗方法是找到一个医生能够定期看望患者，并且将患者的忧伤整合到治疗当中（例如，尽量预期到可能出现的新问题），同时对其新出现的症状提供身体检查（例如，接受其症状是有根据的）。与此同时，医生要避免不必要的诊断检查，最低限度地使用药物和其他治疗方法。多项研究发现，如果给医生提供一些有关躯体化障碍的信息，并且就该类问题该如何处理提供建议，那么随后几个月里患者在健康护理上的开支就会显著降低，有时候他们在身体功能方面也会有所进步。然而，他们在压力等心理症状方面并没有改善。另一项研究对于患者采取小组治疗的咨询干预，进行了8次之后发现在心理症状方面取得了一些改善。很显然，要证实某种治疗方法对躯体化障碍有效，还需要更多的研究。

第五节　强迫类相关障碍

一、概述

在这一节，我们将聚焦于三种障碍：强迫症、躯体变形障碍和囤积障碍。强迫症表现为反复的想法和冲动（强迫观念），无法抗拒地进行反复的行为或心理活动（强迫行为）。普通人群中强迫症的患病率高达2%～3%。强迫症患者心身存在巨大痛苦，症状较重的患者社会功能受到损害，甚至无法正常地生活、工作和学习（刘兴华等，2011）。躯体变形障碍和囤积障碍也有反复的想法和行为这一症状。躯体变形障碍患者每天花好几个小时想着他们的外表，比如不断地照镜子。囤积障碍患者花费大量的时间思考他们现在拥有的和未来可能拥有的东西，他们投入巨大的精力获取新的物品，这种努力类似于强迫症中的强迫行为。在这三种障碍中，反复的想法和行为都使人感到痛苦、不可控制，并且耗费大量时间。对于这些障碍的患者而言，这些反复的想法和行为都是无法停止的。

二、病因

（1）生物因素。强迫症、躯体变形障碍和囤积障碍的病因学有所重叠。当前的观点认为，这些重叠可能源自遗传和神经生物学的风险因素。例如，躯体变形障碍和囤积障碍患者通常有强迫症的家族史。强迫症和躯体变形障碍似乎涉及相同的脑区。脑成像研究显示，强迫症患者的三个密切相关的脑区——眶额皮质（位于眼睛上方的内侧前额皮质）、尾状核（基底神经节的一部分）和前扣带回出现异常活动，当强迫症患者面对会引发症状的客体时，这三个区域的活动会增强。当躯体变形障碍患者看到自己面部的照片时，相似的情况也会出现。

（2）心理因素。我们是如何知道该停止想一件事情、停止清洁、停止考前复习或停止整理书桌的？环境中没有绝对的信号，多数人在感觉到“够了”时就停止了。耶达感受性（yedasentience）就是指这种主观知晓感。耶达感受性是一种直觉的信号，提示你已经吃够了、想够了、洗够了，或已经为避免混乱和危险做得够多了。有理论认为，强迫症患者的耶达感受性有缺陷，因为没有直觉上的完成感，他们难以停止想法和行为。客观上，他们似乎知道没必要反复检查炉子或洗手，但他们会有内在的焦虑，认为事情没有完成。

三、干预

强迫症、躯体变形障碍和囤积障碍的治疗方法是类似的，5-羟色胺再摄取抑制剂对三种障碍都适用。主要的心理疗法是暴露与反应阻止疗法。以强迫症为例，暴露与反应阻止疗法是把个体暴露在会引发强迫行为的情境中，让个体忍住不做出强迫行为。这一疗法背后的逻辑是：（1）不采取强迫行为使得个体产生由刺激引起的高强度焦虑；（2）暴露使得条件反应（焦虑）消失。

虽然暴露与反应阻止疗法是最常用和最有效的，但是根据调查，依然有15%～40%的患者效果不明显，另外还有大约25%的患者拒绝此疗法。因此，需要进一步调整和探索治疗方法，以增强患者的治疗意愿及治疗的效果。

第六节　精神分裂症

一、概述

精神分裂症是一种思维、情绪、行为错乱的疾病，包括思维无逻辑，知觉和注意错误，表达情绪存在困难或者不恰当，行动和行为错乱，比如披头散发等。精神分裂症的症状足以对维持稳定的工作、自立的生活以及亲密的人际关系造成干扰，也会引起他人的嘲笑和迫害。精神分裂症患者物质滥用率较高，这也许反映了他们在尝试缓解症状。精神分裂症患者的自杀率也很高。事实上，精神分裂症患者不仅自杀率远高于普通人，死于其他原因的概率也远高于普通人。

精神分裂症有时始于儿童期，但是它更常发病于青少年晚期或者成年早期，通常男性比女性的发病时间早。精神分裂症患者通常有一系列急性发作的症状，这些症状在其他时期不那么严重，但依然存在并使人虚弱。

二、病因

（1）生物因素。基因是导致精神分裂症的因素之一，大量的研究支持了这一观点。已有的证据表明，精神分裂症是具有遗传异质性的，也就是说，基因因素可能在不同的案例中不尽相同。显然，精神分裂症在症状层面就是异质性的。任何基因或基因组都要通过环境发挥作用，所以基因与环境的相互作用研究很可能会帮助我们找到基因对精神分裂症影响的本质。除了基因的影响，如果在生长过程中躯体特别是脑部受到损害，那么精神分裂症的发作可能性也会增加。

（2）社会因素。外部环境也会导致精神分裂症的发作。对精神分裂症病人家庭和正常家庭的比较研究（费立鹏等，1991）发现：（1）精神分裂症病人家庭的亲密度和适应性比正常家庭差；（2）精神分裂症病人家庭结构有相当数量（2.95%）属于僵硬松散的极端型，即在适应性方面表现为僵硬不变，在亲密度方面表现为成员间的感情交流不足；（3）精神分裂症病人家庭比正常家庭有较多的矛盾性且亲密度差，知识性及娱乐性也明显比正常家庭低。

三、干预

在20世纪50年代之前，很少有针对精神分裂症的可行的治疗方案。在20世纪50年代，一些药物统称为抗精神病药，因为它们对精神分裂症的某些症状有效。药物治疗使一些精神分裂症患者能够在院外生活。研究表明，第二代抗精神病药物在改善认知方面也有效。但是，药物有其自身的问题。研究表明，第二代抗精神病药物可能对患者有严重的副作用，如体重增加、血糖升高、胆固醇水平升高等。

第七节　儿童青少年期心理障碍

一、概述

儿童青少年期心理障碍涵盖了范围很广的问题，这些问题反映出的常常是正常发展进程中的一些变化或者未能及时跨过的一道发展门槛。举例来说，一个孩子2到4岁时尿床是正常的，但如果这一行为一直持续到小学，就是一个问题了。同样，在大多数孩子开始发展说话能力的时候，那些不能说或不愿说的孩子就经常被认为是有心理障碍的，还有一些在儿童青少年期表现出来的心理障碍纯粹是成年期障碍提前发作（如神经性厌食症），或者是既会影响成人也会影响孩子的障碍（如抑郁）。

有心理障碍的儿童和青少年在过去被视作成人患者，他们甚至会接受和成人一样的治疗，现在，我们认识到儿童青少年期和成年期是人的一生中非常不同的阶段。儿童青少年期发育过程中的迅速变化意味着这一阶段的心理障碍必须在诊断和治疗上有别于成人。儿童青少年期常见的心理障碍有注意缺陷多动障碍、品行障碍、广泛性发育障碍等等。

二、病因

（1）心理因素。儿童和青少年还不具备对所处世界的复杂认识，缺乏应对困难的经验，这使得很多问题变得难以解决。因为年幼缺乏经验，儿童和青少年往往无法感知即将到来的危险，虽然有成人保护他们，但是成人往往因为自己的问题而忽视儿童和青少年的各种需求，使他们更容易体验到被拒绝感和失望感。

（2）社会因素。家庭和社会环境也是重要的因素。家庭教养方式与儿童青少年期心理障碍呈显著相关，其中抑郁症状、躯体症状、人格品行和注意问题与家庭教养方式的关系最密切（蒋小娟等，2013）。

（3）生物因素。来自父母的基因遗传可能是造成儿童青少年期心理障碍的原因。一项关于家庭史和早发性抑郁的控制研究发现，来自心境障碍家庭的孩子比来自没有心境障碍家庭的孩子抑郁症的患病率更高（布彻等，2011/2015，第385页）。许多研究者相信，自闭症儿童天生带有某类缺陷，它损害了儿童的知觉认知功能。最近的MRI研究表明，脑结构异常可能会导致自闭症患者的脑代谢差异和行为表型（布彻等，2011/2015，第389页）。

三、干预

在实际的干预过程中，儿童和成年人一样，也要采用药物的配合疗法。注意缺陷多动障碍经常通过药物和基于操作性条件反射理论的行为疗法进行治疗。自20世纪60年代以来，哌甲酯（即利他林）等兴奋剂就被用于治疗注意缺陷多动障碍。有些患者要持续服用这些药物直至成年期，因为有越来越多的证据证明注意缺陷多动障碍的症状通常不会随着时间而消失。用于治疗注意缺陷多动障碍的药物减少了患者的破坏性行为，提高了患者集中注意的能力。

治疗儿童青少年期心理障碍很重要的一点是从儿童和青少年的生长环境入手。家长、教师对儿童和青少年的影响是巨大的。对儿童和青少年的父母以及教师进行干预是一个有效的方法。在实际运用中可以针对家长教养方式进行训练，班级管理方式也可以考虑改变。在提高孩子社交能力和学业表现方面，这些方法已经被证明至少在短期内是有效果的。在运用这些方法的过程中，孩子们在学校和家里的行为都会被监控，并且他们所做出的合适的行为会得到强化。虽然尚不确定教养方式训练是否优于药物治疗，但是越来越多的证据证明这种方式确实有一定的效果。除此之外，认知疗法和行为疗法也比较常用。

第八节　精神活性物质使用障碍

精神活性物质使用障碍，即精神活性物质的无规律使用或滥用导致行为或心理出现适应不良的变化和症状。

一、概述

精神活性物质依赖的基本特征是出现一组认知、行为和心理上的症状，这些症状表明个体对精神活性物质使用量的控制能力减弱，尽管这些物质的使用会带来不良后果，但个体仍会继续使用。精神活性物质依赖的典型特征包括:（1）一旦开始使用精神活性物质，随着时间的流逝，需求量比起初会更大，依赖的时间会更长；（2）一旦过量使用精神活性物质，再减少或控制使用量是不可能的；（3）为获取精神活性物质，个体将花费大量的时间来思考得到的途径，甚至会偷窃；（4）为履行主要的社会角色（如工作、学习），个体会遭受戒断症状或中毒现象；（5）由于使用了这些物质，个体会减少参加重要的社会、工作或娱乐活动，甚至完全取消；（6）由于长久地过量使用精神活性物质，个体会出现各种社会、心理和生理问题，并因继续使用而使问题加重；（7）继续使用同量的物质，个体的耐受性将显著降低，即为达到同等程度的心理期望效果，个体必须加大精神活性物质的使用量；（8）随着使用时间的增加，当停止或减量使用时，个体会出现明显的戒断综合征；（9）当出现戒断综合征后，个体再继续使用精神活性物质则是为了缓解或避免戒断综合征的出现。只要符合其中的一部分，即可诊断为精神活性物质依赖。

当个体的相关症状不能被诊断为精神活性物质依赖时，则可归为精神活性物质滥用。其特征是：（1）尽管了解精神活性物质的使用已导致社会、工作、心理或生理问题，并会因继续使用而使情况更糟，但使用者仍不会停止；（2）在已造成生理功能损害的情况下，个体仍继续使用。这些症状至少持续一个月或在更长一段时间内重复出现。

二、病因

（1）生物因素。成瘾背后的神经化学过程的核心在于药物激活了大脑的“快乐通路”——多巴胺通路。基因也可能会导致酒精滥用问题。许多专家认为，遗传可能在决定一个人对酒精等成瘾物质的敏感度上扮演了重要角色。

（2）社会因素。某些人在人格上的不完善可能会导致他们在面对压力的时候采用酒精而不是其他的防御模式来面对压力。他们情感上表现不成熟，需要大量的赞美和欣赏，面对失败会体验到极度的伤痛和自卑，对挫折有很低的忍耐度，对实现理想自我的能力不自信。精神活性物质使用障碍患者通常更冲动，更有攻击性。

（3）心理因素。社会环境中压力的影响、人际关系的恶化以及亲密关系处理不当都会诱发精神活性物质使用障碍。例如，妻子是酒精滥用者，丈夫可能无意间多次预期妻子会有饮酒行为，这种预期反过来会让妻子更有可能饮酒，在一些情况下，甚至酒精滥用者的配偶也开始过度饮酒。

三、干预

精神活性物质使用障碍的治疗因种类不同而不同，治疗目标是要解决生理依赖、心理依赖和社会功能康复三方面的问题。一般来说，治疗过程包括脱瘾和康复两个阶段。国际上现行脱瘾多采用药物疗法，以减轻个体的戒断综合征，降低死亡率。康复阶段治疗目的在于巩固脱瘾的成效，防止复发，以期最终走向社会。

第九节　饮食类相关障碍

一、概述

饮食类相关障碍分为两大类：神经性厌食症和神经性贪食症。“厌食”一词是指食欲不振，“神经性”则表明这种食欲不振是情绪导致的。用“厌食”这个词有些不太贴切，因为大多数神经性厌食症的患者都没有失去食欲或对食物的兴趣。相反，大多数患者在挨饿的同时都在关注食物：他们可能经常读食谱，也可能为家人烹饪美食。神经性贪食症表现为快速摄入大量食物，并且为了阻止体重增加，伴随有补偿行为，如催吐、禁食或过量运动。

神经性厌食症最有可能发生在15—19岁，易患神经性贪食症的是20—24岁的年轻女性（布彻等，2015，第217页）。和男性相比，女性的患病比例更高。

二、病因

（1）生物因素。神经性厌食症和神经性贪食症都受到家庭遗传因素的影响。患有进食障碍的女性的直系亲属得神经性厌食症或神经性贪食症的概率较大。患有神经性厌食症的男性的直系亲属比未患病男性的亲属有更大的风险患神经性厌食症。

（2）社会因素。在崇尚苗条的社会里，对瘦的追求所形成的压力是非常大的，大多数患有神经性厌食症的年轻女性正是来自这样的社会背景中。

（3）心理因素。对自己评价消极或者经常有负面情绪的人更容易患饮食类相关障碍。当人们心情很糟的时候，会倾向于自我批判，更加关注缺陷和短处，放大缺点和不足。而消极的自我评价更让人以扭曲的方式思考和加工来自环境的信息，让自己感觉更糟糕。纵向研究证实，抑郁和一般的负面情绪可以成功地预测随后很高饮饥食类相关障碍风险。此外也有证据显示，负面情绪在暴饮暴食上起了一定的作用（布彻等，2015，第225页）。

三、干预

神经性厌食症和神经性贪食症以心理治疗为主，同时结合药物治疗和营养支持治疗。对于神经性厌食症患者，药物治疗不能明显增加患者的体重或改善其病理心理，因此单独使用药物治疗是不合适的，在改变患者的进食态度和行为上必须配合心理干预；对神经性贪食症的治疗包括营养状况的恢复、药物治疗及综合心理治疗，常用的心理治疗有认知行为疗法、家庭疗法以及精神分析疗法（潘光花，2015）。

在心理治疗方面，认知行为疗法被认为是最有效、最标准的方法。认知行为疗法旨在消除异常进食行为，消除致病的心理因素及有关负性因素。首先，向患者说明治疗的意义、程序，取得患者的合作。然后，与患者一起制订治疗计划，按照行为纠正的难易程度划分等级，从比较容易的开始。如果患者能按要求、按计划进食，完成规定的治疗任务，则给予鼓励、表扬，结合患者的个人愿望给予一定的物质奖励。在整个治疗过程中，强化目标逐渐提高，从易到难（丁树明等，2001）。

第十节　性心理障碍

一、概述

性心理障碍（sexual disorder）有两种类型：性欲倒错（paraphilias）和性功能障碍（sexual dysfunction）。性欲倒错曾被称为性变态（sexual divation），其特征是引起性唤醒的性对象或性情形不属于正常的性唤醒行为模式，视其程度而定，可能妨碍相爱人之间的正常性行为。性功能障碍的特征是性欲压抑或以性反应周期异常为特征的心理生理变化。

二、病因

（1）生物因素。性心理障碍和神经系统有分不开的关系。性欲倒错可能与神经递质的功能失调有关。有证据表明，性欲倒错伴随有5-羟色胺新陈代谢变化。

（2）心理因素。行为主义倾向于用经典条件反射来解释性心理障碍。在这种条件反射中，性感受与羞愧、厌恶、对发现的恐惧，特别是与对可能失败的焦虑联结在一起。如果性功能障碍来自错误的学习，那么性唤起就会与焦虑联系在一起。

（3）社会因素。小时候遭遇过性虐待或者性骚扰的人长大后更容易出现性心理障碍。糟糕的家庭环境、童年的创伤性事件也会影响儿童对性的看法，可能导致性心理障碍的出现。

三、干预

针对性心理障碍进行心理治疗时多采用行为疗法（如厌恶疗法）。治疗性功能障碍时，首先应排除器质性原因，接下来重要的是医生应克服同病人谈性问题时的羞怯，语言上应恰如其分，详细了解病人的一般情况、个人史及性问题的既往史。在很多情况下给予一般性的分析和指导。

本章摘要

心理障碍的形成不仅有心理因素，更有生理因素和社会因素。常见的社会因素为社会文化与规范、各类生活事件等，心理因素主要涉及人们的认知过程、气质、性格等，生理因素包括内分泌的变化和大脑部分区域的变化等。治疗师在分析病因时，不仅要重视心理因素、社会因素的影响，还要了解生理方面的原因。目前人们对心理障碍的认识还不完善，其诊断标准和类别更是随着时代的进步而不停地进行修正。我们只有正确充分地认识这些障碍，才能更好地维护来访者的身心健康。

复习思考题

1. 简述你对心理障碍的理解。
2. 简述焦虑障碍的临床类型和病因。
3. 简述强迫症的临床表现。
4. 查找资料，了解有关神经性厌食症和神经性贪食症的研究并加以分析。

推荐参考书

1. 阿洛伊，雷斯金德，玛诺斯.（2005）.变态心理学（汤震宇，邱鹤飞，杨茜译）.上海：上海社会科学院出版社.

2. 美国精神医学学会.（2014）.精神障碍诊断与统计手册（第5版）.北京：北京大学出版社.

3. 钱铭怡.（2006）.变态心理学.北京：北京大学出版社.

4. 王建平，张宁，王玉龙，朱雅雯.（2018）.变态心理学.北京：中国人民大学出版社.

参考文献

1. 布彻，米内卡，霍利.（2015）.变态心理学（王建平等译）.北京：机械工业出版社.

2. 车文博.（2001）.心理咨询大百科全书.杭州：浙江科学技术出版社.

3. 丁树明，胡赤怡.（2001）.神经性厌食症及神经性贪食症的认知行为治疗分析.健康心理学杂志，9（3），204–205.

4. 费立鹏，沈其杰，郑延平，赵靖平，蒋少艾，王立伟，汪向东.（1991）.“家庭亲密度和适应性量表”和“家庭环境量表”的初步评价——正常家庭与精神分裂症家庭成员对照研究.中国心理卫生杂志，5（5），198–202.

5. 蒋小娟，赵利云，程灶火，刘新民，杨碧秀.（2013）.儿童和青少年心理障碍与家庭教养方式的关联研究.中国临床心理学杂志，21（5），800–803.

6. 林崇德，杨治良，黄希庭.（2003）.心理学大辞典.上海：上海教育出版社.

7. 刘兴华，韩开雷，徐慰.（2011）.以正念为基础的认知行为疗法对强迫症患者的效果.中国心理卫生杂志，25（12），915–920.

8. 潘光花.（2015）.神经性厌食症与贪食症心理社会机制及干预.中国社会医学杂志，32（5），387–389.

第三编
临床会谈

第八章　临床会谈的准备

引　言

临床会谈涉及一种职业关系的建立和维持，临床会谈的质量必然对来访者和咨询者产生一定的影响。临床会谈是严肃的。临床会谈具有专业性和组织性。本章从临床会谈的环境要求和来访者的心理出发，详细阐述临床会谈中咨询者本人的环境准备、会谈室的物质准备以及咨询者及来访者对心理咨询过程的心理准备，同时对临床会谈中如何接待来访者进行比较详细的介绍。

第一节　临床会谈概述

一、临床会谈的定义

会谈（interview）又称会话或面谈，指两个或两个以上的个体进行信息交流，如商场上的业务洽谈、政治上的谈判、朋友相聚的畅谈、人们之间的日常交谈等。会谈是互动式的。在心理咨询与治疗中，临床会谈（clinical interview）具有一般会谈的特点，但临床会谈是很有影响力的活动，它既可以产生积极的治疗效果，也可以产生消极结果和痛苦经验，因而更强调技能和实践经验，与一般的会谈存在较大的差别。临床会谈的独特之处在于：（1）会谈双方的角色是明确的，咨询者是提供帮助的一方，来访者是接受帮助的一方；（2）它是在双方共同建立的特定情境当中进行的；（3）围绕的话题是来访者的求询问题；（4）整个谈话过程是有目的、有规律、有控制地进行的（李正云，2002，第103页）。可以说，临床会谈是心理咨询与治疗的基本形式和手段，心理咨询与治疗就是由一次或多次临床会谈组成的，通过临床会谈减轻或消除来访者的心理障碍或心理疾病。

关于临床会谈的定义，波普（B.Pope）认为，临床会谈是发生在两个个体之间的对话式交流。马塔若佐（J. D. Matarazzo）进一步指出，临床会谈是达到预定目标的两个人或更多人之间的交流方式，这种交流是通过言语和非言语的形式进行的（钱铭怡，1994，第56页）。他们从不同的视角指出了临床会谈所具有的一些特征。

界定临床会谈的基本原则包括：（1）咨询者和来访者建立并保持一种职业关系；（2）咨询者使用主动倾听等技巧来理解来访者并与之沟通；（3）咨询者的意图可以是评估来访者，可以是帮助来访者减轻痛苦，也可以是评估与帮助的某种结合（在理论上，评估先于帮助）；（4）咨询者的行为可能因咨询者计划达到的目标不同而有很大的差别。理想的情况是，咨询者和来访者初期就在面谈目标上相互一致。从以上原则出发，标准的临床会谈的定义是：临床会谈涉及一种职业关系的建立与维持，在这种关系中，专业的咨询者主动倾听来访者，力图评估和理解来访者的问题，在适当的情况下，把自己作为改变的工具使来访者的个人痛苦减轻或消除。咨询者和来访者互动的质与量主要取决于双方认同的目标（R.萨默斯-弗拉纳根，J.萨默斯-弗拉纳根，2001，第19页）。

综合以上观点，临床会谈是在心理咨询这种职业性的人际关系中，咨询者和来访者之间通过言语和非言语方式进行沟通并相互影响的过程。主要过程为来访者感到心理不适，主动上门求助咨询者，咨询者通过倾听等技术来理解来访者的内心世界，进而做出评估并提供有效帮助，使来访者减轻或消除痛苦。与此同时，来访者为这种服务付出相应的酬金。

临床会谈比一般的会谈复杂得多，不仅需要交流信息，还需要会谈双方保持一种具有特殊距离的人际关系，咨询者要具有敏感性、洞察力以及丰富的临床经验，因此，临床会谈是高度专业化的工作。有效的临床会谈是一门艺术和科学，包含许多知识、技能和实际经验，需要专业工作者付出许多努力。在下面的内容中，如果没有特别的说明，“会谈”指的是临床会谈。

二、会谈的作用

心理咨询由一次次的会谈组成，每次会谈都有特定的目标，不同目标的会谈可能有不同的作用。会谈的作用主要表现在五个方面：收集资料、心理评估、心理测验、心理咨询与治疗、建立咨访关系。

（一）收集资料

咨询者在与来访者见面之前，对来访者的情况并不了解，咨询者要想对来访者有所帮助，就必须在会谈中做好收集来访者资料的工作，这是进行评估和咨询的前奏。通过与来访者会谈，咨询者会收集到大量的关于来访者的个人资料、基本信息，对来访者的问题有大致的了解。

咨询者收集的资料通常包括：（1）基本资料，含姓名、年龄、学历、职业等；（2）主诉问题，即来访者认为自己有何症状，问题如何等；（3）家庭背景，指家庭成员的姓名、年龄和职业，有无重要家族事件，紧急联络人的电话、地址等；（4）成长史，即从小到大的经历中有无影响身心变化的重要事件；（5）医疗史，即有没有看过心理医生并接受专业治疗，结果如何，是否为转介等；（6）心理健康状况，即询问来访者并观察来访者的形态、表情、举止、言语表达、思维方式等，判断有无异常（林家兴，王丽文，2003）。

初次会谈需要了解来访者十个方面的重要信息：（1）关于来访者身份的信息；（2）总体外观印象和行为；（3）与现在问题有关的往事；（4）以往的精神病史或心理咨询史；（5）教育和工作背景；（6）健康和医疗史；（7）社会或成长史；（8）家庭、婚姻和性方面的历史；（9）对来访者沟通模式的评估；（10）精神状况，诊断结果总结（科米尔，纽瑞尔斯，2004）。当然，并非对所有的求助者都需要上面提到的信息，咨询者可根据具体情况调整。

（二）心理评估

心理评估是指咨询者对来访者的问题进行分析和解释，包括对来访者问题原因的解释，这些问题是如何随着时间发展的，心理失调的程度，心理咨询与治疗的步骤，成功解决问题的可能性，等等。在会谈的过程中，咨询者通过掌握来访者的基本信息、倾听来访者对症状的描述，初步探索来访者痛苦的原因，在此基础上进行系统的分析和总结，确定来访者的问题及其程度，判断来访者是否适合接受心理咨询，适宜采取哪一种咨询模式等，这就是心理评估。总的来说，心理评估的目的在于确定来访者目前行为与生活中的问题。只有比较清楚地确定来访者的问题行为，咨询者和来访者才能清楚地建立咨询的目标，并确定相应的咨询方式。可以说，心理评估从第一次会谈就开始了，并在整个咨询阶段继续下去。

（三）心理测验

在会谈中，必要时咨询者可以借助心理测验或问卷来了解来访者，以做出更准确的评估。实际上，心理测验是会谈的一种特殊形式。在测验情况下，很多情景都是规定的，或者说会谈情境的组织性、标准化程度很高。来访者需要用一定的方式，比如按规定顺序回答问题或做出相应的反应等。因此，心理测验也是观察来访者行为的特殊情境。

（四）心理咨询与治疗

心理咨询与治疗的最终目的就是帮助来访者发生认知或行为改变，减轻或解除痛苦。心理咨询与治疗的过程由一次次的会谈组成，每次咨询与治疗的过程都离不开会谈。在会谈中，咨询者要运用不同的心理咨询与治疗的理论、方法和技术促进来访者认识自己的问题、宣泄不良情绪、学习自己解决问题、强化自我改变的动机，促使来访者发生改变。因此，会谈本身具有心理咨询与治疗的功能。

（五）建立咨询关系

良好的咨询关系是心理治疗的重要条件。咨询关系的建立、发展和维持是在会谈中动态发展的，在初次会谈时就需要注意与来访者建立良好的咨询关系，在随后的会谈中仍需要发展并维持与来访者的这种关系。每次会谈的顺利进行有助于咨访双方建立相互信任、相互理解、相互合作的咨询关系。

第二节　会谈的环境准备

临床会谈不同于日常生活会谈。日常生活中的会谈对谈话场合、地点、时间、周围环境、交谈对象等都没有严格的要求，环境因素对会谈的影响也不大。但在临床会谈中，来访者较其他人更容易关注此时此地的细节，环境的影响显得突出。同时，临床会谈需要营造一种治疗气氛，使处于这种氛围中的来访者主动与咨询者一起参与治疗过程，寻求解决问题、促进成长的方法。良好的环境有助于这种治疗气氛的形成。

具体来说，在客观环境方面，咨询者需要做好本人和会谈室等方面的环境准备。

一、咨询者本人的环境

当咨询者和来访者坐在一起谈话时，咨询者可能是影响来访者行为的最重要的环境因素（R.萨默斯－弗拉纳根，J.萨默斯－弗拉纳根，2001，第41页）。因此，咨询者本人的环境必须重视。咨询者本人的环境主要是指咨询者的外观特征与头衔，而外观特征指咨询者的穿着打扮、发型等。

（一）穿着打扮

第一次见面时，来访者通常对咨询者的穿着打扮进行评价并很快会形成第一印象，第一印象在咨询过程中容易产生积极或消极作用。因此，会谈时的穿着并非无关紧要，它总会引起相应的反应（R.萨默斯－弗拉纳根，J.萨默斯－弗拉纳根，2001，第54页）。

目前，对咨询者的穿着尚无统一的标准，不同的机构可能会有不同的要求。例如，有的医疗机构要求治疗师和其他医疗人员一样穿白袍，有的机构则没有任何规定。咨询者的穿着，原则上要比来访者稍微正式一些，且穿着与打扮原则上不宜变化太大（林家兴，王丽文，2003）。有人认为，在非常了解你的外表会有什么样的影响之前，最好穿得保守一些，使得穿着打扮成为有用的信息来源，帮助发展默契、信任和咨询的可靠性（R.萨默斯－弗拉纳根，J.萨默斯－弗拉纳根，2001，第55页）。

一般而言，咨询者的衣着不宜过于鲜艳。鲜艳的色彩有运动感和扩张感，会使来访者感到不安，甚至产生恐惧、焦虑等情绪，容易使来访者的注意力转向咨询者的衣着而非会谈，影响会谈的效果。如果来访者对这种色彩反感，会谈的效果会更差。另外，人们一般将衣着艳丽的人评价为轻浮、不稳重、不可靠。对来访者来说，可能对咨询者产生不信任感（郑希付，2003，第96页）。另外，衣着不宜色彩过深，如黑色、蓝色等，因为蓝色、青色属冷色调，使人看后有寒冷感，黑色给人凝重感，使人难以接近，容易加剧来访者的不安和拘谨，影响会谈时的气氛。

通常，建议咨询者穿中性色彩、偏保守款式的衣服。同时，注意保持衣着整洁，打扮大方得体，不宜过于突出。男性咨询者戴耳环、扎马尾辫或戴粗大的金项链和戒指，女性咨询者戴硕大的耳环、多个戒指、珠光宝气的项链，穿花哨的服装、背心、汗衫、紧身运动衣和拖鞋等都是不适宜的。

（二）发型

关于咨询者的发型对来访者的影响，人们的研究极少。哪一种发型会给来访者留下好的印象，有利于心理咨询与治疗，尚没有明确的结论。但有一点基本是肯定的，咨询者的发型不应过于突出，如光头或极短的头发、过长的头发、奇异的发型、染成五颜六色的发型或过于发亮（由于使用发胶）等。这些发型可能使你风格独特，与众不同，但在心理咨询过程中，容易产生不良的影响。有人认为发型会影响人的个性，具有不同发型的人有不同的行为方式，发型怪异的人，其行为方式也与众不同。有人认为，发型与众不同的人的行为肯定难以捉摸。因此，人们一般不太愿意接近有奇异发型的人，且往往对他们的看法不佳，不信任他们。同时，奇异、突出的发型会分散人的注意力（郑希付，2003，第96页）。总之，咨询者的发型应是趋向于大众化的。

（三）专家身份

看病时，人们更愿意找专家治疗，更容易相信专家的话，即使专家与一个非专家的治疗程序、治疗用药完全相同，也往往是专家的治疗效果更好，这是一种专家身份的效应。对于心理咨询，也需要利用这种效应。如果在咨询室的门上、墙上或桌子上有咨询者的专业身份的标志，如训练背景、专业证书或执照、专业著作、荣誉称号等，那么，来访者看到后首先就对咨询者产生信任感、权威感，而这种感觉对咨询是很有效的。

介绍自己也是展示专家身份的一种方式。建议新手咨询者应清楚肯定地告诉来访者全名和所接受的训练，如“我叫某某，毕业于临床心理学专业”或者“我曾经参加过高级咨询培训课程”。林家兴等（2003）建议，治疗师可以根据自己的专业背景与机构性质，选择称呼自己为“心理师”“咨询师”或“辅导老师”。除了上述两种观点外，咨询者还要考虑来访者的身份和接受性，在学校心理咨询中选择称呼自己为“心理老师”比较合适。此外，在介绍自己时应始终是诚实和直率的，不能夸大学历来表现自己。如果觉得经验不多或资历不够，咨询者可以通过一种合适的方式告诉来访者，如“我正在某某大学主修心理咨询与治疗专业，我的导师是临床心理学专家，我会努力使会谈尽可能专业和符合伦理”。

（四）外形魅力

外形魅力主要指咨询者的外观特征，包括外貌、举止、体形、身高和肤色等，它在咨询的初期阶段通常发挥很大作用。扎拉特罗（S. Zlotlow）和艾伦（K. Allen）指出，一个具有身体魅力的咨询者可能会在与来访者建立咨访关系时有一个良好的开端（这是由于人们对长相漂亮的人的固定习惯）。哈里斯（S. M. Harris）和巴斯比（D. M. Busby）对自愿参加研究的大学生（大多数为白人）进行的研究发现，无论是男性还是女性被试，都更愿意向外表更有魅力的女性治疗师表露自己的问题（科米尔，纽瑞尔斯，2004，第135页）。

身体魅力也是一种“地位因素”，被人们认为具有更多身体魅力的人，也具有更多的特权。鲁滨逊（P. Robinson）和霍华德（G. Howard）发现，体格健全者具有更多的权利，而那些躯体残疾者却常常体验到相当的寂寞。肤色也伴有权利和地位，浅肤色的人常常被视为更理想、更有权利（科米尔，纽瑞尔斯，2004，第135页）。国外有研究表明，如果咨询者要影响一个来访者，其自身必须让对方看起来配得上做一个影响他人的人（钱铭怡，1994，第62页）。因此，在咨询初期，咨询者可通过得体的打扮、良好的气质和风度、恰当的非言语及言语行为，如身体前倾、微笑点头、适度的自我暴露等行为来增强来访者对咨询者的认同感，并强化咨访关系。

二、会谈环境

会谈室也称咨询室或治疗室。尽管咨询者可能是影响来访者行为最为重要的因素，但是会谈环境的影响不能忽视。著名行为主义心理学家斯金纳认为，必须重视环境对有机体的作用，环境不仅有其刺激或鞭策作用，而且还在有机体做出选择和反应的前后起作用，使行为因为结果得以塑造和保持。因此，我们不能低估会谈环境的重要性。

会谈环境应具有适度唤醒水平，以使来访者感到舒适、轻松，从而能够探索自己的问题及自我暴露。若来访者对环境的反应是低度警觉和中等愉悦，则说明会谈环境的唤醒水平是适度的。若来访者觉得太过舒服或不够舒适，则表明环境的唤醒水平较低或较高，那样会抑制来访者探讨问题的愿望，甚至会让来访者出现过度应激反应。这时应当考虑通过家具、色彩、光线等来调控环境唤醒水平。

国外有研究指出，在那些对咨询起推动或妨碍作用最为重要的因素中，咨询场所也是其中之一，并认为最好的咨询地点是在室内而非户外（陈立人，史春宜，2004，第259页）。尽管也有室外进行的例外（如行为治疗师有时会把来访者带到能引发他们焦虑的情境中去，进行系统脱敏治疗），我们仍建议心理咨询应在专门为会谈设计的房间里进行。这样，房间的私密性、大小、色彩、照明、气温、布置、座位安排等都是需要注意的环境因素。

（一）房间的私密性

房间的私密性主要是指在会谈中需要提供一个不被外界打扰、与来访者的私人信息的交流不会为外人知晓的场所。私密性是成功会谈的中心条件之一，只有提供一个稳定、一致性高的安全环境，才能让来访者产生信任感和树立信心，帮助来访者集中注意力探索和整理内心世界。私密性也会直接影响到来访者是否乐意光临。私密性可以通过选择合适的地理位置、室内隔音、窗帘遮掩等外部条件来满足。一般来说，房间的地理位置应选择外部环境幽静、风景秀丽、方便出入的地方，避开人声喧哗的场所，如音乐室、体育场等，也应与办公室、教学区等有一定的距离，最好是独立的与隔音的结构，既方便来访者出入，又保障来访者接受咨询时与其他人分隔开的需求，避免被他人观察到。

不被打扰也是私密性的重要内容，咨询者应将被打扰和分心的可能性降至最小。本杰明（B. H. Benjamin）认为外界的干扰只会起阻碍作用。电话声、敲门声，想和你说“就一句话”的人、必须“马上”让你在文件上签字的秘书，可能会在数秒内摧毁你和你的来访者经过很长时间努力才取得的成效。在咨询室的门上设置写有“请勿打扰”或“正在咨询”的牌子，关闭手机或把手机设置成静音，配备带窗帘的窗户、有隔音效果的墙壁和门，避免来访者的座位朝向门窗方向等，这些防范可以降低被打扰的各种可能性。

（二）房间的大小、设施

房间的大小会影响来访者的表现，包括言语行为和非言语行为。房间过大会影响来访者的自我暴露，来访者似乎不愿意说出关于自己的信息，好像周围还有其他人在场一样。房间过小会减少或限制来访者的言语或行为表现，还会使来访者觉得沉闷、压抑甚至恐惧。因此，咨询室的大小应适中，但具体的尺寸还有待进一步的研究。

房间的设施要软硬适中。如果房间中的设施尤其是座椅等都是用木材或水泥类的东西制成的，会使人有“硬”的感觉，在这样的环境中会谈，气氛不太好，易产生消极的情绪；而在较“软”的房间中，来访者会产生温暖的感觉，有利于来访者袒露其内心（郑希付，2003，第98页）。一般而言，房间设施应软硬搭配，基本设施可包括资料柜、软沙发、茶几、专家身份标志、电话、纸巾、音响设备、时钟、饮水机及纸杯、可调光的壁灯、空调、方便来访者阅读的书架、可供观赏的绿色植物、展示咨询者接受训练的证书及专著、电脑、电视等。

（三）室内摆设

房间的家具摆放应遵循温馨、自然、和谐、整洁的原则，营造一种舒适的气氛，做到整齐而规范。通常，咨询者的证书等挂在容易注意到的墙上，使来访者一进门就可以看到。时钟应挂在咨询者稍抬头就可以看到的墙上，以免因起身看时间而引起来访者的不安。资料柜摆放在一侧靠墙便于咨询者取放的地方，咨询时使用的各类记录和文件资料都应妥善保管在资料柜中，如咨询记录簿、收发公文单、会议记录本、案例集、咨询计划方案、知情同意书等，资料柜在不需使用时要上锁。会谈室要有供咨询者和来访者坐的椅子或沙发。来访者的座位不宜背对房间门，选择背靠墙壁位置较好，与咨询者的位置形成直角，中间用茶几隔开。书架和饮水机摆在方便来访者使用的地方，还可在墙角处摆一些绿色植物作为点缀，墙壁上挂几幅流畅宁静的风景画，使整个会谈室显得安全舒适。

林家兴等（2003）认为，尽管咨询者可以自由布置会谈室来反映自己的咨询风格，包括灯光、油漆和装饰品的选择，但不宜放置太过于私人的物品。他们建议会谈室的布置把握简单模糊和固定两个原则。简单模糊是指咨询者可以提供一个方便来访者投射内心世界的空间；固定原则指室内设施布置大致固定后不要任意更改，经常更改会增加咨询过程中的变量或干扰。

（四）房间的色彩、光线

房间的色彩搭配也是要考虑的环境因素。因为不同的颜色以不同的波长通过视神经作用于大脑而引起人们的心理反应，能影响人的各种动机和行为，与人的情绪和心理健康有着密切的关系。实验证明：人看到黄色，就会联想到阳光和火焰，从而感到温暖、快乐；看到蓝色和青绿色，就会联想到海水、天空和绿荫，从而感到清新、凉爽；白色使人感到雅静，红色、紫色容易让人激动和烦躁。另外，颜色有冷暖、明暗之分。明暗或冷暖度相差较大的许多颜色掺杂在一起时，容易使人疲劳，同时，暖色比冷色更易于使人疲劳（郑希付，

2003，第98页）。因此，会谈室的颜色应该合理搭配，给来访者温暖舒适感，并具有适度的唤醒水平。

会谈室一般选用几种颜色搭配的暖色调的沙发，如橙黄色。这样的色彩会对来访者的大脑产生轻微的刺激作用，使大脑处于兴奋状态，能调动他们的情绪，同时又产生温暖的感觉。也可采用浅绿色，使会谈室显得宁静清凉，让来访者感觉轻松自然，缓和紧张感。窗帘的颜色可选用土黄色，有条件的话可做成几层不同颜色的窗帘，对不同的来访者用不同颜色的窗帘。咨询室顶棚宜选择浅色系如米白色，而墙面选择另一种比顶棚略深的色系如浅绿色，地面材料的颜色要比墙面再深一些，如浅褐色，使空间由地到顶有梯度感（张富洪，2005）。会谈室的光线也会影响来访者的行为和感受。通常，在极弱的光线下人们情绪沉闷，会产生恐惧、焦虑的情绪，使人们之间的沟通出现困难，这对陌生人之间的会谈来说更是如此，而且低照明条件下也会使环境显得暧昧。因此，会谈室不宜使用弱光线，否则会使来访者出现戒备、防卫、抗拒等。但过强的光线又会使人不安，特别是光线直射来访者时，常会引起其不自然的感受，甚至反感（郑希付，2003，第98页）。所以，我们认为房间的光线宜选用柔和的暖色，营造一种温暖、亲切、自然的气氛，最好选用可以调节颜色和控制光线明暗的调色灯以满足不同来访者的心理需要，同时灯光不应正对着来访者的位置。

（五）房间的温度

温度与人的情绪有密切关系。高温能引起人的狂暴情绪和过激行为，因为高温的环境不利于通过热传导来降低体温，容易引起生理功能紊乱，影响人体热平衡，使体温升高，情绪不稳定，容易冲动，而且神经反应速度减慢，反应迟钝。据联邦德国的研究，每到热天，该国的暴力事件发生率和精神病发病率远高于平时。美国学者认为，人们在高温环境下的异常反应是由于干热风刮走了空气里的负离子，而空气中的这种负离子可以改善人脑的机能和情绪。和高温一样，低温同样对人们的生理心理产生重大影响。严寒的冬季会使人精神抑郁。早在20世纪初，德国一位精神病学者就发现了一种与寒冬有关的精神障碍，命名为“冬季抑郁症”。每当寒冬降临，冰封大地时，许多人就抑郁沉闷，无精打采，注意力分散，工作效率明显下降（郑希付，2003，第98页）。而会谈室气温过高会使来访者产生紧张、烦躁、焦虑情绪，同时气温过高会影响人们的思路，分散其注意力；气温也不能过低，否则会使来访者感到冷气逼人，难以忍受。所以，会谈室的温度应加以控制，一般控制在25 ℃左右比较适宜。

（六）座位安排

座位的安排也跟咨询者的理论取向和个人风格有关。一些人认为应面对面地坐，一些人则认为呈直角坐比较好，还有人认为两人应保持90°~120° 的角度，这样咨询者和来访者可以非常自然地转换视线，不用总看着对方。经典的精神分析治疗师一般让来访者躺在沙发上，而自己坐在来访者背后，不让他看见。无论如何安排座位，我们应寻找让来访者感到舒适与让咨询者觉得自然的最佳结合点。

座位安排要处理好咨询者和来访者的空间距离、角度，双方之间有无障碍物的问题等。

1. 咨询者和来访者的空间距离

咨询者和来访者之间距离多远，目前没有较明确的结论。在咨询者和来访者之间保持三四英尺[①]的距离是最有效且引起焦虑最少的距离，距离过近会抑制来访者的言语表达；女性一般要比男性更能容忍个人空间的减少；烦恼的来访者要求较大的相互距离；年轻人和老年人更愿意在近距离交流（科米尔，纽瑞尔斯等，2004，第60页）。空间距离在不同文化的群体中存在差异，因而并不存在普遍适用的空间距离。在我国，有人认为咨询者和来访者的人际距离在0.8米左右，适于心理沟通而又不至于让对方觉得太近或太远（李正云，2002，第125页）。也有人认为，与来访者会谈时，保持正常社交距离1.5米左右（郭念锋，2005，第1页）。我们认为，咨询者和来访者的空间距离保持在1米左右比较适宜，太远会使来访者产生隔阂、陌生感，太近会使来访者有被侵犯的感觉，甚至会激起来访者的防御机制。

2. 咨询者和来访者之间的角度

关于咨询者和来访者之间的角度尚没有定论。第一次会谈时咨询者和来访者之间宜呈90° ~150° 坐着，这样可以避免视线的平行直视，同时又各有自己的空间，没有互相侵犯的感觉。如果面对面地坐着，咨询者和来访者几乎总是水平对视，会使来访者产生紧张情绪，出现脸红、出汗、手足无措等情形。此

① 1英尺 = 0.304 8米。

外，背对背地坐着也是一种不好的方式，这会使会谈神秘化，同时降低了来访者对咨询者的信任，产生一种心理上潜在的“对立”，阻碍咨访关系的建立（R.萨默斯－弗拉纳根，J.萨默斯－弗拉纳根，2001，第47页）。

3. 咨询者和来访者之间的障碍物

具有某些文化背景的咨询者不喜欢在主客座位之间摆放桌子或其他物体，但许多来访者喜欢有一张桌子，以产生保护空间或“身体缓冲区”。本杰明认为，两把相同的、舒适的椅子呈90°比较近地摆放着，再加上一张小桌子，这样的摆设比较合适。这样，来访者可以看着咨询者，也可以看着前面而不会妨碍视线，放在旁边的桌子在需要时可以发挥它的功能，不需要时也不会妨碍任何人（科米尔，纽瑞尔斯，2004，第60页）。在咨询者和来访者的座位之间一般应放置一张带抽屉的茶几，茶几上可以摆放咨询者身份标志牌、纸巾盒、水杯及小工艺品，茶几宜采用圆角的，以显示来访者和咨询者是平等的，营造和睦的交谈气氛。另外，茶几大小及高度应与沙发的大小及座位高度相匹配，太高或太矮、太大或太小、过于华丽的茶几都是不合适的，会让人产生心理阻碍。

三、环境准备的注意事项

良好的会谈环境可使来访者形成一种对咨询机构、咨询者的信任感，这种信任感的产生便是会谈好的开端的重要方面。在进行环境的准备时应注意以下几点。

（一）咨询机构的合法性

要让来访者了解到，咨询机构是合法的，是经过一定的手续得到国家有关部门审批的，有关部门还对此机构发放相应的证书或执照。这些信息会使来访者对咨询机构产生信任感。而且，心理咨询的道德原则也规定，咨询者如果服务于无任何审批手续的机构是不道德的。

（二）咨询者的专业性

咨询者必须是受过专门训练的，咨询者的挂牌咨询是极为重要的。要让来访者明确，咨询者在从事此工作之前接受过相应的正规训练，使他们感受到咨询者有咨询的能力和经验。咨询者的角色和权威本身就具有一定的治疗作用。

（三）环境布置的科学性

环境的布置要遵循科学性，体现专业性。来访者首次接触到的环境是严肃的，咨询机构的各种设施都是经过专门设计的，让来访者感觉到这个地方既不神秘又绝非儿戏。咨询者有严格的工作方式，准时开始，按时结束。一般而言，一次会谈大约50分钟，但在一些紧急情况下，会谈的时间可以灵活处理。例如，沃勒斯海姆（J. P. Wollersheim）等人强调，对有自杀倾向的来访者的会谈应是时间短但次数多一些。接待员的接待也应按照严格的程序进行，使来访者感到，这里确实在进行着科学的咨询工作。

（四）环境的可控制性

不管环境的准备如何，作为咨询者要能控制整个会谈的环境，能够妥善处理来访者提出的更换会谈地点、时间等不合理要求，保持自己对环境和会谈的可控制性。

第三节 会谈的心理准备

一、心理准备的作用

无论是咨询者还是来访者，都需要对心理咨询有一定的心理准备，而心理准备的建立关键在咨询者。咨询者在会谈前必须对来访者的求助有心理准备，在会谈时则要通过一些方法帮助来访者做好对心理咨询的准备。通过心理准备，咨询者可以做好下面几点。

（一）增强自我意识水平

高水平的自我意识（而不是自我关注）是一种积极的人格特质，也是咨询者应该具备的重要特点。自我意识包括躯体自我意识、心理社会自我意识、发展性自我意识、文化自我意识等。躯体自我意识包括对自己的音质、身体语言及自我的其他躯体方面的意识。心理社会自我意识是指个人如何看待自己与他人的关系，即社会自我。发展性自我意识指的是对显著影响个人发展的具体事件的意识。文化自我意识是对自己所属的民族、国家或种族的文化、宗教、政治等的自我意识。有能力的面谈者必须拥有高水平的自我意识（R.萨默斯–弗拉纳根，J.萨默斯–弗拉纳根，2001，第32页）。对咨询者来说，应对自己在咨询过程中的思想、情感和期望有客观的自我意识，具有较高的自我接受能力；应意识到每个来访者是独特的个体，带着各种不同程度的心理问题而来；应意识到自己并非完全健康、没有丝毫创伤，来访者向我们揭开伤口时，我们要承担起治疗这些创痛的责任，也让来访者明确他的责任；应意识到我们在技术上并非完美无缺；等等。如果咨询者在会谈前就对这些有良好的自我意识，心理上做好了准备，就不会在会见来访者时出现过度的焦虑与担心，也会有意识地提高技术，积累实践经验，建立自己的咨询风格。

（二）应对来访者的紧张焦虑

由于心理咨询在我国发展的历史很短，人们对心理咨询还没有完全接受，当来访者带着心理困扰来寻求帮助时，心里往往带有一定程度的紧张和焦虑。大多数人在不熟悉的环境中，都会有某种程度的不安，对来访者来说更是如此，因为他们还要在这样的环境中暴露自己，焦虑、烦恼、紧张可能使他们失去常态。这样，他们可能以某种事先想好的方式出现在会谈中，而不是表现出自己的真正面目。这时，咨询者需要抽出一定的时间，用温暖的语调、亲切和让人信任的态度向来访者做有关心理咨询方面的介绍，减轻或消除来访者的紧张、焦虑和对整个心理咨询过程的疑虑。奥德菲尔德（S. Oldfield）的研究表明，来访者对咨询者的态度非常关心，在这方面，不同来访者的反应极其一致（钱铭怡，1994，第61页）。来访者通常期望咨询者是安全而可信任的、聪明而有洞察力的、诚实而客观的，具有能察觉各种体验的能力，始终保持温暖而亲切的态度（钱铭怡，1994，第61页）。良好的心理准备可以使咨询者对来访者的紧张、焦虑做到临阵不乱、训练有素。

（三）唤醒来访者的咨询动机

来访者的咨询动机对心理咨询的过程及效果有着极大的影响。门德尔松（Mendelsohn）对来访者和有问题而没有主动来寻求帮助的人进行了研究，发现两组个体在病理上并没有什么区别，区别主要在个性特征上，那些前来咨询的人往往有改变自己行为的动机（郑希付，2003，第100页）。

有研究者发现，主动的求助动机影响来访者在各方面的表现，主要表现为：（1）这样的来访者能很好地与咨询者配合，乐于听取咨询者的建议；（2）他们往往具有改变自己行为的强烈愿望并会为此做出极大的努力。对于主动求助的来访者，咨询者往往能在较短的时间内发现来访者行为的深层原因

（郑希付，2003，第100页）。

那些并非自愿、主动，而是迫于父母、老师、领导、配偶和朋友的督促和压力前来求助的来访者，他们对心理咨询缺乏必要的了解和信任，求助的动机不强，内心深处对咨询有抵触情绪。如果来访者的咨询动机未能得到及时唤醒，咨询过程则往往难以顺利进行，咨询的效果也不甚理想。实际上，无论是主动的来访者还是被动的来访者，如果缺乏咨询动机，都会对心理咨询产生一定的阻抗。因此，要想使咨询顺利进行并取得良好效果，就必须增强来访者的咨询动机，这也是心理准备的一个重要作用。

（四）削弱来访者的心理抗拒

动力定型理论告诉我们，自我一旦形成，往往不容易改变，对自我的否定必然会引起心理冲突与痛苦。一般而言，在心理咨询过程中来访者总会发生某种程度的变化，但成长的变化必然会伴随已有行为习惯的消除和新行为习惯的建立而带来的痛楚。例如，来访者需要建立新的信念和价值观，需要转变成为一个独立的人，需要承认自己在欺骗自己，等等。这种对先前自我的否定而带来的痛苦使得来访者不愿意改变，产生心理抗拒。另外，许多来访者对心理咨询有着不切实际的期望，希望毫不费力地发生奇迹式的变化，而自己不用做出任何努力。可见，在来访者身上存在着一种矛盾：一方面他们感到心理冲突和痛苦而要求改变，另一方面他们无意识地不愿意放弃和否定自我，对促进改变的建议不自觉地进行抵抗。作为咨询者，要让来访者意识到自己的非理性认识，帮助来访者建构合理的咨询期望，削弱他对自我改变的抗拒，使他在意识和无意识层面都愿意做出行为或习惯方面的改变。

二、心理准备的方法

对于咨询者而言，建构自己对会谈的心理准备是必备的素质之一，在成为临床工作者之前就应该训练有素，并在实践中提高这一素质。咨询者可运用以下方法使来访者对心理咨询过程有一个较好的心理准备。

（一）宣传

宣传是指服务机构或心理工作者通过各种渠道、各种形式定期向社会成员说明心理健康的重要性，并用浅显易懂的语言告诉人们心理咨询是什么，可达到什么目的，包括哪些具体环节等，目的是要让人们明确，在心理不适时寻求心理咨询与治疗是一种正常的事情，如同人在身体不适时需要医学治疗一样。广泛的宣传可以让人们对心理问题、心理障碍、心理疾病有所了解，认识到心理咨询与治疗并不是十分神秘的过程，心理疾病是可以预防、治疗的，这样来访者在心理上就建立了对心理咨询的一些比较科学的认识，也会促进人们接纳心理咨询与治疗。例如，学校心理咨询中心可以通过开设讲座、设立宣传报栏、散发小册子等进行广泛的宣传，帮助学生对心理咨询形成科学的认识。

（二）说明

说明是指运用通俗易懂的描述性语句让来访者更好地理解某些问题或获得所需要的信息。在实际工作中，由于心理咨询没有完全普及，大多数来访者对心理咨询了解甚少。因此，在咨询的开始阶段，即正式会谈前，咨询者往往需要抽出一些时间向来访者说明一些关于咨询的核心概念，以建立来访者对心理咨询的心理准备。说明描述的常常是以下内容之一：（1）咨询的过程；（2）某一症状的含义；（3）某种建议或治疗策略的实施。可见，说明是贯穿于心理咨询的各个阶段的。一般而言，在咨询的开始阶段，说明主要由以下内容组成：（1）咨询过程的简要介绍；（2）保密性及其限制；（3）本次会谈的目的（R.萨默斯-弗拉纳根，J.萨默斯-弗拉纳根，2001，第136页）。例如，当面对一个来自与你文化背景不同的来访者的第一次咨询时，你可以这样向他进行说明："我明白你是第一次来做心理咨询，可能并不清楚咨询过程中会发生些什么。我们要共同合作，一方面，我会努力去了解你和你的文化，并尊重和重视你的愿望和价值观。同时，我也会创造一种气氛，让你感到在这里可以安全地表达你的任何想法。另一方面，也需要你告诉我，你的想法和你希望从我这里得到什么帮助。"对于保密性及其限制的说明，下列对话可以作为参照（R.萨默斯-弗拉纳根，J.萨默斯-弗拉纳根，2001，第59页）。

咨询者：你以前听说过"保密性"这个词吗？

来访者：我想是的。

咨询者：好的，现在让我简短地说一下保密性对于咨询者的含义。基本上它是指你在这里说的话是保密的，只有你和我知道，我不能向其他人说出关于你的情况。但是，对于咨询者来说，保密性有一些局限性。举例来说，如果我从你那里得知了一些我认为会对你或其他人带来威胁的事，或者你讲到虐童事件，那么我就不能遵守保密性而必须将这种情况报告给有关部门。还有，如果你和我都认为有必要将你的情况告诉另一个人，比如医生，那么在得到你的书面许可后，我就可以将你的材料给这个人。虽然保密性有一些局限，但是基本上你说的话是保密的。你对保密性有什么问题吗？

（三）引导

引导是指咨询者通过言语或行为使来访者进入某个最佳治疗状态或接受某种安排。如在会谈的终止阶段，咨询者可以通过使用温暖而自在的语言来终止会谈，这就是一种引导。通常，来访者和咨询者见面后，并不直接进入咨询的实质阶段。为了让来访者的心理抵抗降到最低程度，咨询者可以通过温暖的行为、亲切的言语来进行引导，使来访者明确自己的权利和责任，乐意配合，消除紧张和焦虑。因此，引导也是让来访者有心理准备的一种有效方法。引导可分为角色引导和动机引导。

1. 角色引导

角色引导是指咨询者告诉来访者在咨询过程中双方各自的角色。对角色引导的大量研究表明，角色引导增加了咨询与治疗的有效性（R.萨默斯－弗拉纳根，J.萨默斯－弗拉纳根，2001，第194页）。角色引导一般应用于咨询的开始阶段，咨询者直接通过结构化的言语告诉来访者在咨询过程中双方的角色是怎样的，双方需要做些什么等，引导来访者明确在会谈中双方的角色和责任，澄清对心理咨询神秘化的认识。这样就可以快速进入正式会谈，同时来访者能够正确认识咨询过程，愿意付出努力来寻求改变、探索问题，而不是期望一次咨询就能达到神奇的治疗效果。

2. 动机引导

动机引导是指通过言语或行为激发咨询动机不强的来访者（包括那些被强迫而来的来访者）愿意以某种形式参与咨询的过程。对于那些被强迫而来的来访者，咨询者需要发挥灵活性、创造性，才能唤醒他们的咨询动机。对于一个心不在焉的来访者，咨询者是很难开展咨询的，因此，咨询者需要促使来访者以某种形式参与咨询。动机引导主要有三种方法。

（1）从来访者当前状态开始。咨询者要善于观察，找到来访者的关注点，对他想谈的主题表现出兴趣，避免期望或要求来访者自我暴露和撕下面具的行为，注意建立良好的咨访关系。

（2）先做些事情让来访者感到有所帮助。咨询者通过做一些让来访者感到有所帮助的事情（可以是任何事情），可让来访者产生信任感和好感，增进他对治疗的期望。例如，教给来访者放松的方法。

（3）重建来访者的控制感。当来访者对于咨询过程和结果极少有或没有控制力的时候，他们更可能将咨询者视为推荐他们前来咨询的机构或个人的代表，于是阻抗就会增强。因此，作为咨询者，要与来访者坦率地讨论导致来访者前来接受咨询的压力，询问是否还有其他困扰的事情，让来访者清楚地了解咨询者会做什么和不会做什么，会向推荐机构报告什么和不报告什么，重建来访者对一些事情的控制感。

第四节　会谈的接待程序

接待程序通常指来访者到达咨询机构后，咨询者（也包括引导员）对其接待的方式或步骤。事实上，接待程序从与来访者的电话接触时就开始了。接待来访者的程序因机构、人力、咨询者的理论取向不同而有所差异。有能力的咨询者会采取特定步骤与来访者建立良好的情感协调，使来访者和自己得到放松，显示自己的可信任性、专业性以及临床接待工作的规范化（R.萨默斯－弗拉纳根，J.萨默斯－弗拉纳根，2001，第194页）。严谨、有序而不失亲切温暖的接待有利于建立良好的情感协调，在来访者和咨询者之间形成积极互动的咨访关系，顺利进入会谈的实质层面。

一、不同情况下的接待

（一）初次会谈的接待

1. 接待来访者的方式及初次会谈的任务

初次会谈的接待工作直接影响到来访者是否愿意留下来与咨询者进行会谈，因此我们不能忽视。研究者认为，接待来访者的方式有以下三种（林家兴，王丽文，2003）。

（1）由接待人员出面招呼来访者，并带领来访者走进会谈室。接待人员可由机构职员、义工或护士担任。在机构较大、人力较充足的情况下，可以安排专人接待。接待人员应接受适当的专业训练，以便做好接待工作。

（2）由咨询者亲自招呼，并带领来访者走进会谈室。这在机构较小、人力较不足的情况下比较适当。由咨询者亲自接待来访者表示对来访者的尊重，也可以避免来访者找不到会谈室。

（3）由来访者自行走进会谈室。当机构非常小，也没有秘书或助理人员时，通常允许来访者自行走进会谈室。特别是机构或诊所的大门、等候室与会谈室之间的距离非常近时，可以告诉来访者准时走进会谈室。

在谢伊（S. C. Shea）1988年提出的结构模型中，会谈被划分为介绍、开始、主体、结束、终止五个阶段，每个阶段有不同的任务和安排。他认为，在介绍阶段，咨询者需要完成以下任务：（1）安排合适的会谈时间；（2）说出自己的名字；（3）确定来访者喜欢的称谓；（4）简短的交谈；（5）将来访者领至合适的座位（或让来访者自己选择）；（6）介绍自己的身份（适当地）；（7）说明保密性；（8）说明会谈的目的；（9）核查来访者和自己对会谈的目的之间的一致性和兼容性。每一任务都有相应的心理效应（R.萨默斯－弗拉纳根，J.萨默斯－弗拉纳根，2001，第195页）。

2. 初次会谈的程序

第一次会见来访者时，可以参考下面的接待程序。

（1）建立联系，约定会谈时间。在会见来访者之前，可以通过电话、电子邮件、网络预约系统等建立与来访者的联系，安排好初次会谈时间。这些工作可由咨询者本人做或安排接受过专业培训的引导员认真完成。必须清楚的是，咨访关系从最初的接触（包括电话、邮件、网上预约系统）就已经开始了，与来访者恰当的口头对话或书面交流都直接影响到咨询者和未来的来访者的关系。电话、书面材料以及来访者所感到的明确性和温暖都可以使他们放松而不致困惑和恐惧。

在与来访者建立联系时，需要做好以下几点。

①咨询者或引导员的态度始终是温暖亲切的。温暖亲切的态度能够使来访者感到被人关心与理解，情感上容易接纳咨询者，也能使来访者消除犹豫，愿意前来接受心理咨询。

②应清楚地说明咨询者的名字、身份、就职场所，让来访者有所了解，如有需要可适当详细些。

③要确保来访者清楚如何到达会谈场所。对地理位置有详细的说明，以免来访者寻找而耽误时间，增加不必要的麻烦。

④要询问来访者方便的时间并确定好会谈的时间，若某一时间咨询者不能接待来访者，应避免对他进行详细的尤其是私人化的解释，否则会使接触显得不够专业化，在开始对来访者越少提及咨询者私人的事情越好。

⑤适当地重复强调会谈的时间，提醒来访者准时到达，并说明很期待与来访者会面。

（2）引导员接待来访者。来访者到达，通常先由引导员在等候室接待，亲切招呼来访者进行必要的登记，询问来访者有何需要，示意来访者就座休息等。一般接待室也会提供报刊给来访者自由阅读。这样能够让来访者平缓紧张的心情，建立安全感。同时，引导员可以通过内线电话或按信号灯告诉咨询者来访者已经到达。当到了预约时间时，引导员需要轻轻走到来访者身边，微笑地告诉他可以会见咨询者了，并简单地说“请跟我来”，把来访者领到咨询室门口。也可以由咨询者亲自招呼，带领来访者走进咨询室。

（3）咨询者和来访者见面。和来访者见面时，咨询者可以做以下事情增加与来访者的情感协调。

①在门口迎接来访者。这样可以显示对来访者的重视和积极关注。

②握手并介绍自己。是否需要握手依来访者而定，通常建议先看来访者是否伸出手，以避免同那些原本不想握手的来访者握手。介绍自己时，可选择称呼自己为“心理老师”“咨询师”“辅导老师”。一般而言，咨询者比较偏好使用“某老师”来介绍自己，或让来访者以“老师”称呼自己，这在学校心理咨询中更加常见，也容易拉近与来访者的心理距离。介绍自己时也要适当地说明身份，展现出咨询者的人格魅力，体现表里如一，使来访者降低戒备心。

③引导来访者就座，询问是否需要茶水。直接引导来访者到合适的座位就座或通过言语示意让来访者自己选择座位，这样有利于建立来访者的安全感和对自身的控制感。这时，也需要询问来访者是否需要喝点儿什么，体现对他的关心，获取他的信任。

④引导来访者说明自己的基本信息，进行简短闲谈。咨询者需要通过引导性的话语如询问姓名、年龄、性格、所学专业或从事的工作等，了解来访者喜欢的称谓并在咨询过程中以这种称谓称呼他，表示对他的充分尊重。同时观察

来访者的行为，选择一些相对不敏感且能使来访者放松的话题，如天气、最近的新闻及体育比赛的结果、路上顺不顺利等，以平定双方的情绪。

⑤说明咨询过程与目的，解释保密性。向来访者简要说明心理咨询过程是怎样的、目的是什么，解释保密原则及其限制，并说明此次会谈的目的是什么，询问来访者的期望，以达成一致性和兼容性的会谈目标。

⑥进入实质性会谈。按照会谈程序开始实质性会谈。

（二）第二次会谈的接待

经过初次会谈，良好的咨访关系基本建立，接下来的会谈中主要是维持和发展这种关系。经过初次会谈的接待，来访者基本上清楚整个流程，对咨询过程中所要发生的一些事情有了必要的心理准备。下列内容可作为第二次会谈接待的参考：（1）电话联系，是指让工作人员按初次会谈结束时约定再见面的时间，电话提醒来访者准时赴约；（2）准时见面，是指咨询者按照约定的时间与来访者准时见面；（3）握手、寒暄，指礼节性地握手（视情况而定），闲聊轻松的话题；（4）以上次会谈终点为起点开始会谈。

（三）危机情况下的接待

作为临床工作者，也许某一天会遇到处于心理危机的当事人，他或许在采取极端行动前给咨询者打来电话，或许在咨询室诉说自己被恋人抛弃后不能走出痛苦，或长期遭受着家庭暴力，或摆脱不了童年时的心理创伤，或失去最亲的亲人等，在这些情况下他就可能处于一种危机状态。无论如何，支持生命的责任感和职业道德告诉我们必须采取措施和行动来进行危机干预。

在临床上，由于一次危机干预是一个连续性的过程，因此可以将它看作对来访者的一次接待。这种危机干预从来访者到达咨询室开始到来访者离开结束，包括在这一时间内咨询者创造性、灵活性地应对来访者所做的任何事情。

1. 对自杀倾向者的接待

会谈中有自杀倾向的来访者主要分为三种情况：一是有自杀意念而主动求助的来访者，他可能会主动向咨询者报告自杀动机，也可能要咨询者通过观察、检查评估才能发现他的自杀倾向；二是家人或朋友等报告有自杀倾向并陪伴而来的来访者；三是在实施自杀行为中被人发现而被送到咨询机构的来访者。无论属于以上哪种情况，从临床以及伦理学的角度来说，咨询者假定来访者可能自杀总比假定来访者不会自杀要好（R.萨默斯－弗拉纳根，J.萨默斯－

弗拉纳根，2001，第309页）。因此，在与有自杀倾向的来访者打交道时，需要特定的、近似艺术的专业技巧和丰富的实践经验。

（1）立即安排见面。通常，咨询者会按照预约的时间准时开始与来访者会谈，提早到达的来访者需要先在等候室等待，直到预约时间已到。但对于有自杀倾向的来访者，有时需要打破这个规定，灵活处理。最好不要让他在等候室等候太久，尤其是不能让他独自一人待在等候室。来访者一到达，咨询者应立即安排与他见面，以免来访者因等待而情绪不稳，做出危险行为。

（2）咨询者介绍自己，带领来访者走进咨询室。咨询者以平常心态走到来访者身边，向他做简要的介绍，带领他走进咨询室。介绍时声音要平缓、稳重，语调要温和，态度要亲切，言行之间要体现出对来访者的关心。无论来访者的反应如何，要让他感受到对他的关心是发自内心的。带领他走进咨询室时要用真诚、理解的言语和恰当的行为来建立初步的信任。

（3）说明保密性及其限制，进行心理沟通和积极倾听。当来访者走进咨询室时，由于此时的来访者处在痛苦中，他的注意力往往主要集中在自己的内心世界，对外界的兴趣减少。这时咨询者可用清晰缓慢的言语对他愿意走进咨询室表示感谢，让他自己选择座位就座，询问他是否需要茶水，并说明如暂时不愿意回答就用点头或摇头表示。同时要表达咨询者的期望——很希望与来访者坐下来好好聊一聊。

双方都坐下来后，咨询者要向来访者说明保密性及其限制。如果来访者还是沉默不语，咨询者应进一步用共情、尊重、理解、无条件积极关注等技术与来访者进行心理上的接触和沟通，认真倾听来访者的诉说，让来访者感到咨询者是值得信任的，对他现在的身心状况很关心，能够理解他内心的感受和痛苦，是他忠实的倾听者，从而初步建立相互信任的咨访关系。

（4）对来访者进行检查评估。迅速、恰当地检查和评估来访者在危机干预中是最重要的。咨询者可利用标准化评估工具测量来访者自杀的可能性，也可以通过会谈来评估来访者是否有严重的自杀危机。有人建议可与来访者进行精细的自杀评估会谈。精细的自杀评估会谈包括五个方面的内容：评估来访者的抑郁程度；了解来访者自杀观念的出现；了解自杀计划（包括计划的具体性、致命性、可行性、接近性）；评价来访者的自控能力；对来访者是否企图自杀进行判断。咨询者用会谈技术来获得来访者这五个方面的信息并进行评估。一般自杀评估危险因素检查表（见表8–1）可供咨询者实践练习（R.萨默斯–弗拉纳根，J.萨默斯–弗拉纳根，2001，第331页）。

表8–1　一般自杀评估危险因素检查表

1. 由于年龄或性别，来访者属于易受攻击的群体。

2. 来访者曾经自杀未遂。

3. 来访者过度使用或滥用酒精或毒品。

4. 来访者符合DSM-5的某种精神异常的诊断标准。

5. 来访者处于失业状态。

6. 来访者未婚、独居或隔离。

7. 来访者有躯体健康问题。

8. 来访者最近经历了重要的个人缺失（能力、物品或人的缺失）。

9. 来访者符合抑郁的诊断标准。

10. 如果抑郁的话，来访者同时有下列一个或几个症状：惊恐发作；一般精神性焦虑；对于通常快乐的活动缺乏兴趣和快感；在抑郁的时候增加酒精滥用；集中能力下降；完全失眠。

11. 来访者报告明显的绝望、无助感或过度的罪恶感。

12. 来访者报告有自杀想法存在。

在你的评估中表明：自杀念头的出现频率（这些想法多长时间出现一次）；自杀念头的持续时间（这些想法一旦出现，会持续多长时间）；自杀念头的强度（在1~10点量表上评定）。

13. 来访者报告有自杀计划。

14. 来访者报告有特定的自杀计划。

15. 来访者报告了一个致命的或高度致命的计划。

16. 来访者报告了实施自杀计划的可行性手段。

17. 来访者没有临近的社会支持。

18. 来访者报告自我控制能力很低。

19. 来访者曾有强迫行为历史。

20. 来访者曾经有过度控制行为的历史，或者现在压制情感。

21. 来访者报告有中度的杀死自己的意图（或者他以前曾有过致命的尝试）。

一般来说，对自杀意图的评价分为没有、较低、中等和很高四个等级，其中自杀意图很高包括自杀意图严重和极严重两种情况。意图越强烈，自杀的危险性就越大。对于有较低和中等自杀意图的来访者，咨询者可以在咨询室对他进行咨询与治疗。对于有严重的或极严重的自杀倾向的来访者，咨询者应当采取以下措施。

（1）直接告诉来访者要做的事情。当来访者不愿意或不能保证自身的安全时，采取行动以保证他的生命安全是咨询者的职业责任。咨询者应向来访者说明保密性的打破。咨询者需要直接告诉来访者该做什么、去哪里、给谁打电话等，自己将会做些什么来保护他，如与警方取得联系、征询专家或负责人的意见、打电话给相应的医疗机构、及时报告来访者的家人等。

（2）向同行咨询，制订干预计划。咨询者在做决定前，向负责人、督导、专家或其他有经验的相关人员进行咨询是非常必要的。同行间的咨询一方面可以为咨询者提供必要的专业支持，另一方面可以为咨询者提供法律保护。如果你的来访者不幸自杀身亡，在法律审判中你需要为自己的行为进行辩护，向同行进行过咨询就表明你是以一种专业水准的态度来对待你的来访者的。同时，咨询者要快速制订计划，对不同的来访者，咨询者要知道自己会做什么、如何做以及能做什么等。

（3）建议来访者住院治疗。对于有严重和极严重自杀倾向的来访者来说，住院治疗是比较好的选择。咨询者应当直接指出住院治疗的必要性和潜在的好处，消除来访者对医院的成见。

（4）报警、通知家人和联系医院。咨询者的行动包括与警方取得联系或指派专业工作者、通知来访者的家人、联系医院等。这些都需要在极短的时间内安排好，要求咨询者做到训练有素。在进行联系前，咨询者可叫工作人员将来访者带到安全的房间，向工作人员交代清楚：不允许来访者一个人独处，要保护来访者的安全。只有在保证来访者当时安全的情况下，咨询者才能进行联系。

（5）由专人护送来访者离开。除非受过特殊的训练，咨询者不要试图自己一个人将一个有严重或极严重自杀倾向的来访者转入治疗的医院。必须由专门人员，如警察或医院专业工作人员，护送来访者安全到达医疗机构，以免来访者在途中采取极端行为。

对于不愿意去医院治疗的有严重或极严重自杀倾向的来访者，咨询者需要让他在有专人护送的情况下离开，并及时通知他的家人接应，并告知相应的注意事项。咨询者要提供足够的支持，加强与来访者的联系。要不断地进行检查评估，以确定来访者的自杀态度是否有所改变。

（6）做好文件记录。当咨询者为一个想自杀的来访者做咨询时，应该保留一些文件来表明自己：进行了精细的自杀评估；获得了足够的历史资料；获得了有关过去治疗的记录；直接询问过有关自杀的想法和冲动；向一个或多个职业工作者进行过咨询；与来访者讨论过保密的局限性；进行了自杀干预；给予来访者一定的资源（如电话号码）（R.萨默斯－弗拉纳根，J.萨默斯－弗拉纳根，2001，第341页）。

2. 对有暴力倾向的来访者的接待

对潜在的有暴力倾向的来访者的处理应当以一种有序的方式进行。吉利兰（B. E. Gilliland）等建议以皮尔西（Piercy）制订的九步模式为基础。这些步骤依次为：进行教育；避免冲突；安抚情绪（缓和气氛）；转移注意；暂休；显示武力；隔离；管制；使用镇静剂。对每一步骤而言，个人的责任心都是最重要的。前五个步骤着重于谈话而不是采取行动，使来访者说出来而不让他采取行动（吉利兰，詹姆斯，2000，第616页）。但要做到这些实际上很困难，因为当来访者处于激越状态时，他的交谈能力相当有限，且不能对问题进行全面的思考。相反，他可能会不顾后果地蛮干。对有暴力倾向的来访者可采用下列的程序来接待。

（1）会见来访者，自我介绍并快速评估。咨询者应迅速来到接待室会见来访者，介绍自己并观察来访者的言谈举止，对其反应做出快速评估。

（2）消除疑虑，提供选择权。通过言语表示对来访者的现状能够理解，提一些开放式的问题，消除其疑虑和敌意。直接设定一个边界范围，让来访者进行选择，一方面让来访者拥有表面上控制局面的能力，另一方面让他明白他的选择会带来什么后果。

（3）稳定情绪。有暴力倾向的来访者往往情绪激动，如果来访者无法冷静下来，或完全失去控制，应叫工作人员设法将他带到一个没有刺激物的房间，让其宣泄情绪。等来访者平静下来，再进行咨询。对那些不能用劝说来缓解情绪的来访者，应该明确告诉他暴力行为是绝对不允许的，如果他坚持不停止，将会有什么后果。有时，来访者会以好斗的方式提出一些要求，若是简单又合乎情理的，咨询者可先答应他的要求，来稳定他的情绪，但不能违背工作原则。如果来访者对咨询者或工作人员进行威胁，应该叫工作人员强制性地将他带入休息室并清楚而强硬地说明理由。

（4）转诊或报警。对于情绪能够自控的来访者，可进行进一步的治疗；对于很不合作且危险性高的来访者，应该及时转诊治疗或报警求助，通过使用强制性的手段带来访者离开。

二、特殊群体的接待

以上内容主要集中于对单个成年来访者会谈的接待和处理，与其他群体的来访者进行会谈也有一些独特的注意事项。接下来将探讨适合于不同群体的会谈接待程序。

（一）青少年的接待

与青少年进行会谈的咨询者常常发生两种错误。其一，成年人可能认为自己能够充分理解孩子，因为自己也曾经是孩子。犯这种错误的成年人可能把自己童年时代的冲突投射到青少年身上，不能发现他们所治疗的青少年身上独特的方面。其二，成年人可能会把青少年当成另一类生物，不把他们当成真正的人类。他们对待青少年的态度过于僵化，不理解孩子所面临的问题并具有不现实的期望（R.萨默斯－弗拉纳根，J.萨默斯－弗拉纳根，2001，第389页）。事实上，青少年并非与成人相同，但也不是不可理解的异类。因此，与青少年会谈时，咨询者需要保持一种平衡、中庸的观点，将他们看成是一个个完整的个体，他们应该得到尊重，得到直接的、适合其年龄的信息，并且有能力参与对影响自己生活的事情的决定。

由于大多数青少年不是自愿来寻求心理咨询的，这里主要探讨针对不自愿的青少年来访者的会谈。通常，不自愿的来访者是经由他们的父母、监护人、照管者或学校老师等推荐到咨询机构的。具体接待程序如下。

（1）约定时间。通过电话与监护人约定好会谈时间，并将监护人在会谈中扮演的角色说清楚，对监护人的参与有一定的控制。

（2）与来访者见面，快速介绍、交谈。与青少年见面，第一印象非常重要。通常，咨询者的态度要友好、温和，语言要机智、有趣，展现出有魅力和乐观的一面。第一次见面时，咨询者走进等候室，首先朝向年轻来访者打招呼而不是其父母。可通过握手和一句友好的“嗨，你就是×××吧”作为见面的开始，接着是几句快速的交谈，例如：“你今天好吗？”同时，咨询者通过非言语信息表达期待和来访者见面，然后介绍自己。

（3）提供选择，建立咨访关系。寻求心理咨询并不是大多数年轻的来访者自己的主意，作为咨询者，最好将年轻的来访者当成不自愿的来访者来看待。当咨访双方在咨询室坐下后，咨询者要创造性地消除来访者的阻抗以建立良好的咨访关系。例如，可以说："好吧，×××，你爸爸妈妈要去填一些无聊的表格。在这个抽屉里有一些玩具，你可以挑两个玩玩。""好吧，×××，我要对你解释三件重要的事情：一个是关于我们今天怎样一起度过这段时间，一个是关于'保密性'这个词，一个是关于为什么我的办公室这么乱。你愿意我先说哪一件事情呢？"（R.萨默斯–弗拉纳根，J.萨默斯–弗拉纳根，2001，第392页）

（4）签署知情同意书，讨论保密性及其限制。应让青少年和其父母阅读并签署知情同意书，并讨论保密性问题。因为青少年对个人隐私极其敏感，让他们听到隐私权将得到保护是十分重要的。要向他们保证保密性并仔细解释其限制，让他们感觉到自己受到了成人般的尊重。

（5）设定目标。用青少年可以接受的方式，询问其愿望和目标。再与青少年的父母交谈，了解父母的担忧，并做好详细笔记。同时要限制父母对孩子的消极评价和批评。通常，通过父母的两三句对问题的陈述就可以了解他们的目标了。根据双方的愿望，达成兼容性的咨询目标。

（6）简要介绍会谈程序。建立了情感协调和目标之后，即可对会谈程序做一些简短的介绍。可以先让父母在等候室完成任务或问卷，咨询者单独与青少年在一起待些时间，向他进行说明。然后在最后5~10分钟的时间让父母回来，向他们介绍咨询或追踪程序（如见面频率、谁会参加会谈等）。

（7）正式会谈。按照咨询目标开始进入正式会谈。

（二）伴侣的接待

咨询者对两个人共同追求一种浪漫关系而运用咨询技术进行的会谈称为伴侣咨询或伴侣治疗。伴侣可以包括未婚男女、同性恋伴侣、未婚的异性伴侣、互相做出可视为婚姻的承诺但未得到法律承认的伴侣、法律上已经结婚的伴侣，还包括曾离异但正在和好的伴侣（R.萨默斯–弗拉纳根，J.萨默斯–弗拉纳根，2001，第432页）。与伴侣或家庭进行会谈时，咨询者不再只是评估和处理一位来访者的问题，伴侣双方以及他们的关系都摆在咨询者面前。随着来访者人数的增加，治疗评估和处理的复杂性及困难程度也增大了。此外，除了咨询知识和技能，人生经验对会谈也很重要。

下面介绍具体的接待程序：

（1）与伴侣电话联系或约定时间。当伴侣前来寻求专业帮助时，打电话的人（常是在关系中感到比较缺乏力量、支配力差的一方）通常比另一个人的咨询动机更强。有时打电话是由于对方的要求。无论谁先打电话，咨询者需要与伴侣双方约定好咨询时间，并了解伴侣对咨询者的性别偏好。

（2）见面时的闲谈。咨询者在等候室与伴侣见面时，对伴侣的问候要保持同等的热情，同时需要聊一些中性的话题来调节气氛。中性的话题可以避免咨询者的话太个人化、具有评价性或显示出更偏爱某一个来访者，以免无意中触发来访者之间的冲突。

（3）讨论保密性及其限制。要仔细地谈论保密性及其限制，说明咨询者可能打破保密性的原因。例如，有必要向伴侣说明是否会与他们中的一位单独面谈，是否同意暂时保守或持续保守任何秘密等。

（4）介绍咨询程序，设定限制。向伴侣介绍咨询中会发生什么、会谈的一般计划等。设定限制是告诉他们在会谈中应该怎样做以及哪些行为是允许的。

（5）正式会谈。按照会谈程序进入正式会谈。

值得指出的是，会谈中的接待程序并非固定不变，以上介绍的接待程序只是希望能够起到某种参考作用。咨询者可以根据实际情况加以修改或调整，以便适合实际需要。在平时的训练中，咨询者也需要多加练习来使自己更加专业化。

本章摘要

临床会谈涉及一种职业的建立和维持，它是心理咨询的基本形式和手段。心理咨询就是由一次次的临床会谈组成的，因而临床会谈有其独特的意义和作用。心理咨询要想取得效果，临床会谈的准备是必不可少的，这些准备主要包括客观环境准备和心理准备。客观环境准备包括咨询者本人的准备（如穿着打扮、发型、专家身份等）、会谈室的环境布置（如房间大小、温度、色彩等），也包括座位安排（如咨询者和来访者之间的角度、空间距离等）。心理准备主要指咨询者采取宣传、引导等方法使来访者接受心理咨询。心理准备在咨询的初期能发挥很好的作用。

咨询者通常会和不同的来访者进行一次或多次临床会谈。对不同来访者的接待程序有所不同。初次会谈的重要性是不言而喻的。咨询者还应具备应对危机中的来访者的处理技能，尤其是对有自杀倾向的来访者和有暴力倾向的来访者的处理技能。

复习思考题

1. 临床会谈在客观环境方面需要做哪些准备？
2. 临床会谈的心理准备的方法除了本章介绍的以外，还可以有哪些？
3. 初次会谈时，咨询者应如何接待来访者？
4. 当遇到有自杀或暴力倾向的来访者时，咨询者应怎样做？

推荐参考书

1. 吉利兰，詹姆斯.（2000）.危机干预策略（肖水源等译）.北京：中国轻工业出版社.

2. 郑希付.（2003）.心理咨询原理.广州：广东高等教育出版社.

3. R. 萨默斯－弗拉纳根，J. 萨默斯－弗拉纳根.（2001）.心理咨询面谈技术（陈祉妍等译）.北京：中国轻工业出版社.

参考文献

1. 陈立人，史春宜.（2004）.心理健康与心理咨询.北京：中国石化出版社.

2. 郭念锋.（2005）.心理咨询师（三级）.北京：民族出版社.

3. 吉利兰，詹姆斯.（2000）.危机干预策略（肖水源等译）.北京：中国轻工业出版社.

4. 科米尔，纽瑞尔斯.（2004）. 心理咨询师的问诊策略（张建新等译）.北京：中国轻工业出版社.

5. 李正云.（2002）.学校心理咨询.北京：中国轻工业出版社.

6. 林家兴，王丽文.（2003）.心理治疗实务.广州：广东世界图书出版公司.

7. 钱铭怡.（1994）.心理咨询与心理治疗.北京：北京大学出版社.

8. 张富洪.（2005）.学校心理咨询室环境氛围的人性化设计研究.教书育人，（29），35–36.

9. 郑希付.（2003）.心理咨询原理.广州：广东高等教育出版社.

10. R. 萨默斯－弗拉纳根，J. 萨默斯－弗拉纳根.（2001）.心理咨询面谈技术（陈祉妍等译）.北京：中国轻工业出版社.

第九章　咨访关系的建立

引　言

咨访关系又称咨询关系或治疗关系、帮助关系，它是整个咨询过程中的一个重要部分。大多数咨询流派都重视良好咨访关系的建立和维护，认为这是心理咨询取得成效的基础。按照布拉默（L. M. Brammer）等的观点，咨访关系之所以重要，不仅在于“它是用于引发和处理重大情感和想法的重要媒介，以改变来访者的行为”，而且在于它常常能够决定“咨询本身是否能够进行下去”。有研究表明，咨访关系的质量“对于人际沟通、开放性、可说服性以及求助者最终的积极改变，均可产生积极有力的影响”（科米尔，纽瑞尔斯，2004，第72页）。本章讨论下列问题：怎样理解咨访关系；咨访关系的基本模式有哪些；建立咨访关系的方法有哪些；不良咨访关系的处理；等等。

第一节　咨访关系的性质

一、咨访关系的定义

咨访关系在理论上、实践上已成为一个关键的概念，但由于不同理论取向的咨询者对咨访关系的重要性的看法不同，咨访关系的定义一直难以统一，以下九种定义供大家参考。

（1）咨访关系是一种协助关系，在这种关系中，至少一方的目的是促进另一方的成长、发展、成熟。另一方可以是一个人，也可以是一个群体。

（2）咨访关系是一种治疗合作伙伴关系，是一种工作联盟，咨询者和来访者要以相互配合的方式工作。就像划船那样，如果一个人划桨，船在水中就不会行进得很好。

（3）心理咨询中来访者的变化是通过人际关系中那些支持性的因素而产生的，这种关系可称作咨询联盟。

（4）咨访关系是一个假设的结构，这个结构用来标示两个个体之间可观察到的交互作用的特征。

（5）咨访关系是一种努力，这种努力需要一方通过与另一方的交互作用，促使其以一种更容易、更积极的方式去改进。

（6）咨访关系是一种职业关系，它不是建立在社会交往的立场上的，而是一种完全建立在特定的时间期限内隐蔽的、具有保密性的特殊关系。

（7）咨访关系是咨询双方对彼此的感情和态度，以及表达这些感情和态度的方式。

（8）咨访关系和咨询技术是相辅相成的，从咨询的开始到结束，咨访关系一直处于变动之中，建立咨询联盟是咨询第一阶段的主要内容。

（9）咨访关系可解释为需要心理帮助的人与能给予这种帮助的人之间结成的一种独特的人际关系，通过这种关系达到心理改善的效果。

综合上述定义，咨访关系是一种职业性的助人关系。在这种关系中，咨询者帮助来访者运用其内部资源以获得积极的成长，发生认知或行为的改变，并实现自我的潜能。

二、咨访关系的特征

咨访关系是发生在咨询者和来访者之间的动态联系，有其显著的特征。舍特泽（Shertzer）等简洁地概括了咨访关系的十个特征，并认为这些特征不仅揭示了咨访关系的典型特点，而且揭示了咨访关系与其他关系的区别。这些特征如下。

（1）咨访关系是有深刻意义的。咨访关系的意义是参与双方所赋予的，二者都接受这种关系的价值。之所以是有意义的，是因为它是个人的、亲密的而且恰当的关系，不同于其他的社会交往。它能通过引发焦虑或降低焦虑以及相互的自我承诺来达到一定的目的。

（2）感染是咨访关系的重要表现。这种感染是相互的，因为双方在咨访关系中，都专注地探索自己的思想、感情或态度，并都自我暴露，敏锐地感受彼此。首先是在咨询者的感染下，来访者进行自我暴露、自我探索；然后在来访者的感染下，咨询者采取相应的对策；最后在咨询者的感染下，来访者的态度、认识、情感和行为方式发生变化。

（3）这种关系会保持个人完整性。在咨访关系中，无论是认识或情感，双方都要相互忠诚，相互尊重。双方都把对方视为可信的、可靠的个体。

（4）咨访关系是在双方认同的基础上形成的。双方态度的认同或默认是很有必要的，虽然个体可以被强迫进入某种关系，但不可能被强迫接受帮助。没有压力、双方认同是咨访关系的特点。

（5）咨访关系形成的原因是来访者有各种不同的需要。咨访关系实际上开始于来访者的需要，他们的需要多种多样并因人而异，如获得信息的需要、获得建议的需要、获得理解的需要、接受咨询的需要等。因为他们缺乏专业知识或能力，当感到困惑、无能、焦虑或低效时，他们才来寻求帮助。咨询者则通过自己成熟的个性、专业的方法或技能、丰富的经验、真诚的态度等来帮助来访者。

（6）咨访关系的建构是通过沟通和交互作用的方式完成的。沟通是帮助过程的核心部分，不仅包括言语方面的沟通，还包括非言语方面的沟通。在这个过程中，双方一旦发生交互作用，任何一方都会被另一方的言语和非言语的信息所影响，而且这种作用过程有多种形式，如信息的交流、认识的交互作用、情感的交互作用等。显然，双方的交流越清晰和清楚，咨访关系越有意义。

（7）咨访关系是一种结构化的关系。与其他社交关系不同，咨询过程的咨访关系是一种结构化的关系，即这种关系有确定的目的和程序。例如，咨询者在咨询过程中有严格的计划，如时间计划、方法计划等。这种关系还包括工作的基本架构，如咨询时间约定、费用约定、任务完成约定、相互信任约定、保密性约定等。双方都有责任维持这种基本架构，这对于期望的咨询效果具有重要作用。

（8）合作是这种咨访关系的重要标志。来访者和咨询者朝着一个共同接受的目标一起工作，为了达到这个目标，二者之间的合作是必需的。这种关系不是一方支配另一方的关系，如师生关系、领导和下属的关系等，而是一种相互合作的关系。在咨询过程中，来访者也有很多要求和建议，如来访者有权拒绝似乎不合适的技术，建议使用哪些合适的技术等。另外，咨询者要根据来访者的具体表现采取具体的程序。他们全部的技能服务于来访者的需要，给予并支持来访者自主选择的权利。咨询者的任务就是让来访者得到情感上的支持并充分表达自己的观点、问题。

（9）咨询者有明显的可接近性。这是与其他关系不同的重要特点。在咨访关系中，咨询者必须有人际接近性的特点，能够接纳他人以及他人的想法、情绪等，拒绝人际接触和人际排斥是这种关系所不能允许的。而且咨询者不应该有恐惧、怀疑和焦虑，情绪应具有稳定性。

（10）改变是咨访关系的目标。在咨访关系中，双方的目标是改变来访者的行为或认知，这一点是十分明确的。咨询成功与否的标准也要参照这种目标达到的程度。

国内许多学者对咨访关系的特征进行了总结。钱铭怡（1994，第29—33页）认为，咨访关系具有独特性、客观性与主观性的统一以及专业限制性三个特征。在此基础上，乐国安（2002，第70—72页）将咨访关系的特征概括为五个:（1）是一种同盟关系；（2）是隐蔽的、具有保密性的关系；（3）是客观性与主观性相统一的关系；（4）是受多重专业限制（职责的限制、时间的限制等）的关系；（5）是以来访者具有一定强度且持续的求助动机为前提的关系。张松（2004）在此基础上增加了两个特征：是一种独特的职业关系；是一种动态的关系。邢邦志（1997）则将咨访关系的特征概括为协助性、隐秘性、时空性、非评判性、纯洁性。李正云（2002，第75—76页）认为，咨访关系具有客观性、限制性、保密性、人为性四个基本特征。

第二节　咨访关系的模式和作用

由于各咨询流派对咨询者和来访者双方在地位、角色、积极性、主动性等方面的观点存在差异，因此咨访关系呈现出不同的模式和特点。国外主要咨询流派在咨访关系的模式上有分歧，有些流派强调咨访关系的指导性（directive），有些流派强调其非指导性（nondirective），还有的则强调两者兼而有之。从目前已建立的各种咨访关系的模式来看，主要有三种典型模式，即指导模式、诱导模式、非指导模式。

一、行为主义的指导模式

行为主义的理论很早就已存在，但行为主义咨询与治疗模式的发展是20世纪50—60年代的事情。行为疗法（behavior therapy）最早由斯金纳等人于1954年提出，在较短的时间内行为疗法已经发展成为当今世界上最重要的心理治疗方法之一。行为主义理论及治疗方面的主要代表人物，早期有巴甫洛夫、华生，后来有沃尔普（J. Wolpe）、艾森克和班杜拉等。

所谓行为疗法，就是利用由各种实验确立的有关学习的原理和范型去克服不适应的行为习惯。各种行为治疗的共同特点是：（1）治疗只针对当前来访者有关的问题进行，问题的历史根源、来访者的自知力或领悟力通常被认为是无关紧要的；（2）治疗是以特殊的行为为目标的，这种行为可以是外显的，也可以是内隐的，那些改变了的行为通常就被看作症状的表现；（3）治疗的技术通常是从实验中发展而来的，即以实验为基础；（4）咨询者根据每个来访者的问题和有关情况，采用适当的经典条件反射、操作性条件反射、模仿学习或其他行为治疗技术。行为主义治疗流派从心理学的有关实验出发，认为个体所有的行为（包括适当的和不适当的）都是学习的结果。因此，行为治疗者工作的重点有两方面：一是消除来访者适应不良的行为，二是协助来访者建立良好的适应行为（胡江霞，2001）。

咨访关系在行为主义治疗流派中并没有明确的地位，行为治疗者对治疗过程关心得比较少，他们更关心设立特定的治疗目标，而特定的治疗目标也是行为治疗者通过观察和评估、行为分析帮助来访者制订的。目标一经确立，新的条件反射的学习过程就可以开始，然后选择适当的技术方法对不良行为进行矫正，帮助来访者建立起新的行为方式。在行为主义学派的咨询与治疗过程中，从确立不良行为到制订咨询目标再到具体运用行为疗法的技术，咨询者始终控制着整个咨询过程，指导来访者按照步骤进行行为矫正。咨询者处于指导者、命令者、控制者的地位，而来访者则是一个被动服从的、对咨询者的各种指示进行操作和执行的人，基本上属于被操纵的角色。因此，行为主义的咨访关系模式是指导模式。

现代行为治疗家们吸收了一些有关咨访关系的研究成果，开始注重咨访关系的影响因素，并在治疗过程中趋向于让来访者参与设立目标，但总体上来看，他们的工作重点没有改变，即始终把咨询重点放在学习过程和特定的行为治疗目标上，而不是咨访关系和咨询中的人。所以说，他们的咨访关系模式仍属于指导模式，这是由行为主义的基本理论和咨询观所决定的。

在行为主义之后发展起来的理性情绪派，重视认知、期待、信念和人格系统的作用，但咨访关系仍延续了经典行为主义者的风格，治疗模式也属于指导模式。在治疗过程中，理性情绪派主要是以问题为中心，而不是以关系为中心，咨询者也是相当主动、直接和教导式的。理性情绪派也强调咨询者主动调控操作，运用高级共感，主动影响来访者。如理性情绪疗法的创立者埃利斯指出，咨询者和来访者之间建立热忱的关系并不是根本的治疗手段，相反，理性情绪疗法是一种个人化的方法，它是建立在高度指导性基础上的方法，咨询者必须充分、客观地表达自己的意见。咨询者很少对来访者表示同情，他们之间可能在看法上是针锋相对的，治疗的根本目的在于推翻非理性观念，良好的咨访关系虽然重要，但应建立在理性的基础上。所以，理性情绪疗法的中心目标是帮助来访者认清自己的情绪困扰和心理不适的非理性观念，引导其减少对自己和他人种种不合理的要求；工作重心是放在来访者认知的改变上，而不是来访者本身，甚至不考虑来访者的情感变化。当然，理性情绪疗法和行为疗法在某些方面还是有所不同的，如对咨询者主体地位的强调在程度上就有一定差别：倾向于行为疗法的人特别强调咨询者对来访者行为的矫正和塑造，咨询者主体的人际关系定向较强；而倾向于理性情绪疗法的人则注重咨询者帮助来访者改变认知结构，咨询者主体的人际关系定向相对较弱。

同时，与其他流派不同的是，倾向于理性情绪疗法的学者们否认具有治疗功能的咨访关系的重要性，他们不同意那是咨询必须具备的条件，更否认那是足以促使咨询产生效果的关键因素。不过，他们也承认在咨询过程中，咨询者要和来访者建立和谐的关系，要对来访者无条件接纳。

二、精神分析的诱导模式

弗洛伊德建立了一整套经典的精神分析理论和工作方法，在当时具有开创性的意义。在精神分析的基本理论中，与心理咨询与治疗有关的部分主要有关于无意识和压抑的理论、性心理的发展学说、人格构成学说以及神经症的心理病理学说，精神分析的治疗就是根据这些理论进行的（钱铭怡，1994，第158页）。

精神分析的治疗大多是对神经症的治疗，精神分析认为神经症症状是冲突的结果，是经过伪装的，背后有无意识的症结。精神分析着重于寻找症状背后的无意识动机，使之与意识相见，即通过分析治疗使病人意识到其在无意识中的症结所在，产生意识层次的领悟（insight），使无意识的心理过程转变为意识的。当病人了解症状的真实意义之后，症状便可消失（钱铭怡，1994，第169—170页）。咨询者通过自由联想、释梦、解释及阻抗分析和移情分析等方法来揭示来访者无意识的内容。而移情则是咨询过程的核心和关键。移情指来访者在咨询过程中将咨询者看作自己生命中的一个重要人物，将早期对重要人物的感情转移到咨询者身上。移情的产生需要有一个良好的咨访关系作为基础。当然，移情这个概念并不代表咨访关系的全部，阻抗和移情组成了精神分析对咨访关系描述的两大支柱，它们的关系是你中有我、我中有你。弗洛伊德认为，精神分析者应能用来访者移情的力量来帮助来访者克服阻抗，经典的精神分析是以在治疗中保持自己的中立性、被动性、隐身性来引起和维持移情的。许多后来者对咨访关系做了补充，认为来访者是仅能与部分客体保持现实关系的人，来访者把咨询者的一部分体验为现实的，其余部分则被投射性幻想所填充。移情便是来访者歪曲咨询者及其操作的意义，使之与源于过去的无意识愿望一致，而咨询者通过“中立性”手段，维持了这种移情，因为来访者无法面对过于全面的现实客体，治疗的目的就是让来访者把咨询者扩展成现实客体，然后泛化这种关系模式。因此，在精神分析治疗过程中，其技巧的发挥和疗效的产生都不得不依赖于咨访关系（移情）。该流派十分强调咨询者应首先尝试建立安全气氛，以使来访者能透过自己与咨询者的关系，对自己和他人的人际关系有许多深远的新发现。从这里可以看出，精神分析疗法与来访者中心疗法有相似之处，即都重视和利用咨访关系。正是在这一点上，精神分析的这种移情式的治疗模式可以看成是非指导性的。

精神分析疗法与行为疗法也有相似之处。在精神分析的治疗中，咨询者对来访者做出的判断是不需要获得来访者赞同的。即使来访者反对这种判断，对咨询者也无多大影响，因为精神分析的一系列理论术语，如潜意识、阻抗、防御机制等，都是不需要也不可能以现存的方法进行验证的。和经典行为主义者不同的是，精神分析家在治疗中是通过解释这种手段来获得权力的，这使得精神分析的操作手段与认知疗法相似。从这个角度来看，精神分析的咨访关系模式又似乎是指导式的。

总之，精神分析的咨访关系模式是介于指导和非指导之间的，可以看作是一种诱导模式，即在精神分析的治疗过程中，咨询者和来访者所缔结的人际关系是一种合作式的联盟关系。在技术应用上，咨询者根据自己的判断指导来访者实施操作。当然，他们并不是靠直接的、教导式的方式来影响来访者的，而是以一种潜在的、不知不觉的探讨和分析来诱导来访者潜意识的复苏。因此，也可以说，精神分析的咨访关系模式是一种诱导式的间接指导模式。

三、来访者中心疗法的非指导模式

来访者中心疗法的倡导者是罗杰斯。他在1942年出版的《咨询与心理治疗》一书中提倡非指导的咨访关系模式，反对行为主义把自己摆在支配、指导、控制地位的指导模式。罗杰斯指出，指导模式和非指导模式存在以下区别。

（1）对咨询目的的看法不同。指导模式假定咨询者应为来访者选择咨询目标，并指导来访者努力去达到这一目标。这种模式实际上是假定咨询者地位优越，而来访者无法承担为自己选择咨询目标的责任。非指导模式认为来访者有权为自己的生活做出选择，如果对自身的问题有所领悟的话，来访者自己可能会做出明智的选择。

（2）指导模式重视社会规范，认为有能力的人应该对能力较差的人进行指导。而非指导模式重视个体心理上的独立性和保持完整的心理状态的权利。

（3）指导模式倾向于对来访者的问题进行工作，一旦症状消除或问题得到解决，咨询就算成功了。非指导模式的着眼点在来访者而不是来访者的问题，一旦来访者对自己和现实的关系有了充分的理解，他就能够选择适应环境的方法。随着领悟能力的提高和经验的增长，来访者将更有能力去应付将来可能出现的问题。

（4）会谈中常用的技术有所不同（个别会谈技术有重叠）。

罗杰斯认为，来访者中心疗法即非指导的咨询，其着眼点是促进来访者的成长，通过帮助来访者进行自我探索，促进其自我概念向着更接近自我体验的方向发展。咨访关系应是一种协助关系，咨询者应当是非指导性的，在咨询中力图使来访者和自己变得更有能力去体验、去欣赏，更能发挥个人的内在潜能，从而达到咨询目的——人格的成长、发展和成熟。要达到这个目的，咨询者应以真诚、无条件积极关注、共情的态度对待来访者，这三个因素是咨询的充分必要条件。咨询者不以权威或专家自居，而是作为一个有专业知识的伙伴或朋友，把主要责任交给来访者，以来访者为核心。咨询者不应操纵和支配来访者，要少提问题，避免代替来访者做决定，任何时候要由来访者确定讨论的主题。对于咨访关系，总的精神是强调平等，强调来访者的主体地位，而咨询者则处于被动地位，甚至只是跟随者。所以，来访者中心疗法是一种非指导模式。

四、整合模式

以上三种典型的咨访关系模式都与某一心理咨询理论相对应，都受到相应理论的制约。尽管不同的心理咨询流派倾向于不同的咨访关系模式，采用不同的干预技术及方法，但这些技术、方法之间并不是互相对峙、水火不相容的。事实上，纯粹运用以上三种典型模式进行心理咨询与治疗在今天已经十分罕见了。李孟潮等（2002）认为，三种咨访关系模式是依咨询情境的不同而适用的，或者说，对不同类型的来访者有不同的咨访关系模式。从历史和社会文化的角度来看，这三种模式与当时的社会文化息息相关。行为主义的指导模式与当时人们对咨询者的神化是分不开的。在人们眼中，医生代表一种超自然的力量，而咨询者的身份对公众的象征意义更有特殊性：他是能医治人类灵魂的人。这样的角色类同使咨询者的象征意义更加夸大变形，成了权威、神秘、无边之爱的承载物，成了人格的化身。于是，咨询者和来访者的关系就变成咨询者处于指导、支配、权威的地位，来访者处于被指导、被支配、顺从的地位。这是一种典型的指导模式。弗洛伊德看到了这种指导—被指导的关系，并在精神分析中加以改造，但弗洛伊德不是一个彻底的改革者，精神分析仍然继承了行为主义的传统观念，并把它们集中在咨询者身上，用移情和阻抗来处理来访者和咨询者的关系。罗杰斯的咨访关系模式似乎已被绝大多数人接受，但它仍没有走出“非此即彼”的圈子。来访者中心疗法中，来访者来寻求帮助，治疗所有的设置都在于：讲出你的秘密、你的痛苦，这样你才能与咨询者保持联系。无条件的积极关注只是一种理论假设。至于真诚，罗杰斯认为，咨询者不可能在所有时间、所有情况下都保持真诚，只要在与来访者相处的一小时里，咨询者是真诚的就行了。这意味着咨询者的人格在生活和咨询中有不一致的地方（李孟潮等，2002）。

从上面的分析中我们可以看出，三种典型的咨访关系模式都有其优点和不足。这是由不同的心理咨询理论的特点决定的。随着咨询心理学的发展，各种观点不断出现，技术和方法也在不断创新，心理咨询的各流派在发展历程中逐渐相互借鉴，彼此的界限变得模糊。今天，心理咨询理论、技术和方法呈现出整合趋势，也称为折中主义趋势。整合趋势主要表现在理论和实践两大方面。在理论上，各学派之间的敌对情绪减弱，门户之见逐渐消除，彼此相互影响、相互渗透，且兼收并蓄，取长补短，逐渐形成了一些自成一说的、综合各家所长的新的理论观点。在实践上，针对来访者的特定问题，咨询者已不局限于一家之见，而是从各种学派的技术和方法中选取有效的技术和方法，形成一个适宜的咨询方案，以便有效地处理来访者的问题。可见，在多元文化的世界，咨访关系模式的整合已成为一种必然趋势。因此，应该提倡整合的咨访关系模式（或称折中主义模式）。因为整合模式是指从以上几种典型的咨询模式中，有意识、有系统地选择和整合各种有效的概念和策略、技术来帮助来访者。整合模式是各种技术、方法的混合物，它是按任务指向来操作的（吉利兰，詹姆斯，2000，第28页）。应用整合模式意味着不局限于任何一种理论和方法，而是将各种理论和方法很好地结合在一起，选择适当的方式以切合来访者的需要。整合模式也意味着咨询者要做大量艰苦的工作，对各种咨询流派的理论和技术进行大量的阅读、学习和实践，并得到各种流派专业人士的指导和批评；意味着冒一定的风险，且愿意放弃开始看起来是合适的和有效的，但后来证明不符合实际需要的策略。整合模式在应用中因来访者问题的不同、所处文化和环境的差异而对不同咨询流派的技术有所侧重。

总的来说，咨访关系模式是因咨询者的理论倾向、自身素质和来访者因素而异的，并根据咨询目标不断发展变化，我们应该用系统论、整体论的观点看待它。在训练中注重学习各种咨询流派的理论和技术，在实践中采用折中的模式，从所有可以帮助来访者的技术中进行选择、整合并加以运用。咨询者应该明白：对有的来访者来说，咨询者可能像师长；对有的来访者来说，咨询者可能像朋友；对有的来访者来说，咨询者可能更像一位得道高僧。即使对同一来访者，在咨询的不同阶段，咨访关系也是动态变化的，其模式也随之而变。在咨询开始阶段，咨询者较多运用倾听技巧，这时的咨询者看起来像是一个倾听者而非指导者；在咨询中后期，咨询者更多地运用影响性技巧，这时的咨询者看起来更像是一个指导者。另外，即使在同一阶段，咨询者也可能同时运用几种典型模式下的技术进行综合咨询与治疗。

第三节　建立良好咨访关系的意义和途径

一、建立良好咨访关系的意义

良好的咨访关系是咨询者和来访者之间相互信任、相互理解、相互接纳的关系。一方面，咨询者要理解、接受来访者，相信来访者有潜能改变自己，使来访者对咨询充满希望；另一方面，来访者要接纳、信任咨询者，承认并尊重咨询者的权威，积极配合咨询者进行自我探索，执行咨询者提出的咨询方案和措施。只有在咨询者和来访者之间形成这样一种理想的咨访关系，咨询目标才可能实现（张松，2004）。罗杰斯指出：心理治疗成功的关键在于为来访者提供一种良好的人际关系环境，当这种关系存在时，治疗过程才会顺利进行，而行为与人格建设性的改变亦会随之发生；相反，许多用心良苦的咨询之所以未成功，就是因为在咨询过程中从未建立起一种令人满意的咨访关系。可见，建立良好的咨访关系对心理咨询具有十分重要的意义。

（1）良好的咨访关系是咨询取得效果的前提和基础。良好的咨访关系是心理咨询过程的第一步，是心理咨询取得良好效果的基础。贝尔托利诺（B. Bertolino）在《问题青少年的咨询》一书中，提出了咨询要取得效果必须具备四个要素：认识来访者的长处，起40%的作用；良好的咨访关系，起30%的作用；咨询技巧，起15%的作用；对咨询的期望，起15%的作用。从他的分析中可以发现，良好的咨访关系对咨询所做出的贡献其实远远不止30%。认识来访者的长处是一种用来促进良好咨访关系形成的方法，属于良好咨访关系的范畴；而对咨询的期望，在很大程度上是建立在良好咨访关系基础之上的，只有建立了良好的咨访关系，才可能使来访者对咨询抱有很大的期望。三项相加，良好的咨访关系对咨询取得效果的贡献可以达到85%（张松，2004）。

（2）良好的咨访关系可以使来访者信任咨询者，降低心理防御，真实地表达自己。来访者是带着疑虑和问题而来的，对他们而言，咨询室是一个陌生的环境，咨询者是一个陌生的人，甚至也不了解心理咨询的过程，不知道咨询者能不能提供他们所需要的帮助。在这种情况下，他们向咨询者倾诉的时候，多少会有一些防御心理。如果咨询者和来访者建立了良好的咨访关系，就会使来访者产生信任感，减少防范心理，使他们愿意向咨询者倾诉自己的感受和问题。这种倾诉不仅是心理治疗的良好开端，而且其本身就具有治疗作用，因为它可以缓解来访者的心理压力，有利于来访者对自我的认识与探索。良好的咨访关系促进来访者真实地表达自己，提供真实、全面的信息。

（3）良好的咨访关系能够促使来访者接受咨询者，认同其观点，积极寻求改变。心理咨询的成功，关键在于来访者愿意发生改变并身体力行。要做到这些，需要来访者对咨询者完全接受，否则来访者不会再来求助于咨询者，即使咨询者拥有再高超的理论与技术也无用武之地。一旦咨询者和来访者建立了良好的咨访关系，就会使来访者以接纳的态度来对待咨询者，相信咨询者的分析，认同咨询者的观点，愿意学习和尝试新的行为方式，积极寻求改变。

二、建立良好咨访关系的途径

良好咨访关系的确立有赖于咨询者和来访者两方面的因素。就来访者而言，其咨询动机、合作态度、自我觉察水平、行为方式以及对咨询者的信任感等都会在一定程度上影响咨访关系，影响咨询效果。就咨询者而言，咨询者的态度、责任心、工作能力和知识的广度与深度，以及自身的性格特征等都对咨访关系的建立和发展具有重要的影响。那么，良好的咨访关系如何建立呢？

（一）咨询者的态度

咨询者的态度是建立良好咨访关系的关键。尽管咨询者在心理咨询中需要针对来访者的不同问题采用不同的技术和方法，但这需要建立在良好咨访关系的基础上，而在建立良好的咨访关系时起主导作用的是咨询者。罗杰斯认为，咨访关系的核心是咨询者的个人特质或基本态度，他在1957年发表的《心理治疗中人格改变的充分必要条件》一文中，强调指出咨询者对来访者的共情、无条件积极关注、尊重、真诚等是使来访者产生变化所必需的特质，并认为这些特质是所有心理咨询或心理治疗的充分必要条件，适用于所有的人际关系。国外一些咨询心理学家曾对直接影响咨询效果的咨询特质或态度进行论述，尽管存在分歧，但大都强调共情、无条件积极关注、尊重、热情、真诚等咨询态度的重要性（郭念锋，2005，第75页）。

1. 共情

共情（empathy），一般是指将心比心、设身处地地理解对方。按照罗杰斯的看法，共情是指能体验来访者的精神世界，就好像那是自身的精神世界一样的一种能力。因此，共情就是从来访者角度，而不是从咨询者的参照系去理解来访者的能力。共情是特殊的、个别的，是能够理解与分担来访者精神世界中的各种感受、体验的能力，而不是判断对方的能力（钱铭怡，1994，第34页）。

共情对咨询是至关重要的，准确的共情使来访者产生被理解的体验，增强来访者对自己问题的洞察力。一旦咨询者让来访者相信，他已经理解了来访者的感觉和内心的情感，建立良好的咨访关系的机会就会大为增加。赫普沃思（D. H. Hepworth）等人认为，共情在培育和维持咨访关系中有至关重要的作用，并提供一种媒介，促使咨询者在来访者的生活中具有情绪意义和影响力（科米尔，纽瑞尔斯，2004，第74—78页）。共情在促进咨访关系的质量和效果方面，通常是有用的。共情可以帮助咨询者建立起融洽的咨访关系，并引发来访者讲述自己的问题。

怎样提高共情的水平？国内外学者提出了许多方法和建议。穆加特罗伊德（S. Murgatroyd）于1985年提出了四点操作性建议。

（1）与其他人，如工作或生活上的朋友、亲戚、家人一起练习对对方谈话内容的反应，试着把他们所说的话的意思讲明白，检查一下你是否理解了其中的含义。

（2）试着去想象在各种各样的情景下，你所要帮助的那些人对你讲述他们的事情。要想象得像电视录像一样，试着把他们的经历用准确的图像在你的脑海中显示出来。

（3）如果你不能想象出画面，就用你正在读的一本小说中的某些关键词来代替——用你所能想到的所有词汇来描述这个人和他对你讲述的各种情景。

（4）努力使你有关情绪方面的词汇变得更为丰富，运用字典、小说、电影或其他材料，以便你能说出任意一种感情。

王晓京认为，要做到准确共情，一种方法是积极地倾听，不仅对来访者的问题表示关注，也对他内心深处的各种体验表示关注，另一种方法是反射，即以自己理解的方式把来访者流露出来的情感体验表达得更为明显。这样做一方面表明咨询者渴望理解来访者的心情，另一方面促进来访者更多地了解自己的情感体验，增强自我洞察力。通过这两种方法，咨询者向来访者表达对他精神世界的准确理解，并揭示他内心深藏的情感，从而获得来访者的信任，推动来访者的成长。李正云（2002，第83页）认为共情的表达可以通过言语和非言语方式来实现。共情的言语表达包括言语鼓励、重复关键字词或语句、概括性重复等，共情的非言语表达包括目光注意、点头示意等。有时用非言语方式来表达共情比用言语方式表达共情更简便有效，有时则将两种方式结合起来使用。

关于运用言语传递共情，科米尔、纽瑞尔斯（2004，第78页）提出了几种具体的方法。

（1）表示内心的理解。咨询者通过语言明确表达对来访者问题的准确理解，站在来访者的角度去理解他的问题。如咨询者尽力去理解来访者的生活背景，去澄清、探询来访者的经历和各种情感。

（2）讨论来访者认为重要的事情。通过提问和陈述，咨询者向来访者表达自己很清楚对他而言最重要的事情是什么。用简洁的语言指出来访者的思想和情感，并关注来访者的问题和烦恼。咨询者的反应要与来访者的最基本问题建立起联系。

（3）说明来访者的情感。咨询者通过语言表述来反映来访者的情感，通过命名或贴标签的方式强调来访者的情感。

（4）补充来访者内心深处的想法和观点。共情也包括理解来访者内心深处的想法和观点，特别是当这些想法和观点没有说出来或表达得不明确的时候。为了扩展来访者的参照系统以及引申问题的含义，咨询者需要通过表明理解了来访者的暗示或推断，来补充来访者的信息。

总之，在咨询过程中，咨询者应运用熟练的技巧和个人特质来展示共情的态度。而共情的恰当运用，是每个咨询者通过不断学习、练习和实践才能做到的。只有通过咨询者适度的共情，来访者才会感受到咨询者对他的事情的关心和理解，对他内心体验的承认和尊重，双方才能建立和发展良好的咨访关系。

2. 无条件积极关注

无条件积极关注（unconditional positive regard）并不是指对一切都关注，

而是指咨询者向来访者表达乐于接受他、理解他，同时关心和帮助他。这样可以使来访者把咨询者当作一个能倾听、理解并接受自己思想和感受的人，感到这个世界上有人能够真正理解自己和关心帮助自己，愿意把心灵深处的一切全部倾诉出来。不论来访者表述的内容如何，咨询者始终对其表示关注和理解。来访者逐渐学会以同样的态度对待自己，他所否认的或歪曲的经验和体验就会逐步减少，自我概念和自我经验更趋于一致，来访者就会在这样的过程中改变和成长起来。

无条件积极关注有助于促进双方更好地交流，形成信任感，建立良好的咨访关系，而且它本身就具有咨询效果。尤其是对那些缺乏自尊或感到困扰的来访者，咨询者的无条件积极关注往往能帮助他们全面认识自己及周围环境，看到自己的优势和长处，看到光明的一面和未来的希望，树立信心，走出困扰。

如何恰当表达对来访者的无条件积极关注呢？咨询者可通过具体行动，如准时开始咨询、保留来访者的专用时间不被打扰、坚持保密性等表达对来访者的重视和关心，传递自己愿意与来访者一起工作的愿望。可通过亲切、关怀的言语尽力理解、关注来访者的问题，对来访者的行为、情感、想法等采取不评价、不批判的态度，让来访者感到自己是被咨询者无条件接纳的。无条件积极关注式的话语必须以事实为基础，既不能脱离实际、无中生有，也不能过分消极悲观或强化来访者的负性情绪。

总的来说，无条件积极关注要求咨询者持续地寻找来访者身上的长处和积极面，同时明确地针对他们的问题进行工作。咨询不是帮助来访者将问题抹平或化小的过程，而是帮助来访者正视他们置身其中的世界的过程。

3. 尊重和温暖

尊重（respect）是指咨询者对来访者的接纳态度，意味着将来访者作为有思想感情、内心体验、生活追求，有独特性与自主性，有价值感的人对待，并予以肯定和赞扬。罗杰斯非常强调尊重对咨询的重要意义，提出咨询者应给予来访者“无条件的尊重”，并将之列为使来访者人格产生建设性改变的关键条件之一。他还认为咨询者对来访者的尊重应是整体的，不仅接纳他的长处，而且接纳他的短处。尊重可以产生巨大的效力，它可以给来访者创造安全、温暖的氛围，使其最大限度地表达自己；它充分肯定了人的价值与其自主、自立能力，有助于来访者获得一种自我价值感，自由地探索自己的内心世界，增强克服困难的勇气与重塑自我的信心。因此，尊重来访者是建立良好咨访关系、获得咨询效果的重要条件之一。那么，怎样才能恰当地表达尊重呢？国内不少学者提出了一些建议（乐国安，2002，第82—83页；李正云，2002，第93—96页；王玲，刘学兰，1998，第67—68页）。表达尊重时，咨询者需要做好下面几点。

（1）保持积极乐观的人性观和生活态度。持有消极悲观态度的咨询者不容易建立对来访者的信任，很难相信来访者有能力去面对危机、寻求改变，他们往往忽视来访者身上的闪光点和潜力，很少去调动来访者的积极性。他们本身也容易被阴暗包围，感到压抑、烦躁，同时会把这种情绪传染给来访者，使咨询笼罩在阴沉、悲观、有气无力的气氛中，这对来访者是非常不利的。因此，咨询者要通过积极乐观的人性观营造一种充满活力、温暖、乐观的氛围。

（2）将来访者作为一个整体予以全面接纳，即接纳他的优点和缺点、积极面和消极面，尊重不同的价值观。

（3）平等、礼貌地对待每一位来访者。无论来访者相貌美丑、地位高低、贫穷或富裕、脾气好坏，都应该平等、礼貌地对待。

（4）信任来访者，保护其隐私。缺乏信任就很难有尊重，一般应相信来访者的诚实，对来访者讲述的秘密、隐私不外传，也不能强迫来访者将暂时不愿透露而与咨询密切相关的隐私讲述出来。

（5）认真倾听，合理反应，不评判、不评价，言行一致地表现尊重。倾听是传递尊重的一种重要手段，咨询者在与来访者交谈的过程中不要随便打断他的倾诉（除非很有必要）。倾听时要专心致志，有耐心，做出合理的言语和非言语反应，不任意批判、评价来访者的言行，以使来访者感到自己是受尊重和关注的，乐意继续深入沟通。

（6）以真诚为基础，将来访者的成长和发展放在第一位。尊重并不意味着对来访者一味迁就，没有原则。咨询者发现来访者的某些言行不利于其成长与发展时，要表明自己的意见和真实看法，否则就违背了真诚的原则，但要注意不伤害来访者的自尊，可采取如下表达："虽然我并不完全赞同你的观点，但我能明白你为什么会这样想。""也许我不能同意你的这种说法，但我仍认为你有权这么看此事。"

（7）及时转介。若咨询者发现自己实在难以接纳来访者，可以考虑将来访者转介给合适的咨询者或咨询机构。这也是对来访者的尊重和负责。关于转介，在前面的章节我们已有阐述。

温暖（warmth），也译作热情，其含义与尊重相似，因而常被放在一起使用。与尊重相比，温暖可使来访者和咨询者之间的心理距离更近一些。钱铭怡（1994，第42页）认为，温暖是咨询者对来访者的主观态度的体现，能够尊重来访者的咨询者更易于做到给来访者以温暖。尊重和温暖是建立良好的咨访关系所必不可少的因素。没有温暖的表示，特殊的策略和干预措施可能在技术上是正确的，但在治疗上是无力的（科米尔，纽瑞尔斯，2005，第81页）。温暖可以减少咨询过程或干预措施的非人性化性质，以免给来访者带来干巴、冰冷的感觉；可化解来访者潜在的敌意、愤怒，显著地改善咨访关系。温暖应该体现在整个咨询过程中，从来访者进门到离开，咨询者都应热情、周到地对待来访者，让来访者感到自己受到了很友好的接待。

关于温暖的传达途径，不少咨询家认为主要是通过支持性的非言语行为来实现的，如言语声调、眼睛对视、面部表情、体态姿势、手势、空间距离以及触摸等（钱铭怡，1994，第42页；乐国安，2002，第83页；科米尔，纽瑞尔斯，2005，第81—82页）。约翰逊（Johnson）描述了几种表达温暖和冷淡的非言语线索（见表9–1）。要注意的是，不同文化背景的来访者可能对这些行为线索有不同的解释，因而在运用非言语行为表达温暖时，需要考虑来访者的文化背景。

表9–1　温暖和冷淡的非言语线索

非言语线索	温暖	冷淡
语调	柔和	生硬、冷酷无情
面部表情	微笑、有兴趣	面无表情、皱眉、无兴趣
姿势	前倾、放松	向后靠、紧张
目光接触	看着对方的眼睛	避免看对方的眼睛
触摸	轻触对方	避免接触对方
手势	开放、欢迎	封闭、自我保护、拒绝他人
空间距离	近	远

此外，温暖也可以通过有选择性的语言反应来传递。一种有效的方法是咨询者通过使用陈述句将来访者的积极面或属性反映出来，正面强化来访者。例如：“你今天说得非常好。”“你对所处的局势控制得这么好，真是太了不起了。”“这个行动方案你执行得很出色。”

总之，温暖更多地体现咨询者的态度而不是技能。温暖存在于每个人的心里，需要咨询者自己去开发。只有咨询者对人充满爱心，对来访者充满关切，有一颗诚挚的助人之心，才能最大限度地表达对来访者的温暖。

4. 真诚

真诚（genuineness）也是罗杰斯所提倡的，是指在咨询过程中咨询者以“真实的我”出现，不带任何自卫式的伪装，不把自己藏在专业角色后面，不戴面具，而是表里如一、开诚布公地面对来访者。真诚包含两方面的内容：一方面，咨询者要真实地对待自己；另一方面，咨询者要真诚地对待来访者。咨询者对来访者保持真诚，来访者便会对咨询者产生信任感。咨询者同时也起了榜样的作用，引导来访者积极成长。真诚也可以缩短咨询者和来访者之间的距离，帮助来访者认同咨询者，并将咨询者看作是与自己相似的另一个人。因此，真诚有助于形成有效的咨访关系。

如何表达真诚？伊根曾经提出下列四点建议（科米尔，纽瑞尔斯，2004，第79页）。

（1）走出咨询者的角色。不过分强调角色、权威或地位的咨询者，会让来访者觉得更加真诚。

（2）多一点儿自发性。自发性指在没有刻意的情况下自然地表达自己的能力。然而，自发性不是让咨询者向来访者说出任何想法或情感，尤其是那些负面的情感。

（3）多一些开放性和自我流露。咨询者通过言语和非言语的途径向来访者表露自己的观点、态度等。它可以作为有目的地传递真诚的一个途径。

（4）一致性。一致性意味着咨询者言行与情感保持一致。例如，来访者的言语侮辱使咨询者感到不舒服，咨询者应承认这种感觉。咨询者若对自己的情感与言行不一致没有意识，可能会向来访者发出含混的、矛盾的信息，这样的信息会使来访者感到困惑，甚至会激惹来访者。

（二）来访者的行为

来访者的很多行为有强化咨访关系的效果，咨询机构可以运用一定的方法诱发来访者的这些行为。

1. 构建

构建（structuring）是一种简单的方法，它可以使咨询者成为来访者喜欢的人，成为对来访者有吸引力的人。主要有三种构建模式：（1）直接构建，告诉来访者他会喜欢咨询者；（2）特质构建，告诉来访者咨询者本人拥有的积极特点；（3）角色期望构建，告诉来访者他所期望的在咨询过程中都将会发生。

使用这三种构建模式的目的是让来访者形成对咨访关系的积极期望。构建的过程包括下面三个步骤。

（1）信息表述。咨询机构首先要从新的来访者那里获得信息，可通过提问、测验、会谈等收集信息。使用最多的是测验法。测验的内容是来访者对咨询的期望和对咨询者的要求及期望。在测验完成后，咨询机构需要做出如下表述：

> 我们将仔细检查你的测试结果，并根据这个结果为你分配一个最符合你的要求的咨询者。有时候，我们给来访者分配的咨询者不一定十分合适，但是对于你而言，我们肯定会给你分配一个最适合你的咨询者。你们两个将会有很好的合作，你们双方都将会很满意。

（2）特质描述。信息表述完成后，咨询机构为来访者准备一个有关咨询者特点的描述。告诉他：这是我们为你选择的咨询者，其特点是这样的……。在描述的时候要注意说出咨询者积极的个性特点，如稳重自信、友好温和等，要介绍咨询者的临床经验，他以往好的咨询效果、获得的好评、擅长的技术方法等。

（3）过程描述。这是在使用角色期望构建的时候使用的方法。告诉来访者在咨询中要发生的情况，双方都要做些什么等。本书前面提到的角色引导即属于过程描述。过程描述是很重要的，如果来访者没有获得这些信息，其咨询经历中会出现很多疑问和混乱，这会导致来访者出现消极甚至抵抗情绪。相反，如果情况的出现符合其原来期望，咨询者的吸引力就会增强。

2. 模仿

模仿（imitation）也叫榜样学习或观察学习。这种方法的原理主要来自班杜拉的社会学习理论，通过模仿学习可以获得新的行为反应倾向。具体做法是让来访者观看录像，录像上的来访者是一个样板，对他很有吸引力。这些录像一般是真实的咨询过程的剪辑，是典型的样板录像，可以起到榜样示范的作用。

模仿是有条件的，在让来访者模仿的时候，为了出现预期的行为倾向，要注意榜样的性别与来访者相同，榜样的年龄与来访者相近，要运用强化的手段来促进来访者的模仿。

3. 顺从强迫

顺从强迫（conformity pressure）源于群体压力实验。在实验中，一个群体里只有一个人对实验的目的不明确，其他人都是这个群体领导者的“同谋”，其行为方式是事先安排好的。实验时，让这个群体的成员逐个大声判断一些问题，如线段的长短等。实验表明，如果有三分之一以上的成员认同一个判断，或都做出某一个判断，即使这个判断是不正确的，这个不知情者也倾向于做出同样的判断。在咨询中也可以使用这种顺从强迫的方法。安排来访者观看四个来访者的录像或听录音，资料中的来访者都大声地就咨询者的良好特征做出判断，其中三个都说这个咨询者是有能力的人，是一个各方面都很完善的人，这样，真正的来访者迫于压力也会形成对咨询者的“喜欢”倾向。实践证明，顺从强迫的方法是有效的。

（三）咨询者的特征

在咨询过程中，咨询者自身的特点对来访者的影响也是不可忽视的。斯通（S. Stong）指出，如果来访者觉得咨询者有能力、有魅力并值得信赖，那么来访者就更可能接受咨询者的观点，而不是怀疑或排斥咨询者。他将咨询者的三个特征（专业性、吸引力、可信任性）称为咨访关系的增强因素。咨询者可以通过向来访者展示这三个特征来强化咨访关系。

1. 专业性

专业性也被称为专业能力，是指来访者认为咨询者能够帮助自己解决问题的一种知觉。这种知觉来自咨询者的技能水平、教育背景、专业训练或经验、证书或执照、资历、身份地位、成功帮助他人解决问题的经历以及办公室的环境。另外，来访者还可以从咨询者的外表（言语、服饰等）及布置（展示文凭、证书、专业著作、荣誉称号）等直接的印象中形成上述知觉。在心理咨询中，咨询者主要从外部线索和行为表现来展现专业性。

（1）外部线索，包括有关的文凭、专业训练、证书、资历、身份地位、咨询室的环境、服饰、声望、被认可的咨询者角色等。在咨询的开始阶段，咨询者要通过符合咨询者角色的着装，咨询室的合理布置，执照、文凭、证书、专著、荣誉等的展示，并利用咨询者的角色来营造相互理解、信任的气氛，建立起有效的咨访关系。

（2）咨询者需要通过自己的行为显示出专业能力。随着咨询过程的进行，角色、声誉及外表或咨询室的装饰对咨询者的影响来说已远远不够，在以后的阶段中，咨询者必须通过行为表现来显示真正的能力。

咨询者可以通过非言语行为和言语行为来体现专业性，强化咨访关系。非言语行为如目光接触、点头、微笑、身体前倾等，有助于来访者意识到咨询者的专业性。在言语行为中运用某些技巧可以起到强化咨访关系的作用，这些技巧包括：提出中肯、具有启发性的问题；用言语表现关注，如接话；表述时表现得坦率和自信；使用言语释义；用言语将问题具体化；等等（科米尔，纽瑞尔斯，2004，第133页）。

值得注意的是，专业性并不表明咨询者是“高人一等”的，在任何情况下专业性都不能成为僵硬的教条。专家级的咨询者是那些自信的、关注他人的人，由于他们的知识背景和行为，他们能够帮助来访者解决问题，并达到目标。摆出高高在上的姿态，滥用专业性的咨询者反而会吓退来访者。

2. 吸引力

吸引力是一个难以界定的概念，极具主观性。对来访者表现出亲切、友好、尊重、温暖等态度以及与来访者相似性大的咨询者往往具有吸引力。有吸引力的咨询者身上具有较多的影响他人的个人特质。如果来访者喜欢咨询者，咨询者也愿意为来访者进行咨询，吸引力的效果就会非常好（科米尔，纽瑞尔斯，2004，第135页）。

吸引力包括身体吸引力和人际吸引力。身体吸引力前面已进行了说明。恰当的非言语及言语行为能够展现人际吸引力。在建立咨访关系、确定目标阶段，人际吸引力可以减轻来访者的焦虑，使他们相信眼前的咨询者正是自己要找的人。影响人际吸引力的非言语行为包括目光接触、身体前倾、微笑、点头等，影响人际吸引力的言语行为包括自我表达和结构化（也称构建）。这些行为可引起来访者积极的期盼，降低他们不必要的焦虑，增进他们的认同感，从而强化咨访关系。

3. 可信任性

咨询者的可信任性是赢得来访者尊重的重要特征。当来访者认为咨询者可信任时，会更有可能相信咨询者的话并遵照他的建议（科米尔，纽瑞尔斯，2004，第139页）。但在会谈中，可信任性是一个隐含的咨询者特征，直接告诉来访者“你可以信任我”并不令人信服，来访者常常根据咨询者的行为判断咨询者是否可信任。可信任性是通过咨询者的外部线索和行为表现来建立的。

（1）利用外部线索建立来访者对咨询者的信任。在咨询的初始阶段，来访者主要基于咨询者的角色和声誉形成对他的初始信任。例如，来访者由于咨询者在社会上的地位，而自然认为他是可信任的，也可能因为咨询者在真诚、伦理及职业行为上的声誉而形成信任感。此外，咨询机构的权威性、咨询者资格的可信度、咨询者的年龄和阅历也是使来访者形成对咨询者信任的外部线索。已经建立的信任，也需要在接下来的咨询过程中继续维护、强化。

（2）利用行为建立可信任性。咨询者需要通过下列行为表现来建立自己的可信任性：在言语和非言语行为之间保持一致性、连贯性；对来访者的自我暴露予以接纳；展示恰当的非言语行为，对来访者的非言语行为进行合理回应。准确的释义、言行一致、开放自我与真诚、准确可靠的信息表达以及对来访者的“信任测试”进行坦诚的反应等也是重要的行为线索。

（四）会谈技术

心理咨询的根本目的是促使来访者的自我成长，但也应看到来访者的自我成长往往需要一个过程。因此，咨询者除了具备共情、尊重、温暖、真诚、无条件积极关注等态度外，还可以通过会谈技术来影响来访者，促进建立并发展良好的咨访关系。

在会谈的过程中，咨询者需要运用三类技术来促进咨访关系：（1）参与性技术，主要有倾听、提问、鼓励和重复、释义、情感反映、具体化、概括，一般在问题探索、目标定向和方案探讨阶段运用；（2）影响性技术，主要有解释、指导、面质、情感表达、内容表达、暗示、自我表露、逻辑推理、影响性总结，一般在咨询阶段运用；（3）非言语技术，包括目光注视、面部表情、身体姿势、声音特征、空间距离、沉默、综合印象等，通常配合前面两类技术使用。总之，各类技术对良好咨访关系的建立与发展有其特定的作用，咨询者要熟练地掌握这些技术并加以运用。

（五）初次会谈

徐光兴（2000，第160页）认为，心理咨询的成败，60%受初次会谈的影响。由此可见初次会谈的重要性。初次会谈时，咨询者要向来访者传递共情、真诚、尊重、热情、无条件积极关注的态度。例如：简明扼要地介绍自己的身份，用目光示意或手势引导来访者坐下，进行短时间的闲聊以消除来访者的拘谨，允许来访者短暂的沉默以给他一个整理思绪的机会；向来访者解释咨询的过程、双方的责任和权利、保密性等。这些可以减少对方的困惑，缓解因此而引发的焦虑，也使对方不至于对咨询产生不当或过高的期望。这些都可以促进咨询者和来访者建立良好的咨访关系。

（六）知情同意书

知情同意书也称咨询协议，是指来访者和咨询者或心理咨询机构就心理咨询的有关信息资料签署同意意见，达成开展工作的约定或协议，包括口头协议和书面协议。国外通常将签订书面知情同意书作为伦理和法律的要求，并作为治疗过程的一个组成部分。如1992年美国心理学会的职业道德规范明确要求，心理治疗要做到知情同意。

不同咨询模式的知情同意书有所区别，但大体上包括以下几个部分（李林英等，2002）。

（1）什么是心理咨询，心理咨询的目标是什么。

（2）一些声明，如咨询者的专业资格、专业背景、工作模式等。

（3）来访者的权利，如有权询问关于咨询的问题并得到满意的回答，有权在任何时间结束咨询，如果感到咨询不公或不满意可以向有关机构申诉，转介的权利等。

（4）一些约定，包括：保密原则，除了说明如何保密，还要特别强调咨询机构在什么情况下（如来访者暗示有危及自己或他人的安全时，法庭要求时，协助澄清医疗方面的突发性事件时，孩子被虐待或被忽视时，等等）可以与相关部门取得联系；付费方式；未能按约定时间咨询的处理方式；是否同意接受咨询，以及是否同意录音录像；咨询的时长和频率；等等。

（5）对咨询过程中双方职责的说明，包括相互尊重、坦诚地表露、完成作业等。

（6）来访者、咨询者的签名和日期（有时还包括咨询机构负责人的签名）。

来访者和咨询者或心理咨询机构签订知情同意书不仅有利于来访者建立对咨询者的信任、促进行业规范化、预防不必要的纠纷，而且有利于良好咨访关系的建立。因为咨询不仅是一个助人的过程，也是一种关系建立的过程。在这一过程中，尊重、真诚、平等可以在知情同意书中得到体现，这对良好咨访关系的建立具有积极意义。

此外，针对来访者某些行为的干预达成协议，在一定程度上可以保障来访者的安全。例如，与一个有自杀倾向的来访者签订某一段时间内不实施自杀行为的协议，协议中要求来访者每天通过电话或短时面谈与咨询者保持联系，这样可以有效地进行危机干预。因此，在心理咨询中，咨询者要善于通过知情同意书的签订来强化良好的咨访关系。

第四节　不良咨访关系及其处理

一、不良咨访关系的界定

半个多世纪以来，心理咨询与治疗的专业实践及研究表明，影响咨询与治疗效果的因素很多，其中一个重要的因素是，咨询者能否与来访者建立具有治疗功能的咨访关系。然而在现实中，咨询者要想与来访者建立有效的咨访关系并不是那么容易的，也并非所有的咨访关系都有利于来访者的成长。在我国，“人情法则”盛行，作为咨询者，在咨询室所面对的来访者不单纯是寻求心理帮助的陌生人，也可能包括自己的亲友、熟人甚至领导，更有甚者，有的咨询者在咨询过程中，将来访者变成了自己的朋友或恋人。这样的咨访关系由于多种角色的混淆，给咨询目标的实现造成了很多困难，都属于不良的咨访关系。

不良的咨访关系是指在咨询者和来访者之间，除了存在职业性的助人关系，还存在一种或几种其他关系。不良的咨访关系也可称为双重（多重）关系，包括非性的双重（多重）关系以及性的双重（多重）关系。双重（多重）

关系是指咨询者除向来访者提供心理帮助以外，与其发生了超越职业界限的非咨访关系，比如性关系、商务关系、金融关系等。不良的咨访关系会对来访者产生直接或潜在危害，也不利于咨询的顺利进行。

二、有关不良咨访关系的研究及观点

近几十年来，在临床心理学领域，性与非性的双重（多重）关系已经引起众多学者的广泛关注与争议。

（一）国外的研究与观点

美国和一些西方国家围绕这一课题进行了许多系统的调查，结果表明：心理咨询师、精神科医师及临床社会心理工作者均有与来访者或病人建立性及非性的双重（多重）关系的情况发生，而且性别差异十分显著。其中男性从业者显著多于女性，且男性从业者与女性来访者建立双重（多重）关系的情况占绝大多数。同时，在对心理训练或心理咨询过程中教授与学生性问题的研究中，亦发现显著的性别差异，即出现问题的情况多为年长且地位较高的男性与年轻下级女性发生性行为。显著的性别差异可能反映出对不同性别地位的传统思想观念和偏见，心理咨询实践中咨询者和来访者之间性接触的实质可能是性偏见的反映（赵静波等，2002）。

心理咨询界对禁止咨询者和来访者之间发生性的双重（多重）关系已达成共识。美国和一些西方国家的司法部门对此有明确的规定，并成立了相应的机构来管理并处理此类事件。

非性的双重（多重）关系是复杂的。在咨询工作中，咨询者有时不可能只扮演咨询者这一个角色，许多时候，可能会陷入双重（多重）关系的困扰。因此，对于要不要绝对禁止非性的双重（多重）关系目前仍存在争议和分歧。大多数伦理委员会和国家许可证委员会的职业道德规范中只是提出尽可能避免非性的双重（多重）关系，但对于咨询者在临床实践中的具体指导比较模糊（刘竞，王择青，2005）。

（1）禁止的理由。最初禁止心理咨询非性的双重（多重）关系的发生有两个根源：一是国家的相关管理机构试图阻止咨询者对来访者的剥削和危害而提出禁令，二是防止专业助人者尤其是精神分析取向的咨询者利用与来访者之间的地位差别为自己谋得利益。因此，美国心理学会、美国婚姻与家庭治疗协会（American Association Marriage Family Therapy，简称AAMFT）在其职业道德规范中都禁止非性的双重（多重）关系的发生，但是所有这些道德规范都承认不可能完全避免非性的双重（多重）关系的发生，咨询者的主要责任是保护来访者的利益免受伤害。美国心理学会的职业道德规范中指出，如果在临床实践中，可以预见到双重（多重）关系会削弱咨询者的职业客观性、治疗能力、治疗效果或对来访者产生危害时，咨询者都应该避免该双重（多重）关系的发生。反之，这种关系就没有违反职业道德。

绝大部分心理学者认为，当咨询者和来访者之间存在非性的双重（多重）关系时，会出现很多不利于咨询的因素：这种有所企图的关系本身就建立在不平等的基础上，会破坏和歪曲职业咨访关系的界限，影响咨询者临床判断的客观性，并削弱咨询者帮助来访者的能力；影响咨询者在来访者以后的治疗需要中保持价值中立以及职业客观性；可能会导致咨询者滥用来访者的个人信息而为自己谋得社会利益或者经济利益，违反保密原则和职业道德；导致咨询者和来访者不能处于同等的条件下进行商业或其他领域的合作，使来访者的利益更易受到伤害。这些学者认为危害是不可避免的，有过失的临床判断也会随之发生，巨大的危险潜伏于各个角落。

（2）支持的理由。有人认为，为了减少对来访者的剥削和保护其利益不受侵害所做的努力的确很有必要，但不应该过分关注所有双重（多重）关系的消极面，把双重（多重）关系过于“魔鬼化”。因为如果一味纠缠于对咨访关系的界限，禁止双重（多重）关系，会人为制造令人尴尬的咨询氛围，咨询者和来访者之间的疏远只会增加权利的不平等，从而遏制咨询联盟的建立与维持。有人认为，若将任何双重（多重）关系看作禁忌，咨询者就不会意识到某些双重（多重）关系还可以提高咨询效果。如果咨询者敢于在适当的时机和来访者培养非性的、没有剥削性的双重（多重）关系，就会是更好的、更有效的咨询者。同样，有研究者提出，只要咨询者能灵活掌握心理咨询的职业界限，双重（多重）关系的发生可以增加双方的交流与沟通，使来访者拥有在咨询氛围以外的对真实世界的体验，影响其认知过程，有助于咨询结束后咨询效果的维持。

（二）国内的看法

国内关于双重（多重）关系的文献较少，《中国心理卫生杂志》于2001年开始推出了心理治疗及心理咨询相关问题的讨论专栏，刊登了国内一些学者对双重（多重）关系的观点。赵静波等（2002）提出：无论是任何原因，在任何地点及任何条件下，咨询者均应避免与来访者发生任何性亲密行为，避免与来访者进行社会或其他非专业接触，不得与来访者建立专业服务之外的其他任何关系，也不得为以前存在性亲密关系的人和存在其他社会关系的人进行心理咨询。如果一个有潜在伤害性的性亲密关系已经产生，咨询者要以对来访者的最大利益负责的态度并以遵从专业工作的伦理学规范为原则，设法尽早解除这种性关系。李晓驷分析了双重关系对咨询的许多不利因素，建议咨询者不宜选择自己的亲人与朋友作为心理咨询的对象，也不能在咨询过程中以及咨询终止后与来访者发展或保持亲密关系。

三、双重（多重）关系的处理

咨询者应该明白，基于自身和来访者利益的考虑，无论什么情况下都应该尽可能避免非性的双重（多重）关系的发生，这也是职业道德和伦理的要求。对于非性的双重（多重）关系，若实在难以避免或已经形成，应在道德规范和从业标准的指导下，慎重决定是否继续这种关系，并针对具体个案认真评估其危险性和潜在益处。因此，如何学习和有效处理双重（多重）关系是对实践者的一个挑战。

（一）国外认同的指导原则或决策模型

1. 美国心理学会的道德模式

2002年修订的美国心理学会的道德模式为实践者处理双重（多重）关系提供了如下的指导：如果复杂的关系有可能影响咨询时的客观性和效力，或者有利用和伤害来访者的风险，咨询者要防止牵扯进这种关系；有可能引起来访者损伤的多重关系是不道德的；如果咨询者发现由于无法预知的因素已经出现有潜在危害的双重关系，要在照顾来访者的最大利益、遵守伦理道德规范的基础上采取合理措施来解决问题。

2. 咨询专家提出的指导原则或决策模型

（1）赫利希（B. Herlihy）和科里（G. Corey）的指导原则。该指导原则包括以下内容。

①建立健康分界。在整个咨询的过程中要做到知情同意，使来访者加入讨

论和做决定，并对讨论进行记录。

②咨询者可以不用单独的决定——与职业同伴商量也可以帮助维持客观性和解决未知的困难。

③当双重（多重）关系存在潜在的问题，或者危险性很高时，需要在监督下工作。

④在整个过程中，自我监控是很关键的。问问自己这是满足谁的需要，当卷入双重（多重）关系中要审视自己的动机。

（2）戈特利布（M. C. Gottlieb）的避免剥削性决策模型。戈特利布于1994年在基其纳（K. S. Kitchener）早期研究的基础上，把咨访关系比作职业者和消费者的关系，这种理念暗示咨询者在任何时候都有责任促进来访者的健康，维护来访者的利益，而不是满足咨询者自身的需要。在并非所有的双重（多重）关系都不可避免地具有剥削性的前提假设下，他提出了建立在权利差别、疗程长短、咨询是否明确结束等维度上的评估模式。认为如果权利的差别很大，咨询持续的时间较长，咨询结束的时间又不明确，这种非性的双重（多重）关系带来的危害是巨大的。

（3）扬伦（J. N. Younggren）的操作性决策模式。与戈特利布的避免剥削性决策模型相比，扬伦提出的模式可能更具操作性。该模式主要是咨询者回答与双重（多重）关系有关的八个问题：该双重（多重）关系是否有必要？是否具有剥削性？谁会获益？是否会伤害来访者？是否会破坏咨询联盟？咨询者对该问题的评估是否客观？咨询者是否在咨询记录中详细记录了自己的决策过程？来访者是否认可卷入双重（多重）关系的危险？咨询者通过对这几个问题的回答来验证自己选择的正确性。

（二）国内的处理原则

国内也有学者就双重（多重）关系的处理提出了自己的看法（龙迪等，2002）。综合国内外的观点，下面几点可供参考。

（1）以职业道德和伦理要求为指导。在面对来访者时，咨询者要十分清楚国内关于咨询业的职业道德和伦理要求，遵循相应的指导原则，尽可能地避免卷入双重（多重）关系中。在实践中，注意参照国外的处理双重（多重）关系的指导原则。要清楚自己的职业界限，作为咨询者，任务是帮助来访者在困扰中做出成长性的改变，而不是与来访者发生职业关系之外的任何其他关系，更不能与来访者发生亲吻、性行为及同等性质的行为。无论是对以前的来访者还是现在的来访者，过多的情绪情感卷入或性的卷入都是不道德、不专业、不合法的。因此，咨询者要尽量避免与来访者发生双重（多重）关系。

（2）明确咨询者的角色和职责。每个人在不同的场合与环境下有其不同的社会角色和应遵循的规则，咨询者也不例外。咨询者的角色是相对于有心理问题的来访者而言的，是在心理咨询室或特定的场合下出现的。因此，时刻意识到自己的角色是咨询者而非其他角色，这一点非常重要。咨询者的职责是应用自己的专业知识和人格魅力，通过言语和非言语沟通去影响和矫正来访者的心理问题，而并非通过性关系或非性的双重（多重）关系来咨询。

（3）及时转诊、会诊或中断治疗。咨询者在发觉自己与来访者之间的关系超出职业性的咨访关系时，应该及时建议转诊、会诊或中断咨询，以免不良咨访关系的进一步发展，影响来访者的心理生理健康和自己的声誉。当来访者是咨询者的亲人、朋友、领导或其他有社交关系的人时，咨询者应向他做出解释并及时转介、中断咨询或与其他咨询者进行会诊。

（4）经常进行自我反省。当非性的双重（多重）关系不可避免时，咨询者要进行自我反省和分析，以此来提高选择的正确率。同时需要问问自己：所做的是否真的在帮助对方，使其有能力按照自己的意志做出选择？助人动机究竟是想要满足自己的需要还是满足来访者的需要？是要满足来访者的成长需要还是其他需要？

（5）加强练习，提高专业应对技能。咨询者要想在应对不可避免的双重（多重）关系时有所准备，一个较现实的方法就是平时针对这方面的问题进行练习，提高专业应对能力。例如，可用角色扮演进行下面的练习：

当你的领导因为心理问题来请求你的帮助时，作为咨询者的你该怎么办？

当你的同事因为心理问题来请求你的帮助时，作为咨询者的你该怎么办？

当你的朋友因为心理问题来请求你的帮助时，作为咨询者的你该怎么办？

此外，国外有大量的相关文献可以为咨询者处理双重（多重）关系提供很好的借鉴，因此咨询者要坚持查阅大量的文献，结合具体情况来应对双重（多重）关系。

本章摘要

咨访关系是心理咨询中一个重要的话题。几十年来，不同咨询流派的心理学家从不同的理论及实践出发，对咨访关系进行了界定和特征概括，为咨询者深刻理解咨访关系的实质提供了很好的借鉴。

由于不同咨询流派的理论假设不同，因而所建立的咨访关系模式也存在很大差异，主要有指导模式、诱导模式和非指导模式。随着心理咨询理论和方法的不断发展，咨访关系模式呈现出整合（折中主义）的趋势。在目前的临床会谈中，整合模式已经被广大心理学工作者应用于心理咨询的实践并显示了其独特的优势。

对咨询者而言，良好的咨访关系对咨询效果有着直接的影响，甚至本身会起到治疗的作用。但良好的咨访关系不是自然形成的，需要咨询者和来访者共同努力，尤其是咨询者本人的努力。咨询者可通过多种方法建立良好的咨访关系，如向来访者传递共情，无条件积极关注来访者，尊重、热情、真诚的态度，展示自己的专业性、吸引力、可信任性，运用各种临床会谈技术及非言语技术，强化来访者的行为，与来访者签订知情同意书等。

不良的咨访关系是指性与非性的双重（多重）关系。由于多种角色的混淆，不良的咨访关系存在很多潜在的危险，给咨询目标的实现造成很多困难，需要慎重处理。目前国外对这一主题进行了比较多的系统研究，提出了不少可供借鉴的双重（多重）关系的指导原则与决策模型。

复习思考题

1. 咨访关系的模式主要有哪些？它们各有什么特点？
2. 如何建立良好的咨访关系？
3. 当临床实践的双重（多重）关系不可避免时，应如何妥善处理？

推荐参考书

1. 科米尔，纽瑞尔斯.（2004）.心理咨询师的问诊策略（张建新等译）.北京：中国轻工业出版社.
2. 李正云.（2002）.学校心理咨询.北京：中国轻工业出版社.
3. 钱铭怡.（1994）.心理咨询与心理治疗.北京：北京大学出版社.

参考文献

1. 郭念锋.（2005）.心理咨询师（三级）.北京：民族出版社.
2. 胡江霞.（2001）.几种主要治疗流派对咨访关系的处理的比较.教育科学，18（2），62–65.

3. 吉利兰，詹姆斯.（2000）.危机干预策略（肖水源等译）.北京：中国轻工业出版社.

4. 科米尔，纽瑞尔斯.（2004）.心理咨询师的问诊策略（张建新等译）.北京：中国轻工业出版社.

5. 李林英，祝卓宏，程文红.（2001）.治疗协议在心理咨询和心理治疗中的作用与影响.中国心理卫生杂志，16（8），578–580.

6. 李孟潮，田玉荣，王晓京.（2002）.如何理解心理治疗中的治疗关系及其特点？中国心理卫生杂志，16（2），135–139.

7. 李正云.（2002）.学校心理咨询.北京：中国轻工业出版社.

8. 龙迪，李晓驷，王择青.（2002）.关于心理治疗中双重关系问题的讨论.中国心理卫生杂志，16（4），282–285.

9. 刘竞，王择青.（2005）.心理治疗中治疗师与来访者非性双重关系的研究与进展.中国临床康复，9（4），126–128.

10. 钱铭怡.（1994）.心理咨询与心理治疗.北京：北京大学出版社.

11. 王玲，刘学兰.（1998）.心理咨询.广州：暨南大学出版社.

12. 邢邦志.（1997）.论心理咨询关系及其建立.上海铁道大学学报（自然科学版），18（2），80–84.

13. 徐光兴.（2000）.临床心理学.上海：上海教育出版社.

14. 乐国安.（2002）.咨询心理学.天津：南开大学出版社.

15. 张松.（2004）.心理咨询的良好咨访关系.许昌学院学报，23（4），121–123.

16. 赵静波，丛中，季建林.（2002）.治疗者与异性来访者之间的关系的讨论.中国心理卫生杂志，16（7），506–509.

第十章　会谈中的信息收集

引　言

来访者所做的每件事，不论是明显的还是隐蔽的，都是在表达自我（S.科米尔，B.科米尔，2000，第158页）。在会谈中，咨询者的主要工作之一就是收集来访者的信息，因为会谈的主要目的不在于“谈”，而在于“听”，并且在“听”的同时，还要有“反应”。一方面，咨询者要获取资料，了解问题的性质；另一方面，咨询者要思索咨询与治疗对策，做出反应，影响来访者。另外，在会谈中取得的信息，不仅来源于谈话的言语内容，更来源于非言语的表情动作。研究表明，会谈中的信息来源，面部表情占55%，谈话音调占7%，而谈话内容只占38%。本章主要涉及以下几个方面的内容：言语信息和非言语信息的内涵和价值；言语信息的收集和处理；非言语信息的收集和处理。

第一节　信息的类型和价值

一、信息的类型

一般而言，会谈中的信息从内容上来说，可以分为两种：一种是认知性信息，另一种是情感性信息。前者是来访者所表达的事实内容，如经历、行为、后果等；后者主要包括情绪、感受、态度这一类内容。从传递信息的方式而言，信息也可分为两类：一类是言语信息，另一类是非言语信息。

（一）言语信息

言语信息是借助语句表达出来的，只要双方拥有共同的语言，一般通过言语知觉、理解机制就能有效传递信息。言语信息主要是通过向来访者及其家属、同事提问的方式获得。其特点是信息获得较为方便、主动，可以较准确地传递认知性信息和情感性信息，但易存在信息回避及信息歪曲。

另外，如果咨询者和来访者属于不同的亚文化圈，所习惯的言语方式会有或大或小的差别，可能会造成传递障碍，因此在会谈过程中，咨询者应对双方的言语差异保持敏感，对专业术语的使用也要慎重。一般情况下，应多使用比较通俗的语句进行交谈。

（二）非言语信息

非言语信息是指通过姿势、面部表情、目光、语调等传递的信息，主要通过观察而获得。非言语信息尽管也有文化差异，但其普遍性大于言语信息。语言不通的人也能借助它实现一些基本交流。非言语信息在传递事实时功能较弱，但在表达情感方面比言语描述更真切、更生动。其最大的特点是真实可靠，因为人们可以控制自己的言辞，却往往忽视了自己的非言语动作。

二、信息的价值和功用

（一）言语信息的价值和功用

1. 掌握来访者的基本信息和个人经历

通过会谈，咨询者可以得到有关来访者的一些基本信息，如姓名、年龄、职业、家庭状况、工作状况、教育背景、婚姻关系以及问题的程度和持续时间等。来访者的这些资料可以帮助咨询者了解他的生活状况，以及生活状况对问题的影响，从而评量收集到的资料。

另外，咨询者在会谈中使用倾听策略，还可以引导来访者对过去经历的回忆、联想及分析。人的心理、情感、状态与个体的成长经历有着相当的关联，成长经历对个体的发展有相当的影响，对来访者过去和现在的了解可以构成连续的图景，有助于咨询者更深刻地了解来访者。

2. 掌握来访者使用的关键词

来访者往往倾向于用语调和说话音量来强调那些对他而言最重要的词语。当认真倾听来访者的谈话时，咨询者会发现有些特定的词语会在他描述情景时反复出现。来访者常常用这些关键的描述性词语来组织他的世界，这些词语可能会揭示潜在的意义。注意到来访者的关键词并帮助他探究事实、情感以及潜藏在这些词语背后的意义是很有用的，并且，用他的关键词来谈话会促进双方的相互理解和交流（A.E.艾维，M.B.艾维，2005，第100页）。

3. 了解来访者的情感状态及态度

在会谈过程中，咨询者可以通过提问、质询等技巧来了解来访者对自身、他人及有关事件的看法和对于现实的理解，这有助于了解来访者思维与情绪的交互作用，有助于了解来访者是怎样一个人。不同的人对于同一事件的看法很难完全相同。心理学和社会学的研究表明，态度决定一切。态度是个体对人或事能够满足自己需要的一种看法或体验，个体的态度可以反映他的内心需求，也可以反映他的人生观、世界观。了解来访者对所存在问题持有的态度，往往是解决问题的关键。来访者的思想观念中往往存在许多非理性或者不合理的观念，这些非理性的观念导致他对生活、学习或工作中的事或人存在着非理性的态度，这也可能是他痛苦的根本原因。

（二）非言语信息的价值和功用

许多理论都强调来访者非言语信息的重要性。例如：来访者中心疗法将非言语行为作为来访者情绪情感的指示器；格式塔学派帮助来访者认识自己的非言语行为，以此增强来访者对自我及冲突的意识；阿德勒学派根据来访者的非言语信息来发现其行为的目的和错误逻辑；家庭治疗学派既关心家庭成员的非言语行为，也关心家庭成员的言语行为。

大体而言，非言语信息具有以下两个方面的价值。

1. 帮助咨询者深入了解来访者的内心世界

帕森斯（Parsons）指出，大多数来访者更能意识到自己所说的话，而不是自己的非言语行为。来访者的非言语信息比他的言语信息更能“泄露秘密”。被泄露的信息虽然并非来访者有意识发出的，但极为有用。在非言语信息中，来访者虽然没有直接表达内心感受的话语，但在咨询者面前展现了一幅生动的画面，坦诚而真实地呈现了他丰富多彩的心灵世界，其丰富性、复杂性是言语信息难以比拟的。近年来，社会心理学家越来越强调非言语信息的作用。一些研究发现，情绪信息只有7%是通过言语表达的，55%由视觉符号传递，38%由副语言符号传达（乐国安，2002，第163页）。非言语行为是咨询者探索来访者内心世界的一把钥匙，它能使咨询者从另一个角度接近来访者，把握其问题的本质，更准确地掌握问题背后的真正心理冲突。

2. 证实言语信息，修正人际交流

言语行为和非言语行为在人际沟通中往往是相互依存和补充的，有时言语行为的作用大些，有时非言语行为的作用大些。然而，很多时候非言语行为和言语行为并不是完全一致的，有时非言语行为夸大了言语行为，有时非言语行为弱化了言语行为，甚至有时非言语行为否定了言语行为。

纳普（M. Knapp）和霍尔（J. Hall）指出，非言语信息和言语信息有以下六种相互关联的形式（S.科米尔，B.科米尔，2000，第158—159页）。

一是重复。比如言语信息是“请进，请坐下”，手指着房间和椅子。

二是矛盾。说“我喜欢你”时却伴着皱眉和生气的语调。在这种情况下，咨询者虽然得到矛盾的言语和非言语信息，但往往更相信非言语信息。

三是替代。用非言语信息代替言语信息是很常见的。如向他人问候“你好吗？”的时候，对方报以微笑，这个微笑就代替了“我很好”。

四是补充。非言语信息能通过对言语信息的更改和详细说明进行补充。例如，一个人说自己觉得不舒服，语速很快并伴有很多错误，这些非言语信息就强调了不舒服这一言语信息。

五是强调。例如，口头上表达关心，并辅以皱眉和眼泪这些非言语暗示，则能使表达的信息得以加强。

六是调整。非言语信息有助于调整交谈。一般来说，交谈的一方会根据对方某些确定的非言语信息来判定其是否认真倾听，从而来调整自己的谈话。例如，当一个人说话的时候，如果交谈对象不停地朝他点头，则他会受到强化继续说下去。若交谈时对方东张西望且不停地变换身体姿势或低头看手表，则他可能会停下来。

三、咨询者的言语行为和非言语行为

（一）言语行为

沟通过程中的言语行为，包括探究、询问、澄清、复述、综合、情感描述等。在咨询过程中，咨询者可以通过有效的提问和应答来表达对来访者积极关注的态度。恰当的提问有助于咨询者和来访者之间的沟通。在提问时，咨询者应关注来访者此时此地的感受，如：“你现在心里很不舒服，是吗？”同时还应探究来访者的心理世界，如：“你对此是怎么想的？”

奥肯（Oken）列举了一些有效的和无效的言语反应方式（见表10–1）（陈立人，史春宜，2004，第269—271页）。

表10–1 有效的和无效的言语反应方式

有效的言语反应方式	无效的言语反应方式
使用容易理解的词汇	劝告
对来访者的表达做出反应和澄清	说教
对来访者的描述做出综合	安抚
使用肯定性的词汇	哄骗
回答关于自己的提问	告诫
适当地提供信息	过分地解释
使用幽默以消除紧张	过多地分析
非判断性地对来访者的述说表现出最大的理解	救世主的态度
—	使用来访者不易理解的词汇
—	偏离主题

（二）非言语行为

在会谈过程中，咨询者的非言语行为，如放松而略微前倾的姿势、微笑、目光接触、点头、适中的语速等都是有效的非言语表达方式，可以充分传达咨询者的积极关注，从而鼓励来访者更加开放、坦诚。而当咨询者的非言语行为和言语行为所传递的信息混淆或相互矛盾时，则会使来访者感到困惑，影响良好咨访关系的建立。奥肯曾经列举了咨询者一些无效的非言语行为，包括目光从来访者身上移走、座位远离来访者、蹙眉、闭眼、语速过快或过慢、打哈欠、不恰当的手势等。

（三）言语行为和非言语行为的一致性

咨询者言语行为和非言语行为的一致性会提高来访者对咨询者能力的评价，增强来访者对咨询者的信任。尤其是在与来访者对峙或讨论比较敏感的问题时，咨询者的言语行为和非言语行为之间的一致性尤为重要。这两方面矛盾的信息会使来访者感到困惑，降低对咨询者的信任感，拉大与咨询者在心理上的距离。

例如，一位咨询者对来访者说“我很有兴趣知道，你为什么对父母的敌意这么大”，与此同时，他的身体不是面对来访者，而是颤动双腿、身体后仰、两个胳膊交叉在胸前。这个与言语信息不一致的非言语信息对来访者的影响是非常大的。很多研究表明，当言语信息和非言语信息矛盾时，人们一般更愿意相信非言语信息。

第二节　言语信息的收集

一、来访者的言语表现

（一）谈话的内容

来访者的言语信息主要包括其过去经历、现时状况、未来打算、对自身和他人以及有关事件的态度和看法等。

在会谈的开始阶段，来访者会叙述自己的问题，但通常只是其外显问题的信息，而非深层次的个人经验资料。对于咨询者来说，来访者选择讲述什么和避开讲述什么是一条重要的线索。在建立良好的咨访关系之前，咨询者如果企图带领来访者探索深层次经验，极可能引起来访者的防御心理。在和来访者有了良好关系之后，咨询者可以引导对方进入深层次的内心世界，探索来访者未觉察的经验。

（二）谈话的主动性

会谈在某种意义上是一种挑战或一种引发焦虑的行为。言语信息是咨询者和来访者会谈时以提问的形式获得的，有的信息是来访者主动报告的，有的是被动报告的。大多数来访者在第一次会谈时都很犹豫，他们对于会谈和治疗既期待又害怕（R.萨默斯-弗拉纳根，J.萨默斯-弗拉纳根，第210—211页），因此就会出现两种比较极端的情况——有些来访者表现得过于急切地想说出自己的所有情况，使得言语信息多且杂乱；有些来访者则过于防御，在会谈中逃避表达自己，并出现抵触、戒备、拒绝袒露的情绪。

另外，同一个来访者在不同的话题上也会表现出不同的主动性。例如，许多来访者在被要求随便讲讲童年经历时会表现得很烦躁，或顾左右而言他，或转而申述自己身体上的不舒服。出现这种情况时，咨询者应特别留意，因为此时来访者往往在掩藏或者躲避什么。咨询者应尽量鼓励来访者，表现出很愿意倾听的样子，这样会帮助他们缓解焦虑、烦躁的情绪。

（三）谈话的真实性

来访者在会谈中说什么和说到什么程度是由他们自己决定的，说出的内容往往是他们精心选择过的，可能隐藏了自己真实的想法和情感。因此，咨询者通过会谈得到的信息是不全面的，也可能是不太真实的。有时来访者会提供很多关于自身的信息，有时来访者几乎不提供什么信息，有时来访者会歪曲信息。他们有意识或无意识地控制自己的言语材料，按照他们所推测的咨询者的喜好来回答问题，从而掩盖了真实的情况，尤其是在会谈开始阶段，在双方良好的咨访关系建立之前，更容易出现这种现象。

另外，还有一些有戏剧化性格倾向的来访者喜欢把事情说得有声有色，并常常编些自己认为旁人会喜欢听的故事来引诱别人的注意或者关心。在这种情况下，咨询者得小心应对，以免最后才发现来访者把事情夸大，从而更难处理。

二、收集言语信息的主要途径

（一）直接收集

这是指咨询者对来访者直接进行咨询，主要通过提问的方式来获得言语信息。其特点是通过咨询者和来访者的直接交往和相互作用，使咨询者能够收集到更为有效的信息。但是，来访者的言语信息有时未必真实可靠地反映了真实情况。根据传记记忆理论，来访者表达的内容只是传记知识库里的某一部分信息，只是经验的一部分，来访者未提取的信息可能是其不愿意面对的经验，而这些信息常常是问题的关键（Conway，1996；Conway & R ubin，1993）。另外，对于被动型和缺乏言语表达能力的来访者而言，这种收集方式是不可行的。

（二）间接收集

这是指咨询者从来访者的家属、监护人员、同伴群体等处进行信息收集。间接收集在咨询者和来访者之间增加了一个中转媒介（傅安球，2001，第268页）。有时，从来访者以外的人中获取信息也很重要，在与儿童和青少年面谈时尤其如此。在这种情况下，与他们的父母进行会谈往往是收集信息的重要部分。即使是与成年人进行面谈，咨询者也可能需要获得来自他人的信息来支持自己所做的评估，因为有时成年人可能并不了解自己的家庭历史或关于自己成长的细节（R.萨默斯－弗拉纳根，J.萨默斯－弗拉纳根，2001，第369页）。

来访者的问题由对其较为熟悉的中介人向咨询者介绍，这可以使咨询者收集到更全面的资料，并且可以将间接收集到的信息与直接收集得到的信息相互比较、验证。但是，中介人即使对来访者再熟悉，也不是来访者，所提供的信息的准确性也并不取决于中介人对来访者的了解程度，因此这种收集方式也存在一定的局限性。

三、收集言语信息的注意事项

（一）积极气氛的创设

来访者中的绝大多数都是带着自身的问题而来的，往往非常敏感、脆弱。咨询者应努力营造出能使来访者产生温暖、有安全感的气氛。初次见面时，咨询者应友善地向对方打招呼，起身迎接对方，请对方入座。咨询者对来访者的耐心倾听、真诚关注等是建立良好的咨访关系的必要条件。

另外，在咨询开始时，咨询者应指出一些限定、规范和要求，如时间的限定、咨询场所的确保、咨询内容的保密等。这可以给来访者一种安心感和安全感，使其紧张的情绪得以缓和，从而可以更自在地谈论自己的问题。

（二）耐心倾听、真诚关注

咨询者应具有敏锐的洞察力，在来访者提出的较为复杂的人物、事件中找到必要的线索。有时来访者急于说出自己的苦恼与问题，表达零乱而无头绪，这时咨询者更应该耐心倾听并注意引导对方的思路，在一般情况下不应随意打断来访者的话题，以免扰乱对方的思路。在收集信息的过程中，切忌对来访者所说的某些事情轻率地下断语，以示自己高明，而应真诚地关注对方。例如，有一位老太太因为邻居借了一个鸡蛋一直没还非常生气、耿耿于怀。咨询者很可能把这些视为琐事而不重视，而事实上，这位老人一生孤苦伶仃，举目无亲，以养鸡卖鸡蛋为生。了解了这些情况之后，咨询者就会明白为什么这位老人会对如此一件“琐事”耿耿于怀了。

有效的关注能使咨询者仔细倾听来访者的言语和非言语表达。作为咨询者，不仅要倾听来访者关于经验、行为和情感的语言描述，更要倾听渗透在来访者言语中的情绪情感，站在来访者的角度了解其知觉外部世界的方式，了解其所看到的、体验到的世界，理解其对外部刺激的心理反应。

（三）小心提问、适当反应

会谈进行的方式主要有两种。一种方式是让来访者自由谈论。其好处在于能使来访者自由联想、随意发挥，无拘无束地谈论心事，甚至无意间表露自己的潜意识。但易使信息零碎、分散，影响咨询者对会谈内容做出必要的概括和判断。另一种方式是由咨询者提问，来访者回答。咨询者的问题可以分为两类，即开放式问题和封闭式问题。开放式问题没有固定答案，允许来访者自由回答，如："你和同学的关系怎么样？""你的父亲是怎么虐待你的？"其优点是问题没有太大限制，来访者可能提供较多的信息。而封闭式问题则有明确而固定的答案，如"你有兄弟姐妹吗？"等，常用于获得来访者的基本资料。

咨询者通过提问有针对性地了解情况，同时也可以系统地、广泛地收集资料。但提问易使来访者在叙述时产生依赖性，只做表面上的或理智性的回答，不容易探讨其内心世界。而且过多的提问会使来访者感到自己像在被审讯，没有机会按自己的意愿去讲述或讨论问题，并产生更强烈的防御和反感。

在会谈中，咨询者宜适当、适时地发问与反应，引导谈话的方向。有时，来访者会有意回避某些问题，遇到这种情况，咨询者应适可而止，而不应该紧追不放，强人所难。咨询者有时可能会听到某些离奇、令人难以置信的事情。无论听到什么样的事情或经历，咨询者都应表现得见怪不怪，否则，一声"是吗？这怎么可能，不会吧？"的惊叹，很可能会阻碍来访者对该事件的继续诉说，不利于言语信息的收集。

（四）具体化和聚焦

具体化和聚焦是指咨询者引导来访者用具体明了的语词有针对性地集中表达其存在的心理问题，以使咨访双方都能对心理问题的产生原因、表现等得到准确、清晰的理解和把握（傅安球，2001，第274页）。

在会谈过程中，来访者的诉述通常会出现两种偏向：一是过于笼统，二是过于烦琐。这两种情况都十分不利于双方的沟通，也不利于咨询者对来访者的问题进行全面的衡量和把握。因此，咨询者在交流中应该避免使用模棱两可、过于简化或者冗长琐碎的言语，以免来访者费神猜想，又可以起到示范的作用，促使来访者也用同样的言语交流。

另外，咨询者还应注意让来访者不要把诉述的内容仅局限在自己的思绪、观念、感受和体验上，而要说清楚具体的事实，不能忽视有助于说明问题的细节。同时，咨询者还应该从来访者所提供的言语信息中抓住要害，从整体上把握主要问题。

第三节　非言语信息的收集

一、主要的非言语信息

咨询者应该学会从来访者的非言语行为中获得信息。

（一）面部表情

表情是情绪最主要的表达者。很多时候，面部表达着多种情绪，不同的面部区域表达不同的情绪。快乐、惊奇和厌恶可由下半边脸和眼睛传达，愤怒由下半边脸和眉毛表达。面部线索能够帮助咨询者理解会谈中的其他言语和非言语信息。并且，面部表情所表达的基本情绪在不同文化间没有太大区别。例如，来访者可能说“我很想念我失去的男友”，但脸上没有一点儿难过的表情，这就让咨询者怀疑其到底是否真的想念她的男友。

谈及面部表情，不可避免地要涉及人们视线的接触以及人们从目光中所传递出来的信息。眼睛是心灵的窗户，通过它可以领会人的各种心灵语言。咨询者如果对来访者的眼部表现敏感，就能发现他的各种情绪。例如，你对一个来访者说：“这件事情让你感到很难过，是吗？”对方回答说：“我很好，没觉得不舒服。”但在说话时带着苦相，眼睛里含着泪水。此时，面部表情及目光所反映的信息比言语信息更为重要和真实。需要注意的是：眨眼过多（一般是每分钟6~10次）可能与焦虑有关；眼睛潮湿对不同人而言有不同的含义，有的人可能是因为心里难受，有的人可能是因为戴隐形眼镜；瞳孔放大可能是一种自动反应，也可能与警觉、集中注意力和感兴趣有关。

另外，咨询者和来访者的目光接触同样具有重要意义。目光接触可以表达情绪及与他人交流的意愿；目光接触较少或眼看别处是回避、尴尬或不安的表现；目光转移表达的可能是在谈及某件事情时的羞耻感，或来访者在思考和回忆某件事。

嘴部是整个面部又一表情丰富之处。例如，微笑是和幸福快乐联系在一起的，但有时也可能意味着压力、挫折、敌意或愤怒。而下嘴唇颤抖、咬着嘴唇或嘴唇紧闭可能意味着焦虑或悲伤。张着嘴说不出话可能表示惊奇或哑言。

（二）身体行为特征

虽然面部表情是确认来访者情绪特性时首先要注意的，但身体、四肢的动作也起着重要的作用。双手和双脚的姿势很能反映一个人的情绪状态。例如，双臂抱在胸前可能象征着回避人际交流或者不愿意表露自己。一个情绪抑郁的人除目光暗淡、双眉紧锁之外，可能双肩下垂，双手持续地做着某个单调的动作。一个焦虑或愤怒的人，双手可能颤抖或者紧握拳头。一个行为退缩的人会始终使自己的双手置于与身体紧密接触的部位，比如插在衣兜里。一个人的膝盖或脚尖有节奏地抖动，表明他可能处于紧张或者烦躁不安的情绪状态。而反复将腿来回交叉可能意味着焦虑、沮丧或不耐烦。

腿和脚远离人的指挥中心，比手臂更不容易控制。当人的全部精力集中在身体的上半部时，下半部的防守漏洞就出现了。腿和脚是人最难控制的部位，也就很容易泄露内心的秘密。例如，来访者说“我一点儿也不难过”的同时，双手却抓得很紧，双腿也并拢在一起，咨询者便可以体会到其内心可能很难过。我国学者孙庆民采用实验、开放与半开放问卷和模拟表演等方法，研究了身体姿势的信息表达和译释问题。结果表明，身体姿势所表达的信息广泛而弥漫，而且被试对身体姿势信息译释的准确程度均比较高（时蓉华，1998，第247页）。

（三）副语言行为

副语言是指语言内容以外的因素，诸如音量、音调、节奏、停顿、沉默等。人们的言语表达借助于音量、音调以及语速的改变，能够表达多种复杂细微的感情。在信息来源中，这些声音成分所传达的信息可达到7%，在会谈中起着很重要的作用。

首先，声音特征传递了情绪状态的信息。从声音线索中可以辨别出来访者的基本情绪。例如，一个来访者说话很慢、很轻，可能他很悲伤或者不想讨论敏感的话题。

其次，言语错误和流畅性方面的声音线索也能向咨询者提供重要的信息。来访者的焦虑或不安往往可以通过他们的言语错误类型和频度察觉出来，口误在焦虑和不安增强时出现频率更高。

最后，停顿和沉默也可以向咨询者提供关于来访者的信息。停顿是喉部肌肉变化所带来的现象，这些肌肉僵硬和紧张及放松的变化使声音出现短暂的停顿。这可能表示来访者希望刚刚所谈的内容能引起咨询者的注意或者是在决定下面继续谈什么内容。

（四）沉默现象

许多人对沉默感到不舒服，尤其是当与另一个人在一起的时候。沉默不仅使新手咨询者害怕，也使来访者害怕。有三种形式的沉默：创造性沉默、自发性沉默和冲突性沉默（Cavanagh，1982，pp.132–144）。

1. 创造性沉默

创造性沉默是来访者在会谈过程中对自己刚刚说的话、体验到的感受的一种反应。目光凝视空间某一点是创造性沉默的典型反应，这往往是人们集中注意力思考问题的特征（Cavanagh，1982）。此时，咨询者最好也保持沉默，维持对来访者的注意。这可以向来访者表明你懂得他正在思考，了解他内心正在进行的思考活动。如果用“你在想什么呢”这类问题打断沉默，可能会使来访者的思路被打乱。因为人们有时愿意独自思索一会儿，并未打算把自己当时的内心活动示于他人。

2. 自发性沉默

自发性沉默往往产生于不知道下面该说什么好时的情境。有时，来访者不知该说什么好，不知什么是有关的事件，什么是无关的，或者觉得自己已经把问题表述出来了，不知咨询者还希望了解什么东西。在这类沉默中，来访者的目光不是盯着前面某一点，更多的是游移不定的，从一处看到另一处，也可能会以征询、疑问的目光看着咨询者。这时双方都会感到有说话的压力，沉默时间越长，压力越大，也越紧张。咨询者应立即有所反应，比如采用“你可以告诉我现在在想什么吗”这类反应来填补空白。

3. 冲突性沉默

冲突性沉默可能是害怕、愤怒或愧疚引起的，也可能是内心在进行某种抉择引起的。例如，来访者在下列情况下容易产生冲突性沉默：为将要说出的事感觉难堪，说不出口；不知自己的话该不该说，有没有必要说；要不要反驳咨询者；考虑用什么方式表达比较妥当；等等。

冲突性沉默常常伴随较强的情绪体验，如羞愧、害怕、委屈和生气等。咨询者要注意分辨对方的情绪表现，结合谈话的情况，常能大致估计对方冲突所在，从而做出恰当的反应。例如，咨询者若发现对方明显在生气，最好直接问来访者："你似乎想用沉默的方式告诉我什么事情，你能不能直接说说你现在的想法？"

（五）综合印象

综合印象是对一个人总体的、概括的看法及观点，对于整个观察过程可起到统领全局的作用。当人处于静止或无声状态的时候，不同的站、坐、倚的姿势也会传递一定的信息。此外，人的体形、穿着、发型等也传递着一定的信息。例如：对于头发总是梳得整整齐齐，皮鞋也擦得很亮，虽然天没下雨，但时常带一把伞来的来访者，咨询者就可以推测这很可能是一个谨慎小心的人；会谈中常低着头，不敢直面咨询者说话的人，咨询者也不难理解为什么他说自己常常被人欺负，不被上司重用；会谈中总是跟咨询者辩论、坚持己见的人，咨询者也容易知道为什么他与同事合不来，与朋友有矛盾。

一般而言，人们最初是通过一个人的举止等来对他做出判断，之后才可通过与他的谈话来评价他。作为咨询者，更要在会谈后以及对来访者有更多的了解之后，不断地调整自己对来访者的看法与评价，而不能仅凭初次评估就妄下结论。

二、收集非言语信息的途径

（一）直接观察

直接观察是指观察来访者的外形、姿态、语言等外在表现，特别是一些细节。

1. 作品分析

对来访者的作品分析就是对来访者的发型、服饰及行为等方面的观察。服装可以反映一个人的自我表现心理。咨询者可以透过这个窗口，看出一个人的文化素养，看出他所追求美和表现美的意向，也可以推测出他的情绪和性格。喜欢穿传统服饰的人，往往有着保守的个性；追求时髦的人，则容易接受新事物，喜欢寻求刺激。同时，衣服的颜色也表明一个人的个性。一般而言，个性要强、活泼好动的女性往往喜好鲜艳的色彩，或者色彩对比强烈的服装；性格沉静的女性则往往喜欢穿蓝色和茶色的服装；性格温柔的人喜欢温暖的颜色；

性格爽朗的人喜欢白色；性格内向的人则往往喜欢深沉的颜色。

人的情绪、表情、行为、姿态等也是要观察的对象。一个昂首挺胸的人，是对生活充满信心、勇于进取、敢于开拓、热爱生活的人，其言谈举止也会是朝气蓬勃的。咨询者如果看到的是一个垂头丧气、腿脚无力、说话点头哈腰的人，则可以判断，这个人很可能久经挫折，无力回应生活挑战，办事唯唯诺诺。

另外，从坐姿也可以看出一个人的心理状态。浅坐，把手放在膝盖上交叉相握，表现出防御的姿态，说明来访者相当紧张、拘束，难以接纳他人，也不愿意说出自己的心里话。

2. 语言表达

语言表达被视为观察思维过程和思维内容的最直接的途径。咨询者一般从音量、语速、音调这三个方面来描述谈话。语速和音量可以分为高（快或响亮）、中（正常或平均）、低（慢或轻柔）。来访者的谈话一般都被描述为有压力的（高速）、响亮的（高音量）、慢的（低速）或者轻柔的（低音量）（R.萨默斯-弗拉纳根，J.萨默斯-弗拉纳根，2001，第280—281页）。

言语混乱表明来访者有思维障碍。言语混乱包括吐字问题（言语的清晰度问题或发音含混）、节奏失调（节奏的问题，如喃喃低语）、口吃等。有时来访者的言语所传达的信息不连贯，表现出思维奔逸，有时来访者的言语中有明显的妄想、恐惧或强迫观念，这些都属于思维障碍的表现。

咨询者也可以从来访者的言谈中判断出来访者的性格、气质特征等。例如，语言生动活泼则表明来访者是性格外向的人或此时的心情愉快，语调低沉、语速缓慢则表明来访者抑郁或情绪低沉。在会谈过程中说话吞吞吐吐的人，很可能是一个本性多疑、不信任他人的人。言语怪异，如离题、用词不当、繁简失当、表达意见不清，而且并非文化程度或智能障碍等因素所引起，则可能是因为人格障碍。说话夸大其词，掺杂幻想情节，缺乏具体的真实细节，难以核对，则可能是表演型人格障碍等。

（二）情境观察

1. 测试

有时进行测试并非为了得到测验的分数，而是通过设计这种测验的标准环境来观察来访者的种种表现，通过这些表现来分析其行为。测验本身就是一个很标准的情境，有规定好的刺激，而且刺激是多种多样的，人们完全可以通过来访者在测验情境中的一般表现，以及对不同题目的反应来分析来访者的行为。例如，观察来访者是否不断要求得到主试的首肯，是否对自己的反应表示歉意，是否有情绪紧张的表现，是否能专注地做每个题目，是否一直想给主试留下深刻的印象，是否遗漏题目，等等。

在测试时，咨询者应仔细观察，不应放过任何细节，因为细节很可能有重要的临床诊断价值。在测试过程中观察到的材料可以用来对一个人的心理水平、特殊缺失以及可能的心理混乱做出评价和解释。

2. 模拟评估

模拟评估的运用条件是安排一种使得目标行为易于发生的情境，这尤其适用于观察那些在自然环境中难以观察到的行为（如让经历婚姻困扰的夫妇讨论一个问题，让一个不敢自我表达的人面对一个需要自我表达的情境）或几乎从不发生的行为（如让一个异性焦虑者与一些异性谈话）。

在模拟评估中，观察者和被观察者之间的关系通常有两种：一种是参与观察，另一种是非参与观察。这两种方式的区别在于观察者是否参与被观察者的活动。如果观察者成为观察情境的一部分，那么有可能会出现观察者自己的行为影响情境中的人的反应的情况。但是，观察者主动参与到情境中去，能对被观察者的行为有更深刻的了解。应注意的是，观察者在观察时要尽可能不引起注意或冲突，因为不论在什么情况下，被观察者一旦意识到自己处于被观察的地位，他的行为便不自然，就会产生角色扮演现象。

3. 日常生活行为的观察

弗洛伊德认为，人对潜意识的压抑不仅存在于变态心理活动当中，而且广泛存在于正常人的心理活动中，可以通过很多方式（梦及各种失误）来说明它的存在。与人们的无意识动机或冲突相联系的一个重要现象是失误，包括口误、笔误、突然的阻断或遗忘等。这些失误都与无意识的冲突相联系。当你看见一个朋友时，有时会突然忘记他的名字，或将他的名字搞错，因为他的名字与你的焦虑事件相联系，你通过这种方式来避免焦虑的产生。这种现象在与来访者会谈或测试时都可能出现。通过对这些现象的分析，可以揭示其内心的冲突。例如，在测验时来访者突然听不清或听不懂某个词，这也是冲突的表现。

三、非言语沟通

咨询者和来访者非言语行为的和谐程度对良好氛围的培养以及相互理解关系的建立都非常有帮助（S.科米尔，B.科米尔，2000，第181页）。尤其是在开始阶段，咨询者和来访者的非言语行为保持和谐是很重要的。身体姿势及其他非言语行为的协调一致，有助于建立良好的咨询氛围和相互理解的咨访关系。协调不意味着咨询者模仿来访者的动作或声音，而是指咨询者不仅在言语上，还要在非言语上注意与来访者沟通（乐国安，2002，第171页）。例如，来访者姿势放松且两腿交叉，咨询者要与此相应，摆出同样的身体姿势和腿部动作。如果来访者轻松地靠在椅背上，而咨询者却把身体前倾，或者来访者面容伤感，而咨询者却神采飞扬，这些都是明显的不协调、不同步，对培养良好的咨访关系和收集信息都是不利的。能够达到和谐的非言语行为越多，咨询效果越好。新手咨询者要想使自己的所有非言语行为都与来访者保持和谐，往往困难较大，可以尝试只与来访者的某个非言语行为（如声音、身体姿势或手势）协调一致。

第四节　信息的取舍和处理

一、信息混淆

来访者发出的每个信息（言语信息或非言语信息）都是咨询者接受和处理的刺激。一旦来访者发出的信息被咨询者接受，它就必须以某种方式被处理。会谈中来访者的信息之间会有不一致甚至矛盾之处，并且，咨询者的偏见或盲点会阻碍他们对全部信息的认识和处理，从而产生错误的结论。因此，咨询者在做出回应之前，有必要对信息进行分析和取舍。常见的信息混淆有以下几个方面。

（一）言语信息和非言语信息间的矛盾

来访者可能一边说“这个问题不会使我烦恼”，一边却红着脸，握着拳头。再比如，来访者可能正在谈论他想修复与某个人破裂的关系的愿望，而同时却又一脸不屑地把这个人的衣着攻击得一无是处。

（二）言语信息和行动之间的矛盾

一个很少做家庭作业、课后不复习的学生在最近的一场考试中不及格，可是他对咨询者说："这门课我应该及格的。"再比如，一位家长可能说起对孩子的爱，可是又对自己无法阻止孩子吸毒有强烈的罪恶感。

（三）两个言语信息之间的矛盾

有时，来访者在一个句子中可能表达两种自相矛盾的观点，如"我的女儿很好，但她就是不听我的话"，或者"你的办公室很舒服，就是在这个街区太糟了"。事实上，大多数来访者对自己的朋友、家人、工作和其他事情都会有一种复杂的情感。来访者对于这种矛盾的心理往往意识不到，却会通过自己的语言无意间流露出来（A.E.艾维，M.B.艾维，2005，第104页）。

（四）两个非言语信息之间的矛盾

非言语行为中的不一致尤其需要注意。例如，一个来访者在漫不经心地谈论一个朋友时，一只手握拳，而另一只手则是放开的并且很放松，这可能意味着来访者对这个朋友有一种复杂的感情。来访者身体的各个部分不够协调时，通常会揭示不同的信息。

（五）言语信息和情境之间的矛盾

"我想进这所学校读书，但我没能做到。""我找不到工作。"在这些情境下，来访者的内心世界经常与实际情况不一致。咨询者的任务就是根据来访者的行为和态度对这些问题加以解决。

二、对信息的处理

（一）对混淆信息的处理

咨询者观察来访者时，要注意来访者的言语和非言语行为是否有混淆的信息。例如，一个来访者说"我真的［停顿］对这种关系觉得很兴奋。此前，我从来没有过［停顿］这种体验"，说话的同时眼睛望着地面，斜靠着身子。他的言语和非言语行为之间存在着明显的矛盾。在这种情况下，咨询者至少有三种选择去处理言语和非言语之间的差异。第一种是用心记住来访者言行的不一致，稍后再做出合适的反应，并通过声调和肢体语言来表达自己的非评判性态度。第二种是向来访者描述这种差异，如"你说对这种关系感到很兴奋，但你说话的时候低着头，并且似乎很犹豫"。第三种是问来访者："我注意到你在讲述时有停顿，并且眼望别处。这是什么意思呢？”当咨询者指出了不一致的问题后，来访者就得面对这些事实（S.科米尔，B.科米尔，2000，第175页）。

（二）对杂乱无章的言语信息的处理

来访者由于心理困扰而来求助，其表达的大部分信息出自内部的参照系统，因而这些内容可能是模糊不清甚至杂乱无章的。遇到这种情况时，咨询者可以对来访者的信息加以解释并反馈给来访者，也可以在头脑中复述这些信息，从众多零散的信息中提炼出一个或几个主题。

（三）对沉默现象的处理

在会谈进程中经常会出现双方都沉默不语的现象。这种现象不仅使新手咨询者害怕，也使来访者害怕。新手咨询者在最初咨询时常感到一种沉重的负担，认为自己有责任在咨询进程中让双方保持谈话，无论付出何种代价。事实上，在恰当的处理下，沉默也可以有许多功用（R.萨默斯－弗拉纳根，J.萨默斯－弗拉纳根，2001，第92页）。

当沉默现象发生时，咨询者应用心体察沉默，向来访者描述沉默，抑或询问沉默的含义，借此理解来访者沉默时的非言语行为。如果沉默是由于双方的共同话题已尽，但尚未找到更合适而且双方都感兴趣的话题，咨询者可以让沉默继续下去，直到来访者找到某个话题为止，或者重申会谈的原则，即“想到什么就说什么”，告诉来访者不必刻意寻找话题。如果沉默是由于来访者不愿谈及某一问题，而这一问题又很重要，咨询者可以指出来访者沉默这一事实，如“好像你不知道讲什么好”，或者鼓励来访者说出难以启齿的事，如“也许你不知道该不该讲，但在咨询中最重要的就是想到什么就讲什么”，或者说：“你的谈话好像涉及一件很重要的事，而因为这件事，你不能继续谈下去了。”

（四）对来访者非言语泄露的处理

大多数来访者更能意识到自己所说的话，而不是自己的非言语行为。来访者的非言语信息比他的言语信息更能泄露秘密，被泄露的信息虽然不是来访者有意识地发出的，却极为有用，这些信息可能提示了处于来访者意识之外的潜在情绪和躯体变化。布雷姆斯（C. Brems）把这些称为“泄露”，即当来访者在谈论某个特定话题时出现的手势、面部表情或其他的身体动作（S.科米尔，B.科米尔，2000，第158页）。一旦观察到非言语泄露，咨询者必须做出决定：

是公开做出反应还是默默给予关注；是在当次咨询中进行处理还是以后再来处理。对来访者非言语行为做出内隐或者外显回应的决定，不仅取决于关注非言语行为的目的，也取决于时机。另外，对来访者非言语行为做出即时反应时，使用描述性词语较评价性词语更为有益，并且最好用尝试性的方式说出来。例如，描述句“你是否注意到你说话时，你的脸和脖子变红了”可能要比“你的脸为什么红了”之类的生硬评论句更有益处。

三、信息处理时的注意事项

咨询者不但要“听”“看”“问”，而且要“想”。一方面与来访者谈话并听其倾诉，另一方面在会谈过程中要思索与联想，整理并分析所收集到的信息。

（一）从来访者的整个环境出发

非言语行为往往可以有若干个含义，非言语行为和言语行为又往往会出现不一致甚至矛盾的现象。那么，咨询者如何知道其中哪一个是真实的呢？这里关键在于它们所发生的人际环境。因为一个人的所作所为、情感反应、观念或态度常与过去和现在的整个环境有密切关系。因此，要真正了解一个人的心理与行为，就要知道他目前各方面的活动与生活方式，也需要知道他过去的生活和性格发展。

咨询者要从来访者的整个生活环境出发来理解其言语和非言语信息，把逐渐获得的资料进行整理，理出来访者的生活史和整个背景，从而更好地了解渗透在来访者言语和非言语行为中的情绪情感，更有效地收集和处理来访者的言语和非言语行为。

（二）避免个人偏见和喜好

以绝对无偏见的方式去倾听是不可能的。在社会化的过程中，咨询者会产生一系列的过滤器。正是通过它们，咨询者去倾听自己、他人和周围的世界。大部分人即使是很专注地倾听，其倾听也是批判性的，即他们一边收集信息，一边按照好—坏、正—误、可接受—不可接受、喜欢—不喜欢、有关—无关等标准对他人的言语内容的优劣进行评判。在咨询过程中，咨询者虽然不能完全抛弃自己的偏见和喜好，但应尽量避免带入。

另外，在进行交谈时，咨询者很容易从他人正讲着的话题上分心。咨询者会陷入自己的思考中，或者咨询者会考虑该说些什么来回答对方。咨询者可能脑子里先装着自己的事，或被来访者的外表所吸引，或处于疲倦和疾病状态，或过于急切地要给对方以帮助，这些情况都会使咨询者分心，使他们不能很好地倾听来访者，也不能收集到有用的言语和非言语信息。

本章摘要

会谈中的信息从传递方式而言可分为两类：言语信息和非言语信息。言语信息是借助语句说出来的。咨询者通过直接与来访者谈话，以及间接向来访者的父母、朋友了解，来掌握来访者的基本信息、个人经历、情感状态等。非言语信息则主要通过直接观察来访者的姿势、面部表情、目光等而获得，也可以通过测试和模拟评估等方式而获得。非言语信息的最大特点是真实可靠，可以帮助咨询者更为深入地了解来访者的内心世界，以及证实言语信息，修正人际交流。

言语信息和非言语信息在人际沟通中往往是相互依存和补充的，有时也会不一致，甚至相互矛盾。因此，咨询者在做出回应之前，必须整理并分析所收集的信息，对其中混淆或不一致的信息进行取舍。在处理信息时，咨询者要从来访者的整个生活环境出发去理解其言语和非言语信息，避免个人的偏见和好恶，同时也应注意自己言语和非言语行为的一致性。

复习思考题

1. 言语信息和非言语信息的作用是什么？
2. 如何处理沉默现象？
3. 信息混淆的情况有哪几种？
4. 在会谈中要注意收集哪些主要的非言语信息？
5. 收集非言语信息的途径有哪些？

推荐参考书

1. 乐国安.（2002）.咨询心理学.天津：南开大学出版社.

2. A. E. 艾维，M. B. 艾维.（2005）.心理咨询的技巧和策略——意向性会谈和咨询（时志宏，高秀苹译）.上海：上海社会科学院出版社.

3. R. 萨默斯－弗拉纳根，J. 萨默斯－弗拉纳根.（2001）.心理咨询面谈技术（陈祉妍等译）.北京：中国轻工业出版社.

参考文献

1. 陈立人，史春宜.（2004）.心理健康与心理咨询.北京：中国石化出版社.

2. 傅安球.（2001）.实用心理异常诊断矫治手册.上海：上海教育出版社.

3. 时蓉华.（1998）.新编社会心理学概论.上海：东方出版中心.

4. 乐国安.（2002）.咨询心理学.天津：南开大学出版社.

5. A. E. 艾维，M. B. 艾维.（2005）.心理咨询的技巧和策略——意向性会谈和咨询（时志宏，高秀苹译）.上海：上海社会科学院出版社.

6. R. 萨默斯－弗拉纳根，J. 萨默斯－弗拉纳根.（2001）.心理咨询面谈技术（陈祉妍等译）.北京：中国轻工业出版社.

7. S. 科米尔，B. 科米尔.（2000）.心理咨询师的问诊策略（张建新等译）.北京：中国轻工业出版社.

8. Cavanagh，M. E. (1982). *The counseling experience: A theoretical and practical approach.* Monterey，CA: Brooks/Cole Publishing Company.

9. Conway，M. A.，Rubin，D. C. (1993). The structure of autobiographical memory. In F. Collins，S. E. Gathercole & P. E. Morris (Eds.)，*Theories of memory*. East Sussex，UK: Lawrence Erlbaum Associates.

10. Conway, M. S. (1996). Autobiographical knowledge and autobiographical memories. In D. C. Rubin (Ed.)，*Remembering our past: Studies in autobiographical memory*. NY: Cambridge University Press.

第十一章　会谈的基本过程

引　言

对于心理咨询工作来说，每次咨询都是一次会谈。咨询可能由几次会谈组成，也可能只有一次会谈。一般来说，一次完整有效的会谈，无论其时间长短，无论咨询者所持的是何种理论基础，必然包含了一些基本的阶段，只是侧重点有所差异。对于会谈各阶段的划分，不同的咨询者有不同的观点。本章将主要讨论会谈过程各阶段的划分、任务以及在会谈中应注意的问题等。

第一节　会谈的三阶段模型

一、开始阶段

开始阶段的内容包括建立咨访关系、收集相关信息、进行心理评估、调整求助动机、建立咨询目标、制订实施方案等一系列步骤。虽然只是了解情况、做出判断，但同样具有助人的价值。这种价值包括：咨询者的倾听使来访者积压的情感得到了一次很好的宣泄；咨询者的态度使来访者获得了尊重、信任和理解；咨询者的介入使来访者感到自己的困难有了可求助的场所，从而感到安慰；咨询者的询问和来访者的叙述澄清了原来模糊不清的问题，使来访者变得踏实。

（一）收集信息

咨询者要在有限的时间内最大限度地收集来自来访者的有关信息。主要收集来访者对自己、他人、周围世界的看法，以及现有问题使其烦恼和困惑的原因。在收集信息过程中要与来访者建立良好的咨访关系，并适当引导对方的思路，使其不至于偏离主题。

（二）心理评估

咨询者要对来访者的问题及其原因进行分析和确认，并确定来访者是否适合心理咨询以及来访者的问题是否在自己的咨询范畴之内。

（三）信息反馈

咨询者要将信息反馈给来访者以得到证实或肯定，咨询者给来访者的反馈信息要尽可能清晰、简短、具体。在信息反馈时，对于来访者提出的问题要以建设性的态度予以作答，当来访者对反馈的信息提出异议或补充时，咨询者要充分重视这些信息的意义，核查自己的判断。

（四）确立目标

咨询者要为来访者确立目标，或与来访者达成某种一致，一同为来访者的问题解决共同努力。

二、帮助和改变阶段

这是咨询过程中的核心阶段，是分析和解决问题的阶段，也是费时较多和咨询者可以充分发挥才能的阶段。这一阶段的主要任务是帮助来访者改变其不适应的认知、情绪和行为。在这个阶段，各种咨询技巧（包括参与技巧和影响技巧）、各种咨询流派的干预技术都将大量使用。咨询者可以根据自己的理论倾向、来访者问题的特征等选择相应的方式方法，或探寻潜意识，或矫正行为，或改变认知等，也可以几种方法结合使用。

在这一阶段，咨询者要注意避免告诉来访者要做什么、应该怎么做，而要提供一种对来访者有利的环境和良好的人际关系，提出某些说明、建议、解释等，让来访者通过领悟和学习的方式实现成长和改变。涉及新的行动及决定时，来访者常常会产生恐惧，缺乏努力，咨询者对此要有足够的认识，不要勉强来访者，可适当给予某些劝告。

三、结束巩固阶段

这一阶段是总结、提高阶段。咨询者要帮助来访者巩固成果，把咨询中学到的有关知识和分析问题、解决问题的方法迁移到日常生活中。这里的结束有两种：一种是一次会谈的结束，另一种是整个咨询的结束。对前者，要做好此次会谈的小结和下次会谈的准备，包括布置家庭作业，商定下次会谈的时间和主题。对后者，要做好咨询的回顾总结，巩固咨询成果，使来访者把学到的知识运用于今后的生活中。还要做好必要的追踪研究，这既是对来访者负责，也是为了更好地总结经验，改进方式方法，提高自己的水平。

在这个阶段，咨询者要向来访者指出其已经取得的成绩和进步，并指出以后要注意的问题。帮助来访者回顾会谈中的重点，进一步巩固已取得的成果，并做好结尾工作，对有心理依赖的来访者应采取渐次结束的方法，让其适应会谈的结束。

第二节　会谈的五阶段模型

一、谢伊的五分法

心理咨询专家谢伊在1988年提出了五步咨询结构模型，认为在具体的会谈中应包括介绍、开始、主体、结束、终止五个阶段，尤其在第一次的咨询会谈中。

（一）介绍阶段

介绍阶段始于咨询者和来访者的初次见面，终止于咨询者认为可以询问来访者求助原因的时候。这一阶段的主要任务是让来访者放松，或者像谢伊所说的“减少来访者的焦虑”。

咨访关系从开始的接触就已经确立了。电话、书面资料以及来访者所感到的明确性和温暖都可以使他们放松。向来访者告知所需花费、会谈时间长度和采取的步骤，会直接影响到咨询者和来访者的关系，咨询者也要考虑到来访者对于私密性的需求。

对来访者的第一印象能提供关于来访者的一些信息，来访者也会观察咨询者及整个环境，所以有些咨询者会使用一些固定的仪式，如握手。这些仪式可以让人感到轻松。也有些咨询者不喜欢用固定的仪式，他们会根据不同的来访者采取不同的方式。

这一阶段的任务还包括向来访者介绍会谈的基本情况及对会谈的期望，检查双方对会谈目标的一致性和兼容性。

（二）开始阶段

开始阶段以咨询者就来访者现在所关注的事情提出问题作为开始的标志。当咨询者对具体的事情提出具体的问题来确定来访者的重点问题时，开始阶段就终止了。

在这一阶段，咨询者主要运用基本的关注技巧和非指导性倾听来鼓励来访者诉说。咨询者的主要任务是让来访者自由表达，关注来访者对于生活和问题的看法。对于表达有困难的来访者，在必要的时候提供提示和支持，缩小开放式问题的范围，引导来访者采用内在的而非外在的参考体系。

（三）主体阶段

这一阶段是会谈的重点阶段，主要任务是收集信息。信息的质量和数量完全是由咨询者的需要决定的。咨询者运用开放式和封闭式的问题来引导来访者，并从非指导性的倾听转到更加指导性的倾听，根据相关标准对来访者的精神状况、行为、情绪等进行诊断分析。

（四）结束阶段

在这个阶段，咨询者要做的是从收集信息过渡到终止会谈的准备工作。由于时间越来越少，来访者和咨询者都会感到压力。此时咨询者应该对谈论的话题进行总结，诠释来访者的内在感受，安慰并支持来访者，夸奖来访者的表达能力及寻求专业帮助的决定，向来访者灌输积极的希望；通过询问来访者的疑惑或对咨询者的感受而给予来访者一定的控制权；说明是否需要更进一步的会谈，如果需要，可安排下一次会谈。

（五）终止阶段

终止阶段是会谈中一个非常重要而又常常被忽视的部分。尽早开始结束阶段是终止阶段能按时完成的关键因素。有时候，会谈的终止会使来访者表现出对待分离、丧失的关键态度。咨询者在必要时要采取一定的控制，终止语要温和自在。面对终止，咨询者也要评估自己对于终止的反应，在规定时间内终止会谈。

二、艾维等人的五分法

艾维等人（A. E. 艾维，M. B. 艾维，第178—188页）提出了会谈的五阶段模式，这个模式的重点在于定义问题、确立目标及解决问题与目标之间的不一致。会谈、咨询及心理治疗过程的大部分都是关于解决问题及制订决策的。这不是唯一的会谈结构，但它提供了一个可能产生积极结果的系统，这种结构可用于多种咨询与治疗方法。

（一）建立和谐关系，介绍会谈

首次会谈中，介绍会谈以及建立和谐关系是非常重要的。在有些情况下，建立和谐关系需要很长时间。寻找优点是建立和谐关系的一个重要部分。咨询者花些时间概述来访者具体的优点，会使来访者感到安全，并因此敢于正视问题。

以某种形式告诉来访者从会谈中可期望些什么，对于第一次接受会谈而不知道该怎样做的来访者是极其重要的。咨询者要向他们解释会谈的目的以及他们能做什么，不能做什么。在会谈中尽早地向来访者说明自己的能力对来访者会更有帮助。

对于文化背景不同的来访者，和谐关系的建立以及会谈的方式方法要有所不同。咨询者在会谈早期就要明确文化及民族的差异性，自己认识和尊重差异性的能力对会谈或咨询的成功是至关重要的。

（二）收集信息，界定问题，找出资源

咨询者的首要任务是找出来访者来咨询的原因以及问题所在，收集关于来访者的必要信息。倾听及提问有助于收集来访者的信息，而鼓励及释义则有助于检查所得信息的准确性。该阶段的中心任务是定义来访者所描述的话题，这可以通过收集与来访者及其观点有关的信息和资料进行增补。同时，注意观察来访者的优点也很重要，寻找优点贯穿整个会谈过程。

（三）确立目标

这一阶段主要集中在来访者的目标上。来访者自己整理出理想的结果，咨询者的积极加入对来访者的目标制订很重要。对于一些特殊群体，如沉默寡言的来访者，在早期就整理出清晰的结果对于建立和谐关系是很有帮助的。

整理出一个清晰的目标有利于资料的收集以及优点的辨认。这样，现实中的自己与理想中的自己之间、现实情况与期望情况之间、目前情况与理想情

况之间都是清晰的，咨访双方清楚而准确地面对问题就成为可能。各种各样的技能、技巧以及理论可以用来探索来访者的抵触。咨询者通过指出来访者的优点，帮助来访者认识到自己独立解决问题的能力。

（四）探索可选的方法

这一阶段的目标是消除忧虑及使来访者获得宽慰。通常，来访者在这个阶段是无能为力的，咨询者的任务是探索更多的可能性以帮助来访者寻找新的方法。

咨询者的首要目标是鼓励来访者自己寻找解决问题的方法。基本的倾听程序以及熟练的询问技巧有利于来访者探索问题的解决方法。来访者的问题与期望结果的不一致是咨询者要解决的主要矛盾。这种不一致或矛盾可以通过如下方法来解决：（1）来访者自己想出综合的方法来解决自己的问题；（2）来访者想不出解决方案时，咨询者利用解析、自我披露以及其他的影响技巧来解决矛盾。

这一阶段基本的解决问题模式为：（1）定义忧虑，思考想要达到的目标；（2）确定几个可选择的方法；（3）确定行动策略。

（五）应用所学到的东西

在现实环境中采用新的行为是困难的，咨询者的工作是寻找有效的方法促进来访者的改变。许多疗法，包括传统的和现代的，都证明了一个假设，即行为和态度的变化来源于新的学习。可以使用的技巧如角色扮演、想象等，对于促进和保持来访者的改变会起到一定的作用。在会谈的最后阶段，技巧的运用是特别重要的。为了最大程度地促进来访者行为的改变，咨询者可以将几种技巧结合起来使用。

三、积极心理治疗理论的五阶段

“积极”一词的英文为positive，来源于拉丁语positum，含有实际的和潜在的意思，不仅包括实际的和潜在的冲突和疾病，也包含着每个人实际的和潜在的能力。积极心理治疗的特殊之处在于：治疗过程中运用直觉和想象；以故事作为咨询者和来访者之间的媒介；把来访者理解为有自助能力的个体，消除来访者的消极想象，从而达到治疗的目的。积极心理治疗的过程一般有五个阶段。

（一）观察和保持距离阶段

来访者尽可能以书面形式汇报自己什么时候对什么事、什么人感到懊恼，对什么事、什么人感到愉快。在这一阶段，咨询者要对来访者进行观察，观察的目的是对来访者的处境进行分析，帮助来访者从抽象的描述转到具体的描述，让来访者获得从一定的距离来看待自己处境的能力。

（二）调查阶段

在这一阶段要确定来访者及其伙伴在哪些行为领域有积极品性，在哪些行为领域有消极品性。这一阶段的主要任务是让来访者明白自己的观念以及误解产生的背景，重点是提高来访者的区分能力，并且对来访者的认识产生共情。咨询者要指导来访者如何进行鉴别、分析、调查。来访者对自己、自己的过去、自己的冲突以及自己童年的关系人进行有选择的鉴别、分析、调查，可以化解一些误解。

（三）处境鼓励阶段

在这一阶段，来访者同自己的伙伴建立起信任关系，学习强化自己伙伴身上的积极品性，注意自己身上与之相关并容易引起冲突的消极品性。

（四）语言表达阶段

为了摆脱把冲突闷在心里或者曲解冲突的状况，来访者要按照确定的规则，逐步练习同自己的伙伴进行沟通，谈论自己积极的、消极的品性和经历。

这一阶段的特点是让冲突伙伴们努力消除他们之间存在的误解。语言表达不仅是达到目的的手段，而且是治疗目的。

（五）扩大目标阶段

为了有目的地消除视野的狭隘性，来访者要学习不把冲突转移到其他行为领域，努力追求新的、过去从未体验过的目标。

这一阶段仍以具体治疗内容为主，以来访者具备一定的语言表达能力为前提条件。

第三节　会谈的七阶段模型

美国临床心理学家布拉默等将临床咨询和会谈分为七个步骤：来访者求助需要的唤起、建立联系、确定目标、解决问题的准备、加强意识性、来访者的行为计划过程、结果评价。

一、来访者求助需要的唤起

一般来说，许多来访者来咨询都有明确的目的，但有些来访者是带着好奇心或迫于家庭和社会的压力来到咨询中心，他们根本不相信心理咨询或对心理咨询抱敌视态度，或者他们认识不到自己的问题，也毫无要改善自己行为的动机。有的来访者有寻求帮助的需要，而有的则无此需要，他们没有所谓的“问题感”，甚至还指责他人的做法，认为自己是受害者。

要使心理咨询有效果，来访者必须有强烈的求助动机，渴望改变自己的心理状况和行为。强烈的求助动机，常基于来访者有若干的苦闷、烦恼和痛苦，否则来访者无法接受咨询。初期会谈的目的是培养来访者的咨询动机，帮助其看出自己的缺点或毛病，使其觉得有接受咨询与治疗的必要。因此，会谈第一个步骤的目的之一是设法使来访者说出所关心的问题、自己的体验以及来咨询的原因。此步骤的第二个目的是确定来访者对寻求帮助需要的认识，并且力图唤起来访者的求助需要。为了唤起来访者的求助需要，咨询者要仔细倾听来访者对问题的陈述，认真观察来访者的非言语行为，分析其内涵。但来访者的初次表达往往是模糊不清的，因为来访者可能对咨询者持怀疑态度，或者不太愿意触及自己内心深处的创伤，防御心理很强。因此，咨询者还要明确来访者问题的实质，让来访者了解咨询的特征，使其对咨询有信心。

二、建立联系

建立良好的咨访关系是心理咨询的第一步，也是最重要的一步，它贯穿心理咨询的整个过程。心理咨询是建立在咨询者和来访者之间和谐、相互合作关系的基础上的。罗杰斯曾经说过：许多用心良苦的心理咨询之所以未能成功，是因为在这些咨询过程中，从未建立起令人满意的咨访关系。

在咨访中，咨访关系从无到有再到良好关系的建立是很关键的。应该说这种良好关系的建立从第一次接触时就开始了。良好的第一印象对这种关系的建立具有很大的影响：一个衣冠不整、外表冷漠、心不在焉的咨询者，会让来访者感到这并不是个专业能力很强、很敬业的人，很难真正理解自己，心里会产生反感、抵触情绪，从而不愿向他谈论自己的问题。所以，举止大方、主动热情等良好的精神面貌会给来访者留下良好的第一印象。

许多研究表明，咨询者的权威性、吸引力和被信任感是建立有效的咨访关系的重要特点。在咨询过程中，咨询者应充分地利用自己的个性特质、专业知识以及一些技巧（如听的技巧、反应技巧等）来建立咨访关系。

如果没有良好的咨访关系，心理咨询工作的正常进行就会受到影响。但如果这种关系过分亲密，其破坏作用也会很大。咨访关系过分亲密，会使来访者产生依赖心理，妨碍对自身能力的挖掘。如果咨询双方性别不同，过分亲密的关系会使来访者产生情感投射，可能导致咨询者丧失职业道德或诱发来访者的心理疾病。因此，良好的咨访关系必须有一定的限制，既能让工作顺利进行，又不使来访者产生依赖。

三、确定目标

心理咨询与治疗的根本目标是促进来访者成长，自强自立，能够自己面对和处理生活中的各种问题。不同学派的咨询与治疗目标各有侧重点。排除理论倾向的因素，综合分析各种目标，可以找到一些共同点。

（1）终极目标和中间目标。帕洛夫（M. B. Parloff）曾提议把心理咨询与治疗的目标划分为终极目标和中间目标。他认为：所有的心理咨询与治疗的终极目标都是减少焦虑，提高来访者的生理机能和社会能力；中间目标可以看作向终极目标迈进的步骤，但要达到什么程度为止，则与咨询者及其所采用的理论有关。荣格在谈及发展目标时指出：人类所追求的终极目标就是自我的充分发展。

在实际的咨询与治疗过程中，往往以达到中间目标为目的。例如，来访者某种症状的消失或减轻即是一种中间目标，若在此基础上进一步达到人格的重建，则是一种终极目标。

（2）内部目标和外部目标。内部目标是指来访者对自己所提出的目标，外部目标是指由其他人对来访者提出的目标。内部目标常常是与问题相联系的。

（3）一般性目标和特殊目标。一般性目标是指那些泛泛的、一般性的目标，如帮助来访者成长，自强自立。特殊目标是指比较具体的、特殊的目标，如在某个具体的场合或地点，面对陌生人不再感到害怕。一般性目标对不同的来访者来说是相似的，特殊目标会因来访者的问题而异。

在确定目标时要注意以下几个方面。

（1）目标是具体可行的，即目标清晰、具体，结果可以测量。例如，面对一个就要参加高考的学生，其咨询目标即可定为克服考试焦虑以使他能够参加高考。这种目标是具体可行的，因为来访者朝向这一目标走的每一步都是一种可见的进步。但有时来访者提出的目标很不具体且难以评估，咨询者可以再深入发问。例如，某来访者的目标是让自己更快乐，咨询者就可以问让他更快乐的具体标准是什么，包括哪些内容。这样就可以使含糊的目标变得清晰。同时，确定目标应考虑来访者本人的能力、家庭环境及外部环境，目标必须有可利用的资源来实现，而且来访者能够控制目标的实现，实现此目标不至于付出太大的代价。不现实的目标不仅达不到，反而会使来访者失去信心，使其问题更加严重。

（2）目标应为心理学的目标。咨询的目标应是心理学方面的，如改善人际关系、提高自信等。来访者的躯体症状不属于心理咨询的范围。但当这种躯体症状与心理因素有关时，咨询目标应为改变引发躯体障碍的心理因素。

（3）目标要分清轻重缓急，从易到难，循序渐进。当来访者有多个目标时，要根据具体情况找出最需解决的问题。例如，某个来访者近来学习效率不高，与同学的关系很紧张，又很自卑。若来访者最近要参加一个非常重要的考试，那么咨询者就要帮助来访者首先解决考试焦虑问题。当来访者的几个问题紧迫性不明显时，可以询问来访者哪个对他影响最大，他最希望解决的问题是哪个，其次是哪个，排出次序来。这也可能会引申出新的目标，这时要视具体情况重新排序。

咨询的目标应经常进行评价。目标若制订得具体可行、可测，则来访者一般都会显示出某种进步。此时回顾咨询目标，对来访者会起到积极的强化作用，有助于咨询方向和方法的调整，有利于咨询向纵深发展，也使咨询目标成为可逐步接近和达到的目标。

四、解决问题的准备

这一步是咨询的核心之一。这个过程的问题与策略是由问题性质、咨询者风格以及理论倾向所决定的，通常包括来访者感情的表露等。根据罗杰斯的理论，来访者深刻表露自己的内心世界特别是自身的情感是重要的，咨询者的任务在于帮助来访者找到真实的自我。在这方面，咨询者应为来访者创造许多便利条件，使来访者消除阻力，尽情地表露自己。如果来访者焦虑不安，在这一解决问题的准备过程中，咨询者有时还必须对问题进一步明确。那么如何明确问题的性质并采取相应的策略呢？首先要明确来访者问题的一般性质，是情绪问题还是个性、认知方面的问题。然后与来访者进行深入讨论，建立良好的相互信赖的关系，逐渐触及问题的深层，使问题具体化。

五、加强意识性

加强意识性是指让来访者用新的方式再次经历自己所听到、看到或感觉到的一切。有人将此看作审视或理解。埃利斯指出，人们的审视或理解有两个方面：理智（认识）上的理解和情绪上的审视。纯粹的认识上的对行为的理解，对人的行为的改变几乎没有什么作用，重要的是对情绪方面的意识。具体策略是使来访者找到其行为的深层原因，并使来访者认识到，只要他们能控制自己的认识或情绪，他们的行为便可以改变。

当然，也有人对此方法提出批评，认为利用审视的方式来解决问题用时太长，会造成人们这样解释：当来访者的行为经历很长的时间仍没有什么改善时，咨询者会认为他们还没有找到问题的根源，从而为自己不好的咨询效果开脱。

加强意识性的第一个目的是使来访者意识到自己的情感或认识。在此过程中，咨询者应注意三点。一是防止来访者产生离开咨询者的倾向，特别是在他们经历了不愉快的情感时。一般而言，人们在自己的行为有所改变之前，往往会有一些较痛苦的经验。二是防止来访者过度体验过去。有时来访者的防御完全消除，他们会很快地对自己过去的一切经历重新认识。这对来访者不利，会使其再次受到伤害。因此，咨询者应防止来访者的这些经历像决堤的洪水一样爆发出来。三是防止来访者过分自得。由于前面的工作，来访者表露了自己的情绪，他们有时会认为自己是一个健康人，会很自得，在此情况下他们也会中断咨询，他们会认为自己从来没有像现在这样有如此好的感觉。

加强意识性的第二个目的是设法使来访者认识到他们是否使用了操作行为，即他们做出某种行为是否为了得到相应的结果或好处。这样的操作行为大体有下面几种类型。

（1）令人愉快和得到安慰的操作行为。来访者做出某种行为的目的是操纵别人，或得到一定的利益。正如小孩子为了讨好父母，力图做一个好孩子。利用此操作行为的人力图使自己做得更好，以此来得到自己想要的东西。

（2）指责或攻击性的操作行为。与第一种操作行为相反，有此类操作行为的个体经常指责他人，攻击他人。给予他人爱似乎与有伤害的结果相联系，因此，只有用指责、攻击他人的方式才能使自己获得安全感。

（3）驱动与成就行为。有时来访者的行为是驱动行为，他们的一切均是为向他人证明自己的能力、优势，有时这种行为很偏激。还有的来访者的行为属于成就行为。例如，一个父亲强迫自己的儿子上学或做其他事，他是为了让自己的儿子达到自己确定的成绩目标。

（4）强烈的依赖行为。来访者认为自己软弱无能，任何事情都依赖他人，甚至想让他人代替自己思考。他们避免任何不愉快和令人不安的要求，推卸责任。

六、来访者的行为计划过程

对来访者及其问题完成深入的分析、评估之后，咨询者应根据所得到的信息归纳出一个有针对性的咨询计划。我们永远不要得出这样的结论：对来访者内心世界的洞察已足够了。虽然精神分析非常重视这种内在动机的了解，但许多来访者的问题是付诸行为的问题，仅有理解、解释是不够的。此步骤的目的，是帮助来访者在理解内在观念、认识的基础上付诸行动。用人本主义的话来说，这是自我功能扩大的过程。一个人在自己的生活中不断地取得成绩，那么他的经验便可以得到充实，这本身就是一个治疗过程。因此，人本主义疗法一直强调自我实现，自我功能的扩大或成绩的取得包括找到一个适合自己的伴侣、成功地找到一份好的工作、交一个好朋友、生个孩子、克服困难等，关键是做。

不论用什么理论来解释人的行为，有一点是肯定的：人们在自己的生活中不断地看到自己的成绩，认识到自己一步一步取得成功，因此他们会体验到生活的乐趣。一个好的咨询者应该通过一定的方法，使来访者看到自己所取得的成绩。

七、结果评价

经过一段时间的咨询，咨询者应检查自己的咨询结果，考虑是否结束咨询。对咨询结果的检查也是对自己的工作是否达到了预期结果的一种评价。

（一）可能的结果

可能的结果通常为四种：（1）咨询效果十分显著，问题得到完满的解决，来访者也较满意；（2）咨询虽然有效果，但问题没有得到完全的解决，来访者有新的期待；（3）咨询效果不明显，来访者仍有困惑；（4）咨询无效果，问题如故，来访者感到失望。

（二）评价的要素

在对结果的评价过程中应对整个咨询过程进行全面思考：（1）这种咨访关系对来访者有帮助吗？（2）在哪些方面对来访者有帮助？（3）如果没有帮助，原因是什么？（4）如果目标没有全部实现，还应做哪些工作？（5）来访者行为改变的程度如何？哪种方法效果最佳？哪种方法没有效果？

（三）影响评价的因素

虽然咨询者对自己的咨询过程有一个大概的评价，但客观的评价很困难。困难之一是人们很难找到一个评价的标准——一个客观而科学的标准。有的咨询者使用的是个人的观点——咨询目标达到的程度，但这样的观点具有极大的主观性；有的咨询者利用来访者在个性测验中的行为表现来评价，将咨询前后的结果予以比较，确定其行为、情绪方面改进的程度。对咨询效果难以评价的第二个原因是，我们还没有找到合适的用于评价人们行为改进状况的工具和方法。我们不知道这种咨询过程是否真的使人们的行为发生改变，这种改变是咨询的结果还是一种所谓的“自然恢复”？是否时间越长，咨询的效果越好呢？在咨询过程中，哪种方法更为有效？对这些问题，我们还无较满意的答案。艾森克曾做过一个实验，在对对照组和来访者组进行比较后，他指出，来访者组的改进与对照组无显著差异，那些有行为问题的来访者在无治疗的情况下，两年后也有了明显的好转。之后虽然有不少临床心理学工作者对此结论进行了反击，但关于咨询与治疗方法的有效性问题实际上仍没有解决。

（四）需注意的问题

对于咨询与治疗结果的评价，注意下面几点是有帮助的。

（1）对来访者的评价。跟踪分析来访者的行为、态度，也可以用问卷、测验、会谈等方式来评价来访者行为的变化。

（2）对咨询者自身的评价。根据自己的情况，分析咨询与治疗过程是否达到目标及达到目标的程度。

（3）分析内在过程。利用有关材料分析来访者情绪、动机、认识的变化情况，如与咨询者的配合、对自己的认识等。有的来访者可能会说“我已经能够控制这种情感了”。

（4）分析引起行为变化的客观方法。利用相应的行为指标，依靠科学方法分析来访者行为变化的情况。

第四节　会谈中应注意的问题

一、来访者的文化背景

人具有许多相同的地方，而年龄、血统、天分、种族背景、宗教信仰等增加了相互理解的复杂程度。来访者的背景、发展阶段、价值观和身份对于他们的行为、态度和看待世界的方式都是十分重要的。

一个胜任的咨询者应该具备一定的有关其他文化的知识。实际上，每个人都不可能完全掌握每种文化之间的细微差别，但永远不应该放弃了解对方的生活经验和价值观念系统的机会，而要抓住一切机会来增进我们对周围多种生活的理解。因此，从某种意义上来说，多元文化是一种态度或一种哲学。

在生活中，人们可以按照某种方式结合在一起形成小群体，这些小群体也以各种方式影响着他们。休（P. Sue）等人指出：每个来访者都会认同不同的文化，而他们对文化的认同，以及在原有基础上的扩展程度是不一样的。因此，咨询者应该帮助来访者认识到他的文化背景对于他的行为的影响，应该对双方文化的差异性具有足够的敏感性，并对于这种差异性保持正确的态度。

二、来访者的失约和迟到

在会谈过程中，咨询者常常容易忽视会谈内容之外的一些信息或线索，如来访者迟到、失约或临时取消会谈。对此，咨询者要敏感地觉察和做出评估，进而做出适当的反应和处理。

通常，迟到、失约或临时取消会谈常发生在咨询的初期和中期，如果发生在后期则可能意味着来访者想终止咨访关系。这是会谈过程中不容忽视的一个重要内容。来访者迟到或失约的主要原因有以下几个方面。

（一）来访者的客观因素

（1）偶然因素。有时候来访者失约或迟到是某些偶然因素所致，如来访者生病、出差或遇到某些意外的事情一时无法脱身等。通常在上述情况下，来访者会通过电话的方式告诉咨询者，而且这种情况只是偶尔发生。对于由客观因素造成的失约或迟到，咨询者要以宽容接纳的态度表示理解。这不仅有助于建立良好的咨访关系，而且咨询者的态度也会给来访者树立一个榜样。

（2）文化背景。来自不同文化背景的来访者的时间观念是有所不同的。在有些文化背景下生活的人时间感不强，在时间上很随意，他们不认为准时会见咨询者是重要的，所以也不会认为咨询者会对他们的失约或迟到感到不高兴。咨询者要考虑到不同文化背景对来访者价值观的影响，与来访者讨论时间设置的问题，强调有关的限制规定，以引起来访者对守时问题的足够重视。

（二）来访者的主观因素

（1）失约或迟到是来访者的一种行为模式。有些来访者不守时已成为他们性格的一部分，也许正是他们的问题所在。他们在日常的人际交往中，经常有失约或迟到行为。还有些来访者视不守时为洒脱，以约会迟到作为显示权威或身份的手段。这不是对心理咨询本身所产生的阻抗，而是来访者的某些人格特征的体现。面对这样的来访者，咨询者可以分析失约或迟到现象为契机，与来访者共同探讨失约或迟到这种行为模式对其生活的影响。

（2）通过失约或迟到测试咨询者的可信任性。有些来访者在咨询与治疗之初通过失约或迟到等方式给咨询者制造一些麻烦，来测试咨询者的可信任性，看看咨询者是否可靠。也有些来访者通过失约或迟到来引起咨询者的关心和注意，以确定咨询者对自己的态度和接纳程度。面对这种情况，咨询者需要做出坦率而公开的应答。例如，某个来访者多次迟到，在连续三次迟到后，咨询者可以提醒他："我发现最近三周的会谈不得不很晚才开始，这给我带来了问题，因为如果我们要进行完整的会谈，便会占用我计划以外的时间。而如果我在预定时间结束会谈，你就没有充足的咨询与治疗时间。我们是否可以按时开始，或者我们需要重新安排会谈时间？"当咨询者设立一些限制规定后，来访者会觉得更安全，并相信咨询者是可靠的、始终如一的。

（3）失约或迟到是阻抗的一种表现形式。卡瓦纳（M. E. Cavanagh）认为，失约、迟到是很明显的阻抗迹象。由于迟到，来访者失去了本来就有限的宝贵时间，当来访者解释迟到的原因，道歉并聆听咨询者对这种拖拉的反应时，又过去了十几分钟。但是过去的时间并不等于是浪费的时间，如果咨询者能帮助来访者了解迟到所潜藏的意思，并且能逐渐地发现阻抗原因的话，那么这段时间的付出就是值得的。阻抗是心理咨询的伴生现象，阻抗本质上是来访者对于心理咨询过程中自我暴露与自我变化的抵抗。只要是触及内心深处的心理咨询，都会遇到来访者程度不等的阻抗。许多有烦恼和心理疾病的来访者，尽管起初都是主动来寻求帮助的，口头上也希望咨询者帮他们分析烦恼的原因、解除烦恼的困扰、消除痛苦的症状，但往往在实际行动中以种种公开或隐蔽的方式抵制咨询者的咨询。失约或迟到就是其中的一种方式。

如果失约或迟到是来访者对咨询的阻抗所致，那么咨询者要注意来访者在咨询的哪个阶段出现失约或迟到，这个阶段涉及来访者哪些方面的问题，弄清阻抗产生的原因。卡瓦纳认为，来自来访者的阻抗主要有三个原因：第一，成长必然带来某种痛苦；第二，行为的失调是机能性的；第三，来访者可能带有某种反抗心理咨询的动机。阻抗分为有意识的阻抗和无意识的阻抗。有意识的阻抗经过咨询者的说服可以解除。其方法是指出来访者的失约或迟到是阻抗表现，并分析阻抗的可能原因及幼稚性，告诉来访者阻抗不利于自己的心理成长，会妨碍咨询效果。无意识的阻抗在心理咨询中则更有意义且更难解决。因为来访者并未意识到自己的阻抗，也不承认这是阻抗，甚至当咨询者指出其阻抗时，他还会感到委屈或不理解。因此，咨询者一定要从帮助来访者的角度出发，以与对方共同探讨问题的态度，分析失约或迟到背后隐藏的动机，绝对不能把来访者的阻抗当成故意制造事端来对待。弗洛伊德认为，那些人们不愿谈论的东西，不能自我承认也不能向别人承认的东西，可能比他们谈到的东西更有治疗价值和意义。如果能使病人认识到他在阻抗而予以承认，那就是治疗上的一大进步。能否妥善地处理好阻抗是心理咨询成败的关键。心理咨询的过程，其实是阻抗的产生与冲破阻抗的过程。

（三）咨询者的因素

有些咨询者有时不能保证咨询时间，从而延误了约定的时间，其结果导致来访者守时概念的淡化。还有些来访者过度追求公平，如果某一次咨询者因故没有按约定的时间会谈，让来访者多等了一会儿，这些来访者可能会在此后的某次会谈中故意失约或迟到以讨回公平。面对这类情况，咨询者应该力求避免迟到或失约现象的发生。如果咨询者有迟到或失约行为，应与来访者平等地、真诚地、坦率地讨论失约或迟到的原因，并勇敢地承担责任。

三、咨访双方的不协调

这种情况一般出现在会谈的中期，这也是紧逼问题的实质、来访者开始洞察至今为止自己尚未意识到的问题的时期。前期若已经形成良好的咨访关系，来访者理应与咨询者一起寻找问题及症状的原因，解除心理负担，并积极寻找解决问题的对策。可是，有时咨询者希望来访者好转的愿望过强，在咨询过程中不是想到应该如何理解此时此刻来访者的感情，而是只注意来访者的变化，或按自己的想法去启发、引导来访者向某一方向变化，这样就容易引起双方的不协调。另外，出现不协调的原因，也可能是由于咨询者和来访者的“认知差距”，或是认知的程度不同。许多认知上的差距也有可能是咨询者和来访者都站在自己的立场上看问题，都不肯退让，因此争执不下，这时咨询者就要重新审视整个会谈的过程与技术，并做相应的调整。

来访者在刚开始时的确想通过心理咨询消除某些症状，治好某些疾患，但伴随着会谈的进行，尤其是进入消除症状阶段，来访者在无意识中会强烈地感到不愿失去由于“症状”所获得的利益。这样的话，来访者自然就会产生阻抗、沉默、移情等，这需要咨询者在会谈中给予特别的注意。

四、咨询者的期待作用

在人际交往中，当了解到对方的部分特点后，人们通常会把对方归入某一类别，然后把自己脑子里有关这类人的认识加到对方身上，认为对方也具有某些特点，并以此为基础来展开与对方的互动。研究表明，咨询者很容易犯这种常见的对人认知的错误。

“以己度人”是人际认知的常见错误。我们在跟他人打交道时，容易抱着“他人总是和我们相似的”假定去看待别人，因而想当然地以为别人也有跟我们一样的愿望、爱好、习性等。社会心理学家有时称这种现象为“假定相似性”。咨询者也会无意识地把自己的个人特性加在对方身上，认为对方也有这些特性。在会谈中，咨询者的共情有助于纠正这种错误。

错觉相关（illusory correlation）是指由于知觉者的期待作用，将两件本无关联的事知觉为有关联。这种情况最易在理解问题或诊断时发生。咨询者常在来访者谈出某些问题或症状后，对其问题的原因做出种种推测或假设。由于总是暗暗地期待自己的想法是正确的，于是容易按期待的方向去收集或解释资料，结果造成诊断失误。例如，许多临床心理学家相信妄想症的病人在画人测验中对眼睛特别着力，细节特别丰富。但实际统计检验发现并不存在这种相关。尽管如此，一些临床心理学家仍持有这一偏见。

知觉具有选择性，人们倾向于知觉到那些符合需要的事物，忽视干扰性事物，但对确实有威胁的事物也投入全部的注意。在会谈中，选择性知觉在咨访双方身上都会发生。例如，咨询者容易根据理论指导和假设，有选择地接受那些支持其判断的证据，忽视对立的证据。来访者也具有同样的情况，一旦他认为他的困难是由什么引起的，就会设法收集资料来提供证据，然后把它们“推销给你”。错觉相关其实是选择性知觉的一个特例。

本章摘要

会谈是咨询者开展咨询的主要方式，是由一连串有序的步骤所组成的一个过程。不同学者对会谈包括的具体阶段看法不同，有相对简单的三阶段，也有分得较为细致的五阶段和七阶段。良好的咨访关系的建立是贯穿于整个会谈过程的。

不管采取哪种会谈的阶段模式，都会遇到一些共同的问题。来访者的文化背景，来访者的迟到或失约，咨询者如何避免自己的主观期待作用等，都是值得咨询者重视和探讨的问题。

复习思考题

1. 一般的会谈过程分为几个阶段？
2. 在会谈过程中，咨询者要注意自身什么问题？

3. 如何对待和处理咨询过程中出现的突发事件？

4. 对于来访者的迟到或失约，咨询者该做出怎样的反应和处理？

推荐参考书

1. 佩赛施基安.（2004）.积极心理治疗——一种新方法的理论和实践（白锡堃译）.北京：社会科学文献出版社.

2. 钱铭怡.（1994）.心理咨询与心理治疗.北京：北京大学出版社.

3. A. E. 艾维，M. B. 艾维.（2005）.心理咨询的技巧和策略——意向性会谈和咨询（时志宏，高秀苹译）.上海：上海社会科学院出版社.

4. R. 萨默斯－弗拉纳根，J. 萨默斯－弗拉纳根.（2001）.心理咨询面谈技术（陈祉妍等译）.北京：中国轻工业出版社.

5. S. 科米尔，B. 科米尔.（2000）.心理咨询师的问诊策略（张建新等译）. 北京：中国轻工业出版社.

参考文献

A. E. 艾维，M. B. 艾维.（2005）.心理咨询的技巧和策略——意向性会谈和咨询（时志宏，高秀苹译）.上海：上海社会科学院出版社.

第十二章　开始会谈的方法

引　言

良好的开端是成功的一半，对会谈而言亦是如此。良好的会谈开始有利于建立良好的咨访关系，树立咨询者的专业性和权威性，更能促进会谈的顺利进行。很多研究表明，良好的会谈开端与心理咨询的有效性存在着密切的关系。因此，每个成功的咨询者都十分注意会谈的开始。本章对开始会谈的界定、步骤、方法等进行具体的介绍。

第一节　开始会谈简介

一、开始会谈的界定

广义的开始会谈包括两种：一种是整个咨询过程的开始部分，即咨询者和来访者的第一次会谈；另一种是每次咨询会谈的开始。狭义的开始会谈指的是后者。关于狭义的开始会谈，谢伊认为是以咨询者就来访者所关注的事情提出问题为起点，以咨询者对具体事件提出具体的问题来确定来访者的重点问题为终点。开始会谈为一次会谈中与来访者具体探讨问题之前的阶段。

二、开始会谈的步骤

一般而言，开始会谈将按以下几个步骤进行。

（一）准备

在会见来访者之前，咨询者需要考虑或处理一些相关的问题。例如，物质条件，给来访者提供的房间是否舒适，温度、色彩、光线等能否令人感到放松、愉快。更重要的是，咨询的环境能否保护来访者和咨询者的安全，保证在咨询过程中不被打扰，确定会谈内容不会泄露等。职业方面涉及的内容较广：一是咨询者的外貌和衣着。咨询者应给来访者留下良好的第一印象。二是资格证明。证书摆放在可注意到的位置，让来访者对咨询者的专业身份有初步的了解。三是咨询准备。回顾来访者的资料，以便对往后的咨询有一个初步的把握。咨询者还要做好心理准备。临床咨询工作是有压力的，所有咨询者都长期处在很高的压力之下。咨询就如科学研究一样，不能确保所有时刻都不会遭受挫折，尤其是新手咨询者，往往会因担心犯错而感到紧张，因而咨询前调整好自己的心态亦是非常重要的。

（二）接待

接待从咨询者和来访者见面的第一刻起便已开始。在接待过程中，咨询者应态度平和、热情，让来访者放松下来。咨询者可以主动与来访者握手问好，自然地引导来访者坐下，如果条件允许，最好让来访者自己选择座位。对某些来访者而言，指定座位会让其感到不舒服，甚至会有抱怨和反感。来访者坐下后，咨询者可以询问他是否需要茶水或饮料等。

（三）介绍

如果是第一次接触来访者，咨询者需要先做一个简明的自我介绍，清楚地说出自己的名字和身份，表明自己接受过相应的正规训练，拥有咨询的能力和经验。如果是以特定的学派作为自己的咨询依据，在这里也可以让来访者有一个初步的概念。在介绍后应短暂停顿一下，以便来访者有机会对咨询者的资料提出疑问，并答疑解惑，巩固信任和专业性。在介绍时，咨询者应该始终是诚实和直率的，夸大学历或经历来表现自己是不符合伦理的行为。

（四）平定情绪

来访者往往会带有某种特定的情绪状态。尤其是在首次来到咨询机构时，面对印象中神秘的咨询者及从未接触的奇异领域，来访者常常会表现出不知所措。此时如立即开始正式的会谈，则难以取得理想的效果。在正式进入会谈之前，咨询者让来访者放松情绪十分重要。亲和的态度、微笑、适当的问候等，都能使来访者的情绪有所平定。而更有效的，是和来访者谈论一些轻松的话题，如天气、新闻，或者说一些引导性的话“你是怎么知道这里的？”“是谁带你过来的？”等，也可以引导来访者介绍一般情况，如年龄、工作、家庭基本状况等。

（五）说明

说明是初次会谈时需要涉及的步骤。内容包括：（1）向来访者介绍会谈的基本情况。告知其会谈的保密性及局限性，要尽量说得言简意赅，并和来访者达成共识，确保来访者真正理解。（2）向来访者明确会谈的目的。这不仅限于初次会谈，不同类型会谈的目的是不同的，因而要对来访者清楚且坦诚地讲述目的，这将有利于来访者放松。（3）确定来访者与咨询者的期望一致。通过一个简单的小问题（如“你对这次会谈的期望和我所讲的是不是一样呢？”）便可以实现这一过程。（4）如果咨询过程需要做记录，也应先向来访者解释做记录的目的。需要慎重处理的是录音和录像问题。除了在打开记录仪器前须征求来访者的同意外（最好通过书面形式获得许可），还应尽量给出一个合适的解释，因为几乎所有人刚开始时都会对这一方式感到不舒服。较有效的解释是让来访者明白这是为了咨询者自身的进步，以及对确保来访者得到最好的帮助是非常有用的，当然也不能忘记向其解释这些记录将来可能的用处和怎样存放、处理以及最终被销毁等事项。说明结束后，咨询者也可视情况缓和一下气氛。

（六）进入主体阶段

这是一个过渡性的步骤，与会谈的主体部分衔接，即谢伊的会谈结构分类中的开始阶段。该步骤没有特定的指导性，咨询者主要运用一些技巧和非指导性倾听来鼓励来访者自由表达，用以收集信息并确定具体的讨论问题。这一步骤所应用的技巧、方法将在下一节做详细的介绍。

三、初次会谈

（一）目的

初次会谈是整个咨询疗程的开始，具有开创性意义。要使初次会谈有效果，首先咨询者要了解和掌握第一次与来访者见面的目的。一般而言，初次会谈的目的可归纳为以下几项。

（1）说明并确定基本规范。用简短的方式，向来访者说明什么是心理咨询，以及咨询是怎样进行的，需要遵守的原则有哪些等，取得来访者的同意并签订协议。

（2）收集资料，了解来访者的背景。在初次见面时，咨询者需要掌握的资料有很多，包括来访者的基本资料（如姓名、年龄等）、家庭背景（如家庭成员的姓名等）、主述问题（即来访者认为自身存在的问题或困扰）、成长史（如影响身心变化的重要事件）、医疗史（从出生到现在的重大心理或生理的治疗史）、心理健康检查（通过对来访者的言谈举止等对其做一个初步评价）、转介原因（如果来访者是转介而来的，还需要了解其转介的原因）等。

（3）与来访者建立良好的咨访关系。在接待来访者的时候，咨询者要注意自己的用语和态度，关注来访者的情绪与疑问，务求建立良好的咨访关系。

（4）评估心理咨访对来访者的适合度。来访者的困扰是否适合心理咨询？来访者是否有足够的心理准备，是否有足够的时间和预算？如果来访者可以接受心理咨询，那么用什么方法或技术对他进行咨询？诸如此类的问题都是评估的重点。

（二）内容分配

咨询者在熟记初次会谈目的的前提下，对会谈的内容进行分配。初次会谈的内容将围绕上述目的展开。原则上，咨询者先收集来访者的基本资料，然后用二分之一到三分之二的时间了解来访者的问题和困扰，再用剩下的时间说明咨询的基本规范，进行心理健康检查，以及补充询问有关医疗史和诊断需要的资料。

（三）细节问题

有的咨询机构会让来访者填写初次会谈的登记表。登记表可以在来访者会见咨询者前利用等候的时间填写，也可以在开始会谈前请来访者填写。对于不识字或书写有困难的来访者，咨询者可以让他口述，代为笔录；对于担心保密问题的来访者，咨询者不可过于坚持，使其为难，应在尊重来访者意愿的前提下让其尽量填写；对于情绪极度不稳定的来访者，咨询者须优先处理情绪问题，在适当的时机再让来访者补填。经过近一个小时的会谈，咨询者还应预留十分钟时间做准备结束的工作，补充问一些应该问而尚未问及的问题，或者回答来访者的疑问，最后对整个初次会谈做一个总结。

四、注意事项

（一）准时开始

开始会谈的指导原则是尽可能准时。虽然这看起来似乎显得有点儿死板，但准时开始表达了对双方的尊重。如果迟到的是来访者，以完全取消会谈的方式来惩罚来访者是不可取的，但也不能因此而延长会谈时间。最适当的做法是让来访者为其迟到负责，咨询者按照原计划结束会谈。无论来访者因何而迟到，无论来访者为迟到表达的歉意多么真诚，咨询者在表示遗憾的同时，仍应坚持自己的态度。如有必要，也可分析来访者迟到的真正原因。

同样，咨询者也应对自己的迟到负责。如果迟到了，就应在会谈开始时直接、简要地向来访者解释延迟的原因，并向来访者道歉。这时，咨询者可以采取延长会谈或对剩下的时间按比例收取费用等方式对来访者进行补偿。

有时，咨询者也会遇到来访者于约定的时间之前到达的情况。除非万分紧急的情况，否则即使咨询者没有正在会见其他来访者，也不能够提前开始会谈。

（二）应对干扰

在开始阶段的准备时，咨询者就应考虑到环境的问题，努力营造一个可控制的会谈环境，但很多时候仍很难避免干扰的发生。有的干扰是偶然的或短暂的，例如，未经训练的看门人可能会敲门，其他来访者直接闯入，等等。此时，咨询者要婉转地告诉打扰者会谈是私人性的，或礼貌地请求他们尊重个人隐私。有的干扰需要一些时间去处理（前提是合理的打扰），这时咨询者应当向来访者道歉，告知咨询须暂时中断，之后才能去处理干扰。再次开始会谈时，咨询者仍应表示歉意并做出弥补，然后尽可能自然地继续刚才被打断的话题。需要指出的是，尽管咨询者会采用各种合理可行的方法来保证自己不被打扰，但一般情况下，都不应使用锁门这种办法。

（三）表现适度

开始会谈时，咨询者要表现出专家的素质并建立权威感。纵然心理专业工作人员可能难以把自己想象成为权威，但显示自己的工作能力，让来访者感到这是一个能干的专业人员是十分必要的。它能强化来访者对咨询的可信任知觉。这里需要注意的是程度的把握。过多的专家性或权威性可能会降低共情和情感协调。对于初来的来访者而言，面对咨询者可能感到胆怯。在他们心中这是权威人物，此时加强权威感容易提升他们的焦虑；而有的来访者则可能比较敏感，过度的权威表现容易使其感到遭遇冒犯，从而贬低或抗拒咨询者。通常，出色的咨询者会对权威做出适当的调节，做到权威性与同情之间的平衡。

与权威性相对应的，是一种过度的热情表现。虽然咨询开始时咨询者需要向来访者传达欢迎和关怀的信息，以减轻其焦虑或防御性，达到共情和情感协调的目的，但过度的热情可能会让来访者产生“咨询并不正规”的感觉，怀疑咨询的可靠性，降低对咨询者的信任。

第二节　开始会谈的常用方法

一、不同类型会谈的开始

整个咨询过程按其任务可分为几个阶段，也即不同类型的会谈。每个类型的会谈都有各自的目的和特点，因而在开始时需要注意的问题和技巧也会相应地有所不同。

（一）初次会谈

根据初次会谈的界定（即整个咨询过程的开始部分，咨询者和来访者第一次接触的会谈）可以知道，在没有接待人员的咨询机构，很多时候咨询者和来访者的初次会谈是通过电话完成的。此时咨询者的任务是约定面谈事宜。会谈时要注意电话礼节，向来访者清楚说明自己的名字、身份、就职场所等基本资料，随后约定双方见面的时间，确保来访者清楚如何到达会谈场所。最后重复会面的时间，表示欢迎与期待。

如果来访者直接到访咨询机构，接待来访者的方式因机构的不同而不同：较大的机构人力充足，可由受过专业训练的接待人员招呼来访者；较小的机构有时则需咨询者亲自招呼，并带领来访者走进咨询室。还有一些咨询机构规模非常小，其咨询室与等候室距离较近，可以让来访者自己进入咨询室。这时可以在等候室设置信号灯按钮，来访者到达后按信号灯按钮通知咨询者。

第一次见面时，来访者可能不知道如何称呼咨询者，因而咨询者最好事先想好如何适当地进行自我介绍。通常咨询者会选择称呼自己为“心理师”“咨询师”“辅导老师”，具有医师资格的也可以介绍自己是某某医师，有时为了便于称呼，咨询者也会介绍自己是某某先生或某某女士。同样，咨询者也要注意以平等的方式称呼来访者，小名、绰号或亲昵称谓都是不可取的。如果来访者要求用特别的方式来称呼自己或咨询者，咨询者则应与他一起探讨称呼的含义，再决定是否同意他的要求。

（二）评估性会谈

评估性会谈通常是在会谈初期进行的，一般占用一次会谈时间。如果来访者的问题较为复杂，有时咨询者亦需要花更多的时间来进行评估。评估性会谈有以下三个基本的目标（任务）。

（1）了解来访者个人的背景和经历，包括家庭、婚姻和性方面的历史，与现在的问题有关的往事，来访者的交往方式等。

（2）评估来访者当前的生活状况，了解来访者现实的生活状态和精神状态。

（3）找出、评估、揭示来访者最主要的问题，确定咨询目标。大多数来访者寻求咨询是因为他们感到不适，因而此阶段最简单也是最重要的任务便是找出这些不适感，进而确定咨询目标。

该类型会谈中，通常咨询者会以找出主要问题为进入会谈的开场，如直接询问来访者“我能为你做什么”。此后5~15分钟，尽量倾听来访者的表述，努力准确理解他来咨询的原因。虽然我们都希望来访者能够简单明确地描述其问题，然而，大部分来访者初来咨询时，所描述的问题都比较宽泛，这时需要咨询者做总结，并过渡到具体问题，如“我们已经谈了好一会儿了，我们谈到你最近感觉很不好，早上起床是多么困难，连过去最开心的事也高兴不起来了。我想知道在最近一段时间里，有什么事情让你非常关注”。有时评估性会谈和初次会谈同时进行，咨询者在第一次见面时就完成评估。

（三）治疗性会谈

治疗性会谈的目的便是帮助来访者产生某种改变。这是心理咨询中耗时最长、花费精力最多的一类会谈，也是整个咨询过程的主体。咨询者需要运用不同的心理咨询理论、技术与方法来达到会谈的目标。由于已进入正式的咨询疗程阶段，咨询者可以按照评估性会谈中制订的目标和计划进入会谈的主体。例如，询问与上一次会谈有关的特定话题：“上次你提到很担心毕业后的问题，今天我们来谈谈这个问题，怎么样？”也可以提出一些具体问题，引导来访者进行咨询面谈，如：“今天我们来聊聊你的童年，好吗？”这对于受教育程度低、对自己感觉较陌生、不善于利用有意义信息或患有慢性精神疾病的来访者来说，是更好的开始。

二、方法介绍

话题引入方面，咨询者可视情况选择不同的技巧。由于面对的是背景特点各异的来访者，因而咨询者需掌握多种方法、技巧，并灵活地应用，这有利于会谈的顺利进行。下面的方法是常用且有效的。

（一）绘画切入法

绘画切入法是咨询者让来访者随意作画，然后对其图画分析解释，以此开始会谈的方法。早在18世纪末，人们便已开始注意到绘画在诊断中的作用。隆布罗索（C. Lombroso）更是提出，通过精神病患者的素描和油画作品可观察到他们的心理状态。20世纪40年代，人们越来越肯定绘画的作用。这时期，绘画被作为内部心理状态的视觉表征来研究，随之出现了大量的投射测验。绘画作为一个引入话题的手段，是因为它可以让自我表达出文字无法表达的信息，将来访者的内心或个性投射到所画的图画中。

较为常用的绘画投射法是巴克的房—树—人测验。任务是画一间房子、一棵树和一个人。咨询者通过分析来访者所画房子、树和人的特征、细节、比例、颜色使用等，对画的形象进行评价，发掘其内含的信息。按照巴克的解释，房子反映了家庭或家庭成员的相关信息和问题，树表现出来访者的心理发展及其对环境的感受。

有的研究者则对绘画测验给出更多维度的解释。如画人物时，将画尽量画得漂亮的人常是追求完美的人，强健的人则会尽量把人画得强健，内心苦恼的人画出的人物会有较大的歪曲。而画树时，树有根表示来访者执着于尘世、稳重、不投机、不做轻率之举，树干左边有阴影表示性格内向、拘谨，树倾向右边表示好交际、易激动、擅长表现等。

绘画切入法是一种委婉的开始会谈的方法，也是来访者较感兴趣的方法。但要明确，这只是一个开始会谈的方法，不能占时太多。

（二）笔迹分析法

笔迹分析法是咨询者通过分析来访者的笔迹开始会谈的方法。运用这种方法时，咨询者可让来访者当场写一段文字，也可以分析其以前写的文字。

笔迹是书写者用笔或类似于笔的书写工具，亲手书写后所留下的带有个性特征的字迹（汪昌禹，2002，第136页）。笔迹分析法则是通过对这些字迹的分析，了解书写者的个性特点和书写时的生理、心理状态。

笔迹学家认为笔迹能反映人的内心世界，通过分析字的线条、结构、排列等，可以看出一个人的某种特点。如任性、好斗、盛气凌人、喜欢批评他人或者支配欲望较高的个体，所写的字体大多呆板生硬，棱角分明；字体独特，表明书写者有可能是锐意进取的人；字体简洁明了，表明书写者为人正直，可以信赖；字与字之间间隔大，表明书写者羞怯孤僻，洁身自好。

笔迹也可以反映一个人的情绪状态。人在不同的情绪状态下，呼吸系统、血液循环系统、内外分泌系统以及中枢神经系统都会发生变化，而这些又会反映在书写上。外界的刺激能够影响人的情绪，而情绪又影响着人的笔迹。书写者的情绪兴奋、激动，笔迹就会显得明快而带有灵气；书写者的情绪忧郁、苦闷，笔迹就会显得凝重滞涩，缺乏生气。

（三）梦的解释法

梦的解释法是咨询者通过分析来访者某个梦境的方式开始会谈的方法，也是来访者较乐意接受的方法之一。

有经验的释梦者可通过短短的一个梦说出来访者的童年经历、目前的生活状况及性格、行为等方面的信息。对于那些不轻易表露自己的内心冲突和矛盾的来访者，如果咨询者能够对他们的梦给予正确解释，则会突破他们的心理防御，让他们有更多的自我暴露。在会谈开始阶段，咨询者让来访者讲述印象较为深刻或最近做的梦，并对梦加以解释，这会使来访者产生兴趣。而且，咨询者的正确解释也可以树立自己在来访者心中的权威感，增强来访者的信任，促进咨访关系的良好发展。

使用该方法需要注意的是，在释梦过程中，咨询者应该始终保持清醒，尽量客观地理解梦。虽然释梦要求有丰富的经验，但也同样忌讳自恃经验的主观。如果解释不正确，就会产生信任危机，也有可能使来访者相信咨询者的错误解释，从而造成误导，使来访者不能真正认识自己的问题所在。所以释梦要谨慎，不应草率、简单地下结论。

（四）自由联想法

咨询者也可以通过让来访者自由联想的方式开始会谈。让来访者舒适且放松地躺着，并鼓励他们自由而随意地谈话，把他们所想到的一切——无论是荒唐可笑的念头还是微不足道的思想，都如实地说出来。其目的是让来访者把压抑在无意识中的那些可能是引起异常行为的原因述说出来，释放被压抑的本能力量。

（五）直接切入法

如果来访者对心理咨询有一定的了解，能积极主动地说出自己的问题，那么在简短的寒暄之后，咨询者便可以使用开放性的提问，直接进入实质性的会谈。这时，咨询者通常以含有“什么”“如何”“为什么”“能不能”“可不可以”等词语的提问，促使来访者主动地、自由地敞开心扉，自然而然地讲出更多的有关情况、想法、情绪等，而无须搜肠刮肚地回忆、思考，或者仅仅以“是”或“不是”等几个简单的词就结束回答。咨询者也可以先回顾前面会谈的内容，然后转入本次会谈的主题，如“上次见面时，我们讨论了童年经历对现在问题的影响，今天我们将一起探讨……”。

三、常见问题的应对策略

（一）特定来访者

咨询者需要面对形形色色的来访者，对有些来访者需要特别加以注意。

（1）儿童、青少年。首先，儿童、青少年来访者大多不是自愿来咨询机构的，通常会有父母或监护人员陪同，此时咨询者须考虑是否让陪同者留在会谈现场的问题。在大多数情况下，咨询者应根据环境和有关会谈的规定做出最佳的决定。其次，第一印象尤为重要，咨询者要表现得友好、积极、有趣和乐观，且在与儿童、青少年来访者初次见面时，应先朝向他们，招手或一声友好的招呼都是一个好的开头。最后，在开始探讨心理问题时，愿望介绍将是有效的办法，如“如果你拥有《阿拉丁》里的神灯，你会许三个怎样的愿”等。

（2）伴侣或家庭。咨询者在问候时应注意对来访者保持同等的热情，避免倾向于某一成员。会谈开始的一个非常重要的内容是获得充分的信息，了解每个成员为什么来咨询。虽然不可能每个来访者都会同等地参与，但在开始阶段听听每个人的谈话是很重要的。

（3）残障人士。总的来看，一个开放的、接受的态度是给残障人士进行咨询的最重要前提。有时，当给一些有明显残疾的人进行咨询时，咨询者会故意忽略一些明显的特征。然而更多的时候，针对来访者的特点直接发问往往会更容易让他们接受，这可以为直接与来访者探讨残障问题铺平道路。

（二）文化差异

当具有不同文化背景的个体来寻求帮助时，良好的咨访关系是非常重要的，因而咨询者要具有对文化差异的敏感性。例如，具有某些文化背景的来访者把目光接触当成是感兴趣的积极信号，而具有某些文化背景的来访者则更习惯于较少的目光接触。当咨询者对来访者的文化习俗不确定时，直接与来访者讨论什么类型的行为令他们感到舒服将会是更安全稳妥的办法。

一般而言，在我国更多接触的是亚裔文化背景的来访者，该文化中体现出较其他文化更为严格的等级观念，因而更有可能将咨询者看作专家和权威。在会谈中，对亚裔来访者礼仪上的尊重非常重要。刚开始时“先生”“女士”之类的称谓不能省略，除非来访者本人提出直呼其名。亚裔来访者面临不确定的情境时，往往不会直接表达出来，要么是礼貌地表示赞同，要么是保持沉默以示对咨询者的尊重，这就需要咨询者注意其表达的意义是什么。

（三）尴尬情境

很多时候咨询是不会以理想的状态发展的，当咨询者表示会谈已经开始，来访者会如何反应呢?

有时来访者会保留开始的权利，让咨询者决定话题，而来访者则保持沉默。对这一类情况，咨询者可以先用眼神示意，由来访者决定话题，或者以开放式、非指导式的问题开始，如“今天想说些什么”。有些来访者一时不知道自己真正想要表达的是什么，或者干脆不知道自己的问题到底是什么。面对这样的来访者，咨询者要先给他们一定的思考时间，对于他们所感到的困难提供情感上的支持。如果来访者依然感到困难，这时可以给予特定的提示。

有的来访者开场白十分奇特，会让你怀疑他们当前是否正常。例如，这样的开始：“我想吃你的脑子，昨天做梦时真的吃了，味道很不错呢！”“看到你还活着，这下我就放心了。”“你是医生，你应该知道我有什么问题的。”这时的咨询者不能保持沉默，即时的处理办法是透过来访者的话题了解其背后的本质。如“吃脑子”的开场白可能反映了来访者生理和心理上的饥饿感，以及符号化的投射——想和咨询者一样有一个好的脑子。知道背后的意义，往往能使咨询者更深入地了解来访者，有效地利用这奇特的开场白。

面对这三种情况，除上述应对方法之外，咨询者也可灵活选择前面所介绍的开始会谈的方法。例如：对儿童而言，绘画切入法也是一个较常用且有效的方法；对沉默的来访者来说，梦的解释法和自由联想法亦是非常好的方法。

第三节　不同治疗方法的开始模式

一、认知疗法

认知疗法是贝克创立的一种定式的、短期的心理咨询方法。贝克认为，歪曲的或功能障碍性的想法是心理紊乱的常见现象，现实地评价和矫正这种想法能使来访者在情绪和行为上得到改善，并最终改善来访者的基本功能障碍，解决问题。

（一）结构

认知疗法的一个重要手段便是咨访双方都了解咨询过程，让来访者清楚地知道咨询中期望得到的结果，明白自己以及咨询者的责任，因而每次会谈均遵循一个严格且标准的格式进行。一个认知治疗会谈的基本组成要素包括：当前概要、衔接上次会谈、日程设置、家庭作业复习、问题讨论、布置新的家庭作业、概括和反馈。鉴于第一次会谈的特殊性，其格式有所调整，顺序依次为：日程设置、进行心境检查、确定问题、安排目标、教授来访者认知模式、诱发来访者对治疗的期望、使来访者了解自身的障碍、安排家庭作业、提供概括并引出反馈。第一次会谈的开始与此后的会谈有所不同，它是以日程设置揭开序幕的，而第二次及以后的会谈则以心境检查作为开端。

此外，进入会谈前，咨询者应回顾来访者的前期会谈内容，为当次咨询做准备。如果是第一次会谈，咨询者则需要回顾来访者的摄取评估（即来访者首次求助时的资料收集），注意来访者目前的问题、现在的功能、症状和病史，以便咨询者形成初始的概念，并形成一个总体的咨询计划。

（二）日程设置

正如前面所言，第一次会谈是以日程设置作为开始的。咨询者首先需要对这一步骤进行解释，向来访者提供简明的基本原则，使其清楚了解咨询过程并积极参与。一般情况下，日程设置将按下列的方式开始（翟书涛，2001）。

咨询者：我想从日程设置——决定我们今天讨论什么——开始我们的会谈。每次会谈的开始我们都将如此，这样做是为了确保我们有时间完成最重要的事情。我会提出一些建议，然后，我会问有没有需要补充的。这样行吗？

来访者：行。

咨询者：第一次会谈和以后的会谈稍有不同，因为我们需要了解许多背景知识，也需要相互了解。首先，我想检查一下你的感觉如何，然后，我想更多地了解一下你为什么要求治疗，你想达到什么目标，你的问题是什么，你对治疗的期望是什么，以及其他。

然而，并非所有日程设置都能顺利进行，较为常见的问题有三种：一是来访者对日程设置不熟悉、不理解，咨询者可以通过多角度提问或布置家庭作业来解决这个问题；二是来访者对投入有消极的看法，此时咨询者应探讨来访者对设置日程问题所产生的自动思维，进而激发来访者对治疗的期望并帮助检查这种期望的利与弊；三是来访者对讨论自己的问题感到绝望，有效的解决办法是将来访者引入问题解决的模式，重新燃起他对问题解决的希望。

（三）目前状况和心境检查

如果使用认知疗法进行咨询，第二次及往后的会谈都将以“目前状况和心境检查”作为开始。心境检查通常简短易行，通过客观测量和诱发来访者的主观描述来进行，同时也会与之前会谈中的量表评估结果进行比较。如果量表评估结果和自我报告有差距，咨询者应向来访者询问原因。

咨询者还会要求来访者提供其目前状态的简单陈述，典型的问题如“你今天感觉如何”或“这一周过得怎样”等。如果来访者未能进行简单描述，而是围绕细节展开，咨询者可明确地说：“能打断你一下吗？你觉得目前状态如何？是更抑郁还是有所减轻？”必要时咨询者也可以将“目前状况和心境检查”列入日程中。

二、沟通分析技术

沟通分析技术是一种集百家精华的复合技术。它源于精神分析，渗透了存在主义的思想，使用了现象学的方法，并且以来访者为中心。沟通分析技术一直在持续不断地发展。

（一）开始初次会谈的结构

在第一次会谈开始后的几分钟内，咨询者会向来访者解释关于这次会谈的结构。需要解释的内容包括：咨询中会发生什么情况，它们为什么会发生；咨询所能提供的服务是什么，咨询是如何产生效果的；等等。咨询者要向来访者提供完整的信息，不要因为担心对方理解不了而有所省略；也不能过度给予，致使信息越载，应适当留给来访者询问的空间。在介绍时，使用合适的语言便于对方理解也是必须注意的重点。一般情况下不建议使用专业术语，以免产生疏远感，减损沟通的效果；也不要过多地使用个人化的代名词，以免来访者进入一种情绪化的状态，从而使会谈成为强烈的情感连接的开始。这个时候最有效的方式是保持友好但中立的语气，确保成人式的沟通，并保留一定的情感距离。此外，在鼓励来访者表达更多的心理需要之前，还应先明确咨询者及其所能提供的服务是不是来访者需要的，这是能否建立咨访关系的关键。

（二）协助容忍和稳定情绪

有时候，咨询者所面对的来访者情绪激动，或觉得非常痛苦，以至在一开始他们就急需表达他们的情绪。此时，咨询者要对来访者的情绪做出评估，如非必要，在一般情况下咨询者都应保持第一次会谈的结构。案例如下。

宝莲在进入咨询室之后就不停地抽泣。她之前从未会见过咨询者，对这次会谈也没有得到任何信息。咨询者对宝莲讲："能够看得出来你非常痛苦，发生了什么？"宝莲一边哭一边喊道，自己一直酗酒，以便忘掉"我12岁的女儿和我的丈夫一起睡觉"这件事情。而另一个咨询者用一种完全不同的方法处理一个相类似的情境。咨询者承认了来访者的痛苦，但没有询问发生了什么事情，而是解释说需要先告诉来访者一些信息，并且在处理问题之前先达成一个协议。然后咨询者给来访者一杯水，帮助来访者在达成协议之前先让自己稳定下来。

（三）进入内部世界

经过第一次会谈，咨询者和来访者的关系便已开始，此时将正式进入沟通分析技术的治疗阶段。往往这一阶段是以帮助来访者进入他们的内心世界开始的。就每个新的来访者而言，这都将是一段熟悉而又陌生的心路旅程。在他们进入这一旅程之前，咨询者应先评估来访者的焦虑水平，以便找出恰当的方法来适应来访者的需要。虽然不同的来访者的需要千差万别，但共同的是他们都希望咨询者以他们所需要的方式出现。为了满足这一要求，使用互补沟通往往是行之有效的方法。

所谓互补沟通，即咨询者对来访者的信号给予反应，用适合来访者的语言讲话，从一开始便确保承认来访者的参考框架，从来访者的自我状态出发。伯恩（E. Berne）将个体的自我状态分为三种：父母自我、成人自我、儿童自我。咨询者需要关注的是哪个自我状态突显出来，哪个该优先处理等。如果来访者体现出儿童自我的状态，极需同情和安慰，咨询者就可以父母自我的状态出现。

除了使用互补沟通，建立来访者的安全感之外，咨询者也不能忘记本阶段的主要目的。为了帮助来访者更好地评述和探索出现的问题，开放式且一般性的提问必不可少，以此来收集更齐全的信息，帮助来访者探索内心世界的方方面面，为进一步咨询打下良好的基础。

三、精神分析

（一）评定

在正式开始应用精神分析之前，咨询者需要对来访者的各个方面进行评估，这也就是精神分析取向初次会谈的主要任务。

首先，排除引起来访者症状的生理原因，了解来访者属于何种心理障碍。然后，分析并确定来访者是否适合进行精神分析，他是否有耐力和资源来选择咨询手段，他是否希望并且需要了解症状的无意识根源。如果仅仅告诉来访者一些行为的病理本质就会引起他的显著改变，他也就不需要这种治疗了。

使用精神分析之前，咨询者还要从咨询的经济方面考虑，包括时间和精力的付出以及费用，这都与咨询过程和成功结果的期望有关。当来访者第一次进入咨询室时，咨询者将对来访者的决心进行评估，并确定来访者是否具有为一个较长的咨询过程付账的能力，以及支付方式与咨询手段的关系。这些问题不但对保证咨询的继续是重要的，对了解付费在咨询过程中的作用也是重要的。

（二）建立良好的咨访关系

在使用精神分析进行咨询的开始阶段，咨询者要处理好以下三个问题。

（1）移情。移情是来访者将自己过去对生活中某些重要人物的情感投射到咨询者身上的过程。从移情中咨询者可收集到有效的甚至是关键的信息，触动来访者心中未得到解决的问题。因此，在咨询之初，咨询者会判断来访者是否产生移情。一般可以通过三种情况来判断移情的存在：一是来访者似乎以与当时情境或内容不相称的方式对咨询者做出情绪反应；二是来访者在毫无信息或毫无现实基础的情况下对咨询者做出设想；三是来访者表达对咨询者或咨询缺乏基础和现实性的期望（R. 萨默斯-弗拉纳根，J. 萨默斯-弗拉纳根，2001）。

（2）阻抗。阻抗是个体在咨询过程中面临某些威胁性成分时的无意识抵抗。与防御机制一样，它是早期生活中学会的应对方式。无论在哪个阶段，咨询者都要做好面对来访者阻抗的准备，且需要谨慎处理。初次会谈时，咨询者最好避免处理阻抗，可以在心里或笔记本上记下来访者的阻抗方式，以后再加以处理。

（3）工作联盟。咨访关系是一种合作伙伴关系，单方的付出并不能得到有效的结果。许多精神分析取向的咨询者指出，来访者进入咨询工作联盟的能力在某种程度上可预测咨询的有效性以及他们经过咨询最终成长和改变的潜力。工作联盟是咨询者在整个咨询过程中都必须注意维持的，而开始时咨询者要注意的问题是与不同来访者建立工作联盟的方式方法，尤其是与那些早期有不健康依恋情感、有性虐待史、有强烈的被遗弃恐惧的来访者建立工作联盟的方式方法。

（三）积极关注，消极反馈

在确定进行精神分析后的第一次会谈以及咨询前期阶段，咨询者为来访者提供讲述其独特故事所需要的支持十分重要。认真倾听来访者所说的话，关注他所选择和使用的词语，观察他的表情、动作，适当的时候加以共情，可以使咨询者跟随来访者的步伐，引出具有重要意义的问题。对来访者深度暴露的鼓励，便于他清楚地说出对于自己什么是重要的，此时，他对自己和自己的生活有一定的控制了。精神分析取向的咨询者不建议一开始就对来访者给予的信息加以反馈、评价，认为这不利于双方的关系及咨询进程的发展。

然而，积极关注并非指关注来访者的所有方面，任其泛泛而谈。第一次会谈需要关注的是来访者的早期背景资料和当前情况，包括爱情和亲密关系、家庭组成、工作和职业、友谊和社交等。从这些信息中，咨询者可以对来访者的最初印象做出总结，总结来访者在其生活的哪一阶段来进行咨询，他感受到怎样的压力，他具有什么样的特点，对咨询的目标又是什么等，为以后的会谈打下基础。

第四节　特殊的开始（自杀）

自杀是一个敏感的话题，社会的普遍观念是避免谈这个行为本身，同样也尽量避免面对有可能自杀的人。咨询者也不例外，与想自杀的来访者打交道是咨询者所遇到的最有压力的任务之一。一名合格的咨询者应掌握与有自杀倾向的来访者进行会谈的基本技巧。

一、信息收集

会谈开始之前，咨询者根据来访者的资料了解其与自杀相关的危险因素，借此对来访者是否存在自杀的可能性做出初步评估。具体方式请参考第八章第四节中“危机情况下的接待”。

二、评估情绪状态

根据前期收集的信息，咨询者如果发现来访者有自杀的可能性，则须在会谈的开始对其情绪状态进行评估，进一步确定来访者自杀的风险。

会谈开始时第一个要询问的问题就是来访者现阶段的感受，了解其悲伤、惊恐、绝望等情绪的程度，初步掌握来访者的状态，进而考察来访者的无助感。具有极端无助感的来访者会对未来感到绝望，这是一个预测自杀危险相当精确的因子。对自身短期或长期的生活几乎没有兴趣、计划的来访者自杀危险性极高，对此，咨询者可以通过对来访者设计未来和提出计划的能力进行探测，作为判断自杀潜在可能性的重要标准，如“你觉得咨询疗程结束后你会干些什么”“最近有什么有趣的计划吗”等。作为补充，咨询者还必须了解个别来访者是否认为自己是毫无价值的，或者是否体验到过度的负罪感。说出“我对任何人都没用了”“如果我不在了，对谁都有好处”等话语的来访者可能已有了自杀的准备。最后，咨询者需要对来访者的整体情绪状态做一个大概的评估，包括其精神稳定情况如何、不良情绪对自杀的易感性影响大小（对处于幻听、妄想与错乱的来访者，则要进行特殊处理，建议将其转介精神科进行紧急治疗）、抑郁的严重程度等，其中又以抑郁的严重程度尤需注意。

会谈开始时的情绪状态评估需时10~15分钟。在判断来访者确有自杀倾向之后，咨询者应改变会谈的计划，让会谈围绕“自杀”进行。

三、探讨自杀观念和计划

根据来访者的资料，咨询者已判断出来访者的自杀倾向较为明显时，在会谈开始便可以直接进入自杀的话题，并对自杀的危险程度进行分级评估。

自杀评估可以使用量表，如贝克的自杀意念量表（Suicide Intent Scale，简称SIS）。咨询者也可以平静而直接地询问来访者对自杀的想法和感觉，以标准化的问题探索来访者的自杀企图。

咨询者在确定来访者具备自杀观念后，要探索其自杀想法的出现时间、频率及强度。由于讨论的前提是来访者具有明显的自杀倾向，因而最主要的任务是讨论其自杀计划对自杀风险性的影响程度，包括：计划的具体性，即来访者有无考虑自杀中的各个细节并形成一个完整的计划；自杀方式的致命性，指的是计划所用的手段造成自杀者致死的难易程度；计划的可行性，涉及工具的易获得性或执行的简便性；接近性，即来访者执行计划时受到干扰的可能程度，如援助资源的可接近性。

咨询者可根据来访者的自杀计划程度评估其自杀企图的严重程度。如果资料显示来访者已明确具有自杀意念，会谈一开始也可直接讨论自杀计划，探问来访者：“如果你曾决定自杀，你打算如何实施这一计划？”

本章摘要

开始会谈从广义上包含初次会谈和每次会谈的开始部分两个方面，狭义的开始会谈仅指后者。一般而言，开始会谈包含以下几个步骤：准备、接待、介绍、平定情绪、说明、进入主体阶段。初次会谈作为整个咨询过程的开始，除上述步骤外还需注意一些问题，如会谈的目的性、内容分配等。不同咨询阶段的会谈有不同的目的和特点，由此就产生了不同类型的会谈。采用不同的咨询与治疗方法的咨询者，开始会谈的方式会有所不同。

复习思考题

1. 开始会谈时需要注意的事项有哪些？

2. 一般情况下，开始会谈包含哪些步骤？

3. 选择一种你最感兴趣的开始会谈的方法，并对其进行详细的资料收集，深入了解其原理及应用。

推荐参考书

1. 科米尔，纽瑞尔斯.（2004）.心理咨询师的问诊策略（张建新等译）.北京：中国轻工业出版社.

2. 科里.（2004）.心理咨询与治疗经典案例（石林等译）.北京：中国轻工业出版社.

3. R. 萨默斯－弗拉纳根，J. 萨默斯－弗拉纳根.（2001）.心理咨询面谈技术（陈祉妍等译）.北京：中国轻工业出版社.

参考文献

1. 汪昌禹.（2002）.笔迹与成功.北京：中国城市出版社.

2. 翟书涛.（1997）.危机干预与自杀预防.北京：人民卫生出版社.

3. R. 萨默斯－弗拉纳根，J. 萨默斯－弗拉纳根.（2001）.心理咨询面谈技术（陈祉妍等译）.北京：中国轻工业出版社.

第十三章　结束会谈的方法

引　言

心理咨询的目的是助人自助，通过咨询提高来访者自知、自控、自我行动的能力，把咨询中获得的知识、方法、体验运用到日常生活中，实现知识与能力的迁移，能举一反三地自己去解决所遇到的各种心理问题和人生课题，逐渐走向成熟。结束会谈是来访者必须面对的事情。如何结束会谈对于咨询者和来访者来说都是至关重要的。本章着重对结束会谈的意义、基本程序、时机、常用方法等进行详细的介绍。

第一节　结束会谈概述

一般来讲，当设定的目标已达到时，可以考虑结束咨询。有些情况下，如来访者无意去完成咨询或认为已达到目标而不想继续，咨询者感到自己的知识不够，来访者对咨询者有偏见等，也应考虑咨询结束。结束会谈不仅指结束一段咨访关系，还包括对一个讨论话题的结束以及每次会谈的结束。

一、结束会谈的意义

结束会谈是心理咨询中不可缺少的一个阶段。如果咨询者发现来访者谈论的话题与咨询没有联系，并认为应该结束该话题，如果咨询者对来访者的某次咨询即将结束，如果咨询持续了一段时间，因各种原因要结束，这时都会进入结束会谈阶段。

结束会谈在整个咨询阶段具有重要的意义。首先，在结束会谈之前，咨询者会给来访者进行一次全面性的研究，综合所得资料，做出结论性的解释。因此，来访者会对自己有更清楚的认识。其次，在结束咨访关系阶段，咨询者会渐渐退出咨询者的身份，采取比较被动的角色，让来访者自己扮演独立、自主、积极的角色来试图改善自己的问题。这样，来访者在会谈结束以后能自行处理日后的困难。最后，有些来访者是带着较强的依赖性来咨询的，而在结束会谈阶段，咨询者会让来访者了解到凡事都有结束的一天，鼓励他自力更生，这是结束咨访关系的意义所在（曾文星，徐静，2000，第114—115页）。

总之，结束会谈是一个过程，要慢慢准备、进行，最后达到结束的目的。咨询者不但要随时注意每个话题、每次会谈的情形，也要时时观察来访者的反应，这样才便于对整个会谈的把握，更好地结束会谈。

二、结束会谈的基本程序

每次结束会谈以及结束一段咨访关系都包括两个阶段，即结束阶段和终止阶段。它们的主要区别是：结束阶段在终止阶段之前，是为终止阶段做准备的，是一个过程；一次会谈的终止或一段关系的终止，是结束阶段的结果。

（一）结束阶段

随着会谈时间的流逝，咨询者和来访者都会感到压力。谢伊提到，会谈主体部分的超时，会迫使咨询者匆忙进入结束阶段，这是咨询中最常见的问题之一。通常，咨询者试图发现来访者更多的问题。这就好像是一场竞赛，看看你到底能在50分钟的时间内完成多少。要知道，实际的信息总是多于能收集到的。然而，咨询者一定要适时停止收集信息，因为顺利地结束需要有意识地做出决定。在会谈还剩5~10分钟时，要停止提问和收集信息。随着会谈的进行，来访者也同样感到有压力。通常，他们会怀疑是否已经充分地表达自己，咨询者是否能够提供帮助或者足够的建议。咨询者应该为结束阶段留出充分的时间。与成年人相比，儿童对时间流逝的体验是不同的。实际上，年幼的儿童甚至无法理解时间线性的、不可返回的特点。因此，告诉孩子还剩10分钟不如说些更具体的东西，比如："我们只剩下一点儿时间在一起了。可以只够再读一页，然后我会总结我们所谈到的，看看我是否记住了所有内容，然后我们做下周的计划，好吗？"（R. 萨默斯–弗拉纳根，J. 萨默斯–弗拉纳根，2001）

在会谈的结束阶段，作为咨询者需要完成如下任务。

1. 安慰并支持来访者

一方面，需要夸奖来访者的表达能力。几乎所有主动寻求专业人士帮助的来访者都在会谈过程中竭尽全力。会谈在某种意义上是一种挑战、一种引发焦虑的行为。因此，在结束时，咨询者应该说："今天你真棒！""很感谢你对我的信任，对我说了这么多。""我佩服你的勇气，相信这样下去，我们一定能解决这个问题。"这种说法说明会谈是件困难的事情，并且肯定了来访者在表达自己时所做出的努力。另一方面，大多数来访者在第一次会谈时都很犹豫，他们对于会谈和治疗既期待又害怕。因此，咨询者应该支持来访者寻求专业帮助的决定，并说明这种决定所带来的希望。例如："今天你迈出了人生重要的一步。""你今天能来我很高兴，你的决定是正确的。""我看到你为自己的改变所付出的，而这需要超人的勇气和力量。"这些说法表明寻求专业帮助是件困难的事，来访者做出如此艰难的决定应该得到支持。向来访者提供支持能够使他们觉得这个决定是正确的（R. 萨默斯－弗拉纳根，J. 萨默斯－弗拉纳根，2001）。

对于年轻的来访者，这种安慰和支持显得更加重要。许多儿童来访者第一次来咨询并不是自愿的，这就需要让他们知道咨询者欣赏他们。咨询者要避免对具有抵抗性和防御性或不开口的年轻来访者表现出生气或失望，这些反应很可能会使他们将来更不愿寻求专业人员的帮助。相反，咨询者要力图保持乐观，如告诉来访者："我知道今天来这儿和我谈话不是你的主意，我不会因你的某些不快而怪你。我们也许可以一起找到一些方法来让这件事不那么痛苦。"（R. 萨默斯－弗拉纳根，J. 萨默斯－弗拉纳根，2001）

在完成这一任务时，咨询者宜做出更多的感受上的反应，明确地表示对来访者的赞赏。

2. 总结主题和内容

提高来访者再次前来会谈的可能性的最好方法之一就是，在结束阶段清楚明确地指出来访者寻求专业帮助的原因。

大多数来访者前来会谈是因为他们希望会谈对他们的生活有帮助。如果咨询者能总结出来访者希望如何提高他们的生活质量，那么他们就更有可能再次来会谈或是按照咨询者提供的建议去做，同时他们会把咨询者看成一位拥有知识、技术的出色的权威人士（R. 萨默斯－弗拉纳根，J. 萨默斯－弗拉纳根，2001）。

在完成这一任务时，咨询者宜用总结、诠释来访者的内在感受、整合主体和事件等面谈技巧。

3. 适当把话题控制权转移给来访者

咨询者在咨询过程中会引导来访者谈及重要的事情并做出很好的总结，但无论你多么出色地扮演咨询者的角色，来访者还是会觉得会谈是单方向的，就是说你了解了大量关于他的情况，而他却对你几乎一无所知。因此，在会谈的结束阶段，有意识地让来访者有多一点儿对会谈的控制是非常有益的（R. 萨默斯－弗拉纳根，J. 萨默斯－弗拉纳根，2001），如："你觉得有没有我们刚才没有谈的问题，你还希望详细谈一下？""你觉得我在会谈过程中还应该做些什么，能使你觉得更自然？"另外，来访者的问题和评论也可以促进咨询者在专业上的成长和提高。

对于儿童来访者，咨询者在结束时可以留点儿时间，让孩子有时间问问题并且反思咨询的过程，如："你知道，我在这儿一直提问。你是不是也有问题想问我呢？"

在完成这一任务时，咨询者可运用提问的方式，询问来访者的意见。

4. 寻求来访者的照管者的参与

澄清和寻求参与对年幼来访者来说是结束阶段中的关键任务。咨询者必须清楚地总结对来访者问题的理解；提醒来访者关于照管者参与或参与方式的问题；如果可能，寻求孩子的某种积极参与（R. 萨默斯－弗拉纳根，J. 萨默斯－弗拉纳根，2001）。下面有一个案例的结束，可供参考。

好的，小宇，我们的时间快要到了。通过这次交谈，我了解了你对上学读书的一些想法。你以前成绩并不差，后来父母分居后，妈妈总是希望你能在班上名列前茅，为她争一口气。这种想法让你产生了巨大的压力，你感到焦虑、无助。我想我能做一些事情来帮助你，但我们要再交谈几次，而且，我希望你妈妈和爸爸能来，这样我也可以和他们谈谈怎样帮助你。我会和你共同制订计划，你觉得可以吗？如果没问题，我想三天后我们再见面比较好。

5. 安排具体、确实的步骤

会谈的最后一项正规的任务是，指出是否还要有更深一步的专业接触。这包括具体、确实的步骤，如安排其他会面、讨论费用问题和布置相关的指导性事项。与儿童会谈时，再次与他们的照管者联系是结束阶段的一个重要部分，咨询者要花时间来与照管者澄清上述事情（R. 萨默斯－弗拉纳根，J. 萨默斯－弗拉纳根，2001）。

（二）终止阶段

有些咨询者认为每次终止都相当于一次小小的死亡过程。虽然将会谈的终止和死亡相比有些夸张，但这的确指出了终止在生活中的重要性。对于很多人来说，说再见是件困难的事。有些人会避免谈及这一点；有些人会停滞不前，希望永远不会终止；还有一些人会表现出明显的情感反应，如愤怒、悲伤或是放松。儿童和成年人对于终止的担忧有相同的一般规律，但儿童常会有更加明显和极端的表现。一个成年人可能会在结束时想咒骂咨询者，而一名青少年可能会直接骂出来。成年人也许感到有些悲伤，而孩子会哭起来。成年人会表现出一些失望，而孩子可能会大声抱怨他们的时间用完了，甚至踢上一脚。咨询者需要担任观察者、共情者和温和的限制者三重角色。在终止阶段，咨询者需要做什么呢？

1. 留意时间

尽早开始结束阶段是终止阶段能按时完成的关键性因素。如果没有充足的时间，咨询者和来访者匆匆进入结束阶段，那么必定会影响到终止阶段。理想的情况是按时完成每一步骤，这样咨询者就可以观察来访者对待终止的行为并且做出评估。咨询者还可以在方便的地方摆放座钟，说明时间快到了。

2. 注意门口表现

当到了终止会谈的时间，来访者通常会有一些想法、感受和行为，特别是门口表现，这些都能为敏感的咨询者提供关于治疗、心理病患的严重程度和诊断的信息。所谓门口表现，是指来访者在会谈最后的表现，也许是准备离开的时候，或者是在他们走到门口时的表现，如在每次会谈后都说“谢谢”并且和咨询者握手。来访者有时候直到会谈的最后才提及自杀的念头：“顺便说一下，我自杀的念头在过去的几天里真的更强了。”又或者来访者更多地说：“也许有时间我们可以一起喝咖啡。”“太好了，我现在觉得好多了。”“什么时候我才能觉得好一些呢？”这些门口表现都是非常重要的信息，咨询者应该根据来访者的具体情况分析这些行为背后的意义。此时的面谈技巧是解构或进行情感反映。

3. 控制会谈终止

在会谈终止阶段，咨询者有必要采取一定的控制。对咨询者来说，找到一种满意、合适的结束方式并坚持做下去是很重要的。例如，你可以送来访者到咨询室的门口，友善地与来访者道别，或亲切地说一句“下次见”。

在某些情况下，来访者根本不让咨询者对结束取得控制。通常来说，会谈的时间长度是事先商定好的，来访者不会要求提前离开（也有一些例外，比如青少年来访者经常会表示没有什么要说的，并要求提前终止会谈）。当成年来访者要求提前离开时，这也许是一个信号——快触碰到会引发来访者焦虑的事件了。作为咨询者，应避免提及来访者的焦虑事件，但如果这种情况发生了，咨询者应如何处理？下面是一些应对策略：（1）要求来访者谈一谈对会谈或对咨询者的感受；（2）探究来访者是否习惯于提前终止关系；（3）温和地让来访者随便讲讲他想到的任何事情；（4）在会谈前列出详细的提纲，以便核查咨询者在会谈中是否已经谈及了所有要谈的内容；（5）对来访者说“我们还有很多时间”之类的话，让他不要着急，然后继续结束阶段的工作；（6）在个别的案例中，来访者会表现出极渴望提前离开，当然，咨询者不能强迫来访者留下来，而应做出暗示，希望以后他能够再次进行会谈或是求助于其他专业人员（R. 萨默斯－弗拉纳根，J. 萨默斯－弗拉纳根，2001）。这时的面谈技巧是使用标准的终止方式，终止语要温暖而自在，与来访者讨论会谈终止以及时间界限。

三、结束会谈的时机

（一）结束一个讨论话题

以下情况为结束一个讨论话题的适当时机：当来访者述说很长一段时间，或来访者思路混乱、抓不住要领，咨询者觉得需要同来访者一起理一下头绪的时候；当来访者已明显说完他认为重要的事情的时候；在新的会谈一开头，如可以这么说“上次咨询，你主要谈了……”等（梁宝勇，2002）。通常，咨询者用小结的方法来结束一个讨论话题。

（二）每次咨询的结束

一般情况下，一次咨询的时间为50分钟。当咨询进行到40分钟时，咨询者应回顾这次咨询的过程，然后决定如何在最后的10分钟满意地结束此次咨询。咨询结束时，咨询者可以概括此次咨询的内容，并且说明未来的咨询目标与可能的咨询次数。

（三）咨访关系的结束

1. 咨询目标已经达到，咨询者提出结束咨访关系

如果咨询目标已经达到，咨询者就会与来访者结束咨访关系。通常咨询者会评估来访者是否有足够明显的进步，以确定咨访关系的结束时机，如来访者的症状减轻了，与家人的关系有改善，工作效能提高了，社交生活有改善或有稳定的感情生活，更能够应对挫折，咨访关系有显著的改善（林家兴，王丽文，2003）。其中症状的减轻是一个必要的指标，如失眠改善了，体重得到控制，不再难以控制地伤心难过，戒酒成功，坏习惯消除，自我负责能力提高，等等。咨询者和来访者一起评估症状的变化情形，有助于来访者的自我了解，以及双方在结束会谈时有针对性地讨论。

许多来访者接受心理咨询的原因是人际关系有问题，咨询者可以通过来访者与家人的关系来评估来访者进步的程度，以此判断来访者是否适合结束心理咨询。如果家人强烈反对来访者结束心理咨询，通常表示来访者与家人的关系仍然有待改善，这个时候结束心理咨询的考虑要更加慎重。

应对挫折的经验占据人生很大的一部分，来访者在接受心理咨询之后，是否更能够处理生活中的生离死别以及人际冲突，是一个重要表现。心理咨询的目标不仅在于帮助来访者处理当前的挫折，更在于提高来访者以后处理类似问题的能力。当来访者能学习更多的技能，有更务实的信心时，才是考虑结束心理咨询的时机。

咨访关系也是一种重要的人际关系，也是评估来访者的问题是否有显著改善的一个重要参考。来访者的问题如果有改变，一定会表现在与咨询者的关系中。咨询情境给来访者提供了一个呈现问题、探索原因、尝试新行为的实验室。咨访关系不仅反映来访者的问题，也反映来访者的进步和成长（林家兴，王丽文，2003）。

2. 咨询目标尚未达到，来访者提出提前终止咨访关系

许多心理咨询的结束是意外的，或是未依计划完成而结束的。有些来访者会因为下列原因之一而提前终止心理咨询。

（1）来访者自身的问题。有些来访者因为搬家而向咨询者提出终止心理咨

询的要求。在最后一次会谈时，咨询者可以帮助来访者决定是否在新的地方继续接受心理咨询，并且提供必要的转介协助。除非得到来访者的同意，咨询者不宜将来访者的资料寄给他人。

有些来访者因为收入减少或个人经济问题，而必须暂时或永久终止心理咨询。如果咨询者采用固定的收费标准，当来访者无法继续支付费用时，心理咨询会终止。咨询者可以将来访者转介给低收费的诊所或咨询者，使来访者可以继续接受心理咨询。如果咨询者采用依来访者经济能力收费的方式，咨询者和来访者可以商定新的收费标准，使来访者可以继续接受心理咨询，并且约定当来访者的收入恢复时，咨询费用也将跟着调整回来。

有些来访者在心理咨询过程中有很大的进步，但同时对自己的进步感到害怕和焦虑，以至于想要提前终止心理咨询。对于想要提前终止心理咨询的来访者，无论其是用打电话、写信的方式或是在会谈中直接提出，咨询者通常都给予尊重，并接受来访者的决定。在处理来访者的要求时，咨询者可以明确表示以下几点：告诉来访者以后的预约都已取消；用支持的态度接纳来访者的请求，减轻来访者的罪恶感；如果适当的话，鼓励来访者将来有需要时再回来继续接受心理咨询；如果来访者需要，提供转介的协助。有些来访者提前终止心理咨询，却没有告诉咨询者，这种不辞而别的结束方式很常见。减少来访者不辞而别的有效方法是教育和接纳。教育是指在初次会谈及在适当的时候，告诉来访者心理咨询的过程如何，以及如何结束，并且告诉来访者在想要结束心理咨询之前，事先和咨询者一起讨论。教导来访者结束心理咨询是一项重要的事情，尽可能依照计划来结束，即使不能依照计划结束，也希望来访者能够提前和咨询者讨论，至少预留一次会谈的时间来讨论有关结束心理咨询的事情。接纳是指咨询者平时在心理咨询的时候，经常鼓励来访者表达负面的情绪和想法。来访者不辞而别的主要原因是不敢或不知道如何表达对咨询者负面的感觉和想法。如果咨询者鼓励来访者表达负面的情绪和想法，来访者有不再继续接受心理咨询的想法时，就会主动地与咨询者讨论，而不至于不辞而别（林家兴，王丽文，2003）。

（2）来访者家人的问题。有些来访者是瞒着家人来接受心理咨询的，或者有些家人担心来访者经过心理咨询会产生生活上的改变，而家人希望来访者保持原来的样子，因而来访者不得不向咨询者提出终止心理咨询。这时，咨询者不需要去和来访者讨论家人的想法是否错误，因为这样会使来访者陷于家人和咨询者之间的冲突中。咨询者要帮助来访者理解和感受家人的想法。咨询者原则上应先尊重并支持来访者的决定，使来访者可以在没有罪恶感的情形下终止心理咨询（林家兴，王丽文，2003）。

3. 咨询目标尚未达到，咨询者提出提前终止咨访关系

由咨询者提出提前终止咨访关系的情况是很少见的，除非出现了咨询者生病或搬家等情况。其中，要重点阐述的原因如下。

（1）咨询者不再对来访者有帮助。咨询者对来访者进行一段时间的咨询后，或许认为来访者已有足够的进步，无须再继续接受咨询，或许认为来访者虽有进步，也需要继续接受咨询，但自己不再对来访者有帮助。这时，咨询者应主动提出结束咨询的建议。继续提供没有必要或无效的咨询给来访者，基本上是不符合专业伦理的（林家兴，王丽文，2003）。

（2）咨询者无法承受来自来访者的情绪压力。当咨询者对某个来访者有强烈的情感反移情或无法承受来访者的情绪压力，而且这种情形已经干扰了咨询者对来访者的专业服务时，咨询者应主动提出结束咨询，并且将来访者转介给其他咨询者。

原则上，结束心理咨询的想法应该来自来访者，再由咨询者和来访者一起讨论结束咨询是否适当以及何时结束，然后共同拟订一个结束的时间表。由咨询者主动提出终止心理咨询的时候，咨询者也应该优先考虑来访者的利益，并安排几次讨论结束咨询的会谈。会谈的内容包括：第一，终止咨询的理由。咨询者明确告诉来访者，终止咨询是符合来访者的最佳利益的。第二，结束时间表。咨询者应尽可能预留几次会谈的时间，与来访者一起讨论终止咨询对来访者的可能影响。第三，转介的协助。当来访者需要继续接受心理咨询时，咨询者便把来访者转介给其他适合的咨询者（林家兴，王丽文，2003）。

四、结束会谈面临的困难

（一）每次会谈的结束

有些来访者在咨询结束的前几分钟，才肯提到最重要的主题，希望咨询者能够延长咨询时间。有些来访者不肯将重要主题在咨询一开始时提出，可能的原因是：来访者对咨询者的信任度不够，所以在咨询中只谈一些无关紧要的问

题，而把主要问题拖延到最后；来访者拖延行为的背后有特殊的目的，如考验咨询者是否关心他或想获得咨询者的额外关心。如果咨询者答应来访者的请求而延长咨询时间，这种做法不但无法增进彼此的信任，反而让来访者养成要求延长咨询时间的习惯。来访者想考验咨询者是否关心他，或想获得咨询者的特别照顾，这些行为是来访者人际互动形态的反映，可能与来访者求助的问题有关。如果咨询者答应来访者的请求而延长咨询时间，就会加强来访者的问题行为，让来访者的问题更加严重（陈金定，2003）。在以上的情况下，咨询者可以这样回应："对于你现在提的这个问题，我了解到它非常重要。你也很想在这次会谈中把它解决，你心里着急，我明白。但是欲速则不达，正因为这个问题很重要，我们更需要安排一个充裕的会谈时间。期待下次见面和你谈这个问题，你也可以回去以后好好整理思路，想想你在下次会谈中最想解决的问题，好吗？"

有些来访者在最后一刻才提出重要问题的原因可能是来访者承受着巨大的压力，不敢将这个重要问题告诉外人，以至要离开时才下定决心说出来。处理这种情况的策略是：如果咨询者有时间，则可简要地讨论一下，以向来访者表示自己对此问题的重视和对来访者的关心，并在近日内约见来访者，仔细讨论这个问题（梁宝勇，2002）。

（二）咨访关系的结束

来访者求助的问题解决后，咨询者需要终结两人的咨访关系。有时候因为某些因素，咨访关系的结束反而让来访者对咨询者产生依赖，或让咨询者对来访者产生依赖（陈金定，2003），咨询者应如何处理这些问题呢？

来访者对咨询者的依赖，可能是由于咨访关系结束后，来访者需要单打独斗，因此感觉信心不足，或是咨询结束的分离情境触动了来访者未完成的事件，使得来访者不愿意离开咨询者。为了避免来访者的依赖，咨询者须在咨询正式结束之前的几次咨询中，采用渐进方式，陆续与来访者谈到未来结束咨询的可能性，并且处理来访者当时出现的反应，让来访者有充分的时间面对结束咨询的分离。或是在最后几次的咨询中，将两次咨询的间隔时间逐渐拉长，如原来一周一次改为两周一次或一个月一次。这种方式可以帮助来访者慢慢习惯咨访关系的结束（陈金定，2003）。

如果咨询者没能随时随地评价来访者的进步，或者咨访关系的结束触动了咨询者的未完成事件，则会造成咨询者对来访者形成依赖。咨询者需要定期评价来访者的进步情况，并且与当初定下的咨询目标进行对比，确定哪些目标已达成，哪些目标未达成。这种方式除了协助咨询者觉察来访者的进步情形外，也协助咨询者慢慢适应分离的情境。当咨询者察觉来访者的改变已符合咨询目标，而自己不愿意结束咨询时，咨询者必须探讨这个问题的原因，以避免因自己的问题影响了咨访关系的结束（陈金定，2003）。

（三）转介形成的结束

因转介而结束咨访关系时，来访者可能会询问同时与两位咨询者进行咨询的可能性，或是在必要时回来找原来的咨询者。这时咨询者须先探讨来访者这种想法的原因，并且让来访者明白咨询伦理上的规定。因转介而结束咨询的分离情境，容易触动来访者的投射与移情，让来访者产生新的问题。在此情况下，咨询者只能以聆听、共情的姿态陪伴来访者，并在顺利结束两人的咨访关系后，建议来访者让新的咨询者了解他的状态。另外，来访者即将进入一个陌生的环境，必然因为面临新环境、新压力而焦虑。在关系结束前，咨询者必须处理来访者当下的情绪问题，让来访者顺利地适应新咨询者的帮助（陈金定，2003）。

（四）反复现象的处理

心理咨询是一个过程，其间来访者的心理状况会有反复。有时，在咨询室里来访者感到好多了，可一回到现实中就不行了；或者前一阵子症状减轻了，可后一阵子症又严重了。面对种种反复，首先，咨询者自己要（同时也要让来访者）有心理准备，视之为正常的现象。其次，咨询者要有信心和耐心，不可表现出不耐烦、冷漠，不可横加批评、指责。再次，咨询者还要让来访者树立信心，可以说："如同任何事物的发展都是螺旋式上升一样，心理问题的解决也是如此。你的问题看起来好像又回到了起点，但你仔细想想，就会发现你已经不是刚接受咨询时的你了，你已经有了比较大的进步，比如……。现在遇到的这种反复是咨询过程中正常的现象，它预示着更大的突破将要来临。"最后，咨询者要和来访者一起分析，特别是让其认识到自己的成长，了解咨询的反复性，以维持和巩固咨询动机，增强信心。

遇到反复甚至倒退，咨询者要分析具体原因，是咨询过程中的失误，还是来访者遇到的新的困难，或者是改变过程中的阵痛或暂时的倒退？搞清楚后，就可有的放矢。咨询经验告诉我们，越是出现反复或倒退的时候，越是有希望突破的时候。

第二节　结束会谈的具体方法

一、结束一个讨论话题

当来访者表达完一段情感或内容后，或当来访者谈话的话题与咨询没有联系的时候，咨询者就会采用某些方法结束一个讨论话题。以下是两种常用的方法。

（一）小结

小结，是指咨询者将来访者所述说的内容的要点和所表达的情感以及两者间的关系进行概括，并简短明了地向来访者表达。咨询者发现来访者所谈的话题与咨询没有联系时，可以用小结的方法结束来访者的话题（梁宝勇，2002）。

小结作为一种会谈技巧，使用的主要目的是帮助来访者理出头绪。小结有三种主要功能：（1）咨询者可借小结考察自己是否已经准确把握来访者所述要点并了解来访者（为此，小结时常采用试探性语气）；（2）小结将来访者的述说条理化，帮助来访者理清思路，并对个人问题有一个较清晰的印象；（3）小结可以鼓励来访者进一步深入地探究自己的思想与情感（梁宝勇，2002）。下面用一个会谈实例来说明。来访者是一名高二学生，就读于某重点高中。在咨询过程中，他谈及自己的学业问题，感到学习压力很大。又说喜欢隔壁班的一名女同学，但女生对他表现得很冷淡。他还说自己应该好好学习，考上好大学，不辜负爸爸妈妈的栽培。这时，咨询者开始小结，具体内容如下。

咨询者：好的，我试着整理一下你现在的烦心事。你看是不是这几件。首先是你的学业问题，你感到压力很大；其次是你的感情问题；最后是家人给你的压力。

来访者：嗯！就这三件。

至此，小结已完成并取得了来访者的赞同。下面的会谈如何进行？咨询者可以从下述三种会谈策略中选择一种。

策略一：咨询者保持沉默，等待来访者接着探究自己的问题。在这种情况下，咨询者没有指引随后讨论的方向，因此此策略属于非指导性策略或非指向性策略。小结所起的作用之一是让来访者感到有人在倾听，鼓励他探究自己的问题。

策略二：咨询者做主，从上面提到过的三件事中选出一件先深入研究，之后再讨论另外两件。在这里，咨询者决定着会谈的方向，故此策略属于指导性策略或指向性策略。下面的一段话是这一策略的体现。

咨询者：看来困扰你的有三件事：学习压力大、父母期望值高和你的情感问题。我建议你谈一下你的情感困惑，或许从这一点上我们能找到很好的突破口。

策略三：咨询者不指引下一步会谈的方向，而是将主动权与选择权交给来访者。咨询者在这里起顾问的作用，同来访者协商决定会谈的方向。这属于非指导性策略或非指向性策略。在这种情况下，会有下面的对话。

咨询者：在这三件事中，你想先讨论哪一件呢？

来访者：咳，其实我最烦心、最想跟你谈的是关于那个我喜欢的女孩子的事情，它让我这几个星期睡不好，严重影响我第二天的精神……

上述三种策略各有利弊。一般而言，人本主义理论取向的咨询者偏爱策略一和策略三。但一般情况下应依据来访者的自我指导能力灵活地选择策略。

（二）提问

以提问的方式来结束一次会谈也是常用的方式。例如，咨询者可以问："你觉得有没有什么我们刚才没有谈的问题，你还希望能详细谈一下？""你觉得我在面谈中还应该做些什么，能使你觉得更自然（或者更自由地表达）？"以问话的方式来结束会谈可以让来访者感受到自己对会谈的控制，从而做出积极的反应（郑希付，2003）。

二、结束每次会谈

会谈的结束程序一般在每次会谈的最后3~5分钟完成。在这段时间要完成下述工作：对本次会谈进行小结；布置家庭作业，约定下次会谈的时间。下面介绍的几种方式可能对有效地结束每次会谈会有帮助（梁宝勇，2002；郑希付，2003）。

（一）咨询者进行小结

咨询者引导咨询结束前的会谈进程，自然地进入结束阶段。当讨论完一个话题后，咨询者可以说“现在我们还有几分钟时间，我提议我们一起回过头看一看我们已经讨论过的内容”，之后便可以对本次会谈进行总结，并同来访者一起商量如何继续为来访者提供咨询帮助。

（二）来访者进行小结

请来访者对本次会谈进行小结，这么做的优点是迫使来访者动脑子来理清所讨论的主要问题，从而更有可能发现尚未触及的问题和未来得及深入讨论的话题。它与前面所提过的结束一个讨论话题的功能是相似的。请来访者进行小结符合合作模式，但有些来访者可能会有困难。此外，来访者的小结也可能抓不住或遗漏重点。因此，采用这种方法结束会谈并没有减少咨询者的工作；恰恰相反，咨询者不仅需要帮助来访者概括本次会谈的要点，还要熟悉来访者的参照系并善于将它同自己的参照系沟通好。

（三）后继对话

这里所说的后继对话（meta conversation）是指咨询双方一起回顾和评议当次会谈。这种结束会谈的方式最适合首次会谈，因为许多来访者在第一次会见中往往专注于倾诉内心积压多时的郁闷，而忽略会谈的进程。同咨询者一起回顾与评议会谈进程，不仅能让来访者把握本次会谈的要点和判断会谈目标的实现情况，而且能使来访者增强信心，因为来访者看到借助于咨询者的帮助，自己能够表达积压在内心的痛苦。

（四）时间限定

时间限定是结束会谈的一种很自然的方式。对每个会谈过程来说，都应有时间限定。一般情况下，一次会谈的时间应限定在40分钟到1小时，最长不超过2小时。或许有的来访者不理解，认为反正是付费的，何必限定时间，或对这种时间上的限定感到不满。其实，时间限定是保证治疗成效的有效制约。无论真正会谈的时间有多长，在会谈的开始阶段都应该让来访者对时间限定有一个明确的认识。来访者只有认识到时间的有限性，才能更好地调整自己的行为来有效地利用时间进行会谈。简短、精练的会谈中的信息是有利于来访者学习的，长时间会话中的超量的信息反而会使来访者的收获下降。当然，对于时间的限定并非十分严格。例如，学校心理咨询机构可根据学生的不同问题，对时间的限定有更多的灵活性。一般是在初次会谈时让来访者头脑“兴奋”一下，然后来访者会逐渐深入地思考自己的经历，这时可延长时间，因为这很可能触及一些关键问题，但时间也不应过长。

双方明确了时间的限定后，咨询者应按照一定的时间规划来推动会谈的结束。到了限定的时间，可提醒来访者时间已到。咨询一般需要多次进行，咨询者也可以约定下次会谈的时间。可以用下面的话来结束会谈：“好了，今天就到此为止吧。”“看来这次会谈结束的时间到了。”“这次的时间到了，你还想再谈一次吗？”

（五）将来提示

这是一个体面且委婉的方式。特别是在与来访者已经确定了咨访关系时，这种方法最为合适。咨询者可用如下的方式向来访者说明，以结束这次会谈：“很抱歉，这次时间已到，你什么时候再来？”“如果你不介意的话，下次是否还是同一时间？”“我周四、周五有时间，你认为哪一天合适？”

（六）姿势提示

这也是结束会谈的一种方式。当时间已到，但来访者仍侃侃而谈时，咨询者应通过一些姿势让来访者明确咨询的时间已到。这些姿势包括看一下表，看一下墙上的时钟，或开始收拾桌子上的纸张等，让来访者明白会谈应该结束了。其中，起立也是姿势提示的一种。起立的方式虽然不好，但有时不得不用。当来访者在咨询者的多种提示下，仍无离开之意时，可用这种方式。

（七）总结记录

咨询者还可以用总结记录的方式来结束会谈。具体的做法是在谈话时记笔记，或在结束时把会谈的主要方面粗略地写下来，并复印一份，将复印件给来访者，上面写上日期，以此方式通知来访者这次会谈结束了。

（八）布置作业

会谈结束时，咨询者应让来访者把在会谈过程中学习的经验及应对技巧付诸实践，布置适当的作业与任务让来访者完成。咨询者可以这样告诉来访者：“在你离开之前，你最好能明确你的家庭作业。”具体做什么作业或活动因人而异。

完成家庭作业可使来访者寻找更多的改变认知和行为的机会。在完成家庭作业的过程中，来访者可以获得更多的自我教育的机会（如阅读与自己的问题有关的书籍），收集更多的资料（如观察自己的思维、情感和行为），从而检验自己的思想和信念，验证新的行为等。完成家庭作业可验证在咨询过程中学到的东西，增强自我疗效感。

（九）减速

在会谈结束之前，利用减速的方式是必要的。来访者在结束前或离开前仍有强烈的情绪，这样的结束是不好的。咨询者应让来访者在情绪平定之后离开。可以告诉来访者“我们还剩下5分钟（或10分钟）”作为提醒；如果来访者谈论的问题确实很重要，而且来访者又在兴头上，这时咨询者可以告诉来访者“我还有10分钟的剩余时间，我们可以共同谈论此问题”。

三、结束一段咨访关系

咨询者必须让来访者意识到整个心理咨询已经到了即将结束、咨访关系即将终止的时候，从而使其对结束有准备，对结束后的生活有准备，避免突然性和由此造成的惊慌失措。为此，咨询者必须向来访者说明他的心理问题已基本得到解决，通过咨询他已获得了经验，增长了能力并已能独立应付生活环境，咨访关系再持续下去将不利于他的成长。同时，也要向他承诺，必要时心理咨询机构将会再次给予关心和帮助，以免除其后顾之忧。通常，咨询者可以这样向来访者传递即将结束咨询的信息：“经过分析，你已看到这段时间的努力，你已有了相当的进步，我们预定的目标已经实现。现在该是你去适应生活的时候了。你已具备了这样的能力，再继续咨询将会妨碍你能力的发挥。因此，可能再进行两到三次咨询，就可以结束整个咨询过程了。”值得一提的是，向来访者介绍、说明结束咨询的问题应尽可能以平淡的方式进行，暗示来访者结束咨询是一件自然、平常的事情。事实上，以平淡的态度和婉转的口气说明要比非常热心进行解释的方式更好（张明，2005）。

一般而言，结束咨访关系要比开始咨询复杂得多。这里有三个主要原因：首先，来访者的问题往往比较复杂，各问题之间又有错综复杂的关系，从而使咨询者有时难以决定何时结束咨询比较恰当；其次，在咨询过程中，咨询者和来访者之间已经建立起一种有意义的关系，结束这种关系有时是困难的；最后，咨询者和来访者对于是否应当结束和何时结束咨访关系有时有不同的想法（梁宝勇，2002）。

（一）结束前的回顾

咨询结束前，咨询者要综合所有资料，结合咨询目标和实施方案，与来访者进行一次全面的总结。咨询者要帮助来访者回顾整个会谈的基本情况，强调咨询要点，使来访者对自己有一个更清醒的认识，进一步了解自己问题的前因后果，明确今后努力的方向。同时还可要求来访者复述咨询中的要点，使其开动脑筋，加深理解和印象。虽然在平时的咨询中，咨询者已对来访者进行了各种方式的辅导，但结束前的这种提纲挈领式的总结仍是十分重要的。总结应结合咨询目标和实施方案来具体进行。咨询者应充分肯定来访者取得的进步、成功以及变化的原因，强化来访者的正确思维和积极行动，帮助来访者获得独立返回社会生活的自信与能力。这具有提升咨询效果的作用。必要时，还可以讨论来访者应注意的问题，但咨询者的言语中应包含这样的鼓励："这些问题你是有能力去解决的，我相信你是可以做好的。"若让来访者自己进行总结，咨询者予以鼓励，效果将更好（郭念锋，2003，第191页）。

（二）结束的方式

咨访关系的结束应由来访者主导。心理咨询的目标之一在于增进来访者的独立性，选择结束心理咨询本身便是来访者迈向独立自主的一大步。来访者提出结束心理咨询的时候，心情是复杂而矛盾的，如来访者可能会觉得害怕、犹豫、期待和失落等。咨询者可以通过下列方式帮助来访者顺利地处理结束时的困难（林家兴，王丽文，2003）。

（1）告诉来访者想到和讨论结束咨询是一件自然的事情，因为咨询总有结束的时候，把想要结束咨询的想法和感觉拿出来谈是有帮助的。

（2）告诉来访者不需要等到症状完全消失或明确知道咨询已完成才可以结束咨询。只要来访者觉得症状已有显著改善，或主观感觉可以结束咨询，便可以和咨询者讨论结束咨询的事情。

（3）告诉来访者如果有需要，可以先安排一段"尝试结束咨询的时间"。如果尝试的结果很顺利，就自然而然达到结束咨询的目标。如果尝试的结果是觉得自己还没有准备好结束咨询，那么可以继续原来的咨询。

（4）告诉来访者在结束之后，如果有需要可以安排一次或几次会谈来评估结束是否适当，以便做最后的决定。

（5）告诉来访者如果在决定结束咨询之后，认为结束咨询的决定是不成熟的，那么来访者仍然可以在任何时候回来继续接受咨询。

（6）有些来访者可能希望用渐进方式达到最后结束咨询的目的，亦即咨询者可以将会谈的间隔时间逐渐拉长，从每周一次拉长到每月一次后再结束。这也是可以考虑的结束方式之一。另外一种方式是减少每次会谈的时间，即由原来每次会谈一小时缩短为每次半小时甚至更短时间。

四、注意事项

（1）在每次咨询结束前，咨询者必须留有足够的时间结束咨询。

（2）在初次会谈中，咨询者告知来访者咨询终止的日期。

（3）在跨文化的咨询情境中，咨询者需要与来访者进行讨论和协商，并从来访者的角度理解终止的时间含义。

（4）咨询者要在距离终止日期至少几周以前或咨询目标即将达成时，就做好关系结束的规划。

（5）咨询者必须随时觉察自己的状态，免得因为自己未完成的事件干扰咨询的结束。

（6）咨询者要做好随访的计划。

本章摘要

结束会谈包括结束一个讨论话题、结束每次会谈以及结束一段咨访关系。结束会谈不仅可以让咨询者和来访者综合所有资料，做出结论性解释，还可以帮助来访者举一反三，学习应用咨询经验，较好的结束可以让来访者更容易接受离别。结束会谈包括结束阶段和终止阶段。在结束阶段，咨询者完成的任务包括：安慰并支持来访者，总结重要的主题和内容，适当把话题控制权转移给来访者，寻求来访者的照管者的参与，安排具体、确实的步骤。终止阶段是会谈中一个非常重要而又常常被忽略的部分，咨询者可通过留意时间、注意门口表现、控制会谈终止等行为示意来访者会谈将终止。当要结束一个讨论话题时，咨询者可运用小结、提问等方法；而结束每次的会谈，可运用小结、后继对话、时间限定、将来提示、姿势提示、总结记录、布置作业以及减速等方法；结束咨访关系比开始咨访关系复杂得多，关键是要让来访者意识到整个心理咨询已经到了即将结束、咨访关系即将终止的时候，是很自然、迟早要面对的事情，从而使其对结束有准备，对结束后的生活有准备，避免突然性和由此造成的惊慌失措。

复习思考题

1. 结束会谈对会谈具有什么意义？咨询者在结束会谈中需要完成的任务有哪些？

2. 结束会谈中面临的困难有哪些？如何处理？

3. 结合你或同伴的咨询经历，看看你是否适时地运用了结束会谈的方法，以及是否运用得准确到位。

推荐参考书

1. 陈金定.（2003）.心理咨询技术.广州：广东世界图书出版公司.

2. 林家兴，王丽文.（2003）.心理治疗实务.广州：广东世界图书出版公司.

3. 郑希付.（2003）.心理咨询原理.广州：广东高等教育出版社.

4. R. 萨默斯－弗拉纳根，J. 萨默斯－弗拉纳根.（2001）.心理咨询面谈技术（陈祉妍等译）.北京：中国轻工业出版社.

5. S. 科米尔，B. 科米尔.（2000）.心理咨询师的问诊策略（张建新等译）. 北京：中国轻工业出版社.

参考文献

1. 陈金定.（2003）.心理咨询技术.广州：广东世界图书出版公司.

2. 郭念锋.（2003）.心理咨询师（下册）.北京：民族出版社.

3. 梁宝勇.（2002）.心理卫生与心理咨询百科全书.天津：南开大学出版社.

4. 林家兴，王丽文.（2003）.心理治疗实务.广州：广东世界图书出版公司.

5. 曾文星，徐静.（2000）.心理治疗：原则与方法.北京：北京医科大学出版社.

6. 张明.（2005）.成为合格的教师：心理健康教育.北京：科学出版社.

7. 郑希付.（2003）.心理咨询原理.广州：广东高等教育出版社.

8. R. 萨默斯－弗拉纳根，J. 萨默斯－弗拉纳根.（2001）.心理咨询面谈技术（陈祉妍等译）.北京：中国轻工业出版社.

第四编
心理咨询的方法

第十四章　倾　听

引　言

常言道：会说的不如会听的。这句话对心理咨询者而言尤为恰当。本章主要介绍倾听的定义、类型，倾听在咨询中的作用和意义，倾听的原则与具体方法，以及新手咨询者在倾听时应注意的问题等内容。

第一节　倾听概述

倾听和被倾听是我们所有人每天都需要的“重要的心理营养”。如果这些营养缺失，我们会失去一部分同一性，并生活在一种“慢性心理营养不良”的状态中（科米尔，纽瑞尔斯，2004）。倾听是心理咨询的第一步，是建立良好咨访关系的基本要求。有时候来访者不需要任何帮助，他只需要一个耐心、共情的倾听者。从这个意义上可以说，“咨询就是出借你的耳朵”。因此，有效的咨询者首先应成为一名优秀的倾听者（梁宝勇，2002）。

倾听是理解来访者的参考框架的一种方式。同样，倾听也是“安静而启发”的治疗风格的重要成分，通过一种被称为动机会谈的过程，从内部促使来访者改变，而不是通过外部压力使来访者产生反应。

倾听是所有咨询做出反应和提出策略的先决条件。倾听是咨询过程中最先做出的反应。如果咨询者不能很好地倾听，来访者就可能得不到进行自我探索的鼓励，双方就有可能讨论错误的问题，或者咨询者就可能过早地提出干预策略。

一、倾听的定义

并非任何人都能理解倾听的含义，有些初学咨询的人往往以为咨询主要是咨询者在“讲”，而不知道最重要的还有“听”，尤其在咨询初期和中期。倾听不仅是为了明了情况，也是为了建立咨访关系，同时还有助人效果。倾听是咨询过程的基础，是一个主动引导、积极思考、澄清问题、建立关系、参与帮助的过程。

“倾听”一词的英文是attending，表示参与、专注、注意，译成汉语“倾听”虽比较贴近原义，但易误解为聆听（listening），其实它不是指单纯的听，它还包含着更多的反应。倾听是指在咨询过程中，咨询者全神贯注地听当事人的语言表达，细读当事人的非语言行为，关切和重视当事人的遭遇，愿意伴随当事人上天入地窥视问题的始末（陈金定，2001）。

倾听指咨询者认真听来访者讲话，认同其内心体验，接纳其思维方式，以便设身处地地理解，得到来访者的信任（车文博，2001，第41页）。

倾听可分为三个过程：接受信息、加工信息和传递信息（如图14–1所示）（科米尔，纽瑞尔斯，2004）。

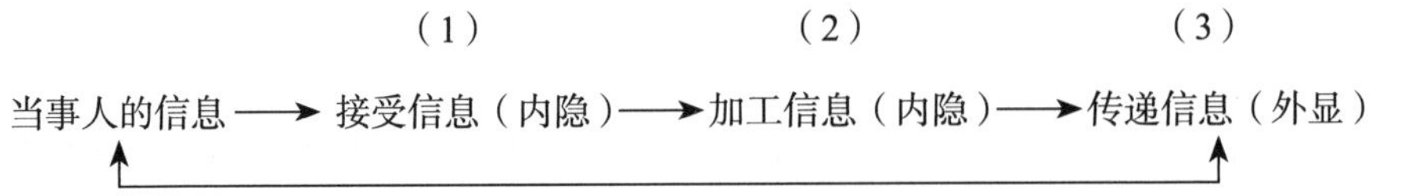

图14–1　倾听的过程

来访者发出的每一个信息，咨询者都会接受它。信息的接受是一个内隐的过程，即我们不能直观看到咨询者如何接受信息及接受到的信息内容。当咨询者不再专注倾听时，就可能无法接受到任何信息。

一旦信息被接受了，它就会以某种方式被加工。加工信息的过程也是内隐的，在咨询者的头脑中进行，不过，咨询者的某些非言语行为可能会提示某些线索。加工的过程包括思考和分析信息，推敲其意义。加工过程之所以重要，是因为咨询者的认知、自我对话和心智的（内隐的）预备和想象决定了他接下来的行为反应。信息加工过程很容易出现失误。例如，当咨询者的偏见或盲点让他无法接受部分信息或使他无法正确地理解信息时，咨询者可能听到的是他想听的而不是真正传送的信息。

有时咨询者可以正确地接受和加工信息，但因为缺乏技巧而无法有效传递信息。比起接受和加工信息的内隐过程所发生的失误，传递信息过程中所出现的失误较容易纠正。

二、倾听的类型

（一）身体倾听和心理倾听

1. 身体倾听

身体倾听是指在咨询过程中，咨询者的身体姿势传递出对来访者的关切，愿意聆听与陪伴。伊根在1994年提出，咨询者身体的专注与倾听包括如下五个基本的要素，简称为SOLER（由每个英文单词的第一个字母组成）（陈金定，2001）。

（1）面对来访者（squarely）。咨询者与来访者坐在茶几两边，呈90°角。借助茶几的缓冲，给来访者安全的人际空间。来访者有前攻后退的足够空间，才会愿意敞开心扉。

（2）身体姿势开放（open）。这种姿势代表无条件的包容与接纳，可以消除来访者的焦虑、不安。此外，咨询者开放的身体姿势会带动来访者身体与心理的开放。咨询者的身体若蜷缩封闭，就会让来访者慌乱、退缩而无力。

（3）身体稍微倾向来访者（lean）。这种姿势传递出咨询者对来访者的关心，让来访者感动之余愿意开放自己，剖析内在。如果咨询者身体后仰，紧靠椅背，会散发出对来访者的冷漠与傲气，扼杀来访者的勇气，使来访者心生畏惧而无力再谈。

（4）良好的目光接触（eye）。咨询者和来访者的眼神接触，传达出他对来访者的重视。来访者感受到咨询者散发的温暖与支持，就会有勇气，愿意勇敢地面对任何问题。如果咨询者的眼光闪烁不定，就会让来访者的眼神无法凝聚，心思涣散，会觉得咨询者虽身与自己同在，而心另有所属。

（5）身体放松（relaxed）。咨询者放松的身体姿势传达出其心境平静，来访者受到咨询者这种姿态的感染，自然能够放松。如果咨询者表现得很紧张，紧握拳头，双眉紧锁，将会使来访者更加紧张。

2. 心理倾听

心理倾听是指咨询者不仅倾听来访者的语言内容，而且注意来访者语言叙述中语调的抑扬顿挫、声音的高低强弱，以及伴随来访者的非语言行为。非语言行为蕴藏的信息，往往比语言行为来得丰富、真实。语言行为是来访者可以觉察的习惯模式，非语言行为则是来访者没有觉察的习惯模式。可以觉察的习惯模式是一种任由来访者操控的适应性反应，让人舒服但带有虚假成分；没有觉察的习惯模式无法由来访者操控，虽毫无修饰、令人难堪但真实自然，是来访者内在的真实声音和真实告白。有些来访者心口不一，在谈到对某事的感受时反复强调自己一点儿也不生气，却满脸通红、拳头紧握，一副要打架的姿势；有些来访者的语调高昂有力，身体却后退蜷缩。咨询者在倾听来访者的叙述时，要仔细观察来访者的身体动作，这样才能看透来访者的内心世界，做到感同身受，而让来访者感动于咨询者的理解与陪伴，自愿地摘下面具，呈现本来的面目，倾吐心声。

（二）非选择性倾听和选择性倾听

倾听还可以分为非选择性倾听和选择性倾听（梁宝勇，2002），也称非指导性倾听和指导性倾听（R. 萨默斯－弗拉纳根，J. 萨默斯－弗拉纳根，2001）。

非选择性倾听意味着咨询者让来访者掌握主动权，给来访者充分的时间述说，咨询者给予注意并做出反应，其目的是鼓励和激发来访者自由地述说，以便最终搞清他的问题是什么。主要适用于尚未搞清来访者问题的咨询阶段。

选择性倾听是指咨询者从来访者述说的内容中选择自己认为重要的方面。选择性倾听以非选择性倾听为前提和基础。

由于咨询者拥有巨大的潜在影响力，即使是非选择性倾听也可以用来引导来访者谈出特定信息（R. 萨默斯－弗拉纳根，J. 萨默斯－弗拉纳根，2001）。非选择性倾听成为选择性倾听有两个重要原因：第一，咨询者可能在讨论某些问题时会有意或无意地更加关注来访者谈论的某一方面；第二，来访者在咨询中谈论的内容相当广泛，咨询者不可能对每一话题都给予同样的关注，一些选择是必要的。

三、倾听的重要意义

（一）治疗功能

有人认为，倾听能够引导来访者讲出自己的故事，这种倾诉本身具有宣泄作用，因而它具有治疗功能（科米尔，纽瑞尔斯，2004）。

瑞曼（R. N. Remen）在她的名作《餐桌上的智慧：治疗的故事》中的一

段话可能是对倾听固有价值的一个最好说明：“我想，与另一个人沟通的最基本和最有力的方式就是倾听，仅仅是去倾听。也许人们彼此能够相互给予的只是我们对对方的关注，尤其是当这种关注是从我们心底发出来的时候。当人们在谈话时，无须做任何事，要做的只是去接纳，把对方的信息接受进来，倾听对方说的话，关注他们。”（科米尔，纽瑞尔斯，2004）

来访者在讲述自己的故事、经历和体验的过程中，就能够建构自己的身份地位，并为自己的生活赋予意义和目的。好的咨询者倾听来访者的故事，以便帮助他们认识到这些故事所包含的意义，解释这些故事对于他们自我发展的促进或妨碍作用。讲述故事能让曾经遭受过精神创伤的来访者缓解情绪，无论来访者是年轻人还是老年人。当来访者的故事中包含了背后隐藏着的“困难”或“羞耻”时，倾听的治疗作用会更加明显。

（二）建立良好的咨访关系

咨询者全神贯注地倾听，表现出对来访者的话题感兴趣，这会让来访者感到被了解、被重视和被关心，获得自尊，从而对咨询者产生良好的第一印象，愿意与咨询者建立良好的咨访关系。

本辛（J. Bensing）在会谈微技巧培训中就病人与医生的关系做了一些设计非常周密的工作（A. E. 艾维，M. B. 艾维，2005）。她发现，如果医生和病人已经建立了稳定的关系，而且能仔细地听病人说话，则医生会得到更高的评价，病人有可能听从医生的建议和指导。她同时发现，如果医生能够仔细地听病人叙述，病人谈话的时间也会增多。丹尼尔（Daniel）对护士运用会谈微技巧的九项研究发现，这些护士在共情方面受到更高的评价，关注病人，更少出现医疗错误。

（三）了解问题

通过耐心倾听，咨询者能够了解来访者的心理问题及其根源，并同来访者一起找到解决问题的办法。因此，倾听是了解问题的主要途径，是解决问题的第一步。

通过耐心倾听，咨询者能够在咨询后期有较大的机会给来访者做出正确的判断和干预。没有倾听作为基础，咨询者会忽略根本的问题，或提出不恰当的建议、做出时机错误的咨询行为。

耐心倾听时除了注意来访者的语言内容外，还要注意来访者语调的抑扬顿挫、声音的高低强弱，以了解来访者非言语行为背后的意义，直入来访者的内心世界。从下面的案例中可以看到非言语行为表达的意义（陈金定，2001）。

来访者15岁，学生，女性，因为知心同学要移民美国而难过不已。

来访者：我要好的同学昨天告诉我，她全家将移民到美国。我听到她这么说，虽然有些难过，不过一想到天下没有不散的筵席，心情就平和多了（来访者双手用力互搓）。

[虽然来访者口头上表明，当她想到天下没有不散的筵席时，心情不再低落，但是，她的非言语行为（双手用力互搓）暗示，她可能隐藏一些重要信息。因此，咨询者须探讨来访者非言语行为的意义。]

咨询者：虽然“天下没有不散的筵席”这句话可以让你的心情平和，可是，我似乎感觉到即使你用这句话来安慰自己，仍然无法让自己平静下来。不知我这样想，对不对？（高层次共情技术）

来访者（哭泣）：这件事让我觉得无能为力。看着自己的好朋友要离开，虽然心里十分不愿意，可是我又能怎么样？我知道人生本来就是这样来来去去，可是也不知怎么搞的，就是有一种感觉，一种无可奈何的感觉。

（四）为来访者提供自我成长的机会

来访者之所以来咨询往往都是因为被问题所困扰，不知怎么解决，不但心智混乱，而且对自己失去信心，不能接纳他人，甚至不能接纳自己，不敢面对自己。

倾听给来访者一个整理自己思绪的机会，帮助来访者理清自己的问题所在。咨询者的倾听能把关切和重视传递给来访者，增强来访者的力量和信心，使他有勇气去面对困难、面对自己。

倾听会鼓励来访者承担起在会谈中进行话题选择并确定谈话焦点的责任（科米尔，纽瑞尔斯，2004）。来访者往往会认为咨询就是向专家请教，以求良方。这恰恰是咨询的忌讳。不对来访者进行倾听，就会使咨询者仅仅满足自己去发现问题和解决问题的需要，导致咨询者把自己看成专家而不是合作者，也会阻碍来访者在咨询过程中发展自己的责任感和自己解决问题的能力，对咨询者产生依赖。

良好的倾听也为来访者提供正确处理人际关系的示范。通过亲身感受，来访者学会了倾听的艺术，改善了人际关系。

第二节 倾听的技巧

一、倾听的原则

（一）专注性原则

被人真心地倾听是一份特殊的礼物。在讲求效率的现代社会，耐心地倾听别人确实不是一件容易的事情。尼克尔斯（Nichols）把倾听看成一门“失去的艺术”，他认为这要部分归因于现在时间的压力，它分散了我们的注意力，减弱了我们在生活中进行倾听的质量（科米尔，纽瑞尔斯，2004）。倾听的缺乏破坏了人与人之间的关系，导致人际冲突，使我们有一种失落感。尼克尔斯观察到，在某种关系（如咨访关系）中，当人们需要别人能够倾听自己却发现别人没有倾听时，失落感最为严重。

真正有效的倾听需要咨询者具备全身心关注来访者和避免各种干扰的能力，需要咨询者在情感高度卷入的同时，仍能相当平静从容。最善于倾听的咨询者通常培养出了这种“专注”。这样的咨询者能够非常专心地将能量集中在来访者身上，而同时使干扰减到最少。

咨询中，咨询者必须随着来访者言语与非言语行为的变化，随时调整自己的言语与非言语行为，以同样的脚步跟随来访者，这样才能反映出咨询者的专注。

专注性是倾听中首要的原则，但在某些情况下我们可以采用适当的不专注技巧。例如，来访者可能一次又一次地谈论同一个话题，或者来访者只想谈论消极的事情，这时，有意地不予专注会有所帮助。通过中断目光接触、改变身体姿势和语气，以及故意转入积极性话题等，咨询者可以推动会谈进程（A. E. 艾维，M. B. 艾维，2005）。

（二）有效性原则

良好的注意并不等于有效的倾听。在讲座甚至咨询中，我们能自动做出良好的目光接触，真诚地点头，用恰当的语调说话，甚至间或重复关键词语来进行言语追踪，但实际上我们并没有听到和记住对方所说的内容。我们心不在焉，而自动地做出练习有素的技能反应。许多咨询者和来访者偶尔也会表现出良好关注但倾听不足。来访者在感到咨询者在出神时，可能会有说“嗯，打扰了，是不是你还有其他事情”之类的话的冲动。通常来访者非常礼貌，不会说出这么明显不满意的话，但敏感的来访者有时会问发生了什么问题。

咨询者需要留意是什么使自己进入了这种自动反应的注意状态。可能是累了，感到无聊、难受，或心中有事，需要这样来保存能量。然而，除了短时间或极端的情况以外，咨询者不应该这样，因为这样剥夺了自己和来访者之间的真诚互动，也剥夺了双方更深入、更有意义的交流机会。如果咨询者发现自己经常是注意比倾听好，则要花时间找出原因并采取办法来处理这个问题。

在倾听的过程中，咨询者听想听的内容，听出预先没有考虑的问题，这才是良好的、有效的倾听。

（三）反应性原则

倾听不是一种被动的活动，而是积极地对来访者传达的全部信息做出反应的过程。因此，不光要听，还需要给予适当的反应。恰当的反应既是为了向来访者传达咨询者的倾听态度，鼓励来访者叙述，促进咨访关系，也是为了澄清问题，深入了解，促进咨询者对来访者的理解和来访者对自己的了解。倾听中的反应，是咨询者和来访者互动的形式。

二、倾听的方法和技巧

很多人认为会谈就是“谈”，而忘掉最重要的“听”。咨询者从来访者的故事中可以听出许多内容。

咨询者要倾听故事的内容、故事所表达的来访者的情感以及来访者组织故事的方式（科米尔，纽瑞尔斯，2004）。要倾听故事怎样开始、故事的顺序、故事中“愤怒、悔恨”等线索以及来访者对故事的理解和他们在故事中扮演的角色，故事中重大情节的缺失也是重要线索（科米尔，纽瑞尔斯，2004）。怎么样去“听”别人谈话，是一门学问，也是一门艺术。

（一）良好的态度和习惯

实际上，咨询者倾听的态度和习惯比技巧更重要。因为我们许多人在社会生活中养成了愿意“说”而不愿意“听”，习惯“说”而不习惯“听”的倾向。人们“听话”的能力比“说话”的能力要差。造成这种情况有以下几个原因。首先，我们容易带着评判倾向来听，注意对方所说的与自己的价值观或看法是否一致，以此来把对方分成潜在的朋友或外人。这对于我们平时的人际关系或许是有意义的，但这种主观倾向很强的“听”的习惯在咨询中就会有妨碍作用，使我们带着偏见进入来访者的内心世界。其次，真正的倾听是一件相当耗费精力的事，需要全神贯注，不能分心走神。再次，有时说者的话中含有激起情绪反应或引发联想的作用，容易引起听者分心。最后，由于信息传递中“噪声”的影响，导致错听、错解。以上种种情况需要咨询者高度重视，尽可能避免，在实践中养成良好的听的态度和习惯。

（二）设身处地地感受

咨询者不但要听懂来访者通过言语所表达出来的东西，还要听出弦外之音，听出来访者在交谈中所省略的和没有表达出来的内容。例如，在中国文化背景下，性是许多人极为敏感的话题，来访者常常只谈些皮毛或打“擦边球”，有时他们希望咨询者能听出问题，主动地向他们询问。有时来访者所说的和实际并不一致，或者避重就轻，自觉和不自觉地回避更本质性的问题。有的来访者会拼命地说他一点儿烦恼都没有，也没什么大问题，而事实上可能是准备向你倾诉他内心认为很重要的问题。有时来访者所谈的很多事情我们未曾经历过，这时需要咨询者尽量设想其处境，切身体会，才能了解来访者所经历的心理反应与体验，才能知道如何帮助他脱离困境。

（三）观其言察其行

正确的倾听要求咨询者以机警和通情达理的态度深入来访者的烦恼中去，细心地注意其所言所行，注意对方如何表达自己的问题，如何谈论自己及与他人的关系，以及如何对所遇到的问题做出反应。还要注意来访者在叙述时的犹豫停顿、语调变化，以及伴随言语出现的各种表情、姿势、动作等，从而对言语做出更完整的判断。例如，来访者说自己原谅了妻子的过错，可是说的时候情绪是激动的，表情是生气的，拳头是紧握的。我们从这些非言语线索中可以判断来访者实际上并没有真正原谅妻子的过错。

（四）适当地参与和反应

在咨询过程中，咨询者可采用的倾听反应有以下五种。

（1）鼓励。咨询者运用言语或非言语的方式使来访者介绍更多信息。鼓励方式包括点头、张开手、运用像“嗯哼”等肯定性短语，以及重复来访者话语中的关键词等。复述是更深一层的鼓励方式，是指准确地重复来访者使用的两个或更多的词。此外，适当的微笑和关心是两种主要的鼓励手段，能使来访者在会谈中感觉更轻松，从而更能表达自己。许多研究者发现，微笑很有用，它是表达热情和开朗的基本方式。

（2）澄清。当来访者发出模棱两可的信息后，咨询者需要做出的反应是澄清。它开始于“你的意思是……”或“你是说……”这样的问句，然后重复来访者先前的信息，目的是鼓励来访者更详细地叙述，检查咨询者所听到内容的准确性。

（3）释义。咨询者将来访者信息中与情境、事件、人物和想法有关的内容进行重新解释，目的是帮助来访者注意自己信息的内容。

（4）情感反映。它是指对来访者的感受或来访者信息中的情感内容重新加以解释，目的是鼓励来访者更多地倾诉自己的感受，帮助来访者意识到自己的情感，帮助来访者认识和管理情绪。

（5）归纳总结。它是将信息的不同内容或多个不同信息联系起来，并重新编排，目的是把来访者信息的多个元素连接在一起，确定一个共同的主题或模式，清除多余的陈述，回顾整个过程。

下面的案例较好地说明了咨询者在咨询中所使用的倾听技术（科米尔，纽瑞尔斯，2004）。

来访者（一个35岁的寡妇，两个孩子的母亲）：我丈夫去世时，我整个生活都崩溃了。我一直不敢相信我有能力自己生活并抚养孩子们。以前我丈夫总是替我做所有的决定，他每个星期都带钱回家。现在我已经很长时间没有睡过好觉了，而且酗酒——有时简直不能思考。我的亲戚尽可能地帮助我，但是我仍然感到恐惧。

咨询者进行非言语的“鼓励”，点点头示意来访者继续说下去。

咨询者进行“澄清”：你是说你现在面临最艰难的事情之一是建立自信心，是吗?

咨询者进行“释义”：自从你丈夫去世后，虽然你有亲戚的帮助，但你自己仍然要承担更多的责任，并需要自己做出决定。

咨询者进行“情感反映”：你担心自己肩负起整个家庭责任的能力。

咨询者进行“总结”：你丈夫已经去世，你面临着一些十分困难的事情……要承担家庭责任，自己做出决定，自己照顾自己，并且要处理随之而来的恐惧。

要给予适当的反应是不容易的。新手咨询者在会谈的过程中常有极大的责任感，总是想要说什么或做什么以保持会谈的继续和保持控制。有时作为一个帮助者，咨询者能做的最有用的事情就是以沉默支持来访者。来访者可能流着眼泪，咨询者也许想说点儿什么来给予支持。然而，最好的支持也许只是与来访者在一起，沉默不语。新手咨询者常会觉得“我不知道该说什么和该做什么”，这可能是令人不安的。但实际上，大多数有经验的咨询者有时也会承认，他们也不知道该说什么。所以，耐心是很重要的，有经验的咨询者能欣赏或忍受在自己不知该说什么的时候产生的停顿，等待而不失去专注。咨询者在对沉默感到不安时，可以看看来访者，如果他显得轻松惬意，那就让他保持轻松。如果来访者也对沉默感到不安，那么咨询者可以就刚才谈话提到的相关内容提个问题或者进行评论。

三、倾听注意的问题

不耐心倾听，过早地下判断、做出解释、提出忠告，进行不恰当的赞扬或道德谴责，是导致交流和咨询失败的主要原因（梁宝勇，2002）。夸夸其谈的说教式咨询不可能获得成功。新手咨询者往往不重视倾听，不愿意倾听，常常犯一些错误。

（一）急于下结论

新手咨询者往往没有耐心倾听，常会有迫使自己发现问题、解决问题的倾向。因为太想帮助来访者，新手咨询者会向来访者提出大量的问题以便找到一个快捷的解决办法，他们通常试图在会谈开始5分钟之内解决来访者的问题。这会将会谈引入歧途，弄错来访者的主要问题。来访者在最应当得到理解的地方被人误解了，最终只有结束咨访关系。

（二）轻视问题

新手咨询者在听到来访者谈到一个问题时往往会产生类似经验的联想（“这个问题我以前遇到过”），并按照自己的既定思路去询问、推测和过早无根据地做出解释。

（三）转移话题

新手咨询者在倾听时，更多地关注自己。经常会出现以下情况：在咨询过程中有过多无关动作，对来访者产生干扰，或不耐心听来访者述说而谈自己感兴趣的话题，或通过提问了解自己感兴趣的内容，转移来访者的话题。

（四）过多的价值判断

不成熟的咨询者会对来访者的行为做出过多的价值判断。如“你这样是不对的”“你就应该这样”等，不仅是倾听的大忌，而且是咨询的大忌。

（五）运用不适当的咨询技巧

新手咨询者在咨询中常会运用一些不适当的技巧，如询问过多、概述过多等。倾听过程的参与技巧是“可问可不问时，不问；可说可不说时，不说”。

有些咨询者可以很清楚地讲出倾听的道理，在实际会谈中却难以践行，这是因为存在某些障碍阻碍他们倾听。有三类咨询者似乎很难对来访者的信息进行倾听，具体如下。

（1）狂热型咨询者。这类咨询者活动（心理活动和躯体活动）过度，以致他们极难安静地坐下来倾听来访者的故事。

（2）自我中心型咨询者。这类咨询者虽然也关心来访者，但总喜欢按照自己的想法一意孤行，以至于来访者很少有机会讲述自己的故事。

（3）自我专注型咨询者。这类咨询者外表看起来在关注来访者，然而他们的内心存在着许多“噪声”，以致他们并没有真正从情感上倾听来访者。

有效倾听的障碍还涉及对信息的评价和过滤。过滤性倾听包括贴标签和偏见。例如，如果你需要给来访者做出诊断，你可能在试图倾听来访者的同时在脑海中考虑各种可能的标签，或者你见到的来访者已经被其他人贴了标签——“边缘性”来访者、“恶劣心境”来访者或“对抗性”的孩子等。在倾听来访者的同时，通常会有一种试图寻找证实这些标签的行为的诱惑。我们所有人都使用过滤的方法建构我们的世界，但如果这些过滤非常强，就会使咨询过程中的倾听带有偏见，并引起刻板印象。在遇到与我们不同文化背景的来访者时，过滤常常会影响我们倾听。

四、倾听技术训练

（一）倾听意识训练

（1）开始练习之前，准备几种可以吃的小食品，如葡萄干、巧克力等。舒适地坐下来，轻轻地闭上眼睛，注意力集中在牙齿上。如果出现遐想，就让它们飞翔。开始慢慢地拿起一颗葡萄干放入嘴中，慢慢地咀嚼。注意你的胳膊抬起，把葡萄干放入嘴中的过程……想你的手是怎样拿葡萄干的……注意它在你嘴里的感觉……当你咀嚼时，尽可能慢地感受它的滋味。注意当你慢慢咽下时，你的舌头和喉咙的感觉……

重复以上的过程……然后注意你在吃葡萄干的过程中意识到了什么，你经常意识到什么。

（2）安静舒适地躺下。从你的脚尖开始，然后慢慢地向上移动到你的头顶，进行全身扫描。集中注意力在你感到紧张和疼痛的部位，把手放在上面，让它停留几分钟；深呼吸，随着你的呼吸，注意你身体的这些部位所发生的变化。你不要试图去改变任何东西，仅仅意识到这个部位，就这样停留一会儿，看看这个部位发生怎样的变化。

（二）实践练习

（1）两人一组，一人扮演咨询者，另一人扮演来访者。来访者叙述问题，咨询者表现出心理与身体非专注、非倾听的态度。10分钟后，来访者和咨询者讨论自己的感觉。

（2）来访者继续叙述问题，这一次，咨询者表现心理、身体的专注与倾听。10分钟后，两人一起讨论咨询者专注与倾听的态度带给来访者的感觉。

（3）角色对调，重复以上的步骤。

［本章摘要］

倾听是咨询的基础，是指咨询者认真地聆听来访者的谈话，细读来访者的非言语行为，并做出适当反应。倾听作为一种咨询技术，比生活中的“听”要复杂。咨询中的倾听包括身体倾听和心理倾听，以及选择性倾听和非选择性倾听。倾听本身就是治疗，是建立良好咨访关系的基础，是了解问题的重要途径，是来访者自我成长的机会。使用倾听技术有三个原则：专注性原则、有效性原则和反应性原则。倾听是一门学问，也是一门艺术：咨询者要养成良好的听的态度和习惯；倾听并非仅仅用耳朵听，更要设身处地地感受；当我们倾听的时候，我们还要注意来访者如何讲，如何反应；善于倾听，不仅在于听，还要有参与，有适当的反应。新手咨询者在倾听时往往不重视听，不愿意听，不能耐心地听，急于下结论；轻视来访者的问题；过多地关注自己，转移来访者的问题；对来访者做出道德或正确性的判断；运用不适当的技巧。要做到有效倾听不是一件容易的事情，需要我们更多地体验、练习和实践，不断地提高我们“听”的能力。

复习思考题

1. 如何理解倾听的含义?
2. 在咨询过程中，如何倾听来访者?
3. 倾听过程中需要注意哪些问题？如何避免这些问题?

推荐参考书

1. 陈金定.（2001）.咨商技术.台北：心理出版社.

2. 科米尔，纽瑞尔斯.（2004）.心理咨询师的问诊策略（张建新等译）.北京：中国轻工业出版社.

3. A. E. 艾维，M. B. 艾维.（2005）.心理咨询的技巧和策略——意向性会谈和咨询（时志宏，高秀苹译）.上海：上海社会科学院出版社.

4. R. 萨默斯－弗拉纳根，J. 萨默斯－弗拉纳根.（2001）.心理咨询面谈技术（陈祉妍等译）.北京：中国轻工业出版社.

参考文献

1. 车文博.（2001）.心理咨询大百科全书. 杭州：浙江科学技术出版社.

2. 陈金定.（2001）.咨商技术.台北：心理出版社.

3. 科米尔，纽瑞尔斯.（2004）.心理咨询师的问诊策略（张建新等译）.北京：中国轻工业出版社.

4. 梁宝勇.（2002）.心理卫生与心理咨询百科全书. 天津：南开大学出版社.

5. A. E. 艾维，M. B. 艾维.（2005）.心理咨询的技巧和策略——意向性会谈和咨询（时志宏，高秀苹译）.上海：上海社会科学院出版社.

6. R. 萨默斯－弗拉纳根，J. 萨默斯－弗拉纳根.（2001）.心理咨询面谈技术（陈祉妍等译）.北京：中国轻工业出版社.

第十五章 提 问

引 言

记得有这样一个小故事：做父母的想了解刚出嫁的女儿生活过得好不好，于是，他们都向女儿问了一个问题。父亲的问题是："对目前的生活你感到幸福吗？"母亲的问题是："女儿，告诉妈妈，你丈夫有没有欺负你？"在回答父亲的问题时，女儿显得很快乐，告诉父亲自己过得很幸福，新婚丈夫对自己很好；在回答妈妈的问题时，女儿开始搜肠刮肚地想丈夫有没有欺负自己，结果越想就好像有越多不如意的地方，越想越不快乐。其实，父母的目的是一样的，但不同的提问方式引发了女儿截然不同的情绪反应。可见，提问既是一种技巧，也是一门艺术。在心理咨询中，提问占有十分重要的地位，问什么、怎样问关系到来访者的回答内容，关系到会谈的方向，直接影响心理咨询的效果。本章就提问的作用、分类以及提问应注意的问题进行讨论。

第一节 提问的作用

为了了解来访者的心理活动，探寻潜藏于其内心的心理困扰，除了倾听来访者的倾诉以外，提问也是一种非常重要的技术。提问可以帮助咨询者弄清楚来访者的问题，澄清来访者模糊语言中包含的真正信息，了解来访者的目标，帮助咨询者掌握会谈方向，使来访者的思路更有条理，更具有结构性，从而为解决问题提供最大的可能性。善于运用提问是咨询者咨询技术成熟的一个重要标志。

一、探明来访者的问题

在心理咨询的初始阶段，咨询者首先需要搞清来访者的问题，这样才能拟订合适的咨询方案，对症下药。提问是一种非常重要的查明来访者问题的方法。通过提问，我们可以掌握来访者的身份信息，包括年龄、文化、民族、语言、婚姻状况、职业、联系电话等，有时由于特殊需要可能还要掌握来访者的姓名、地址、残疾程度及紧急情况下可以联系的另一个人的电话等。此外，咨询者还可以通过提问更详细地了解来访者的既往心理咨询史、健康史、受教育背景和工作背景、成长史、家庭或婚姻状况等方面的信息，从而为自己的评估提供更充足的依据。

二、澄清来访者的目标

来访者总是带着美好的希望踏入咨询室的大门的，他们对咨询者可能有着种种期待。来访者的期望可以反映其问题所在，使咨询者更明确地知道来访者通过咨询想达到什么目的。然而，有时来访者的目标是不切实际的，不具有可操作性。因此，咨询者必须通过提问来识别、界定和评价来访者的目标，并与来访者协商以确定咨询的目标。澄清目标的问题一般包括以下四类。（1）通过咨询，你希望在哪些方面有所改变？（2）你认为自己哪些方面需要改善？（3）你认为自己改变的可能性有多大？（4）你认为自己有什么资源可以帮助你达成你的咨询目标？

以上问题可以澄清来访者最初的期望，使咨询者和来访者双方都明确知道咨询可以达到什么目标，不可以达到什么目标，从而引领双方共同努力解决问题，同时也可为评价咨询效果提供依据。

三、掌握会谈的方向

在心理咨询过程中，咨询者通常希望与来访者就其所关心的某个问题进行探讨。例如，来访者告诉咨询者：“我失恋了，现在觉得很痛苦。我希望通过心理咨询缓解这种痛苦的情绪，使我能更快地从失恋的阴影中走出来。”但遗憾的是，有时来访者会偏离会谈的方向，在咨询过程中经常会讲很多抱怨的话，或者是非常普遍而且含糊的症状，有时甚至为了掩藏自己内心真实的想法而故意东拉西扯。例如，一个同性恋来访者可能碍于世俗的压力回避谈论自己的性取向问题，而是花大量的时间不停地谈论他对生活的担忧或是生活对他的不公平待遇。因此，咨询者在来访者开始偏离谈话方向之后，就要列出来访者讲述的基本问题和相关的咨询目标，通过提问的方式掌握会谈方向，使来访者的自由表述向更有结构的交谈过渡。具体可以参看下例。

来访者：我真的觉得生活对我很不公平。你看，我付出那么大的努力才考上大学，我却不知道我上大学是为了什么。我花了那么多的钱交学费，我却不知道现在学的东西到底以后能不能用。还有，现在的大学生的道德水平整体都在滑坡……

咨询者：刚才你谈了很多关于生活不公平的问题。我记得我们开始达成的最主要的咨询目标是如何看待你的性取向问题，关于这一点，你能更多地谈谈你的看法吗？

四、探讨认知行为改变的可能性

当问题查明和咨询目标确立后，咨询者应和来访者共同探讨认知行为改变的可能性，从而制订咨询计划。咨询者要通过提问确认来访者对认知行为改变的看法，确定来访者是否有足够的资源可供利用，并愿意为此做出努力。具体可参考以下案例。

咨询者：上周一我曾经和你提起想制订一个行动计划来帮助你改变，你觉得怎样？

来访者：好啊。我已经按照你的要求初步拟订了一个计划，可是我不知道合不合适。

咨询者：没关系，我们一起来看看。

…………

咨询者：我想，计划是需要执行的，否则就等于废纸一张。你觉得这个计划对你而言可行性大吗？

来访者：挺好的，我愿意去努力。但是，我还是不太确定自己能否百分之百地按计划行事。

咨询者：能否找一个你信服的人来督促你呢？

来访者：嗯，我可以找我的妈妈协助我。

咨询者：好的。我把监督人这一栏也记下来，你看一下我的记录是否准确（来访者点头）。这样，你先按这个计划实行一周，下周我们见面时再讨论具体实施情况。

五、了解心理咨询的效果

在咨询即将结束时，咨询者通常都要对来访者的状况进行了解，以此对心理咨询的效果进行评估，从而决定是否要结束咨访关系。此时可运用提问直接了解心理咨询的效果。

咨询者：经过这段时间的咨询，你现在心情如何?

来访者：已经好多了，不再像以前那样焦虑了。

咨询者：现在和宿舍同学的关系怎样?

来访者：基本可以和睦相处。上次和您谈过以后我也注意了自己的言行，与A同学闹矛盾的次数也少了。

咨询者：学习上呢?

来访者：少了那些烦心事，现在看书看得进去了。

咨询者：你现在的情绪、人际交往和学习基本已恢复正常，因此我想可以结束我们之间的咨访关系了，你觉得怎样?

来访者：好的。

第二节　提问的分类

一、基本的提问方式

在心理咨询中，基本的提问方式是很重要的，如封闭式提问、开放式提问、祈使式提问等。

（一）封闭式提问

封闭式提问是可以用“是”或“不是”、“有”或“没有”、“对”或“不对”等简单词语来作答的提问，如：“你现在心情好吗？”“你感到紧张，对不对？”封闭式提问可以缩小讨论范围，获得特定信息，澄清事实，或使会谈集中于某个特定问题。其特点是来访者可能的回答都包括在问题之中，易于回答，节省时间，但难以得到问句以外更多的信息，且具有较强的暗示性，不利于真实情况的获得。

在会谈中，封闭式提问是必要的，但不宜多用。因为它限制了来访者进行内心探索，限制了自由表达，使会谈趋于非个人化。而且，一连串的封闭式提问会使来访者变得被动、疑惑、沉默。

（二）开放式提问

开放式提问是指咨询者运用包括“什么”“怎么”“为什么”“能否”等词在内的语句发问，让来访者对有关的问题、事件给予较为详细的回答。这是一种非常有用的提问技术，它可以引导来访者更多地讲出有关的情况、想法、情绪等（王玲，刘学兰，1998）。开放式提问常常要求来访者做出解释、说明或补充资料，无法用简单的“是”或“否”来作答，如：“你认为他对你很好的原因是什么？”“你为什么要自责呢？”它的作用是：使咨询者更深入地了解来访者的行为、感受和想法，从而找出问题的成因；激发来访者交流的愿望；使来访者自由地表达自己的想法和宣泄压抑已久的情绪，达到放松身心的效果。这类问题没有固定的答案，容许来访者自由发表意见，且不具有暗示性，易于获取真实的信息。但是，对这类问题的回答要求来访者思路清晰，且要有一定的语言组织能力和表达能力，也要求咨询者有更多的时间和耐心。

（三）祈使式提问

祈使式提问是可以用“是”或“否”作答，但实际上是用于引起对情感、想法或问题更详细的讨论的提问。这类问题通常以“你能……”“你愿意……”等形式开头，如：“你能谈谈你刚开始发现自己感染了艾滋病毒时是什么样的情况吗？”“如果你的父母发现你是同性恋，你愿意描述一下他们会有怎样的反应吗？”从表面上看，祈使问句是问来访者是否愿意作答，但实际上，它是一切问句中最开放的，因为它能促使来访者给出最详细的资料。咨询者在使用祈使式提问时要注意两条原则。第一，在咨访关系建立之前应避免使用祈使问句。因为这时候来访者通常会以害羞的或拒绝的“是”或“否”来回答，这不仅未能达到祈使式提问的目的，而且可能使咨访关系受损。第二，当来访者是儿童或青少年时，应避免使用祈使问句。这是因为他们常会对该问句进行具体解释，并做出反抗性回答。例如，如果问一些年轻人：“你愿意告诉我你爸爸去世时你的感觉怎样吗？”他们常会回答：“不！”这显然给咨询者增加了压力而且削弱了咨访关系。

（四）间接式提问

间接式提问又叫隐含式提问，常常以“我感到好奇……”或“你肯定……”来开头。当咨询者对来访者的想法或感受感到好奇而又不想逼迫来访者作答时可以使用这种句子，如：“我对你毕业后的计划感到好奇。”“你肯定对你父母的离异有一些想法或感受。”间接式提问应偶尔使用，并应在咨访关系已充分建立之后使用。

（五）投射式提问

投射式提问是以某种假设开始的提问。例如：“如果你得到100万元人民币，没有任何限制，你会做什么？”“如果可以满足你三个愿望，你希望要什么呢？”这类问题常与想象结合使用，其作用有两个：一是帮助来访者发现、表达和探索无意识或部分能意识到的冲突、价值观、想法和感受；二是获得来访者对某人的真实评价，避免尴尬局面。

总的来说，不同的提问方式可以使咨询者获得关于来访者的不同信息，具体情况见表15-1（R. 萨默斯-弗拉纳根，J. 萨默斯-弗拉纳根，2001，第125页）。

表15-1　提问的分类

提问用词	提问的方式	来访者通常的回答
什么	开放式	事实和描述性信息
怎么样	开放式	过程或顺序的信息
为什么	部分开放式	解释和防御
什么地方	略微开放式	关于地点的信息
什么时候	略微开放式	关于时间的信息
谁	略微开放式	关于人物的信息
是否	封闭式	具体信息
能否、愿否	祈使式	发散的信息，有时被拒绝
我好奇、你肯定	间接式	对想法和情感的探究
如果	投射式	关于判断和价值观的信息

二、心理动力流派的提问

（一）精神分析式提问

精神分析学派的咨询者通过提问逐渐发掘来访者无意识的材料，使来访者能用来自无意识的信息指导他们的生活，而不受防御性控制的驱动，促进来访者实现自我的整合与自我的发展。精神分析式提问的主题及相关内容见表15–2。

表15–2　精神分析式提问

主题	提问内容	常用提问方式	提问举例
主题一： 对来访者进行评估	（1）童年的早期经验 （2）探访来访者与父母的关系	开放式	“你和你父亲的关系怎么样？”
主题二： 探索移情	（1）促使移情的发展 （2）探讨来访者在过去生活中与重要他人交往时的行为规律	封闭式 开放式	“其他人曾让你有这样的感觉吗？”
主题三： 对来访者内化的人物进行探索	当他是个孩子时，他对该人物的感觉以及现在对该人物的想法	开放式	“当你还是个孩子时，你觉得母亲是一个怎样的人？现在呢？”

（二）阿德勒疗法的提问

阿德勒疗法主张在来访者和咨询者之间建立平等的、良好的工作关系，提供一种让来访者了解自己的基本信念和情感的环境。咨询者通过提问和解释的过程，帮助来访者对不合理的目标、生活方式和行为有所了解，然后鼓励来访者把了解变为行动，帮助来访者建立不同的思维、感受和行为方式。阿德勒疗法提问的主题及相关内容见表15–3。

表15-3　阿德勒疗法的提问

主题	提问内容	常用提问方式	提问举例
主题一： 一般诊断：初步访谈	（1）生活状况（个人基本资料、健康情况，父母、兄弟姐妹的情况等） （2）目前的问题（来咨询的原因；问题开始的时间，问题的后果、影响对象；问题出现后采取的措施；对问题的认知；对咨询的期望；等等） （3）生活的任务（亲密关系及想改变的目标，工作情况及想改变的目标，与朋友相处的情况及想改变的目标）	封闭式 开放式 投射式	“当你还是个孩子时，如果可以改变什么，你希望改变什么？” “如果没有这个问题，你的生活会有什么不同？” “当你第一次遇见他时，你认为你给他的印象怎样？”
主题二： 具体诊断：生活方式评估	（1）家庭组成（父母及其他成人的情况；家庭环境，经济条件；兄弟姐妹的状况；兄弟姐妹彼此之间的关系；性发展与性经验；情感发展遇到的困难；童年的理想；等等） （2）早年回忆（事件发生的时间、状况，对事件的感受等）	封闭式 开放式	“你的父亲与你和其他孩子怎样相处？” “你觉得你现在像你的母亲吗？” “你最喜欢什么？” “你能回忆起来的9岁或10岁以前印象最深刻的事情是什么？”
主题三： 对来访者认识、动机的了解，揭示错误的信念	（1）用提问的方式找出生活中的“基本错误” （2）这种错误感知是如何发展起来的 （3）错误的感知对今天思维、感觉和行动的影响	开放式 封闭式	“有什么理由认为没有人关心你？” “有什么理由认为你使每个人都失望？”

续表

主题	提问内容	常用提问方式	提问举例
主题四： 重新定向，再教育	（1）来访者的目标以及他对自己未来几年的设想 （2）学习了解感知自己、他人和生活的更有效的方式	开放式	“你希望自己成为一个怎样的人？”

三、认知行为流派的提问

（一）行为疗法的提问

行为疗法提倡给来访者创设新的学习环境，纠正其不良或不当的行为，让来访者获得人际交往技能，学习自我管理的技术，以便成为自己的治疗者。行为疗法提问的主要任务及相关内容见表15–4。

表15–4 行为疗法的提问

主要任务	提问内容	常用提问方式	提问举例
任务一： 评估来访者	（1）来访者求助的原因 （2）来访者希望做什么样的改变	祈使式 封闭式 开放式	“你能告诉我今天你来这儿有什么事吗？” “什么事使你感到不安？”
任务二： 建立咨访关系	（1）来访者与以前的咨询者相处的经历 （2）来访者目前的期望	祈使式 封闭式	“你能谈谈你以前的咨询经历吗？” “你能告诉我什么是最有帮助的吗？” “还有其他事对你有帮助吗？”
任务三： 关注现在	（1）确定目前所经历的问题的性质（在必要的时候可以回顾过去的经验） （2）制订行为改变计划	开放式	“你在他们的房间里有什么感受？” “你想起什么事情了吗？”
任务四： 注意可观察的行为	（1）来访者记录的日常生活情况 （2）来访者也许会尝试的行为 （3）来访者由此产生的消极情绪	封闭式 间接式 开放式	“你真的想返回健身班吗？” “你的感受如何？” “还有其他什么吗？”

续表

主要任务	提问内容	常用提问方式	提问举例
任务五： 分析前因后果	构建来访者实现目标的情境，以使其获得积极的感受	封闭式 祈使式	“能不能把这个新计划告诉每个人？” “你可以设想一些与健身课有关的事吗？”
任务六： 尝试新行为	（1）学习应激管理技术 （2）学习怎样说“不”	投射式 封闭式	“假如我是小王，你会怎么做？” “你能提出一些可供选择的方法吗？”

（二）理性情绪疗法的提问

理性情绪疗法是临床心理学家埃利斯在20世纪50年代创立的。该疗法的基本理论观点认为不是诱发事件本身引起了人们的情绪反应，而是人们对诱发事件的看法和信念引起了人们的情绪体验。理性情绪疗法主张通过咨询使来访者摒弃对生活的消极人生观，并获得理性的、容忍的人生哲学。理性情绪疗法提问的主要任务及相关内容见表15-5。

表15-5　理性情绪疗法的提问

主要任务	提问内容	常用提问方式	提问举例
任务一： 发现非理性信念并与之辩驳	与非理性信念的辩论，如“必须”“一定”“应该”等	开放式 封闭式	“你认为你的这个想法合理吗？” “这么做绝对必要吗？”
任务二： 用理性思维代替非理性思维	（1）用理性思维代替非理性思维 （2）探讨来访者的感受	开放式 封闭式	“现在你心中真实的感受是什么？” “当你换成这种想法时不再感到内疚和抑郁了吗？”
任务三： 发展新的行为	（1）来访者害怕的事情 （2）来访者乐意干的事情	封闭式 开放式	“你讨厌这样吗？” “回避这些电话后，你的感受怎样？”

（三）现实疗法的提问

现实疗法中的咨询者希望促使来访者将注意力指向他们在日常生活中正在做的和没有做的事情，激励他们诚实地评价当前的行为如何满足他们的需要，帮助他们制订计划来促成变化。现实疗法提问的阶段及相关内容见表15–6。

表15–6 现实疗法的提问

阶段	提问内容	常用提问方式	提问举例
阶段一：建立关系，评估来访者	来访者目前的状况（关注有价值的品质、成就、成功，而不是仅仅关注缺陷、问题、失败）	开放式 投射性	“你想要什么？如果你有了你现在想要的，你的生活会有什么不同？” “你认为你最主要的能力是什么？”
阶段二：激励来访者评价自己的行为	来访者正在做的事情及其作用（注意力集中在今天正在做和明天将要做的事情）	开放式	“你今天做了什么事情？在过去的一周你做了什么？你喜欢你现在所做的吗？” “你明天打算做什么？”
阶段三：计划和行动	（1）确定对来访者无效的行为，建立有效的行为 （2）制订现实计划 （3）如何施行计划	封闭式 开放式 投射式	“如果事情像你所说的那样糟糕，如果你还像以前那样做，你会期望会有所变化吗？” “这个计划是你确实想要的吗？”

四、人本—存在主义流派的提问

（一）存在主义疗法的提问

存在主义疗法认为咨询不是简单地“治愈”人们的选择障碍，而是帮助来访者开始认识到自己正在做什么，让他们脱离受害者的状况，即帮助来访者脱离僵化的角色，让他们领悟自己所具有的自由，发现、建立并使用这种自由。咨询者的工作是面对来访者受限制的生活，帮助他们意识到自己对造成各种状况应负的责任。作为咨询的结果，来访者能够认识到错误的生活模式并开始接受改变未来的责任（科里，2000）。存在主义疗法提问的阶段及相关内容见表15–7。

表15-7　存在主义疗法的提问

<table>
<tr><th colspan="2">阶段</th><th>提问内容</th><th>常用提问方式</th><th>提问举例</th></tr>
<tr><td colspan="2">阶段一：
建立咨访关系，
确认问题与确定目标</td><td>（1）来访者感觉到的痛苦
（2）对咨询的期望
（3）咨询者对来访者体验到的症状的原因给予解释
（4）咨询所需的时间、目标</td><td>开放式
祈使式
间接式</td><td>“你愿意告诉我你对你的妈妈有哪些具体的不满意吗？”
“为了帮助我更好地了解你的问题，你愿意告诉我你感到焦虑的时间和具体情形吗？”</td></tr>
<tr><td rowspan="2">阶段二：
分析症状的存在主义根源</td><td>使来访者获得思考一直控制他生活的不合理内化要求的机会</td><td>（1）来访者对自己的感想和曾做过的让自己痛苦的事
（2）期望的力量及其来源
（3）驱动来访者行为的积极或消极的思想
（4）达到理想的成功程度</td><td rowspan="2">开放式</td><td rowspan="2">“你为什么做自己不愿意做的事情？”
“高考填报志愿时为什么选择了你并不喜欢的物理？”
“你认为你是从哪里得到这些应该怎样做的想法的？你为什么认为做一个好学生就必须做这些事？”</td></tr>
<tr><td>探讨当前生活中的事件及体验到的危机</td><td>（1）讨论“旧我”“新我”的概念
（2）讨论处于“中间状态”的体验</td></tr>
<tr><td colspan="2">阶段三：
重新创造自我</td><td>（1）帮助来访者发现和理解当他开始认识到将对自己要为什么负责任时所出现的焦虑
（2）选择新的价值观，自我创造</td><td>开放式
投射式</td><td>“如果你就要死了，回顾你的一生，你觉得哪些事对你来说是有价值的？”</td></tr>
</table>

续表

阶段	提问内容	常用提问方式	提问举例
阶段四： 表现真实的存在	帮助来访者塑造体现新价值观的行为	开放式	“这一周以来，你为实现自我的新价值做了哪些努力？”

（二）来访者中心疗法的提问

来访者中心疗法主张要营造一种治疗性氛围，以帮助来访者发现真正的自我，远离其他人对自己的期望，使来访者通过观察自身获得成长，增强四个方面的特征：（1）对经验的开放；（2）更大程度上的自信；（3）评价的内部资源；（4）更加自主生活的愿望。来访者中心疗法提问的阶段及相关内容见表15–8。

表15–8　来访者疗法的提问

阶段	提问内容	常用提问方式	提问举例
阶段一： 建立咨访关系	准确理解来访者公开和隐含的意思，探讨他对生活、自己的不满	间接式 开放式	“你对自己的体形有什么看法？”
阶段二： 探讨差距	现在的来访者和他理想中的自己之间的不和谐、不一致	封闭式 开放式	“你觉得现实中的你和理想中的你有什么不一样？”
阶段三： 识别与改变	探讨来访者的需要，以及如何集中力量满足需要并达成改变	开放式	“你认为不表达自己的想法会更好吗？”

（三）格式塔疗法的提问

格式塔疗法让来访者从依赖环境支持转向自我支持，并帮助来访者提高察觉当前体验的能力，从而走向自我整合。格式塔疗法提问的主要任务及相关内容见表15–9。

表15-9　格式塔疗法的提问

主要任务	提问内容	常用提问方式	提问举例
任务一：关注来访者的当前过程	（1）目前如何看、听、闻、尝和感受 （2）看到、听到、闻到、尝到和感受到什么	开放式	“和我目光接触时感觉如何？你看到了什么？”
任务二：探测来访者从未表达过的情绪	平时没有认识、表达的方面（大部分是积极的方面，如自我接纳）	开放式 祈使式	“能告诉我你是如何感到内疚的吗？” “什么原因让你不停地叹气呢？”
任务三：探索来访者内部对立化的东西，实现人格整合	对立化的两者，如保守—自由、弱小—强大等	封闭式 开放式 投射式	“你现在最大的感受是哪一方面，循规蹈矩的一面还是不受压抑的一面？” “你想对你人格中听话的一面说什么？”

第三节　提问中应注意的问题

一、应注意的问题

（一）提问方式的选择

提问是为了获得信息。咨询者通过提问控制会谈的过程和方式。许多来访者很大程度上根据咨询者的提问将自己所谈的内容结构化，也就是说，提问有助于澄清来访者的问题或将来访者希望谈论的问题具体化。由此可见，提问对于诊断性会谈是非常重要的。开放式提问可以使来访者更深入地讨论他们的思想和情感，封闭式提问能帮助咨询者更准确地得到来访者的具体信息。因此，当咨询者想获取大量信息时应采用开放式提问，而当咨询者想确定某个信息的准确性时应采用封闭式提问。

（二）提问内容的把握

在心理咨询的过程中，咨询者的提问要保持价值中立，要避免采用价值判断的方式，也要避免引起来访者的反感及敏感（如有关年龄、地位、薪水、容貌、生活中的失败及性的问题），否则他们会恐惧、怀疑，甚至产生敌对心理，不利于咨访关系的建立。沃尔伯格（Wolberg）认为咨访关系的建立比信息收集处于更优先的地位（R. 萨默斯－弗拉纳根，J. 萨默斯－弗拉纳根，2001）。

（三）提问语句的表达

提问所使用的语句要简洁易懂，要切合来访者的身份和文化程度，避免使用医学或心理学术语，如有必要应解释问句的真实含义，在来访者确实理解后再请他们作答。此外，应该注意的是，咨询者一次最好只提一个问题，因为问题太多就可能出现“问题堆积”的不良反应。例如，有些咨询者没有给来访者足够的反应时间，连续提出两三个甚至更多问题，这样会增加来访者的精神压力，使来访者感到糊涂。他们可能只回答他们想回答的问题，后果一是咨询者无法获取想要获取的信息，二是可能破坏轻松自由的会谈气氛。

（四）提问时机的掌握

不同时机使用不同形式的提问会收到不同的效果。例如：在开始建立咨访关系时，为获得来访者的信赖，既要有封闭式提问，又要有开放式提问，而且比例要相当；当来访者产生心理抵抗时，宜用开放式提问；当来访者心理抵抗减轻时，可增加封闭式提问；当来访者愿意展露感情时，应以封闭式提问为主；当希望获得更多信息时，应采用开放式提问；对有精神病的来访者，以开放式提问为主；对轻度精神混乱者，以封闭式提问为主，当中穿插几个开放式提问，用以调节气氛。

（五）消极因素的控制

尽管提问能引起多种积极结果，但它所带来的消极后果也是不容忽视的。通常，如果问题只强调了咨询者认为有趣和重要的内容，来访者可能会觉得自己的观点不重要。好的咨询者应该在大量提问后通过询问来访者“还有什么我们尚未谈到的”或者“你感到什么重要的东西没有涉及”来减少这种危险。有时过多的问题会降低来访者言语的主动性和自发性，导致获得的信息更少。不断的提问还会在咨访关系中导致若干问题，如使来访者产生依赖性，降低来访者的责任感和参与度，甚至引起来访者的反感。当“不情愿”的来访者产生被审问的感受时，提问会更有害。

二、应避免的提问方式

（一）判断式提问

咨询者在提问时要注意语气、语调，避免使用辩论式、质问式、进犯式或者咄咄逼人的判断式的问句。因为这类问题带有对立性质，会使来访者产生防御心理。如：“你父母代你报英语系是为你好，错在哪里？你这么对待你父母，应该吗？”（梁宝勇，2002）这是一个典型的判断式甚至带有质问意味的问句。咨询者站在来访者父母的一边，指责、训斥来访者，这样不仅使来访者没有得到帮助，反而增加了他的苦恼，从而导致来访者对咨询者的怨恨、不满和失望，损害了咨访关系。

（二）“为什么”问句

“为什么”问句较独特，带有咨询者的价值取向，因而常常会引起来访者的防御性解释。这类问句常引起两类反应：其一，有些来访者会说“因为”并开始解释，有时会解释很长；其二，有些来访者会用“为什么不”来防御自己，或者由于他们觉得受到攻击，他们通过直接质问咨询者“这有什么不对吗”来寻求保证。所以，一般来说，“为什么”问句不宜多用。但应该注意，在咨访关系建立得很好而且希望来访者对自己生活的某一方面进行思考时，“为什么”问句是恰当且有用的，能帮助来访者对某一模式或动机获得更深入的看法。

（三）重复提问

重复提出已问过的问题，会让来访者误以为自己回答错了，于是改变回答内容，或者认为咨询者没有认真倾听，从而失去对咨询者的信任。因此，在咨询的过程中，应避免重复提问。如果必须重复问某个问题，咨询者应间隔较长时间并且换一种方式来提问，或者直截了当说明为什么要重复问这一问题，以避免来访者误解。

三、提倡的提问方式

（一）积极性提问

积极性提问是指能使来访者以积极心态进行回答的提问。来访者在进入咨询室时往往存在消极感或悲观感，咨询者在提问时，如果善于从积极的方面着手，使来访者产生对积极事物关注的心态，可以对来访者产生鼓励、启示的作用。例如，有些来访者存在认知歪曲或以偏概全的逻辑错误，自以为无能力做好任何事情或者看不到解决问题的前景，这时，咨询者应巧用内容进行积极的提问，促使来访者思考，发现自己的问题所在，看到新的解决方法的可能性。

（二）问题解决性提问

来访者在咨询中常常对解决问题的方法感到茫然，咨询者在提问时应该注意引导来访者对解决问题的方法进行思考。心理咨询并不是直接为来访者提供解决问题的方法，任何解决问题的方法都必须得到来访者的认可才能得到有效实施并对现实生活产生积极影响。因此，咨询者最好能通过提问尽可能多地引导来访者从多个角度考虑解决问题的方法，然后让来访者选择一种最适合他自己的方法实施。例如，咨询者可以说："你有没有试过这种方法？""你认为哪种方法更适合你呢？"

（三）信息获取性提问

在谈话内容出现矛盾时，咨询者应该通过提问向来访者加以核实和查证，以便得到准确的信息。例如："你只是在大型的考试中才感到特别紧张和焦虑，对吗？"在会谈进行一段时间后，好的咨询者会通过提问使来访者有机会对一些材料进行补充说明，如："还有什么我们没有谈到吗？"另外，一些咨询者也会通过提问来推测咨访关系的进展程度，如："你与我会谈有什么感觉？"

（四）引发性提问

有价值的提问是为了从来访者那里获得清晰的、具体的生活事例。咨询者常常需要通过提问来帮助来访者更加具体、清晰地描述他们的行为与情感。穆桑德（J. Moursund）建议："如果在来访者的故事中有大的空白，要问出信息来填补；要使用开放性问题提问，如'你接下来做了什么'，而不是'你与他谈了那个吗'。"（R. 萨默斯-弗拉纳根，J. 萨默斯-弗拉纳根，2001）

本章摘要

心理咨询中的提问非常重要。提问的作用主要在于探明来访者的问题、澄清来访者的目标、掌握会谈的方向、探讨认知行为改变的可能性和了解咨询的效果。基本的提问方式包括封闭式提问、开放式提问、祈使式提问、间接式提问、投射式提问等。此外，根据心理咨询理论流派还可将提问分为精神分析式提问、阿德勒疗法的提问、行为疗法的提问、理性情绪疗法的提问、现实疗法的提问、存在主义疗法的提问、来访者中心疗法的提问、格式塔疗法的提问等。提问时应该注意区别使用开放式提问和封闭式提问，尽量保持价值中立，语句要简洁易懂，掌握提问的时机；应该避免判断性提问，避免带有“为什么”的提问，避免重复提问。咨询者要善于从积极方面提问，善于从问题解决的角度提问，善于利用提问获得来访者的准确信息，善于利用提问引发具体的行为例子。

复习思考题

1. 提问有何作用？
2. 提问的基本方式有哪些？
3. 心理咨询中要提倡什么样的提问方式，避免什么样的提问误区？

推荐参考书

1. 科里.（2000）.心理咨询与心理治疗（石林，程俊玲译）.北京：中国轻工业出版社.

2. R. 萨默斯－弗拉纳根，J. 萨默斯－弗拉纳根.（2001）.心理咨询面谈技术（陈祉妍等译）.北京：中国轻工业出版社.

参考文献

1. 科里.（2000）.心理咨询与心理治疗（石林，程俊玲译）.北京：中国轻工业出版社.

2. 梁宝勇.（2002）.心理卫生与心理咨询百科全书.天津：南开大学出版社.

3. 王玲，刘学兰.（1998）.心理咨询.广州：暨南大学出版社.

4. R. 萨默斯－弗拉纳根，J. 萨默斯－弗拉纳根.（2001）.心理咨询面谈技术（陈祉妍等译）.北京：中国轻工业出版社.

第十六章 解 释

引 言

在心理咨询过程中，咨询者的观点与意见对来访者具有极大的影响，而这种观点与意见通常是咨询者运用解释（interpretation）技术表达出来的，因此解释的使用对于咨询者尤为重要。解释是心理咨询方法中最复杂的技术之一，咨询者如何才能掌握并且熟练地运用这种技术呢？这就需要对解释形成系统的、深入的认识，并将这些认识运用到咨询实践，在实践中不断充实、提高。本章主要涉及以下几个方面的内容：解释的内涵与作用、解释的类型、解释的步骤、解释的原则。

第一节 解释概述

一、解释的内涵

对于解释可以有两种理解：一种理解是将其视为精神分析的一种治疗技术或治疗方法，另一种理解则是泛指心理咨询与心理治疗的一种晤谈技巧（车文博，2001，第27页）。这两种理解也可以看作是从狭义（前者）和广义（后者）的角度来理解解释。

现在普遍的观点认为不能将解释仅仅视为一种精神分析的技术，而应该是每个咨询者必须掌握的一种会谈技术。

（一）狭义

作为精神分析的治疗技术，解释是指咨询者揭示或解析来访者的自由联想、梦、症状、口误、笔误、抵抗和对咨询者的移情所隐藏着的潜意识含义或被压抑的愿望（梁宝勇，2002）。从精神分析的观点来看，解释的目的正是通过指出来访者情感、思想与行为背后的无意识模式，使无意识的东西进入意识领域，使来访者提高对自己行为的洞察力，增进自我意识，最终表现出更高的功能水平。对解释的训练是精神分析专家专业训练中的一个重要的内容。传统的精神分析理论的解释包括对移情、防御机制、梦、阻抗、冲突等多方面的分析，但是现在许多精神分析专家都将解释的重点转到移情现象上，他们普遍认为对移情现象的解释对咨访关系更有意义，能够使来访者减轻症状，获得自我成长。

（二）广义

作为心理咨询的一种晤谈技术，解释是指咨询者将来访者的倾诉加以分析整理之后，对其问题的性质、症结、归因和解决方法给予简洁而明确的说明或启示（车文博，2001，第27页）。其目的是通过重构的方式，使来访者以一种新的方式、新的视角来认识自己和世界，帮助来访者获得更多的自我理解或者对现实的更清晰、更准确的知觉。例如，一个来访者述说自己刚刚失去了工作，咨询者可以提供一个新的角度来理解这个问题，那就是暂时失去工作的这段时间刚好可以用来让来访者进行再培训，以便在以后的工作竞争中更具优势。

解释技术不同于其他有关的技术。第一，解释不同于情感反映（reflection of feeling）。情感反映是咨询者用语言有选择地对来访者在咨询中表现出来的情绪给予注意和反映。其目的是让来访者感到自己真的被理解了，并引导来访者进一步探讨自己的感受与情绪体验，澄清所表述的事件背后隐藏的情绪，以此推动双方对事件感受以及相关信息的探讨（江光荣，2001）。咨询者在运用情感反映时是从来访者的参考系出发的，而在运用解释时是从自己的参考系出发的（钱铭怡，1994）。咨询者运用解释为来访者提供一个新的认识问题的视角，使来访者重新审视自己的问题。第二，解释不同于释义（paraphrase）。释义是咨询者准确领会、理解来访者所表述的内容，并将其进行综合、整理，再将其主要意思反馈给来访者的一种技术。其目的是向来访者表明自己已经理解了来访者所表达的内容，以获取来访者的信任，并且使双方在来访者谈论的内容上达成共识。释义只针对来访者的表述，只局限于咨询者所听到的内容，它不改变来访者的参照系（Ivey，1983）。而解释超出了来访者所表述的内容，咨询者用自己的观点重构了来访者表述的内容，提供给来访者新的意义，并指出其行为与情绪背后的原因。它向来访者提供了新的参照系（Gelso & Fretz, 2001）。

二、解释的作用

在咨询过程中，适当地使用解释，对于咨访关系、咨询者、来访者都是有促进作用的，其具体作用主要有以下几个方面。

（1）有助于双方建立积极的咨访关系。解释为咨询者提供了一个表明对来访者关心与投入的机会，进而提高咨询者在来访者心目中的可信度，并传达出咨询者对来访者的咨询态度，因而有助于咨询者和来访者之间建立起积极的咨访关系（科米尔，纽瑞尔斯，2004）。

（2）有助于咨询者识别信息的真正意义。来访者表达出来的往往只是表面的信息，而这些信息背后所隐藏的真正意义则需要咨询者通过解释来识别。发现表面行为与隐藏意义之间的关系，可以使来访者理解自己的情感、认识以及行为出现问题的真正原因。

（3）有助于来访者产生认知性的改变。咨询者使用解释可以使来访者开阔自己的视野，从一个新的参照系来审视自己的问题，加深对自己的理解，使世界观产生认知性的改变，进而提高自己的心理成熟度，改善自己的生活。

既然解释对于咨询工作如此重要，那么解释是如何对来访者产生作用的呢？认识这个问题对于咨询者认识解释的作用是具有关键意义的。克莱本（J. Claiborn）提出了解释对来访者起作用的三个模式（科米尔，纽瑞尔斯，2004）：第一个是关系模式，即认为解释是通过加强咨访关系来对来访者起作用的；第二个是内容模式，即认为解释的内容和措辞可以带来一系列的变化；第三个是差别模式，即认为咨询者和来访者的观念差异会促使来访者去寻求改变。这三个模式说明咨访关系、解释的内容和解释的深度都会对来访者产生影响。

第二节 解释的类型

对于解释的分类，不同的学者有不同的观点，有些分类表述不同但实质是相同的。综合各方观点，这里主要介绍两种分类体系：第一种是从理论依据上划分，主要有精神分析的解释、行为主义的解释、认知的解释以及人本主义的解释等；第二种是从内容上划分，这种分类主要是基于希尔（C. E. Hill）的分类体系，包括联系表面事件、揭示行为模式、深入无意识、联系过去经验、提供新参照系等五个方面。

一、根据理论依据划分

（一）四种理论观点

（1）精神分析理论。该理论认为，心理障碍产生的原因是对童年经历的过度压抑造成的。所以精神分析的解释常追溯来访者的童年经历，涉及来访者早年被遗忘或被压抑的经验。

（2）行为主义理论。该理论认为，问题行为产生的原因是外界刺激的影响，导致消极的行为受到强化，因而形成了不良的行为反应模式。因此，行为主义的解释强调不良环境刺激（包括来自家庭的、学校的、同伴的、社会文化的刺激）对个体行为的影响。

（3）认知理论。该理论认为，心理障碍产生的原因主要是认知曲解（思维方式的不当）和非理性观念（观点的不当）。因此，认知的解释倾向于将来访者的情绪困扰归因于来访者的认知方式不当及非理性观念。

（4）人本主义理论。该理论重视个体的自我实现，认为人是理性的、自主的、独立的、追求自我价值与尊严的。所以，人本主义的解释认为来访者的问题是由于社会文化、不良环境阻碍了人的自我发展，压抑了人的自我潜能，使个体偏离了自我实现的方向。

对下面个案的不同解释可以很好地说明几种理论模式的差异。

有一个初中女学生，从小父母离异，自己跟着母亲生活，常被身边的小朋友嘲笑，嘲笑她是没有爸爸的孩子。所以，她渐渐地就不与那些小朋友一起玩了，长大后也没有什么真心朋友，不愿主动跟他人交往，性格较孤独内向，不太合群，喜欢安静独处。

精神分析理论认为，来访者从小就无法从父母的照顾、关爱中获取安全感，又因为父母离异受人嘲笑，所以在与同伴交往中缺乏信任感，在行为上采取了逃避的方式。这种逃避就是一种自我防御机制，这种防御可以使年幼的来访者缓解焦虑和紧张，使自我不至于受到伤害。长大后的来访者在与人交往时，也由于其孤独内向而无法形成良好的人际关系，这就更加强了她用这种逃避的方式来自我保护。

行为主义理论认为，同伴的排斥使年幼的来访者感到害怕、焦虑，所以她可能选择不与其他小朋友一起玩的方式来躲避他人的嘲笑。采取这种逃避方式后，来访者的紧张、焦虑情绪得到了缓解，由此形成了不良的反应联结（条件反射）。因此，在以后的类似情境中，来访者就会以相同的方法来逃避，以至于在没有同伴嘲笑的情况下仍不愿与他人交往。

认知理论认为，来访者由于小时候得不到父母的关爱，又受到同伴的排斥和嘲笑，所以在其头脑中产生了认知曲解：其他人都对我不好，都不关心我，都不会真心对待我。而来访者又有其非理性观点：其他人都应该对我好，我不应该受到这种伤害。在这种不当思维方式和不当观点的作用下，来访者在人际交往情境中会认为其他人都以异样的眼光看待自己，嘲笑自己，所以就采取了逃避的方式。

人本主义理论认为，童年期父母离异、受同伴排斥等带给来访者的经验与其自我是冲突的，这种自我与经验的矛盾阻碍了来访者与生俱来的自我实现的倾向，使其自我产生了异化。于是，来访者扭曲了与其自我不一致的经验来进行自我保护，认为都是他人的错，他人都是不好的，并且她选择了避开与他人交往，以防止与自我不一致经验的再次出现。

（二）评价与选择

由上面的分析可以看出，不同的理论对同一个问题有不同的解释。如何评价这些解释呢？以下两个原则可供参考：第一，以上几种解释没有好坏之分，每种解释都只是说明了问题的一个侧面；第二，心理问题的成因是复杂的，涉及个人、家庭、社会各个层面，因此不能以单一的解释来对待来访者的问题，而应该充分利用各种解释的合理之处。

选择不同的解释类型会导致咨询者采取不同的处理策略和处理方法（梁宝勇，2002）：精神分析的解释导致精神分析的治疗，使用自由联想、梦的分析等向来访者揭示其无意识的冲突；行为主义的解释导致用行为矫正的方法来改变不良行为、塑造良好行为，并且为来访者提供新的学习经验；认知的解释会引导来访者寻找并改变其歪曲的认知和非理性观念，形成积极的思考方式；人本主义的解释会导致以人为中心的心理干预措施，使来访者正视自己的情绪、经验和感受，重建自己的主观世界，追求自我实现。

既然对解释的选择会直接影响咨询者对来访者的处理，那么在咨询过程中应该如何进行选择呢？一般而言，选择的基本原则就是要根据以往的经验，选择最适合的解释，可以是单一的解释，也可以是几种理论依据下的综合。要根据来访者的实际情况，将来访者提供的信息置于不同的理论框架加以思考，最后选择一种最适合来访者以及来访者最容易接受的解释（梁宝勇，2002）。具体选择哪种理论有以下三个方面的标准可供参考：第一，要有助于帮助模式；第二，能够向不同的来访者说明白；第三，能够帮助我们达到每个咨询阶段的目标。

一、根据内容划分

（一）联系表面事件

联系表面事件是指将那些表面看起来没有联系的内容、问题或事件联系起来。例如，一个来访者可能述说很多内容：他害怕在公众面前发表演讲；他感到自己不自信；他在人际交往中有障碍。咨询者可以向来访者指出这三个问题是如何互相联系的，即这些问题可能都是源于他不自信，所以不敢在多人面前发言，无法在他人面前很好地表现自己以致阻碍了人际关系的发展。

（二）揭示行为模式

揭示行为模式是指出来访者行为或情绪表现的主题或者模式。可以从下面这个例子中看出咨询者如何进行这种解释。例如，来访者感到自己对工作渐渐失去了兴趣，但是在最初得到工作时来访者是满怀期望的。这时咨询者可能会向其指出：“似乎你每次都对得到工作的机会感到兴奋，但是当你遇到不可避免的问题时，你就会逃离。”来访者对他的工作失去兴趣其实源于遇到了问题，他害怕失败，所以选择了对工作倦怠的态度。其中，来访者行为或情绪中的主题或模式就是逃避。

必须指出的是，在面对来访者的问题时常常可以使用两种以上的解释，而不仅仅是单一的解释。因此，在掌握了来访者充足资料的情况下，咨询者还可以提供进一步的解释。例如，“在我们刚才讨论的内容的基础上，我想你是用逃避的方法来应对你对于失败的恐惧”，这其实是将两种或两种以上的解释结合起来灵活应用。

（三）深入无意识

深入无意识是指对无意识内容（例如防御、阻抗或移情等）的解释。上面所举例子中咨询者所做的进一步解释就指出了来访者对于焦虑（对失败的恐惧）的潜在的防御（逃离），这就是深入无意识的解释。这种类型的解释在精神分析治疗中尤为强调，而在对防御、阻抗和移情的解释中，精神分析治疗又是最强调对移情的解释的。

在对移情做出解释时，咨询者会向来访者指出其对于咨询者的情绪、行为、态度都是扭曲的，这是源于来访者过去的人际关系，尤其是与父母之间的关系。另外，为了帮助来访者更好地理解自己的移情反应，咨询者会向来访者指出他其实是将咨询者视为自己童年时期的重要他人，所以才会对咨询者做出这样的反应。

来访者：我似乎无法再和你谈论我的同性恋问题了，你好像坐在这里无声地批判我，虽然你表面上似乎接纳我，但是我不相信，我害怕你会批评我。我甚至希望你开始骂我，真正地将你对我的不满爆发出来。

咨询者：在我听你讲述的过程中，我感到你似乎是以你看待你父亲的方式来看待我了，你好像将你父亲的形象放在我身上了。

来访者对咨询者发生了负性移情的反应，他将自己对父亲的情感投射到咨询者身上，父亲可能不接受他的同性恋行为，所以他认为咨询者也会批评自己。咨询者要用合适的措辞向来访者指出这种投射往往是无意识的。

（四）联系过去经验

联系过去经验是指将现在的事件、经验和情绪与过去经验相联系。在做出这种解释时，咨询者的目的是帮助来访者认识到现在的问题与冲突是怎样与过去相联系的，现在的状况与特定的过去经验是有因果关系的。在实际操作中，咨询者可以这样向来访者指出："你扭曲了你现在的情况，你做出伤害自己、伤害他人的行为其实是与你过去的经验有关的。"

来访者：我不知道——我似乎要避开那些对我好的人，而与那些伤害我的讨厌鬼在一起，我变成这样一个挑剔的人，挑剔，挑剔，挑剔，不断地挑剔。即使他们一开始并不想伤害我，但是我会使他们变得讨厌我，我自己也不知道我为什么会这样做。

咨询者：你似乎自己想处于这样一种处境，甚至创造出这样一种处境，那就是类似于你童年时期你父母之间的关系一样。

来访者使自己的人际关系处于一种糟糕的状况，而这种状况其实是重演了他小时候父母之间的那种关系，所以来访者现在的这种人际状况是与其童年时期目睹父母之间关系的经历有关的。

（五）提供新参照系

提供新参照系是指为来访者的情绪、行为或问题提供新的参照系。咨询者用这种解释为来访者提供思考他们自身以及生活的某些方面的新的方式。

来访者：他在家里不做任何事情，就是老跟那些人出去喝酒，而我既要照顾孩子，又要做家里所有的事情。

咨询者：他这样做似乎是想把你留在家里，不想你对自己的生活与职业做出任何的决定。

来访者的丈夫不承担任何照顾孩子与做家务的责任，他将这些全部交给妻子，似乎是想用这些繁重的任务拴住妻子，使其无法再为自己的生活和职业做其他打算。

第三节　解释的步骤

与其他咨询技术的应用一样，解释的应用也是一个阶段性过程，包括三个步骤，即细心倾听（attending carefully）、做出解释（providing the interpretation）、检验（checking-out）（Ivey，1983）。了解解释的步骤，可以使咨询者向来访者做出更恰当的解释。但仅仅遵循解释步骤是远远不够的，咨询者还必须通过诸如自我提问的方法来对解释过程进行监控，从而反思、总结自己在运用解释时的优点与缺点，提高自己的咨询技能。

一、解释的三个步骤

（一）细心倾听

解释的第一步是注意来访者，倾听并确定来访者所表述的信息中隐含的意思，也就是来访者以微妙和间接的方式所传达的内容。在这一阶段，咨询者要识别出来访者的行为、模式、情感以及隐含的目标、行动和愿望等（科米尔，纽瑞尔斯，2004）。咨询者只有专注于来访者的表现，才有可能掌握关于来访者的确切信息，才有可能揭示出其背后所隐藏的真正意义，才能为下一步做出解释打好基础。

（二）做出解释

咨询者在收集信息、加工信息之后，就要向来访者提供自己的解释。具体提供什么样的解释要看咨询者依据的理论和对什么内容进行解释。必须注意的是，在这个阶段，咨询者要考虑自己表达的内容和方式，还要注意解释内容的数量与质量以及解释如何达到效果等。

（三）检验

咨询者在做出解释之后常常忽略的一步就是，通过评估来访者对于所提供的解释的反应来检验解释的合理性。检验的重要性在于：（1）咨询者做出的解释只是一个假设，是否对来访者有用以及被来访者接受需要通过检验来求证；（2）如果一个解释没有达到咨询者的预期效果，那么咨询者可以使用从评估中得到的结果来考虑如何形成一个更有效的解释。

具体进行检验的方法主要有两种。第一种方法是观察来访者的表现。咨询者要注意观察来访者诸如微笑或沉思这样的非言语性的认可信号、显示来访者正从另一个角度思考的言语或行为上的线索，以及提示来访者没能理解你的意思或者不同意你的观点的言语或行为上的线索（科米尔，纽瑞尔斯，2004）。第二种方法是直接询问来访者。咨询者可以在做出自己的解释之后询问来访者："你对于我这个观点是怎样想的？"（Ivey，1983）这样可以直接了解来访者对于解释的反应。咨询者要警惕来访者由于迎合而做出的虚假回应，所以最好的方式是将对来访者的观察和对来访者的直接询问结合起来做出综合的评估。

二、监控解释过程

自我提问是一个有效监控解释过程的方法。下面分步骤来说明这种方法。

（一）关注阶段

在关注阶段，咨询者可以自我提问：（1）来访者信息中隐含的那部分内容是什么？（2）他有什么潜在的意思还没有表达出来？

（二）解释阶段

在提供解释阶段，咨询者可以自我提问：（1）我向来访者提供解释的语言是否清晰易懂、简明扼要？（2）我是否用了试探式和假设性的语气来表达？（3）我是否采取了渐进和启发、引导的方式？（4）我是否提供了太多的解释？（5）这种解释是否真实合理，是否针对来访者及其当前问题？（6）这种解释是否与来访者的文化背景相冲突？（7）这种解释是否太深奥，是否与来访者的参照系相差太大？

（三）评估阶段

在评估阶段，咨询者可以这样问自己：（1）我怎样知道我的解释是有效的？（2）来访者的这些表现表明了他对这个解释是什么态度？（3）来访者的回答是不是真实的？

（四）反思

如果解释失败了，咨询者还必须反思：（1）这个解释为什么失败了？哪个环节出现了问题？（2）这个解释对来访者没有效果是我的原因还是来访者的原因？（3）我应该如何做出一个更有效的解释？

当然，在咨询过程中，这些提问都是咨询者的内心独白，而且有可能无法对每个阶段都进行这么详细的自我提问。但这种自我提问的方式可以帮助咨询者对自己所做的解释进行自我反思，这对于咨询技巧的提高具有重要的作用。

第四节　解释的原则

在运用解释时，咨询者可能会发觉在操作过程中会遇到许多具体的问题，如做出解释的基础有哪些，应该如何向来访者表达自己的解释，解释内容的数量多少才合适，怎样提高解释内容的质量，以及如何评价解释的效果等。这些都是咨询者在做出解释时应该注意的地方。

一、解释的基础

从解释的基础来看，咨询者做出解释时要特别注意对来访者资料的收集，了解来访者的特点，建立良好的咨访关系，尊重来访者等。

（一）收集来访者的资料

咨询者的解释必须在充分了解来访者问题的基础上进行（王玲，刘学兰，2004）。在进行解释之前，咨询者必须收集来访者的背景资料，包括咨询前的测验资料、来访者周围他人提供的资料、来访者自述的资料以及在咨询过程中所获得的人际资料等。咨询者只有充分掌握了来访者的资料，才能对来访者的问题进行全方位的考虑，最终做出恰当的解释。

（二）了解来访者的特点

斯皮格尔（S. B. Spiegel）和希尔提出，来访者对解释的接受程度与来访者的自尊、精神紊乱程度、认知复杂程度等有关（科米尔，纽瑞尔斯，2004）。高自尊、心理成熟以及认知水平较高的来访者最易于接受咨询者提供的解释。这类来访者喜欢咨询者进行解释，并能从中获益，尽管他们并不是在任何时候都认同咨询者的解释（Gelso & Fretz，2001）。

后来，科米尔和纽瑞尔斯在此基础上又增加了来访者的文化归属这一因素。他们认为，使用解释来促进领悟对欧美的来访者适用，但对其他文化背景的来访者未必适用。例如，一些文化群体的来访者并未感到有反思的需要，过多地反省自己和自己的问题并不适用于他们，因为他们所受的教育不要求他们去细想自己和自己的问题，所以对于这类来访者不应该过多强调解释。

此外，文化这一变量的影响还表现在来访者的文化背景，因为不同文化对于同一事件的看法可能相去甚远。例如，来访者述说自己有同性恋倾向而遭到家人反对的困扰，而在接受同性恋的文化和排斥同性恋的文化中，咨询者所做出的解释可能完全不同。

斯皮格尔和希尔提出，咨询者对不能从解释中获益的来访者要保持警觉，并且在对这些来访者进行解释时必须更为谨慎。咨询者应考虑不同文化归属与不同文化背景来访者的特点，尽量摒弃文化的偏见，做出最适当的解释。

（三）建立良好的咨访关系

解释应该建立在咨询者和来访者安全而沟通良好的基础之上（科米尔，纽瑞尔斯，2004）。因为咨询过程本身就是一个特殊的人际互动的过程，咨访关系是一种特殊的人际关系，甚至是一种具有治疗作用的人际关系。在咨访关系达到高度信任与安全的时候，来访者容易接纳咨询者的解释，并且能获得改变的动力与意义，所以此时进行解释是最有效的。

（四）尊重来访者

咨询者不要过分强调自己的观点。如果咨询者过分强调自己的观点，可能使来访者产生依赖心理，从而处于被动状态，不去挖掘自身的心理潜能，从而影响咨询效果。

咨询者不要过分运用批判性的态度。因为批判性的态度会使来访者产生心理防御，从而破坏良好的咨访关系，使得咨询难以进行下去。

咨询者不要勉强来访者接受自己的解释。在做出解释后，如果来访者表现出不同意或者抗拒，咨询者也应该尊重来访者，不要勉强来访者接受自己的观点，而应该与来访者探讨这种表现的原因，并且进行自我反思以做出更恰当的解释。

二、解释的表达

解释的表达指所使用的语言是否清晰易懂，语气怎样，表达的方式如何，以及表达的时机是否恰当。

（一）语言

对于解释的语言，最基本的要求就是清晰易懂，使来访者听得明白。有些新手咨询者往往生搬硬套抽象的理论与概念，这样常常会使来访者更为迷惑。

下面这个例子说明两位咨询者对同一来访者就同一疾病行为的解释涉及同一种心理学理论，而且均选择了合适的时机并沿着同一正确的路线进行，但取得的效果大相径庭（梁宝勇，2002）。

> 咨询者甲：根据弗洛伊德的精神分析理论，你这种情况属于“逃入疾病”所致。所谓逃入疾病，是指人们为了减轻心理冲突而无意识地遁入病中。心理冲突是指……无意识是指……
>
> 咨询者乙：你在得病前精神压力很大，不能为你的家庭分忧解难，这使你感到痛苦。于是你平生第一次喝了酒，之后便感到胃不舒服，以致发展到今天你仍然时常感到胃痛。如此说来，你现在的情况是不是同当初你的家庭使你承受巨大的精神压力有关系？你怎么看？

很容易做出判断，咨询者乙的解释效果好，而咨询者甲的解释不仅会让来访者费解，而且还会让其感到难堪，因为这一解释中似乎带有价值判断和道义谴责的意味。

咨询者在做出解释时，应当使用日常生活中大众所熟悉的语言，深入浅出，简明扼要，避免过多使用专业术语。如果必须使用专业术语，咨询者也应该尽可能使用浅显易懂的词语向来访者说明白。

（二）语气

咨询者在做出解释时，应当避免使用武断性的语气（例如“你感到焦虑是因为……”），多使用试探性、假设性的语气（例如“事情是不是可能是这样的……”）。咨询者用试探性、假设性的语气说出自己的想法，优点在于：（1）可以使来访者更容易理解解释的内容，有助于调动来访者的积极性，将咨询者的合理解释消化吸收，从而变成来访者自己的解释（梁宝勇，2002）；（2）可以使来访者有思考、接受或拒绝的余地，避免因勉强接受咨询者的解释而产生对解释的抵抗或防御；（3）可以为来访者提供与咨询者一起进一步分析、探讨自己问题的机会，从而修正或补充咨询者的某些解释。

（三）方式

在提供解释时，较好的方式是渐进的方式和启发引导的方式。

1. 渐进的方式

渐进的方式是指采用先接近来访者的参照系而后逐渐远离来访者的参照系的方式做出解释（梁宝勇，2002）。这就要求咨询者注意自己提供的解释和来访者观点之间的差异程度。克莱本等人对这个问题进行过研究，其研究结果与通常的假设相符合，也就是差异过大的解释更可能遭到来访者的拒绝，因为这种解释不容易被人接受，使人听起来感觉太荒谬或招致来访者的抵抗。相反，与来访者的观点一致或差异微小的解释更容易促使来访者改变，因为这些解释更容易被来访者理解，也更容易被应用（科米尔，纽瑞尔斯，2004）。

为了让来访者理解和接受咨询者的解释，咨询者必须先从来访者的认知框架出发，从小差异的解释逐渐过渡到大差异的解释。在此期间，咨询者要有足够的耐心，为来访者提供时间以逐渐消化、理解咨询者越来越偏离来访者参照系的解释，否则，来访者可能会拒绝甚至抵抗（梁宝勇，2002）。

2. 启发引导的方式

心理咨询的宗旨是助人自助，帮助来访者自我成长、自我完善。其根本目标不是仅仅解决来访者的问题，而是使来访者发展出一种在以后的生活中自己处理问题的能力。因此，有不少咨询者都认为最好的解释是来访者的自我解释（江光荣，2001）。因为咨询者的解释只有变成来访者的自我发现的解释，才能对来访者产生深刻的影响，才能调动来访者的积极性，才能使来访者自己发展探索能力和解决问题的能力。所以咨询者在提供解释时不是立足于说出自己的看法，而是要启发和引导来访者，让来访者说出咨询者心中想要说出的解释（梁宝勇，2002）。

启发引导的方法有多种，其中解释性的设问是较好的方法之一（江光荣，2001）。例如，“……那么你认为你之所以不信任男人是因为你父亲曾那么粗暴地对待你？”这一形式比“我觉得你不信任男人可能是源于小时候跟父亲的关系，你父亲曾那样粗暴地对待你”要好，因为它将解释权交给了来访者（江光荣，2001）。

（四）时机

许多学者都提到解释的时机会直接影响解释的效果，但是新手咨询者往往在咨询过程中会迫不及待地向来访者提供解释，而这种做法是很危险的，其影响主要有以下几个方面（梁宝勇，2002）：（1）过早地解释是建立在对来访者问题的错误的或不适当的理解基础上的，而且解释可能不符合来访者的实际情况；（2）过早地解释会限制来访者的独立思考；（3）过早地解释会引起来访者的负面情绪。

咨询者无论在整个咨询过程中还是在单次会谈中都要注意解释的时机问题。

一般认为，在整个咨询过程中，在问题得以澄清且来访者获得对问题的新领悟阶段提供解释较好（梁宝勇，2002）。因为在问题澄清阶段提供解释太早了，而到了问题处理阶段才提供解释又太迟，所以在中间阶段提供解释是最合适的。这个时机的突出特点是，来访者对有关问题在情绪上已经有了接纳的心理准备，并对问题已经有了一些理解和领悟，但他们又似乎难以表达清楚或说明白。所以，在这个时候咨询者的解释可以对来访者获得新领悟起到显著的点拨、启示、扩展新思路或开阔视野的作用。

在单次会谈中，成熟的咨询者常能准确地判断出提供解释的适当时机。新手咨询者可以从两个方面来考虑解释的最佳时机。第一，考虑来访者的认知状态。咨询者要考虑来访者当时的认知状态是不是最佳接受状态。最好是在来访者已经准备好去吸收、接纳咨询者对问题的解释，并且能够对问题进行处理时，也就是在认知上已经有接纳解释的基础时咨询者再做出解释。第二，考虑来访者的情绪状态。咨询者要考虑来访者当时的情绪状态是否适宜接受解释。如果此时做出解释可能导致来访者的焦虑、抵抗，也就是来访者在情绪上还没有准备好，那么这个时机不是最佳时机，咨询者应该推迟解释。

三、解释的内容

解释的内容包括解释的数量和质量。从数量上说，解释要有一定的限度，并非越多越好。从质量上来说，解释的内容应该具备真实性、针对性、积极性。

（一）数量

大多数学者认为解释不是越多越好，所以咨询者不宜在一次会谈中过多地向来访者提供解释（梁宝勇，2002）。过多的解释会产生三种不良后果：（1）使来访者产生一种不信任感，使他们对咨询者的才智产生疑问或干脆不再来访；（2）妨碍来访者的自我认识和自我发展，使他们完全依赖咨询者；（3）可能超出来访者现有的承受能力，使来访者的参照系受到冲击。

对任何一次会谈来说，两三个运用得当的解释可能是极限（江光荣，2001）。除了这两三个解释之外，咨询者可能还有其他看法或观点，但也不应急于表达，而应该留待下次会谈时寻找合适的时机进行表达。

（二）质量

咨询者提供的解释的质量好坏，可以是否具有真实性、针对性和积极性为评价指标。

解释的真实性是指咨询者做出的解释应建立在准确掌握来访者信息的基础上，而不要将自己的偏见或者价值观投射到来访者身上。

解释的针对性是指咨询者应该紧紧围绕来访者及其问题来提供解释（梁宝勇，2002）。一方面，解释不可以脱离来访者自身，以免来访者逃脱对其问题探索与解决的责任，也不应将其泛化到社会层面，造成对来访者的伤害。另一方面，咨询者的解释不可以脱离来访者所表达的内容、情感和问题，不要偏离主题，以免来访者对咨询者的专业能力产生怀疑而破坏咨访关系。

解释的积极性是指咨询者应当尽可能地做出积极内容的解释而避免消极内容的解释。积极内容的解释能够使来访者更容易接受，而且能保护来访者不受负面情绪的伤害，促使他们往积极的方向发展。

贝克和斯特朗（S. R. Strong）曾对积极内容的解释和消极内容的解释进行对比研究。他们的研究发现：对于同样是抑郁症的来访者，积极内容的解释（如“独处表现出了对孤独的极大的忍耐力与基本的自我满足”）比消极内容的解释（如“独处表明了对他人的逃避与拒绝”）更容易被来访者接受，并能促使他们做出行为上的改变。

四、解释的效果

评价解释的效果时，最重要的就是注意其有用性和可接受性。解释的价值取决于来访者对解释的反应，因此评价解释的标准也是来访者的反应：只要对来访者有用的解释，可以被来访者接受的解释，就是好的解释。

正确的解释不如有用的解释（林家兴，王丽文，2003）。因为任何解释都可能对来访者有利，也可能对来访者有害。解释的根本目的不是寻求事物或事件的真实意义，而是促进来访者的积极变化。所以只有来访者真正感到这个解释对自己有用，可以接受这个解释，他们才会对咨询者提供的解释有深刻的认识，才会转化为改变自己不良情绪、认知和行为的动力。

本章摘要

本章主要从知识与技能两个方面系统介绍解释。首先从解释的狭义理解与广义理解阐述了解释的内涵，并且对解释与其他咨询技术进行比较；其次介绍了解释对咨询者、来访者、咨访关系会产生什么影响以及是如何起作用的；最后从做出解释的理论依据与解释的内容两个角度对解释的两种分类进行论述。这部分的系统介绍旨在使读者全面地了解关于解释的理论知识。关于解释的技能部分，首先介绍了解释的细心倾听、做出解释、检验这三个步骤，咨询者还可以用自我提问的方式来监控这三个步骤；其次阐述了在实际咨询过程中，解释的原则或应注意的问题，这主要从解释的基础、解释的表达、解释的内容、解释的效果四个方面来考虑。

复习思考题

1. 如何看待不同类型的解释对咨询效果的影响？
2. 如何在做出解释的过程中进行自我监控？
3. 如何在咨询过程中最大程度地发挥解释的作用？

推荐参考书

1. 梁宝勇.（2002）. 心理卫生与心理咨询百科全书. 天津：南开大学出版社.

2. A. E. 艾维，M. B. 艾维.（2005）. 心理咨询的技巧和策略——意向性会谈和咨询（时志宏，高秀苹译）. 上海：上海社会科学院出版社.

3. R. 萨默斯-弗拉纳根，J. 萨默斯-弗拉纳根.（2001）. 心理咨询面谈技术（陈祉妍等译）. 北京：中国轻工业出版社.

参考文献

1. 车文博.（2001）. 心理咨询大百科全书. 杭州：浙江科学技术出版社.

2. 江光荣.（2001）. 心理咨询与治疗. 合肥：安徽人民出版社.

3. 科米尔，纽瑞尔斯.（2004）. 心理咨询师的问诊策略（张建新等译）. 北京：中国轻工业出版社.

4. 梁宝勇.（2002）. 心理卫生与心理咨询百科全书. 天津：南开大学出版社.

5. 林家兴，王丽文.（2003）. 心理治疗实务. 广州：广东世界图书出版公司.

6. 钱铭怡.（1994）. 心理咨询与心理治疗. 北京：北京大学出版社.

7. 王玲，刘学兰.（1998）. 心理咨询. 广州：暨南大学出版社.

8. Ivey, A. E. (1983). *Intentional interviewing and counseling*. Monterey, CA: Brook/Cole Publishing.

9. Gelso, C. & Fretz, B. (2001). *Counseling psychology*. Fort Worth, TX: Harcourt College Publishers.

第十七章　移情分析

引　言

在咨询过程中，有时候来访者和咨询者的感觉或行为出现了微妙的变化，超出了咨访关系的正常范围，需要咨询者适当地处理，这就是咨询过程中的移情现象。不仅来访者会对咨询者产生移情，咨询者也可能会对来访者产生移情，即反移情（counter-transference）。移情现象的出现会对咨询者、来访者、咨访关系和咨询效果造成影响，所以咨询者必须具备对移情现象进行分析与处理的技能。本章主要涉及以下内容：来访者移情的内涵、特点、影响、类型及判断与处理，咨询者移情（即反移情）的内涵、原因、影响、类型及判断与处理。

第一节　来访者的移情现象

来访者对咨询者产生移情在咨询过程中是很普遍的现象，不管是哪个理论取向或学派的咨询都不可避免地会遇到来访者的移情，而且移情现象的发生会对咨询效果产生各种各样的影响。

一、移情的内涵

弗洛伊德是第一个发现移情现象并将它运用到精神分析与心理治疗的治疗师。他认为移情是来访者在分析师身上看到了他童年或过去的某个重要人物的复活，因此把适用于这一模式的情感和反应转移到分析师身上。也就是说，来访者把咨询者当作早年生活环境里与他有重要关系的人，把曾经给予这些人的感情置换给了咨询者（江光荣，2001）。移情是一种心理退行的表现，又是无意识阻抗的一种特殊形式（陈新，严由伟，2001）。

精神分析将移情视为咨询的必要过程，认为移情再现了来访者以前生活尤其是儿童时期生活的某种情感。这种情感长期被压抑而无处释放，而来访者对咨询者产生移情可以说明咨访关系已经建立，来访者可以在咨询者面前自在地表达自己的情绪、感觉和欲望，使积压的心理能量得到宣泄，从而有助于心理平衡。精神分析家们甚至期待移情的出现，他们认为只有来访者能对咨询者产生移情才可以进行咨询或治疗。

移情现象的发生是有原因的，主要在于来访者的过去经验以及心理冲突。因此，理解移情的内涵要抓住两个关键点：一个是投射，即来访者将感情或者人际关系投射到咨询者身上，咨询者成为替代者；另一个是重现，即来访者过去经验或者心理冲突的重现，咨询者成为引发者。

二、移情的特点

（一）重现性

移情出现的根源是来访者过去的特别是早年的经验以及心理冲突，来访者对咨询者产生的情感与态度往往是这些经历与冲突在咨询情境中的重现。而且这种移情反应可能是既往经历与冲突的重复，也可能是在原有经历与冲突基础上的衍生。

（二）不恰当性

移情表现为来访者以不恰当的方式对咨询者做出反应。移情的表现可以是情感反应的缺失，如本应该对咨询者表示异议，来访者却态度温和，将其内心强烈的愿望压制了，也可以是情感反应过度，如来访者在毫无根据的情况下对咨询者大发雷霆。

（三）双向性

移情在临床上都会表现出矛盾现象，也就是来访者对咨询者的矛盾情感同时存在，如爱的背后一定有恨的成分，性幻想的背后一定有对性的厌恶情感等（施琪嘉，蓝青，1998）。

（四）易变性

来访者对咨询者的移情反应会在意想不到的情况下发生突然的改变，格洛弗（Glover）曾将此称为移情反应的“飘移”现象。这种移情的易变性在神经症和癔症性抑郁患者中比较多见，且常常出现在咨询的早期（施琪嘉，蓝青，1998）。因为在咨询的早期，咨访关系还未成熟，来访者可能会受咨询者的外貌或者语气等外在因素的影响而对咨询者产生喜爱或厌恶，但随着咨询的发展，来访者可能会从自己的幻想中脱离出来，对咨询者的态度也随之发生改变。

（五）持久性

在咨询的后期，来访者的移情反应会变得顽固，可能来访者形成了一种情感的慢性模式，并将这种模式用于对抗咨询（施琪嘉，蓝青，1998）。例如，不管咨询者如何做，来访者对咨询者表现出没有现实依据的或者不恰当的厌恶反应。

三、移情的影响

（一）积极影响

其一，为咨询者提供重要信息。移情为咨询者提供了关于来访者早年经历与人际关系的重要信息，揭示了来访者的潜意识内容。一方面，通过来访者的移情表现，咨询者可以觉察出来访者的早年感情经验，可以了解他在早年受到什么样的对待，有什么样的感受；另一方面，咨询者还可以观察与了解来访者的人际关系，因为发生移情时来访者和咨询者的关系往往就是来访者和重要他人的关系的重现，来访者对咨询者的情感或态度实际上也就是来访者对生活中其他人的情感或态度。

其二，使来访者表达感受，获得认识。首先，移情反应往往给来访者提供了一个机会，让他们表达出多年来埋藏在内心的情感体验，不管是意识中的还是无意识之中的体验（陈新，严由伟，2001）。而这种情感的表达对于减轻来访者的症状以及心理负担是有好处的。其次，咨询者对于来访者移情表现的分析有助于来访者对自己的过去有一个更深的了解，对现在出现的问题形成正确的认识，从而达到对自身问题的领悟。

其三，改善咨访关系。正向的或者阳性的移情中，来访者对咨询者产生的积极情感常常有助于咨询者和来访者建立起良好的咨访关系。即使不是正向的移情，一旦来访者解决了由于移情而产生的对咨询者的曲解，咨询者和来访者的关系将会获得极大的改善，这种改善会使来访者对咨询者表现出更多的信任（陈立人，史春宜，2004）。

其四，提高咨询效果。现在许多咨询者认为，移情是有治疗价值的，可以提高咨询的效果，因为移情反应的出现说明了来访者的心理症状能够离开心理原动力而向外投射，为下一步的咨询与治疗打下了基础。

（二）消极影响

首先，因为移情发生时，来访者对于咨询者的态度与情感都是曲解的，所以有学者认为就移情的客观效果来讲，它很容易促使来访者对人或物形成心理定势，从而造成判断失误并可能产生成见或偏袒（张日昇，1999）。

其次，对于负向的或者阴性的移情处理不当，可能使来访者对咨询者产生抵制或者排斥情绪，从而强化了来访者对心理咨询以及对咨询者的自我防御机制，阻碍了来访者和咨询者真诚、自然的沟通，还可能破坏之前的会谈所建立起来的咨访关系（张日昇，1999）。

最后，有时候移情反应很强烈，甚至来访者会体验到咨询者好像真的与其一起经历了童年时期的感觉，弗洛伊德认为这些强烈的移情反应会发展成为“移情神经症”。

第二节 来访者移情的类型

人们从不同的角度对移情现象有多种分类。在参考众多观点的基础上，下面从形式、表现、内容三个角度对移情现象进行划分。

一、根据形式划分

从形式上，移情可以分为正向移情和负向移情（或称阳性移情和阴性移情）。

（一）正向移情

正向移情（positive transference）是指来访者将咨询者视为在以往生活中某个给其快乐、幸福或好感的对象，对咨询者投射了正面的情感，这种正面的情感往往包括好感、喜欢、爱慕、依恋甚至爱恋。

正向移情常表现为：来访者不关注自己的问题，而对咨询者感兴趣；与咨询者的关系变得亲密或者渴望变得更为亲密；极度地信任咨询者，甚至依赖咨询者；对咨询者产生爱慕之情，并希望从咨询者身上也获得爱恋。例如，一名女性来访者发现咨询者的相貌和说话的语气与前男友很相似，所以在咨询中与咨询者谈话时很不专心，表现出对咨询者的关心与好感，并有亲近举动。

（二）负向移情

负向移情（negative transference）是指来访者将咨询者视为在过去经历中某个给其带来挫折、痛苦或压抑的对象，对咨询者投射了负面的情感，这种负面的情感往往包括猜疑、不满、抵抗、拒绝甚至敌意。

负向移情常表现为：来访者对咨询者感到不信任，产生厌恶感，抵抗或拒绝咨访关系进一步发展；不想再与咨询者谈论自己的问题，甚至批评或者指责咨询者。例如，一名中学生一向对父亲的专制不满，经常与父亲对着干，所以在咨询过程中也表现出对咨询者的不满，对于咨询者的意见也毫无根据地一概拒绝，甚至当咨询者与之探讨亲子关系问题时，来访者表现出对咨询者的愤怒情绪。

应该注意的是，新手咨询者往往认为正向移情是好的，对咨询有益，是积极的移情，而负向移情是不利的，会阻碍咨访关系的发展，是消极的移情。这种理解是有误的。

积极的移情是指来访者的移情反应产生积极的结果，促进了来访者的个人成长，增加了来访者对咨询者的信任，提高了咨访关系的质量；消极的移情是指来访者的移情反应产生消极的结果，阻碍了来访者自身问题的解决，使来访者排斥咨询者，不利于咨访关系的发展甚至使咨访关系解体。

正向移情不同于积极的移情，负向移情也不同于消极的移情，区别在于：正向移情和负向移情是从投射的情感的性质来划分的，而判断积极的移情与消极的移情是从移情反应发生后对咨访双方及其关系的作用是促进还是阻碍来划分的。正向移情和负向移情都有可能有积极的结果或者消极的结果，关键是看移情怎样发展及咨询者怎样处理。因此，积极的移情不一定就是由正向移情发展而来的，它最初可能是负向移情，但由于转化得当产生了积极的结果；消极的移情也可能从正向移情转化而来，但由于咨询者处理不当使其产生了消极的结果。

二、根据表现划分

从移情的表现上，可以将移情现象分为直接移情和间接移情。

（一）直接移情

直接移情（direct transference）是指来访者对咨询者的移情反应明显地、直接地表现出来。这种移情较为直观，咨询者容易感受到以及觉察到。它往往是由来访者用言语直接表达出来的，如“我很欣赏你”“和你谈话我感到很愉快”“我最近不是很想来咨询”等，或者来访者有明显的言谈举止，如要求增加或减少咨询的次数，在咨询过程中想与咨询者坐得更近，想与咨询者有咨询以外的私下交往等。

（二）间接移情

间接移情（indirect transference）是指来访者对咨询者的移情反应隐蔽地、间接地表现出来。这种移情较难察觉，通常通过来访者的言语和行为活动折射出来。例如，“我觉得有问题的人到这里来咨询总是可以解决他们所面临的问题”，“我认为心理咨询会有一定作用，但可能对我效果不大”。

三、根据内容划分

从内容的角度，移情还以分为四类（林家兴，王丽文，2003）。

（一）依赖

依赖（dependence）这种移情常常表现为来访者将咨询者视为照顾者、可以依赖者。发生这种移情时，来访者常要求咨询者给予他们建议、指导和支持，他们很少做出自我负责的行为，而且可能会做出无能或无效的决定。

这种移情反应经常发生在咨询者的年龄比来访者的年龄大很多的情况下，特别是咨询者具有其父亲或母亲的特点时，这种反应更为强烈。

咨询者在面对这种移情反应时常会感觉到很疲惫，因为一方面要替来访者担心，要“照顾”来访者，另一方面又必须让来访者成长起来，学会自己解决问题。

（二）权利

权利（right）这种移情常常表现为来访者将咨询者视为被照顾、被操纵的对象，他们常常有意识或无意识地要求咨询者迁就自己，一方面期待咨询者能对自己做出肯定，另一方面又不信任咨询者能对自己有帮助。

权利移情反应经常发生在年轻咨询者的个案中，而发生这种移情反应的来访者往往是成熟的中年人，而且是具有一定的社会背景或者文化水平比较高的人。因为咨询者自身的年龄比来访者小得多，经验阅历也比较缺乏，因此来访者可能觉得自己的看法和理解比咨询者更加成熟。

咨询者在面对这种移情反应时常常会觉得自己很无能，真的无法帮助来访者，而且还可能在会谈过程中受挫，觉得自己的谈话无法切中要点，要为自己的观点做出许多解释。

（三）性

性（sex）这种移情常常表现为来访者将咨询者视为性或情感追逐的对象，他们在言语与举止之间都会向咨询者暗示可以有两性关系的发展。

性移情反应经常发生在异性的来访者身上，特别是咨询者与来访者的年纪相仿或者咨询者比来访者年龄稍大的情况下。

咨询者在面对这种移情反应时常常会感受到来访者的诱惑，有时甚至对来访者也会产生爱恋的情感，甚至有性的幻想和冲动。这时就发生了反移情，即咨询者对来访者产生了移情反应。

（四）讨好

讨好（please）这种移情反应常常表现为来访者将咨询者当作讨好逢迎的对象，他们希望和咨询者保持良好的关系，在咨询过程中会不断地寻问咨询者内心真正的感想和建议。这种来访者表现出对咨询的合作态度，很配合咨询者的工作。

讨好移情反应通常与来访者的性格特点有较大关系。有些来访者可能由于从小受到家长的严厉管教，学会以讨好的态度来获得他人的喜欢，所以他们在咨询这种特殊的人际关系中也延续了这种模式。还有一些来访者不是自愿来咨询，或者是不想让咨询者了解自己太多真实的想法，所以采取了这种表面合作其实敷衍的方式来对待咨询。

咨询者在面对这种移情反应时常常会感到很难和来访者深入地探讨问题，好像只是与来访者在闲聊，无法将会谈的重点放在来访者的问题上。

第三节 来访者移情的判断与处理

咨询者应注意到，来访者表达的情感并非都是移情，因此咨询者要学会辨别来访者的反应是否真的是移情。

一、移情的判断

（一）对移情的误解

有学者提出咨询者往往对移情有三种误解（林家兴，王丽文，2003）。（1）认为在咨询过程中来访者产生了移情是不好的、不正常的现象，应该避免。如果发生了移情就应该停止咨询，并且将来访者转介给其他的咨询者。（2）认为来访者爱上咨询者是不好的、不正常的现象，继续发展下去会超出正常咨访关系。如果发生了这种移情就应该终止咨询，并且将来访者转介出去。（3）认为如果来访者发生了移情现象，只要咨询者不予理会或者假装不知道，避开处理这种移情，来访者对咨询者的移情自然就会消失，从而恢复正常。

没有经验的咨询者往往害怕自己无法妥善地处理移情，甚至无法判断与辨别移情的发生，所以对移情现象存在以上误区。有经验的咨询者都会正视移情现象，认为来访者对咨询者产生移情正好说明了来访者可以在咨询者面前自由地表达自己的情绪、感觉和欲望，这是症状减轻的好现象。移情现象是可以通过对引发因素的注意和对移情发生线索的觉察而辨认出来的，而且还可以通过一些具体的方法来正确处理和转化，所以咨询者不必过于害怕移情的出现。

（二）移情的引发因素

移情的发生常常是源于来访者的过去经验和心理冲突。这种过去经验和心理冲突一般是存在于潜意识之中的，在日常生活中并不一定会表现出来。在咨询过程中，移情的发生也是要有引发因素的，这些因素的出现会使来访者处于潜意识中的情感与冲突爆发。移情的引发因素主要有三个。（1）来访者的因素。这主要是指来访者的生活发生了改变而引发了其在咨询过程中的移情（科米尔，纽瑞尔斯，2004，第85页）。（2）咨询者的因素。这主要是指咨询者在咨询过程中看来访者的方式、讲话的方式、坐的姿势、思考问题的方式、情绪反应的情况以及价值观等都可能会触发来访者的移情（钱铭怡，1994，第172页）。（3）咨询契约方面的因素。这主要是指咨询过程中的结构性改变，如收费标准的改变、咨询时间和地点的改变、约见咨询者难易程度的改变等引发了来访者的移情（科米尔，纽瑞尔斯，2004，第85页）。

（三）判断移情的线索

判断移情的线索主要有以下三个。

（1）来访者的反应异常。当来访者对咨询者做出与咨询情境或咨询内容不相称的情绪或行为反应时，这时咨询者就要注意判断来访者是否发生了移情。

（2）来访者的期望异常。在咨询过程中，来访者可能会在毫无信息或很少信息的情况下对咨询者或咨询过程抱有期望（R. 萨默斯－弗拉纳根，J. 萨默斯－弗拉纳根，2001，第170页）。

（3）咨询契约的改变。咨询契约是在初次会谈时咨询者和来访者协商订立的，包括咨询时间、咨询地点、咨询方式、咨询收费以及咨访关系各方面的具体约定。在咨询过程中，来访者表示或者实际做出对咨询契约的改变，则可能表明来访者对咨询者发生了移情。例如，来访者如果对咨询者产生了正向移情，则可能会不自觉地希望延长会谈时间，而来访者如果对咨询者发生了负向移情时，则可能会要求减少咨询的次数。

应该注意的是，第三个线索与移情的第三个引发因素（咨询契约方面的因素）是有区别的。引发移情的咨询契约方面的因素是指咨询者做出变更，由此引发了来访者情感与态度的相应变化，而第三个线索指的是来访者提出或希望做出的咨询契约的变更，这往往就预示着来访者对咨询者的态度有所改变。为了保证移情判断的准确性，咨询者应做到以下两个方面。

（1）从初次会谈起，便要建立一种有利于咨询的规范。这样做的一个好处是在以后的咨询过程中，来访者如果在明明知道咨询契约的情况下仍然做出违反咨询契约的行为，这便是一个要注意的可能的移情现象。

（2）咨询者透过言行维持咨询契约的一致性。咨询者在咨询中要严格按照与来访者的约定进行，如果出现偶尔的咨询时间与地点的变动、咨询时间的延长或缩短，要及时向来访者说明原因。

二、处理移情的阶段与原则

（一）准备阶段

1. 思想上的准备

思想上做好准备正视移情是处理移情的基础。思想上的准备主要有以下三点（R. 萨默斯－弗拉纳根，J. 萨默斯－弗拉纳根，2001，第172—174页）。

（1）不做不当归因。有时候咨询者喜欢把来访者过分积极、热情、赞扬的态度归因于来访者对咨询者良好工作的合理反应，而把敌对、拒绝、冷淡的态度归因于来访者性格的缺陷。这两种归因都是不当的。

（2）保持接纳的态度。无论移情是积极的还是消极的，咨询者都应该接纳它，并且正确地进行转化与处理，由此来促进来访者的成长。

（3）保持职业立场。当来访者对咨询者表现出强烈的积极情绪或者消极情绪时，咨询者不要认为这是针对咨询者个人的，而应该保持自己的职业立场，同时探究来访者对自己的想法和情感。

2. 行动上的准备

仅有思想上的正确立场和态度作为基础是不够的，因为移情往往是处于来访者潜意识之中的，所以咨询者需要在行动上也做好准备，以便在来访者出现移情时能够妥善地进行转化和处理。

行动上的准备主要是指咨询者在与来访者会谈时进行敏锐的观察。每种移情都有其外在表现，只不过有些表现是比较直接的，易于觉察，有些表现是微弱隐蔽的，不易觉察。这就要求咨询者做一个敏锐的观察者，注意到来访者的微小反应，特别是来访者与平时不同的一些差别反应。观察的重点可以集中在上面介绍的三个线索，因为一旦出现这几个线索往往就预示着来访者发生了移情，下一步就要考虑如何对移情进行处理了。

（二）处理阶段

咨询者如果已经具有了思想上的准备以及行动上的准备，那么在正式处理来访者的移情时就可以更为冷静与理智。在处理阶段，主要有三个方面的工作要进行：（1）注意处理移情的原则；（2）区别不同的情况来决定处理的顺序与方法；（3）进行直接干预，主要通过提醒、揭示、解释与提问等方式来处理移情。

1. 处理移情的原则

处理移情有两个基本的原则。

（1）咨询的初期不要对移情进行解释（R. 萨默斯－弗拉纳根，J. 萨默斯－弗拉纳根，2001，第172页）。因为产生移情的原因一般是处于潜意识之中的过去经验和心理冲突，而了解自己的过去经验和心理冲突有时候是来访者感到痛苦，所以在咨询的初期，在咨访关系成为高度信任和安全的关系之前最好不要向来访者进行移情的解释。一般认为，对移情进行解释之前，咨询者和来访者之间应该有充分的情感协调，形成稳定成熟的咨访关系。

（2）处理咨访关系先于处理问题（林家兴，王丽文，2003）。这也可以视为心理咨询的基本原则，因为心理咨询的过程就是一个特殊的人际互动的过程。良好的咨访关系对于来访者解决自身问题与个人成长具有促进作用，所以移情的解决也与咨访关系的质量有关。

2. 区别不同的移情现象

（1）区别不同形式的移情。一般观点认为应该首先处理负向移情，因为负向移情发生后常会破坏咨访关系，甚至使来访者中断咨询。咨询者对于正向移情也必须给予密切关注，要防止与来访者建立起不当的个人关系，而且咨询者也应该注意到正向移情也可能会发展成为负向移情。例如，当咨询者无法满足来访者不符合现实的期望或者要求时，来访者可能会由喜欢咨询者变成讨厌咨询者，不再信任咨询者。

（2）区别不同表现和程度的移情。对于移情的处理还要考虑其不同的表现，以及表现的程度。一般认为，对于间接表达的、一般程度的或者不强烈的移情，咨询者只需要给予较少的注意就可以了，主要是进行监控，不让其发展为直接爆发的、强烈的移情；对于直接表达出来的、程度较为强烈的移情，咨询者要认真妥善地对待，包括使用一些咨询的技巧来处理。

3. 直接干预

在了解移情处理的原则以及区分不同情况下的移情后，就进入对移情的直接干预了。这里主要介绍三种干预的方法。

（1）提醒来访者其行为已经背离基本规范或咨访关系的界限（林家兴，王丽文，2003）。咨询者可以用提醒和关心的口吻，询问来访者是否觉察到其行为已经超出了咨访关系的界限，并询问来访者是否考虑过是什么原因让他表现这种行为，以及这些行为代表的含义是什么。

（2）直接向来访者指出其移情反应（张日昇，1999）。例如，“你讨厌你的父亲，所以才将这种感情投射在我身上”，或者“你是否觉得你以对待你父亲的方式来对待我”等。

（3）使用解释促进来访者的领悟。咨询者运用解释，向来访者表明他对咨询者的感情、态度、防御机制以及在咨访关系上出现的不切实际的幻想等都可能是他在咨询者身上投射了对过去某一重要人物的感情，为来访者提供思考问题的新视角和处理问题的新方式。

应该注意的是，这三种方法是逐步深入的。选择哪种直接干预的方法要视咨询者和来访者之间的关系而定，并且还要考虑来访者当时的认知能力与情绪状态。在咨访关系尚未稳定、来访者承受能力不足或者解释可能引起来访者阻抗的情况下，咨询者不宜盲目使用解释来促进来访者的领悟，否则会引起负面结果。

第四节 咨询者的反移情现象

在咨询情境中，不仅来访者会对咨询者产生超出咨访关系以外的情感与行为，咨询者也可能会对来访者有这样的情感，这就是咨询者的移情现象，即反移情。反移情现象与移情现象类似，但是主体不同，一个发生在咨询者身上，一个发生在来访者身上。这两种现象又是互相联系的。作为专业的咨询者，仅仅了解来访者的移情是不够的，对于反移情也要有深入的认识，以确保这种情感不会破坏或危及咨询的专业性和客观性。

一、反移情的内涵

反移情是指咨询者受到来自来访者的刺激而产生的不适当的情绪反应与行为反应。从狭义上来讲，反移情是指咨询者无意识中将早年对父母或特定对象的感觉、想法和情绪等投射在来访者身上。从广义上来讲，反移情是指咨询者因来访者而产生的情感体验和行为表现，也就是将自己内在的欲望与冲突表现在咨询的工作情境中（林家兴，王丽文，2003）。

对于反移情，可以有两种理解。

（1）反移情是病理性的现象。这种观点是弗洛伊德提出来的。他认为反移情是咨询者对来访者移情的无意识反应。反移情对咨询有不良的影响，咨询者应该努力避免和克服反移情现象。里奇（G. Retch）在1951年发展了这一经典的理解，把反移情看作咨询者自己的移情向来访者的投射，如同来访者的移情一样，咨询者的移情也可以通过性或攻击的情感而表达。

（2）反移情是正常的现象。这种观点认为反移情不是病理性的，如同移情一样是咨询中不可避免和不可缺少的部分。反移情包括咨询者对来访者整个情感的有意、无意的反应。反移情可能是咨询者自身人性的一种表现，是对来访者的一种真实的反应。这种非病理性的观点已经被现在大多数咨询者所认可。

二、反移情的原因

反移情从本质上来讲是咨询者对来访者所产生的一种自我防御，是咨询者阻抗的另一种表现。反移情也可以视为咨询者不愿深入了解自己，或不愿面对某种尚未解决的心理冲突与痛苦的表现。反移情的出现是有原因的，主要有生活中未解决的事件、无意识的冲突、文化偏见三个方面的原因。一旦来访者唤起了咨询者在生活中未解决的事件或过去经验中的无意识冲突，或者激发了咨询者对来访者问题的文化偏见，咨询者则会以一种非客观的态度对来访者做出反应，此时反移情就发生了。

（一）生活中未解决的事件

应该注意到，咨询者本身不是十全十美的，他们生活在各种社会关系之中，要处理生活中出现的各种问题。有时候咨询者无法及时处理自己生活中的事件，而一旦来访者的问题或者表现激起了咨询者对这些事件的回忆，咨询者就可能无法继续在咨询中保持中立的角色，而加入了自己的情感与看法。

（二）无意识冲突

起消极作用的反移情通常源自咨询者自身的伤痛。咨询者的成长历程中也可能有过一些不愉快的经历，而这些经历可能被压抑进入了无意识，但是未解决的心理冲突会因为受到某种刺激而被唤起。例如，当来访者的问题或行为使咨询者唤起了对过去经验的记忆，使其内心的矛盾冲突显露出来的时候，咨询者就可能对来访者做出不恰当的情绪和行为反应。

（三）文化偏见

在咨询过程中，文化变量常常被忽视，其实这是一个很重要的影响因素。

因为咨询者也是生活在一定的社会文化环境中的，从小就接受周围文化的熏陶，其形成的世界观、人生观、价值观也必然会受到文化的影响。在咨询情境中，咨询者和来访者在文化背景上的冲突有可能使咨询者形成文化偏见，从而导致咨询者无法以客观与中立的立场来看待来访者的问题，此时就可能发生咨询者的反移情现象。

三、反移情的影响

反移情作为一种现象本身是具有两面性的，既有积极的影响，又有消极的影响。

（一）积极影响

虽然许多咨询者都认为应该避免反移情现象的出现，但是对于反移情现象我们不可以忽视其积极的影响。反移情不仅对于咨询者有利，而且对于来访者也是有帮助的。

1. 对咨询者的积极影响

（1）为咨询者提供关于自己的信息。反移情现象可以给咨询者传递许多关于自己和自己的潜在冲突与问题的信息，而在意识状态下这些信息很难被觉察。

（2）使咨询者更好地认识自己。当认识到自己的反移情倾向或者反移情行为时，咨询者可以更好地认识自己，了解自己在生活中尚未解决的事件、自己的过去经历及文化立场。

（3）促进咨询者对自我的探索并提高技能。反移情使咨询者对自身存在的问题有更深的感受与领悟，对于反移情的处理可以促进咨询者的自我探索，从而提高自己的咨询技能。

2. 对来访者的积极影响

（1）反移情是了解来访者潜意识的一个窗口（林家兴，王丽文，2003）。反移情通常是由来访者的刺激而引起的，因此咨询者可以透过对反移情的检视判断来访者所欲表达的欲望与冲动。例如，在和一名疑心很重的来访者会谈一段时间后，咨询者对来访者的不信任与猜疑产生了反感和无力感，咨询者检视自己的反移情后体会到来访者给别人的感觉是什么，从而协助来访者觉察对人猜疑背后的恐惧与不安。

（2）反移情可以帮助来访者看到自己的问题行为（林家兴，王丽文，

2003)。来访者与咨询者的人际互动实质上是来访者与周围他人人际互动的表现，来访者带给周围他人的感觉必定会重现在咨询情境中。如果咨询者对于来访者的问题行为表现出厌恶甚至排斥，这就是产生了反移情。但此时咨询者也应该注意到，自己的情绪与行为表现恰恰是对来访者问题行为的反应，所以反移情可以帮助来访者正视自己的问题行为。

(二)消极影响

在某些情况下，反移情的出现会对咨询者、来访者、咨询效果产生消极影响。

1. 对咨询者的消极影响

一旦在咨询情境中发生了反移情，咨询者至少在一段时间内会偏离其中立客观的角色，会出现一定的情绪反应。在情绪与认知发生冲突时，人们往往服从于自己的情绪，所以当咨询者将自己的情绪带入咨询情境中时，其判断力会减弱，做出不当的反应，而且咨询者帮助来访者的客观性会受到影响。

2. 对来访者的消极影响

在咨询者和来访者的人际关系中，双方的行为和情绪是互动的，来访者的表现会唤起咨询者的反移情反应，而咨询者的反移情表现又会作用于来访者。如果咨询者表现出对来访者的过分热情甚至爱恋，往往会使来访者感到不知所措；而咨询者的厌恶、反感甚至批评又会使来访者感到委屈，甚至抗拒咨询者。

3. 对咨询效果的消极影响

从以上两点可以看出，反移情会使咨询者失去客观的判断力，做出不适当的反应，从而引起来访者对心理咨询的自我防御。这必定会影响咨询者和来访者之间的关系，使来访者对咨询者产生怀疑、不信任。这种情况一旦出现，必定会破坏咨询的效果，甚至使咨询中断。

反移情对咨询产生积极的影响还是消极的影响取决于咨询者如何去看待和处理它。如果咨询者客观地看待而不畏惧它的出现，妥善地处理而不是置之不理的话，反移情会对咨询者和来访者都产生积极的影响；反之，反移情不仅会使咨询者变得不客观，使来访者变得无奈，还会使咨询效果遭到破坏。

四、反移情的类型

(一)根据形式划分

反移情从形式上可以分为正向的反移情和负向的反移情，或者称阳性的反移情和阴性的反移情。

1. 正向的反移情

正向的反移情（positive counter-transference）是指咨询者毫无缘由地对来访者产生正向的、积极的情感与态度。这种情感与态度常常包括好感、喜欢、爱怜甚至想与之恋爱。正向的反移情常表现为咨询者对来访者的过分热情、过分关心以及超出正常关注以外的注意。例如，一个中年的咨询者在面对一个由于学习压力来咨询的中学生来访者时，由于来访者的年龄及问题与其儿子很相似，所以在咨询过程中表现出对来访者的过分关心，急于帮助来访者解决问题并使之尽快投入到紧张的学习中去。

2. 负向的反移情

负向的反移情（negative counter-transference）是指咨询者在来访者没有任何不当行为的情况下，对来访者产生了负向的、消极的情感与态度。这种情感与态度常常包括反感、讨厌、批评甚至憎恨。负向的反移情常表现为咨询者无故地对来访者感到厌烦，过分挑剔来访者，在与来访者产生意见分歧时对其进行强烈的批评。例如，一名女性咨询者在面对一名由于婚外恋来咨询的男性来访者时，在首次会谈中就表现出对来访者的反感，认为其婚外恋行为本身就是不负责任的行为，伤害了其妻子，甚至在来访者提出想与妻子离婚时，咨询者表现出对来访者的愤怒情绪。

（二）根据内容划分

华特金斯（C. E. Watkins）于1985年提出了四种类型的反移情行为，分别是过分保护行为（overprotective behaviors）、纵容行为（benign behaviors）、拒绝行为（rejecting behaviors）和敌意行为（hostile behaviors），这可以视为从内容上对反移情进行的划分（Peterson & Nisenholz，1995）。

1. 过分保护行为

过分保护行为包括：用许多修饰语来缓和来访者的处境，以减轻对他们的冲击；保护来访者免受焦虑、伤痛或憎恨之类的消极情绪刺激；以一种过于柔和的声调与来访者进行会谈，以免他们受到言语上的刺激。

2. 纵容行为

在这种反移情行为中，咨询者营造了一种良性的、温和的咨询气氛，在这种气氛中突出强调积极的方面，避免消极的方面。纵容行为是因为咨询者很想获得来访者的喜爱，或者害怕来访者有任何的不悦。

3. 拒绝行为

拒绝行为包括咨询者以冷漠的态度造成与来访者之间的巨大距离感。咨询者对来访者的要求或对自己要为来访者的幸福负责感到害怕。咨询者的这种反移情行为可以发展成为“亲密恐怖症”（intimacy-phobia）。

4. 敌意行为

这种反移情行为是由于咨询者害怕自己会喜欢上来访者而采取了一些令来访者讨厌的行为。敌意行为包括言语上的轻率、生硬，对预定咨询的失约或迟到，并且对来访者的困惑置之不理。

第五节　反移情的判断与处理

一、反移情的判断

杜波夫斯基（S. L. Dubovsky）提出了判断反移情存在的十一条线索（车文博，1990）。这些线索总体上可以分为两类。

一类是咨询者异常的情感反应，包括：（1）一种超出正常的强烈情感体验（特别是愤怒、恐惧、内疚、厌恶、同情或者性的诱惑）；（2）感到不能理解来访者的处境，缺乏共情；（3）感到禁不起来访者的批评与质疑，并且处于防御状态；（4）感到来访者没有实事求是地评价自己为他所做的一切；（5）试图以自己的知识及技术给来访者留下深刻的印象。

另一类是咨询者异常的行为反应，包括：（1）违反惯例，如谈话比平时多或少，将来访者的咨询提前、推迟或停止（即违反了咨询契约）；（2）发现很难集中注意于来访者，而专注于其他事物，感到困倦或者厌倦；（3）不关心来访者；（4）与来访者就某一问题进行争论；（5）害怕来访者再次咨询；（6）变得过分专注于来访者，例如与他人反复谈论这一来访者，期待来访者的到来或为此感到不安。

二、反移情的处理

从广义上来讲，对于反移情的处理应该包括对反移情的觉察和对反移情的具体处理。

（一）觉察工作

咨询者要增加对自己的想法和情绪的觉察工作，随时检视自己对来访者的感觉和情绪是否属于反移情现象。这可以通过自我提问的方式来检查：（1）在与这位来访者进行咨询时，我有什么感觉？（2）对这位来访者的感觉是否超出平常对来访者的想法和感觉？（3）我在咨询中的情感与来访者的行为是否一致？是否源于自己的主观原因？（4）自己对来访者的想法与情绪是否很不恰当？

（二）处理工作

（1）录音录像。仅仅靠咨询者事后的回忆与整理往往是不够准确的，所以在条件许可的情况下，最好对自己的咨询过程录像或录音，记录自己的情绪和行为反应，根据客观的记录对自己的咨询过程进行系统的分析、反省和总结，来澄清反移情出现的原因。

（2）寻求督导帮助。经过自我分析之后，咨询者也可以寻求督导帮助。当咨询者出现反移情时，不应与来访者进行讨论，而应该寻求老师、资深同事的帮助，让他们对自己的咨询行为进行必要的督导，并学习如何有效地觉察与节制自己的情绪反应。

（3）接受心理咨询。如果经过督导帮助后，咨询者觉得还必须对自身的问题进行探索，则可以通过接受心理咨询来帮助自己认识已经被来访者唤起的问题或者冲突、偏见。在国外，咨询者可以参加一些成长团体，在有经验的咨询者指导和具有相同问题的咨询者的启发下达到对反移情的妥善处理，促进个人的成长。

（4）把来访者转介给其他咨询者。如果咨询者已经尽力处理自己的情感、想法和行为，已经咨询了督导与同事，但冲突与问题仍然存在，并且影响到自己的咨询工作，则可以考虑把来访者转介给其他咨询者。

[本章摘要]

本章主要从来访者移情和咨询者移情两个方面进行阐述。来访者移情部分首先阐述了移情的内涵、临床特点、积极影响与消极影响，并且从形式、表现、内容三个角度对移情现象进行分类；其次介绍了如何对移情进行判断与处理。在咨询者移情（反移情）部分，首先阐述了反移情的内涵、发生反移情的原因、反移情的积极与消极影响，并且从形式与内容上对反移情进行了分类；其次介绍了如何对反移情进行判断与处理。对反移情的判断可以依据情感反应与行为反应两方面的线索，对反移情的处理则包括觉察工作与处理工作。咨询者应该对自己身上发生的移情现象形成正确客观的认识，并机警地觉察与妥善处理自己的移情现象，保持咨询者的中立客观角色。

复习思考题

1. 如何客观地看待移情和反移情？
2. 如何看待移情和反移情的不同分类？
3. 如何发挥移情和反移情的积极影响，避免其消极影响？
4. 如何妥善处理移情和反移情？

推荐参考书

1. 科米尔，纽瑞尔斯.（2004）. 心理咨询师的问诊策略（张建新等译）. 北京：中国轻工业出版社.

2. 林家兴，王丽文.（2003）. 心理治疗实务. 广州：广东世界图书出版公司.

参考文献

1. 车文博.（1990）. 心理治疗手册. 长春：吉林人民出版社.

2. 陈立人，史春宜.（2004）. 心理健康与心理咨询. 北京：中国石化出版社.

3. 陈新，严由伟.（2001）. 心理咨询与治疗. 南京：南京师范大学出版社.

4. 江光荣.（2001）. 心理咨询与治疗. 合肥：安徽人民出版社.

5. 科米尔，纽瑞尔斯.（2004）. 心理咨询师的问诊策略（张建新等译）. 北京：中国轻工业出版社.

6. 林家兴，王丽文.（2003）. 心理治疗实务. 广州：广东世界图书出版公司.

7. 钱铭怡.（1994）. 心理咨询与心理治疗. 北京：北京大学出版社.

8. 施琪嘉，蓝青.（1998）. 心理咨询中移情现象及其对策. 中国康复，13（2），83–84.

9. 张日昇.（1999）. 咨询心理学. 北京：人民教育出版社.

10. R. 萨默斯–弗拉纳根，J. 萨默斯–弗拉纳根.（2001）. 心理咨询面谈技术（陈祉妍等译）. 北京：中国轻工业出版社.

11. Peterson, J. V. & Nisenholz, B. (1995). *Orientation to counseling*. Boston: Allyn and Bacon.

第十八章　面　质

引　言

来访者都希望通过咨询自己能有某种变化。尽管所有的咨询方法都与促进变化有关，但是面质（confrontation，也译为质对）在激发人的潜能中起着重要的杠杆作用。有效的面质可以帮助来访者面对自己的问题，应对改变和成长的压力。本章将讨论咨询过程中的面质方法，包括面质的含义、类型、实施步骤以及运用面质时应注意的问题等内容。

第一节　面质概述

一、面质的含义

面质是心理咨询过程中经常使用的一个重要方法，不同咨询者对此的理解不尽相同。《心理咨询大百科全书》对面质的解释是：治疗者或者咨询者直接把来访者隐藏而不愿暴露的事件加以提示、呈现，或揭示其言行不一致之处，使来访者面对这些事实（可能是痛苦的）以寻求解决的办法（车文博，2001，第36页）。面质是一种对峙或正视，让来访者直接面对问题是面质的核心含义（钱铭怡，1994；李山川，2000；傅安球，2001）。面质类似于解释或者附加共情，可以增强来访者的自我意识，是促进他们改变的工具。面质使来访者面对他们思想、情感或行为中的某些方面，而正是这些方面导致或维持了他们自己的困难（科米尔，纽瑞尔斯，2004，第180页）。

很多人认为面质是一种语言反应，于是总结出面质是直接通过语言质询的方式深入来访者深层和敏感的问题，以获得更加有效的信息，特别是获得来访者矛盾和冲突方面的信息。面质的特点是咨询者从自己的资料或知觉出发做出反应，更为积极主动，而不是被动等待。开始时温和的面质和在必要时严厉的面质都会有助于咨询的进行（R. 萨默斯－弗拉纳根，J. 萨默斯－弗拉纳根，2001，第133页）。面质这种语言反应不是一种直接的、尖锐的挑战，是一种较温和的技巧，包括仔细而尊重地倾听来访者的陈述，然后帮助来访者充分地观察自我与环境。面质不是攻击来访者，而是帮助来访者寻找解决问题的新方法，应把面质理解为一种支持性的挑战（A. E. 艾维，M. B. 艾维，2005，第224页）。

总之，面质是咨询者通过提问等方式使来访者面对敏感或挑战性的问题和环境的方法。

二、面质的类型

（一）三分法

潘正德（2000）提出了面质的三分法。

（1）催化性面质。咨询者会运用催化性面质来协助来访者澄清与扩展参考框架。在一般的做法中，咨询者会和来访者讨论其现在的参考框架，并指出其局限性，之后再以一种不带威胁的方式提供一般的宽广的参考框架。催化性面质属于挑战性较弱的面质方式。

（2）热椅式面质。从字面意义上可以看出，这种面质有时会令来访者出现坐立不安的情形，好似椅子烫得像热锅。热椅式面质指咨询者清楚且直接地指出来访者防御性、模棱两可或不切实际的想法。佩尔斯（F. Perls）认为，热椅式面质运用得当，可以技巧性地摧毁来访者的防卫和伪装。当然，这种面质由于刺激性、挑战性较强，运用时应特别小心。如果在来访者出现轻微抗拒时仍然运用热椅式面质，咨询者则必须拥有处理抗拒的能力和安抚能力。

（3）指导式和解释性面质。这种面质的目的是要让来访者明白问题依然存在，且应为问题负责。理性治疗学派的咨询者会向来访者强调，问题的根源是其不合理的思维模式，并企图引导来访者用比较合理的方式思考。

催化性面质性质较温和，使用也较为普遍。下面介绍催化性面质的一些使用方法。

（1）指出语言、声音和肢体信息间的不一致。例如，咨询者可以问："你说你感觉很好，但为何你的声音和神情不是如此？"

（2）指出语言和行动间的不一致。例如，李女士说她很喜欢到咨询机构会谈，也很希望解决问题，但她总是迟到。

（3）指出来访者自我形象与咨询者印象的不一致。例如，李女士总认为她不能应对压力情境，而咨询者认为她大有进展。

（4）指出过去与现在言语上的不一致。例如，王先生数周前一直夸赞自己的上司，现在却说他是个令人憎恶的人。

（5）提供不同的观点。例如，小珍抱怨自己的母亲懒惰并荒废家务，咨询者可提供另外一种观点："你的母亲必须维持生计而外出工作，她可能是太疲劳而无法处理好每件家务，你认为呢？"

（6）修正错误观点。例如，小莉喜欢和男生约会，也喜欢和女生手拉手逛街，她认为自己可能是双性恋。咨询者除了提供正确的两性观念外，还可说明小莉过度简化性别的爱恋方式。

（二）五分法

贝伦森（B. Berenson）概括出五种不同的面质（钱铭怡，1994，第52页）。

（1）体验式面质。当来访者所说的关于自身的情况与咨询者体会到的来访者的情况发生矛盾时，咨询者会运用体验式面质。

（2）教导式面质。当来访者对有关教育、职业、社会领域以及咨询过程了解有误或缺乏信息时，咨询者会运用教导式面质。

（3）强力式面质。咨询者注意到来访者问题的根源时，会运用强力式面质。

（4）微弱式面质。咨询者强调来访者应负的责任和其病理问题时，会运用微弱式面质。

（5）鼓励式面质。咨询者若要对来访者在日常生活中以某种积极的方式行事给予鼓励，或对其被动的行为不予鼓励，可以运用鼓励式面质。

三、面质的作用

（1）协助来访者觉察在想法、感受和行为中存在的矛盾和不一致。这是面质的一项重要作用。有些来访者存在有意或无意的防御心理，或者对自己的情感、观念比较模糊，在交谈的过程中经常出现前后的言语和行为的矛盾或者不一致，这就需要咨询者恰当地使用面质，以便咨询过程顺利开展。

（2）协助来访者了解自己对人或事的理解、要求与现实的差距，促进其自我思考，勇敢地面对现实。有些来访者在认知上存在误区，不愿意承认现实或者是歪曲现实，以保持暂时免受打击。从长远来看，这有可能会带来更大的伤害。所以，咨询者直指问题中心的面质可以引导来访者采取不同的行动或行为。

（3）协助来访者了解自己的优缺点和有利的资源。咨询者面质的重点，除了须针对来访者的不一致或矛盾外，还要强调来访者的优缺点和资源、限制，帮助来访者认识自己，让他们看到解决问题的可能性。

（4）协助来访者看到妨碍自己与他人利益的地方。

（5）运用面质技巧（辅助其他技巧），可以培养咨询者在会谈及整个咨询过程中识别来访者变化的能力（A. E. 艾维，M. B. 艾维，2005，第209页）。

总之，面质可以使来访者更好地认识自己，认识周围世界，从而较为自愿地学习新的思维方式、行为方式并改变自己。

第二节　面质的运用

一、原理介绍

根据现代认知心理学的观点，记忆是一种积极、能动的活动。人会主动地对外界输入的信息进行编码，使其成为人脑可以接受的形式，只有经过编码的信息才能够被记住。外在信息的处理过程与头脑中已有的模式有关，外在信息输入瞬时记忆时，相关的模式就会被触动，对外在信息进行选择与过滤，这些选择与过滤后的信息进入短时记忆（short-term memory）或工作记忆（working memory），由模式进行组织与诠释，最后这些信息再存储到长时记忆中。面质可以简单地理解为指出来访者记忆中存在的不一致。

头脑中已有的模式在选择和过滤信息时会将不一致的信息排除，只允许与模式一样的信息进入下一步的信息处理，因此，有时个体觉察不到一些事件（陈金定，2003）。例如，小美自认为温柔体贴，其实大部分时间在发脾气，这种对矛盾信息的忽略其实是一种逃避。由于这些信息未被觉察，所以当事人的言语与非言语行为不一致，或者是言语前后矛盾、信息间无法产生关联等。即使这些信息得以进入加工过程并存储在长时记忆中，个体也可能会扭曲这些信息的意义，或者看不到信息与信息之间的矛盾关系，所以无法觉察到信息的真正含义，并且引发一些问题。因此，咨询者要在咨询过程中学会使用面质。

二、面质的三步骤观

艾维等（A. E. 艾维，M. B. 艾维，2005，第214—218页）提出了面质的三步骤观。

（一）通过混合信息、矛盾和不一致来找到冲突

在会谈中观察矛盾和混合信息的能力是有效面质的基础。冲突主要有两种类型：（1）内部冲突。来访者内部的不一致包括非言语行为中的混合信息、言语陈述中的不协调、言行之间的不一致及言语与非言语行为的不一致。（2）外部冲突。来访者与外部世界的不一致突出表现为人与人之间的冲突以及来访者和他所处的环境之间的冲突。咨询者和来访者的不一致是很具有挑战性的，咨询者往往会避免与来访者产生冲突，或者通过反应性倾听技巧来掩饰自己与来访者的差异。

（二）指出不一致的问题并努力解决冲突

咨询者应通过下面这些方法婉转地指出来访者的矛盾问题。

（1）找出来访者陈述中的矛盾或冲突。往往用“你如何让这两者同时得到解决”这样一个简单的问题就可以引导来访者进行自我面质，并找到解决问题的方法。

（2）通过使用询问以及倾听技巧，从冲突或者混合信息中找出具体的细节。要注意到矛盾信息的每一个部分，且一次只注意一个。如果涉及两个人，可以试图让来访者自己区分两个人的观点。在这个阶段不要进行判断和评价，只寻求事实。

（3）定期总结不一致的多个不同维度。“一方面……而另一方面……”是陈述面质的模式句，当总结出不一致的问题后，来访者就会面对事实。

（4）寻找来访者的优点。这对于促进来访者的发展变化是非常有帮助的。

（5）如果有必要，咨询者对来访者的不一致观点进行反馈。

（三）对变化进行评估

这一步要求咨询者观察来访者的思想和行动。会谈中测量变化的量表是面质影响量表（Confrontation Impact Scale）。在咨询过程中，面质影响量表是一个非常有用的测量工具，它可以帮助咨询者了解来访者对所采取的干预是如何

反应的，共包括以下五个水平。

（1）否认。来访者可能会否认不一致或混合信息的存在，不敢正视它。

（2）部分觉察。来访者开始对部分矛盾进行思考，但没有考虑矛盾的其他维度。

（3）接受与认同。来访者完全接受了面质，但没有做出任何决定，没有任何变化。

（4）产生新的解决方法。来访者开始超越对矛盾的认识，以一种新的方式来看待问题。

（5）发展更具包容性的构想、模式或新的行为。只有来访者认识到矛盾的所在，努力解决它，并产生新的思维模式或行为模式来应对和解决矛盾，面质才有最好的效果。

三、面质的四步骤观

科米尔、纽瑞尔斯（2004，第184—185页）提出了有效面质应包括的四个步骤。

（一）仔细观察，倾听来访者，以找出他们表现出来的矛盾和不一致信息

运用面质时不要过早下结论，要花一定的时间来“听”和“看”。对于来访者表现出来的混乱、矛盾信息，有几种不同的划分。

（1）穆哥特伊德三种类型的划分（钱铭怡，1994，第51页）。第一类，来访者把希望的自己当作真实的自己，而没有注意到自己的真实情况。例如，一位木工因病退休，尽管他知道自己的身体状况，但他仍然觉得自己还能像以前那样干活。第二类，思维、感受与行为之间的矛盾及来访者的心理矛盾。例如，一位年轻妇女说她与丈夫的感情很深，关系也不错，但她很久没与丈夫同房了。第三类，现实世界和来访者想象的世界的矛盾。例如，一个女大学生一直想找一个完美的男朋友，她给自己限定了很多条件且缺一不可，在接触了很多男同学后总觉得他们或多或少不符合条件，因而总感到遗憾，继而困惑不已，但仍坚持自己的条件。

（2）六种矛盾信息的划分。第一种，两个言语信息之间的矛盾。例如，来访者说“我真的有点儿喜欢乔治（言语信息1），尽管他经常激怒我（言语信息2）”，咨询者的面质是：“你似乎已经意识到了，大部分时间里你还是喜欢

他，但同时你又对他感到生气。”第二种，言语与非言语信息之间的矛盾。例如，来访者说“我感到很舒服”（言语信息），而同时又坐立不安地不断摆动自己的手（非言语信息），咨询者的面质是：“你说感到舒服，可是你同时又在不安地摆动手。”第三种，言语信息与行动之间的矛盾。例如，来访者说咨询对他来说是非常重要的（言语信息），但是取消了后两次的咨询（行动），咨询者的面质是：“几个星期以前，你还说咨询有多么重要，现在你却取消了我们原先安排的两次咨询。”第四种，两个非言语信息之间的矛盾。例如，来访者直视咨询者（非言语信息1），然后把椅子搬离咨询者（非言语信息2），咨询者的面质是：“在你谈到这些内容时，你能直视我，同时又与我保持距离。”第五种，言语信息和背景或者情境之间的矛盾。例如，一对年轻夫妇在过去三年里一直吵架，他们想通过生一个孩子来改善他们的关系，咨询者的面质是：“在治疗过程中，你们就曾经三次分居，现在你们想通过孩子来改善你们的关系，而许多夫妇说孩子只会增加压力而不会减轻压力，你们将怎样处理这两种关系呢？”第六种，两个人之间（咨询者和来访者、家长和孩子、老师和学生、夫妇双方等）的矛盾。例如，来访者的丈夫在两年前失去了工作，来访者想离开这里，到其他地方找工作，但她的丈夫不想离家太远，咨询者的面质是：“王太太，你想让丈夫去外面工作，王先生却不这样想。”

（二）评价面质的目的

咨询者要确定面质的目的是来访者需要面对挑战，而不是自己需要被他人挑战。咨询者要审视咨访关系是否足够安全，以便来访者从咨询者的面质中获益。咨询者还要注意根据来访者的种族、民族、性别、年龄等使用合适的面质。

（三）总结矛盾信息，抓住矛盾信息的关键部分

咨询者可以用陈述性描述而不是评价性的语言进行面质。如“你说的是……我看到的是……”，也可以使用问句：“一方面……另一方面……你觉得能将这两方面放在一起吗？”咨询者可以阶段性地总结一些信息，如“我原先看到（听到）……现在我又看到（听到）……”，两部分的连接最好不要用“可是”“但是”等转折词。咨询者的语调和非言语行为要传达出对来访者的关心。

（四）评价面质的效果

当来访者接受咨询者的面质并开始反省的时候，说明面质取得了效果。如

果面质没有被很好地接受，来访者可能会出现退缩或者封闭现象。要注意的是，咨询者的面质有时候不会立即见效，还可能引起来访者的防御。咨询者可以通过观察来访者的反应来评估面质的效果，然后决定下一步的目标。

为了更好地使用面质，咨询者可以使用以下自我认知对话：在与来访者的交流过程中，我看到、听到和掌握了哪些矛盾或不一致的信息？我对这位来访者面质的目的是什么，此时运用面质是否有效？我是怎样总结矛盾或不一致、混乱的信息的？我将怎样知道面质对来访者的效果如何？

下面的案例介绍如何使用自我认知对话。

来访者（有一个孩子，太太没有工作）：我之所以选择这个工作是因为它工作时间短，虽然钱不多。只要工作时间短，我就愿意接受。有很多空闲时间，我就不觉得压力大。当然我太太一定会唠叨我，说我怎么养得起这个家，这让我很烦。为什么我结了婚就不能有自己喜欢的生活？

咨询者开始自我认知对话。

（1）在与来访者的交流过程中，我看到、听到和掌握了哪些矛盾或不一致的信息？

来访者找工作时，只要求工作时间短，没有压力，这是他唯一考虑的方面，对于太太和孩子的生活没有考虑。这属于言语信息和背景或情境之间的矛盾。

（2）我对这位来访者面质的目的是什么，此时运用面质是否有效？

我的目的是要指出这个来访者家庭情况和他的工作要求之间存在矛盾，在面质的同时给予他情感支持。已经跟他接触了多次，好像没有线索显示他会对面质进行防御。

（3）我是怎样总结矛盾或不一致、混乱的信息的？

来访者对太太的唠叨很烦，不过他找工作只考虑自己的因素，而没有想到太太和孩子的生活需求。

（4）我将怎样知道面质对来访者的效果如何？

观察来访者的反应，看他是否觉察到了自己的矛盾。

如果这种认知对话结束，咨询者可进行下列实际对话。

咨询者：你找到工作时间不长、压力不大的工作，感到很高兴，不过太太的唠叨使你很烦。听起来，好像你找工作时工作时间、压力是你考虑的因素，而太太和孩子的生活不在你考虑之中，不知道我这样想对不对？

来访者：你所说的好像有道理，其实我太太一直很努力地维持整个家。我想我有必要和她谈谈，我也很爱我的孩子！

从来访者的话语中可以知道，面质是有一定作用的。咨询者需要和来访者进行进一步的讨论，以帮助来访者解决情感和行为中的冲突。

第三节 运用面质的注意事项

一、关注来访者的反应

有些没有经验的咨询者很不情愿运用面质方法，因为他们觉得应该总是保持亲切友好的态度，不应该让来访者感到焦虑或者难过，而且他们不知道来访者对面质会有什么反应。

希尔等指出，关于来访者对面质的反应的实证证据并不一致。对于那些有理由（常常是文化原因）不信任咨询者的来访者，或对于像青少年那样有对抗性的来访者，面质可能引起对抗，并导致疗效减低。有证据显示，在这种情况下，一种积极会谈程序（以来访者为中心的倾听反应和基本共情）可能带来好的效果。一般来讲，来访者对面质会出现以下三种反应。

（一）否认

当出现否认反应的时候，来访者不愿意承认或者不同意咨询者给出的信息。这可能表示来访者对自己的矛盾行为或者混乱信息还没有做好接受的准备或不能接受。下面的例子都是否定的表现形式。

“你没离过婚，你怎么知道？”“你不在其位不知其苦啊。”（对咨询者不信任）

“我不是你说的那样。”“你的感觉错了。”（认为咨询者对自己有误解）

“我觉得这个问题不用讨论这么长时间。”“我感觉这个问题对解决我现在的麻烦没用。”（认为讨论的问题不重要）

“我把你的话问过我的同事，他们没有注意过我这种情况。”“以前同学们从来没说过我……”（出示否定证据）

“我知道你说这话的意思，可是我应该说出我的感受，我不想那么做。”

“我知道你说的，可是现在我肯定不会那么做。”（被动拒绝）

（二）困惑或者不确定

有时候，来访者可能对咨询者面质的意思不明白。一种情况是咨询者没说清楚，另一种情况是来访者真的不清楚自己的问题。这就需要咨询者进一步面质或者解释。同时，咨询者要提防来访者以不知道、不明白为由对咨询者进行防御。

（三）接受

（1）真正接受。如果来访者真的希望检测自己的行为，对咨询者的话产生了顿悟，或者来访者勇敢地接受了事实，那么这种接受通常是真实的，面质的目的也达到了。

（2）假装接受。来访者可能口头上同意咨询者的话，但并不思考自己的矛盾之处，或者说一套做一套，实际上他们希望咨询者不要再打扰自己。

（3）拒绝接受。通常最需要面质的来访者最可能拒绝接受面质。他们很少进行自我面质，或者有较低的自尊，更可能将面质看作咨询者的指责和批评。

针对面质引起的来访者的消极反应没有现成的对策，这需要咨询者具有很好的应变能力。一般的原则是运用基本的共情，退回到认真倾听阶段，继续进行解释和情感反映。

咨询者：你似乎对你父母离婚很在意。（情感反映）

来访者：实际上我感到很高兴，我高兴的是他们终于离婚了。（话说得很慢，声音很忧伤，有混乱的信息）

咨询者：你说你很高兴，但从你的口气中我能感觉你并不高兴。（面质）

来访者：我不知道你指的是什么，真的。（否认）

咨询者：我想，我的话让你感到很难过。（返回到情感反映）

二、选择面质的时机

为了避免出现不良后果，咨询者一定要注意面质时机的选择。

（1）咨询者一般在咨询的第二、三阶段运用面质，此时咨询者和来访者已经建立了良好的关系。而在咨询早期，来访者接受面质的程度一般比较低。

（2）在判断来访者没有压力，注意程度、焦虑水平、渴望改变的强度合适之后，咨询者才运用面质。

（3）当来访者的想法和行为可能危害到自己或者他人时，咨询者可以在咨询早期运用面质。

（4）当来访者的行为和言语、情绪出现明显的不一致或者认知出现了明显的偏差时，咨询者可以运用面质。

（5）当来访者没有意识到自己的限制，或者没有意识到自己的有效资源时，咨询者可以运用面质。

（6）当来访者使用防御策略时，咨询者可以运用面质。例如，当成瘾者使用否定、合理化和缩小化来使他们的药物滥用显得有理由时，咨询者必须解决这些防御，才能使来访者更清晰地认识现实并因此更有效地处理现实生活（郑希付，2003）。

三、其他注意要点

咨询者运用面质时需要注意以下几点。

（1）明确面质的动机。咨询者不可借用面质来表达自己对来访者的不满等负面情绪，或借机来惩罚和挑战来访者，更不要表现出想探听他人隐私的兴趣。咨询者在提出面质性的问题时，应该首先问自己这样做是出于关心对方还是想惩罚或压制对方。

（2）分清面质的时机。面质会迫使来访者面对原本逃避的想法和事情，会引发来访者的负面情绪，所以咨询者一定要注意面质的时机。

（3）针对问题而不是针对人。咨询者运用面质时，必须依据来访者呈现的矛盾，而不是自己的推论或者猜测。为了避免来访者的指责，咨询者的面质要针对问题而不针对人。在处理矛盾或者不一致时，咨询者要通过语气、表情和动作来表现自己不是对来访者进行是非判断。

（4）注意评价面质的效果。咨询者运用面质不能图一时之快，之后应给来访者充分的时间做出反应，并和来访者讨论面质的内容。当来访者生气、反驳或假装同意时，咨询者要继续对来访者运用面质，并同时运用共情、解释等咨询手段辅助面质，否则面质可能是无效的，甚至是具有破坏性的。基于这一原因，咨询者应尽量避免在咨询结束时或者本次会谈接近结束时运用面质。

（5）循序渐进的原则。咨询者要注意不要在很短的时间内连续运用面质，不要一次给来访者很大的压力。钱铭怡认为，面质应以逐步接近的方式进行，这样可以使来访者有机会同化咨询者所说的东西，使面质更有效。

（6）文化背景和价值观。来访者的性别、成长的文化环境会对面质的效果产生影响。在没有考虑来访者的文化背景和价值观的情况下运用面质，会出现效果不理想。

（7）咨询者不要因担心运用面质会伤害来访者或者会使咨访关系终止，而在该运用时不愿意运用，以致错失良机（陈金定，2003）。只要注意面质的时机、掌握好面质的技术，多积累实际经验，一定会取得好的效果。

（8）勇于承认面质的不足。首先，不能过多地运用面质。有研究表明，面质在咨询过程中只占1%~5%。再者，面质只是使来访者意识到矛盾问题，这是解决问题的第一步。同时，单独运用面质而不进行进一步的讨论和干预，并不能解决来访者的冲突。面质是一种较难的方法，需要咨询者经过一段时间实践才能掌握。

本章摘要

面质可以理解为是一种语言反应，是直接通过语言质询的方式深入来访者深层和敏感的问题，以获得更加有效的信息，特别是获得来访者矛盾和冲突方面的信息。有些专家把面质划分为催化性面质、热椅式面质、指导式和解释性面质，贝伦森把面质划分为体验式面质、教导式面质、强力式面质、微弱式面质和鼓励式面质。面质在帮助来访者认识自己，发现自己的想法、感受和行动中存在的矛盾方面有很好的效果。面质的三步骤观：通过混合信息、矛盾和不一致来找到冲突，指出冲突，最后对变化进行评估。面质的四步骤观：找出矛盾和不一致信息，评价面质的目的，总结矛盾信息，评价面质的效果。在运用面质技术时要观察来访者的反应。一般来讲，来访者对面质会出现三种反应：否认，困惑或者不确定，接受。而接受又可以细分为真正接受、假装接受、拒绝接受。面质时机的选择也很重要，一般是在咨询的第二、三阶段。面质时要注意一些问题，包括明确面质的动机、分清面质的时机、针对问题而不是针对人等，以便使面质达到理想的效果。

复习思考题

1. 简述面质的含义。
2. 面质需要哪几个步骤？
3. 运用面质的要点有哪些？

推荐参考书

1. 陈金定.（2003）.心理咨询技术.广州：广东世界图书出版公司.

2. 科米尔，纽瑞尔斯.（2004）. 心理咨询师的问诊策略（张建新等译）. 北京：中国轻工业出版社.

参考文献

1. 车文博.（2001）.心理咨询大百科全书.杭州：浙江科学技术出版社.

2. 陈金定.（2003）.心理咨询技术.广州：广东世界图书出版公司.

3. 傅安球.（2001）.实用心理异常诊断矫治手册.上海：上海教育出版社.

4. 科米尔，纽瑞尔斯.（2004）. 心理咨询师的问诊策略（张建新等译）. 北京：中国轻工业出版社.

5. 李山川.（2000）.心理危机解读.合肥：安徽人民出版社.

6. 潘正德.（2000）.咨商理论、技术与实务.台北：心理出版社.

7. 钱铭怡.（1994）.心理咨询与心理治疗.北京：北京大学出版社.

8. 郑希付.（2003）.心理咨询原理.广州：广东高等教育出版社.

9. A. E. 艾维，M. B. 艾维.（2005）. 心理咨询的技巧和策略——意向性会谈和咨询（时志宏，高秀苹译）.上海：上海社会科学院出版社.

10. R. 萨默斯－弗拉纳根，J. 萨默斯－弗拉纳根.（2001）. 心理咨询面谈技术（陈祉妍等译）.北京：中国轻工业出版社.

第十九章　澄　清

引　言

在心理咨询的过程中，咨询者常常会用到各种不同的技术，大体上可以分为参与性技术和影响性技术两大类。澄清则是参与性技术中的一种。咨询者为了了解来访者谈话的意义，确认来访者的意思，弄清楚来访者的想法、思想和行为，都要用到澄清技术。

澄清技术的使用十分普遍。当不确定来访者所要表达的意思，或是来访者很明显地在掩饰着什么时，咨询者都会用到澄清，而且使用的方式较为多样。一个上挑的眉毛，或一个简单的“嗯？”其实都是在要求来访者澄清。本章将对澄清的界定、形式、类型、作用以及如何使用澄清进行详细的介绍。

第一节　澄清概述

一、含义

澄清（clarification）是指咨询者为了更清楚地了解来访者谈话的意义，根据自己的理解来确认来访者的意思而使用的一种反应技术。咨询者就某个主要问题向来访者提出疑问，请其详细说明，以明确来访者眼中的事实和目的到底是什么，以及他的体验、情绪和观点等。咨询中，对不清楚的地方与问题反复进行澄清，不仅有助于咨询者了解事实真相，也可以帮助来访者理清混乱的思路，从而使自身的问题具体化。此外，澄清问题的过程本身也有咨询作用，因为它能使来访者切实体验到关怀、理解与被尊重。

澄清代表着询问更进一步的信息。咨询者就来访者已经能够面对的心理现象的产生过程在更细节的层面加以观察。例如，“你可以告诉我你妈妈是怎么骂你的吗？”“你能多说一点儿吗？”……这样的问话不带有“逼迫”性，而是用商量的口气。

澄清包括两个方面的含义。一方面，搞清楚来访者每句话的实际内容和说话的目的，这是有效沟通所必需的。有的时候，说话的内容和目的是不一致的。例如，炎热的夏天，孩子跟妈妈说：“我渴了。”渴是孩子的感受，但实际目的是让妈妈给买汽水或买冰棍。“我渴了”是说话的内容，目的是解渴。来访者也一样，往往所说的话有言外之意。咨询者如果不清楚这一点，就无法与来访者进行真正的沟通。澄清可以用来弄清楚来访者的想法、感觉和行为，不仅帮助咨询者了解来访者的真正意思和感觉，也有助于来访者的自我了解和觉察。另一方面，对于来访者发生的生活事件，咨询者一定要搞清楚整个事件的经过、当时的环境以及当时来访者的情绪等。了解得越详细，就越能与来访者进行有效的沟通。例如，来访者与售货员发生争吵，很不痛快，东西没买就回来了。这时，咨询者就有必要让来访者平心静气地把整个事情的经过、细节及自己的情绪搞清楚，同时表示出关心和愿意了解的态度。这样就可以有目的地去帮助来访者，缓解来访者的不安和愤怒。而且，这样做本身就有利于咨询者和来访者的沟通，促进来访者表达能力的提高。咨询者在澄清时，有时会要求来访者对自己陈述中的一些基本内容（如用词、事件等）做出反应。在这里，咨询者具备一定的理解力和沟通能力是非常重要的。

二、形式

（一）基础形式

当来访者的话勉强可以听到时，咨询者要用澄清来核查自己听对了没有或来访者的真正含义是什么。例如，咨询者对来访者说：“对不起，我没太听清楚，你能再说一遍吗？”“我没听懂你说的话，你是说……吗？”

（二）态度判断形式

这种形式指咨询者重复来访者的话或给出一个封闭型问题。例如，咨询者对来访者说：“你刚被老板解雇，工作对你来说很重要，你很失望，对吗？”“你是说你父母的这些做法对你没有伤害，对吗？”

（三）探究性形式

这种形式指在选择问句中有一种选择是重复来访者的话。例如，咨询者对来访者说："你是感到吃惊还是有其他的感觉？""你认为别人对你的总体评价是好还是有其他的评价呢？"

三、类型

（一）情感澄清

当来访者对咨访关系以及对咨询抱有不切实际的期望时，或是在与人的交往中对双方的关系以及对对方抱有不切实际的期望时，咨询者使用的澄清即情感澄清。这种技术在会谈过程的各个阶段都会用到。有些来访者对心理咨询不够理解，误以为和一般的朋友交流没什么不同，对会谈的情境以及咨询者、来访者各自扮演的角色有所误解，对咨询者的期望过高，认为咨询者有什么灵丹妙药，或是对咨询者的感情发生了变化，把咨询者看作自己生活中的角色，出现移情等，所有这些情况都要求咨询者合理运用澄清技术。

（二）信息澄清

如果来访者感到困扰，不清楚自己的问题到底是怎么回事就前来咨询，在咨询中就不能清楚地表达，这就需要咨询者加以澄清，即信息澄清。

有些来访者谈到自己的问题时，往往用一些含糊的字眼，如"我烦死了""我感到绝望"等。当被自己所肯定的这种情绪笼罩的时候，就会陷入很深的困扰之中。有时来访者不清楚自己所要表达的思想、情感和事情的经过，或者自己也搞不清楚事情是怎么样的、自己究竟是如何思考的。如果咨询者能够恰当地运用澄清技术，一步步地引导来访者，来访者就会发现事情并没有想象中的那么可怕。

有些来访者喜欢使用过分概括化的思维方式，把对个别人的意见上升为对一般人的意见，把偶然发生的事情看作经常发生的事情等，这就容易引起情绪的困扰，从而造成来访者许多不必要的痛苦。因此，咨询者需要使用澄清技术引导来访者调整思维模式，接受每个人都不是完美无缺的，难免都会犯错误，这对于来访者来说是很有帮助的。

（三）原因澄清

有些来访者说话比较空洞，言之无物，或者来访者自己根本不明白问题的原因何在，此时也需要使用澄清技术。咨询者要层层解析，由表及里。这样不仅有助于促进咨询者对来访者问题的了解，也有助于来访者对自身情况，如个性特点、思维方式、人际关系等的了解，还有助于来访者认识能力的提高。同时这也是解决问题的过程，因为来访者在咨询者的帮助下发现问题的实质后，往往可以减轻心理压力，有时甚至会使问题迎刃而解。因此，咨询者对于来访者的问题要给予恰当而准确的反应。

四、作用

（一）鼓励来访者更详细地叙述

当你不确定是否了解来访者的信息并且需要他更详尽地陈述时，澄清是较为恰当的技巧。澄清来访者的问题，是决定咨询者是否能够最终帮助来访者解决问题的一个最基本的步骤。如果这一步没有做好，后面的咨询就会失去正确的方向。

咨询者：我能看得出来，你很生气。这是怎么回事？对此我有一些看法，但是也许你能告诉我。

来访者：是的，我敢打包票你不清楚……你们这些家伙真讨厌，自鸣得意。

咨询者运用澄清向来访者提出了某些要求，要求其谈出问题，或谈得更具体些。这样可以间接地要求来访者尽力讲出自己的经验、行为和情感。

咨询者：这个星期天你丈夫行使他对孩子的探视权，但最后结果是他把你乱骂了一通，而你出现了这些头疼脑热。我对于你丈夫去你那儿的时候干了一些什么已经有了相当清楚的了解，不过如果你能讲清楚你干了一些什么，也许会使事情更清楚。

来访者：噢，我可啥也没干。

咨询者：这么说这个星期天，他只是要毫无理由地让你受罪，或者说是存心要搞得你心里难受。

来访者：噢……不完全是这样，我问起他关于增加孩子抚养费的事，还问起他为什么老是拖拖拉拉地找不到好点儿的工作。

通过澄清，咨询者获得了更详细的信息。来访者总是把自己描绘成彻头彻尾的受害者，而把丈夫描绘成完完全全的攻击者，但这也许不是全部的情况。

咨询者选择话题并要求来访者澄清，可以得到真实的信息而不像来访者刚开始所叙述的那样。

（二）检查来访者所提供信息的准确性

澄清可以对来访者提供的信息加以明确，并证实咨询者接受的信息的准确性。特别是在会谈的开始阶段，在很快做出结论之前，先确定来访者的信息是很重要的。从下面的例子中可以看到澄清的重要性。

来访者：有时我只是希望能完全地逃离这里。

咨询者：听起来像是你必须离开，一个人独处。

来访者：不，不是这样的，我不要独自一个人。我只是希望能够避开所有我必须做的工作。

在这个例子中，咨询者根据来访者最初的信息很快下了一个结论，不过，是错误的结论。若咨询者对来访者形成某些假设之前，先要求来访者澄清，会谈过程就可以进行得更顺利，如下面的例子。

来访者：有时我只是希望能完全地逃离这里。

咨询者：你能说明你所谓“完全逃离这里”是什么意思吗？

来访者：嗯，我有这么多的工作要做——我总是在苦苦追赶而且觉得不胜负荷，我希望能摆脱那种可怜不幸的感觉。

来访者和咨询者都不应该依赖未经探讨和证实的假设及推论。熟练的咨询者接受和处理信息时，会利用澄清来确定信息的准确性。

（三）了解含糊和混淆的信息

大多数信息是来访者根据自己的内在参考框架表达出来的，所以可能是模糊或混淆的。当咨询者不是很确定信息的意义时，澄清它是有帮助的。根据海因（V. Hein）的说法，澄清是要求来访者对于含糊而模棱两可或意义隐藏的语句给出详细叙述。澄清通常以疑问的形式表达，如“你是说……”“你的意思是……”“你能再试着描述一下……”等，然后重复来访者先前的信息。

澄清来访者的观点和思想不仅有助于更好地理解来访者谈话的内容和情感，而且有助于来访者更深入地探讨自己的问题。

（四）澄清来访者言行的动机和欲望，帮助来访者增加对内在自我的觉察

咨询者在对来访者的感觉、经验和行为有了深刻的了解之后，直接对其问题的症结进行澄清，目的是帮助来访者了解他的问题所在。例如，一个学习非

常刻苦但成绩很不理想的学生说自己对学习无能为力，咨询者在分析原因后询问："你是不是怀疑自己的智力或学习方法有什么问题？"学生感到自己被人理解，更加明白自己问题的要害所在。

第二节　澄清的使用

一、使用条件

（一）来访者思维混乱

如果来访者处在强烈的情绪困扰中，他的言谈及思维就很容易出现颠三倒四、含混不清的情况。此时，咨询者需要采用澄清技术，将来访者所表达的支离破碎的信息连贯起来，或者把来访者模糊的、隐晦的、未能清晰表达出来的想法或感觉明确地说出来。澄清技术的运用既是为了帮助来访者理清思路或事实，也是为了咨询者能够准确地捕捉来访者的有效信息，最终都是为了使咨访双方的沟通顺畅地进行。

有些来访者前来求助时，因为紧张、担忧等，常常不能清晰、准确地表达自己的思想和情绪，所叙述的事件和情感常常是含糊的、笼统的、抽象的。对此，咨询者的任务就是澄清来访者所表述的问题，把握真实情况。在澄清时应注意两个方面：（1）要澄清具体事实；（2）要明确来访者所用词语和概念的具体含义。例如，某个来访者没有把所想的告诉咨询者，咨询者认为这个来访者"很虚伪"，这很可能是由于咨访双方对概念的理解不同。咨询者发现来访者很难说清问题，或者忽然从一个话题转向另一个话题，或者绕来绕去、不知所云的时候，要及时使用澄清。

（二）来访者表达能力有限

有的来访者处在强烈的困扰中，其言行与思维常常不够清楚明确。咨询者将来访者所说的或所想的琐碎资料连贯起来，或把来访者模糊的、隐含的问题及未能明白表达的想法与感觉说出来，使来访者听了以后知道自己的问题所在。有的来访者不善于表达，这时咨询者要引导来访者，必要时可以用自己的话把来访者的意思表达出来。有些时候，来访者表达能力的欠缺或许正是其问题的根源所在。此时，咨询者可以使用封闭式的提问方式及时澄清来访者的问题。

（三）来访者有意试探

有的来访者怀疑咨询者的专业水准，他很可能会先抛出无关紧要的问题，试探咨询者的反应，如果咨询者的回答让他放心满意，才提出正式的问题。多数来访者初次来访时，会带有一种复杂的、矛盾的、试探的心理，既想得到咨询者的有效帮助，又带有一些疑虑。尤其是涉及隐私问题时，担心泄密而刻意回避或欲言又止，这些表现通过细微的观察是可以捕捉到的。只有突破了这道关口，才能了解到问题的实质。

（四）来访者内心阻抗

有时候来访者并不知道自己在阻抗，这种阻抗很可能源于来访者对暴露的恐惧及压抑已久的秘密，尤其是那些痛苦的或违反社会规范的愿望或经历。东拉西扯、言不由衷，其实是来访者试图在消除自己的顾虑，让自己松弛下来，最后说出自己想说的东西；也有可能是来访者在有意无意地使咨询者更加敏感，希望咨询者能主动出击击中要害，引导他将问题暴露出来。面对这种情况，咨询者需要综合评估咨访关系，以及来访者的阻抗程度、压力承受能力、潜意识意愿以及改变的动机强度等因素，据此决定使用澄清技术的时机，做到一针见血。

若信息与咨询问题无关，则无须澄清；若信息比较重要，但表述不够清晰，则有两种选择：稍等一下，看来访者能否自己更清楚地表达，或者立即使用澄清。

为了能准确地澄清来访者的观点和情感，咨询者首先要察言观色，对来访者的表达要有足够的敏感。其次，真正理解来访者话中的言外之意。最后，应使用有弹性的语言，使来访者有肯定或否定的余地。

来访者：如果她不能恢复健康的话，我恐怕她会因为太抑郁而做一些蠢事。

咨询者：你说她会做蠢事，你指的什么？你的意思是不是她会自杀？

二、使用原则

（1）承认不理解来访者的表述。咨询者不明白来访者所表述的信息时，可以选择等待，来访者稍后的叙述会有助于咨询者的理解。但当咨询者的确不明白来访者所言，并且影响到咨询进程时，咨询者要向来访者坦陈自己不明白来访者所说的话，借以让来访者澄清。咨询者承认自己不懂来访者的话，也可以让来访者感到咨询者是真实的，也有不明白或是犯错误的时候，而不是一个高高在上的神，从而更有利于建立良好的咨访关系。

（2）尝试重复或请求澄清、重复或解释。来访者给出的信息往往是比较模糊的，如“我最近一直很焦虑”，这时咨询者请求对方给出具体解释或举例是有帮助的，因为这能促使来访者说得更加具体、明确。

三、使用步骤

（1）确认来访者的言语和非言语信息的内容，来访者究竟诉说了些什么。良好的倾听是正确而有效地进行澄清的前提，咨询者运用倾听技术来收集来访者的信息，充分挖掘与心理状态或问题有关的事件、人物、语言、反应等背景信息。只有这样，咨询者才能判定问题之所在，才能决定是否使用澄清技术。

在咨询过程中，咨询者不仅要注意来访者的言语所表达的信息，也要注意来访者的非言语信息，并用非言语信息来核实所获取的言语信息是否正确。当来访者的言语信息与非言语信息不一致时，咨询者就要特别注意，来访者所说的并非他内心真正的想法。

（2）确认信息中需要检查其正确性或者需要详尽陈述的任何模糊或混淆的信息。

（3）决定一个恰当的起始句或句首，如“你能描述……”“你能澄清……”“你是说……”。另外，运用你的语调使得澄清更像一个问题而非一个陈述。

（4）借倾听和观察来访者的反应，评估澄清的有效性。如果澄清是有效的，来访者会更详细地陈述信息中混淆的部分；如果无效，来访者会沉默，忽略咨询者澄清的要求，或省略重要的信息。在此情况下，咨询者可以尝试再次运用澄清技术或其他技术。

四、练习活动

新手咨询者要掌握澄清技术，需要进行大量的自我提问。

来访者：有时我只是希望能完全逃离这里。

（1）来访者告诉我什么？她希望逃离某件事。

（2）信息中是否有任何我需要查证的模糊或缺少的部分？如果有，是什么？（如果没有，决定另一个更适合的反应。）是的，我必须求证她所说的"完全逃离"是指什么。

（3）我如何能够听到、看到或掌握方法开始自己的反应？我能看到、听到或掌握方法开始自己的反应，像"嗯，你能告诉我，或是你能描述……"等。

（4）我如何知道我的澄清是否有效？我将必须看到、听到她是否有详细陈述。让我们试试看……

假设在这个时刻，咨询者内隐的想象或自我对话结束，接下来进行的实际对话如下。

咨询者的澄清：你能说明你所谓"完全逃离这里"是什么意思吗？

来访者的反应：嗯，我有这么多工作要做——我总是苦苦追赶且觉得不胜负荷，我希望能逃脱那种可怜不幸的感觉。

从来访者的回答中，咨询者能够断定澄清是有效的，因为来访者将其先前信息中遗漏的部分加以详细陈述和补充。

下面的这个案例可供新手咨询者练习使用。新手咨询者可以大声地自问自答，然后再过渡到以内隐的方式进行。

一个15岁的高中学生：我的成绩真的一路下滑，不知道为什么，我只是对每一件事情都觉得非常提不起劲儿。

自我问题1：来访者告诉我什么？

她觉得提不起劲儿和相当气馁。

自我问题2：信息中是否有任何需要我查证的模糊或缺少的部分？如果有，是什么？（如果没有，决定另一个更适合的反应。）

是的，是有几个：一个是她对什么事情感到提不起劲儿，另一个是对她来说提不起劲儿的感觉像什么。

自我问题3：我如何能够听到、看到或掌握方法来开始我的反应？

"嗯，你是说有某件事情特别……"或"你能描述这个感觉……"。

自我问题4：我如何知道我的澄清是否有效？

“你是说有某件事情特别让你觉得提不起劲儿？”“你能描述这个提不起劲儿的感觉对你来说意味着什么吗？”

本章摘要

澄清来访者的问题，是咨询者帮助来访者最终解决问题的最基本的步骤。澄清技术的运用能够帮助来访者理清思路或事实，能够帮助咨询者准确地捕捉来访者的有效信息，最终则是为了能使咨访双方的沟通顺畅地进行。当来访者思维混乱、表达能力有限或产生阻抗时，咨询者都要用到澄清技术。针对不同的情况，澄清有不同的类型：情感澄清、原因澄清以及信息澄清。当来访者思维混乱、表达能力有限、有意试探、内心阻抗时，咨询者要确认来访者的信息，承认不清楚来访者所说的话；找出需详尽陈述的任何模糊或混淆的信息；尝试重复或请求澄清、重复或解释；借倾听和观察来访者的反应，评估澄清的有效性。

复习思考题

1. 咨询者在什么情况下运用澄清技术？
2. 咨询者在运用澄清技术时要注意什么问题？
3. 你是如何理解澄清的？

推荐参考书

1. 陈金定.（2001）. 心理咨询技术. 广州：广东世界图书出版公司.

2. 伊根.（1999）. 高明的心理助人者——心理咨询的操作过程与技能（郑维廉译）. 上海：上海教育出版社.

3. R. 萨默斯 - 弗拉纳根，J. 萨默斯 - 弗拉纳根.（2001）. 心理咨询面谈技术（陈祉妍等译）. 北京：中国轻工业出版社.

第二十章　阻抗分析

引　言

阻抗是个体在与他人互动过程中的一种重要心理表现。如果没有阻抗，我们会随着每个闪过的念头而改变，会被身边的人摆布。阻抗存在是因为变化常常令人恐慌而且比保持旧有方式更困难，即使旧有方式是适应不良的。本章主要讨论阻抗的定义、作用、分类、表现形式、产生的原因及处理阻抗的策略等内容。

第一节　阻抗简述

一、阻抗的定义

阻抗（resistance）也称抵抗、抗拒作用，是精神分析理论中的一个基本概念。弗洛伊德最初把阻抗看作自我阻止潜意识材料进入意识的努力，后来他又将阻抗看作一种自我防御机制（车文博，2001，第101页）。精神分析家们认为阻抗不是治疗的障碍，而是来访者借以揭示其困难的方式。分析治疗之所以需要长期进行，其原因便是分析者需要反复地应用自由联想、释梦和积极的移情作用来克服不断出现的阻抗。阻抗现象也见于其他心理治疗，但不同派别的心理治疗家对此有不同的解释和解决办法。例如，人本主义学派视阻抗为来访者的一种防御机制。阿德勒学派认为阻抗是来访者和咨询者在治疗目标上不能达成一致时所出现的情况。完形学派视阻抗为“冲动—抗拒冲动”的相对情形，是来访者内心自我冲突对抗并试图统合的过程。不过，一般的完形学派不太喜欢用“阻抗”这个词，因为这好像意味着咨询者和来访者之间的权力抗争。行为治疗家根据回避学习理论来解释和处理阻抗。

对于阻抗的定义，也有不同的表达：阻抗是指来访者对抗治疗的进行、阻碍治疗达到目的的努力（车文博，2001，第101页）；派普斯（R. B. Pipes）和达文波特（D. S. Davenport）将阻抗看作内在的心理过程，个体对于自己的感受或行为动机不太清楚而呈现的一种暧昧模糊的情况（邱珍琬，2003）。

上述两种定义只是表达了阻抗来自来访者一方，而忽略了咨询者的阻抗（科米尔，纽瑞尔斯，2004）。所以，关于阻抗更合理的表达应为：阻抗是来访者或咨询者干扰咨询过程和结果，或降低其成功可能性的任何行为。它包括来自来访者的阻抗，也包括来自咨询者的阻抗，是在心理咨询过程中来访者或咨访关系中妨碍心理咨询进行的力量或因素，但更多的是来访者对于心理咨询过程中自我暴露与自我变化的抵触与抗拒。它常表现为人们对于某种焦虑情绪的压抑，对涉及某种痛苦经历的回避，对触动某些特定事件的抵触，或是对于某种行为及认知改变的拒绝等。

二、阻抗的作用

（一）消极作用

（1）阻抗会阻碍心理咨询的顺利进行。许多来访者尽管起初是主动来寻求帮助的，口头上希望咨询者帮助他们分析烦恼，解决困扰，消除痛苦的症状，但在实际行动中以种种公开或隐蔽的方式否定咨询者的分析，抵制咨询者的治疗，不同程度地阻碍心理咨询的顺利进行。

（2）阻抗使咨访双方都会产生不良的感觉。新手咨询者一般会认为来访者的阻抗与自己个人有关，并感到自己是来访者阻抗行为的对象，很容易产生不良感觉，如挫败感、无望感、迷惑感、失控感、无能感，因此他们可能放弃帮助来访者或以微妙的方式进行报复。

（3）不能克服的阻抗常常是咨询中断的重要原因。克服阻抗至今还是一个困难的工作。当咨询者不能或不愿接纳一名不情愿的来访者及其对抗咨询的行为时，来访者、咨询者常常会宣称对方为不受欢迎的人，结果之一便是咨询的中断。

（二）积极作用

阻抗在治疗中有着不可替代的功能，是治疗的一部分，可能是要求改变或深入治疗的前兆。具体表现为如下五个方面。

（1）阻抗是咨访关系的一面镜子。在咨询中，阻抗能较客观地反射出咨询过程中来访者和咨询者的关系。咨询初期的阻抗说明良好的咨访关系还没有完全建立。不同程度的阻抗反映出不同的咨访关系。咨询者如果能正确地处理阻抗，则会赢得来访者更多的信任。

（2）阻抗是咨询过程中问题深化的突破口。阻抗的出现，经常是咨询中触及较深层次症结的重要线索。

（3）阻抗是选择更有效的咨询方法及途径的重要依据。有时来访者对咨询方法和技巧等产生阻抗，咨询者要及时地觉察并调整策略。

（4）阻抗是确定咨询目标的重要参考因素。

（5）阻抗是咨询者洞察自我的重要参考内容。从阻抗中咨询者可以看到是否有特殊的来访者会引起自己特殊的反应或情绪，阻抗是咨询者反省与觉察能力提高的动力，是咨询者成长的机会。

三、阻抗的表现形式

阻抗的表现可能是诉说得太少或太多，可能是只关注现在，或沉溺于过去。

（一）来访者的阻抗表现

咨询中，来访者的阻抗表现主要有以下几种。

（1）治疗态度方面。在心理治疗中，会谈时间往往是事先约定的，或在前面会谈中确定的。来访者的迟到、失约都是阻抗的表现。有些来访者口头上表示迫切希望治好自己的病，但行动上并不积极。

（2）言语表达方面。来访者言语表达上的阻抗有三种：沉默、少言和赘言。来访者的沉默主要有怀疑型、茫然型、情绪型、思考型、内向型和反抗型。有些来访者面对咨询者总是保持沉默，不愿意跟咨询者交谈，表现出很强的自我防御机制，身体语言的表现是“闭锁”或不开放的，特别是非自愿的来访者更是如此。沉默的出现将使咨询暂时无法进行，导致咨询过程紧张、压抑、尴尬。少言也是来访者对心理咨询的阻抗，有些来访者总是说“不知道”或一直说“好”，没有任何反对意见，或有问才有答。有些来访者老是说个不停，反复地诉苦，阻止咨询者讲话，回避某些核心问题，回避自己不愿意接触的现实问题，以免由此产生焦虑与痛苦。

（3）交谈内容方面。常见的有谈论小事、情绪发泄和虚假问答等。有些来访者只谈一些无关紧要的事情，一直转换话题或谈话没有焦点，说很长的故事，不愿意听咨询者的解释。有些来访者在咨询过程中夸张地哭泣或不自然地大笑，目的是避开使其焦虑和痛苦的意念。有时来访者以所答非所问的方式回避关键问题，试图分散咨询者的注意，避免触及内心深处的问题。例如，一位女性来访者有一位交往多年的男朋友，但近来又遇到使她倾心的男性追求者，她因内心失去平衡而来咨询。当咨询者问及她与男友的感情时，她的回答是："他对我非常关心，照顾得非常周到，而且是在我最困难的时候帮助过我的人……"在这里，来访者没有正面回答咨询者的问题（钱铭怡，1994，第142页）。这类反应不仅使咨询者没有得到希望得到的信息，而且有可能使咨询者忘记刚才的谈话主题而转入其他主题。

（4）交谈方式方面。常见的有外向归因、自我辩护、健忘、顺从、控制话题和最终暴露等。许多带着烦恼来求助的来访者常常认为他们的烦恼来自客观环境和他人，其实烦恼都出自自己，并且他们往往认为只有他人的态度改变、客观环境改变才能使他们的烦恼解除。这种外向归因会严重阻碍来访者的自我认识和反省。来访者为自己的症状或问题行为辩护，也是对治疗的明显抵触。当咨询者分析问题成因时，来访者会为自己的行为辩护，认为其行为都是合情合理的。有些来访者一方面深受心理障碍之苦，想要除去症状；另一方面又认为到目前为止其所有想法、做法都是正确的，有充分的理由。例如，一个强迫症病人反复不断地洗手，他觉得身上被弄脏或被传染上病菌是有可能的，为了防止万一，多洗几遍是必要的。健忘是指来访者在谈论使人感到焦虑和痛苦的话题时所表现出的遗忘现象，这也是对治疗的阻抗。顺从是指来访者对咨询者的每句话都表示赞同和听从，使咨询者难以了解来访者的内心世界。控制话题是指来访者只愿意谈自己感兴趣的话题，而回避自己不愿意谈论的话题。最终暴露是指来访者故意在会谈的最后时刻才讲出某些重要的事件，使咨询者措手不及，借此表达其对咨询的某种抵抗。

（5）咨访关系方面。来访者通过故意破坏心理咨询的一般安排与规定来实现其自我防御的目的。其突出表现为不履行咨询者的安排，诱惑咨询者，通过请客、送礼来讨好咨询者，与咨询者争论或争吵，对咨询者发脾气，很早就结束咨访关系或不肯结束咨访关系，延长晤谈时间，找借口，不做作业，表现得很笨或愚蠢，甚至问及咨询者的私人生活等。

（二）咨询者的阻抗表现

卡瓦纳认为咨询者的阻抗与来访者的阻抗有许多类似的地方，并列出了一些来自咨询者阻抗的表现（钱铭怡，1994，第153页）：（1）取消会谈或迟到，并且总有一大堆理由；（2）用说教代替对来访者的倾听；（3）咨询时走神儿或打瞌睡；（4）咨询时不是讨论来访者的问题而是谈论自己的事情；（5）忘记来访者的有关信息；（6）要求来访者完成不可能完成的任务；（7）突然认为来访者有另一个“特殊问题”，要把来访者介绍给其他咨询者；（8）拒绝与来访者讨论对方认为很重要的问题；（9）以讽刺的口吻对来访者讲话；（10）与来访者讨论咨询者自己感兴趣的话题，且这种讨论对来访者没有帮助。

第二节　阻抗的分类及原因

一、阻抗的分类

（一）有意识的阻抗和无意识的阻抗

有意识的阻抗通常表现为对咨询者的不信任，或担心说出不得体的话而拒绝进行联想等。对于这种有意识的阻抗，咨询者通过说明可以解除。主要方法是指出来访者的阻抗表现，并分析阻抗的可能原因及其幼稚性，告诉来访者对咨询者不自觉地阻抗不利于自己的心理成长，妨碍疾患的迅速好转。

无意识的阻抗在心理咨询中更有意义，却更难解决，因为来访者未意识到自己的阻抗，也不承认这是阻抗，甚至当咨询者指出其阻抗时，他还感到委屈或不理解。弗洛伊德认为，那些人们不愿谈论的东西、不愿承认的东西可能比他们谈到的东西更有治疗价值和意义。如果能使来访者认识到他在阻抗并予以承认，那就是治疗上的一大进步。

（二）来访者阻抗和咨询者阻抗

阻抗究竟是来自来访者还是来自咨询者？对于这个问题，不同的学者有不同的观点。有些学者认为阻抗可以来自来访者，也可以来自咨询者（徐光兴，2001，第163页；邱珍琬，2003）。有些人则认为来自咨询者的自身因素不能称为阻抗（钟友彬，1994）。钱铭怡（1994，第151页）将来自咨询者的阻碍作用看作干扰或问题。咨询者也有自身的弱点、缺点，也会犯各种各样的错误，也会表现出与来访者类似的对咨询产生干扰的行为。重要的是咨询者要能够清醒并及时地意识到自己在咨询中可能出现的问题，尽量避免失误，不断提高自己。

除了上述两种分类，派普斯和达文波特把阻抗行为分为让人没有防备的行为、看似无害的行为、挑衅的行为三种。肯尼迪（E. Kennedy）和查尔斯（S. Charles）把阻抗的当事人分成喜欢笑的当事人、说个不停的当事人、智慧型的当事人、泛论者、演员型当事人、快乐的演讲人等几种类型。

二、产生阻抗的原因

对于来访者产生阻抗的原因，学者提出了不同的解释。弗洛伊德认为，大多数来访者对精神分析进行阻抗并不是有意与咨询者不合作，而是无意识地阻挡潜意识中的症结，不使它意识化。弗洛伊德所指的潜意识症结是幼年期没有得到满足和没有妥善处理的情结。心理动力学治疗家则认为，幼年症结不只是性的成分，尤其不只是情结。来访者中心疗法认为，阻抗的起因恰好是咨询者本身，即在某些方面咨询者没有提供给来访者人格改变所需的充分必要条件，如表现出冷淡的而非温和的与接纳的态度、过分专业化的而非真诚的态度。一般来说，阻抗产生于来访者和咨询者两个方面。

（一）来访者阻抗的原因

（1）缺乏信任和害怕。在短时间内要在一个素不相识的助人专家面前暴露自己的烦恼或隐私，对来访者来说是一个巨大的挑战。咨询初期，来访者对咨询者的不信任是正常的。例如：来访者看到比自己年龄小的咨询者时，就会对咨询者的能力等产生怀疑；有的来访者害怕在咨询中说不好，害怕把不好的一面呈现出来会破坏自己的形象……。这些都会对咨询产生阻碍。

（2）不敢面对困难，逃避治疗。咨询过程就是来访者和咨询者共同成长的过程。成长必然带来某种痛苦（钱铭怡，1994，第144页）。咨询中，来访者要面对自己从没面对过或不愿面对的问题，可能会不知所措甚至是痛苦的。所以，来访者会采取逃避的方式。

（3）不愿否定自我，害怕改变。要改变一个人的价值观、情感倾向和习惯不是一件容易的事情。很多来访者一面感到心理冲突和痛苦而要求改变，以达到心理平衡，一面又无意识地不愿放弃和否定旧的自我。有些来访者总是认为自己的想法和做法是正确的，不愿否定自己，对咨询者的解释产生抵触。例如，一个因儿子的反抗而苦恼的母亲，用她认为正确的教育方法和母爱没有改变儿子的态度。咨询中她不断诉说儿子的不是，而完全看不到自己的缺点。她多年来的信念是要孩子服从她的意志，照父母规定的教育计划成长，而不考虑儿子已经长大并要求独立选择成才道路的愿望，因而母子间产生了越来越严重的矛盾和冲突。当咨询者建议这位母亲尊重孩子的愿望时，她表示拒绝，仍坚持自己的观点。经过咨询者的多次分析和“忠告”，她勉强采纳建议，对儿子的态度有所改变，得到了儿子的理解，母子关系有了改善。这时她才感到造成冲突的原因主要在于她自己。她也承认在咨询中，对咨询者的帮助曾经有过抵触情绪。

（4）阻抗的产生源于机能性失调行为填补了某些心理需求空白，使来访者从中获得了某些利益。所谓机能性失调行为是指失控的行为最初是偶然发生的，因个体某方面的需要在这里得到了满足，导致行为发生的次数增加，并固定下来。来访者对失调行为感到焦虑，但求治的积极性不高，主要因为这些失调行为使来访者获得了某些利益。弗洛伊德把这种利益分为一级获益（primary gain）和二级获益（secondary gain）。一级获益是指来访者从失调行为本身体验到好处。例如，变态性行为露阴癖实际上是在成年人身上满足幼年的性欲望，由于它可以带来极大的快感，要放弃这种行为无异于放弃难得的快感，来访者怎能不阻抗呢？有些来访者在患病后得到周围人的关怀、照顾，甚至得到经济上的好处，这叫作二级获益。如果病治好了，来访者就会失去这种获益，所以他们会对治疗自觉或不自觉地进行阻抗。

（5）阻抗的产生来源于来访者企图以失调行为来掩饰更深层的心理矛盾和冲突。例如，那些被称为酒鬼的人饮酒过度只是表面的行为问题，饮酒只不过是为掩盖其心中的烦恼：婚姻的不幸、工作的失败、对自己的行为内疚和悔恨等。如果治疗仅从表面问题着手，必然会遭到阻抗。

（6）阻抗来自来访者对抗咨询或咨询者的心理动机。来访者有不同的求助动机，其中有些来访者会带有阻抗咨询的动机。这类来访者的特点是：求助并非发自内心；只是想得到咨询者的某种赞同意见；想证明自己与众不同或咨询者对自己无能为力。

（7）移情现象也是阻抗产生的重要原因之一。移情现象实质上是把压抑在潜意识中的情绪转向咨询者，把咨询者当成发泄的对象。例如，一个大四女生在大学二年级和一个外校男生谈恋爱，最近男生离开了她，最让她不能忍受的是他居然和她同宿舍的一个女生恋爱了，她非常伤心难过，所以寻求咨询者的帮助。但是在咨询过程中产生了移情，把咨询者当作其男友的替代对象，又爱又恨又伤心，与咨询者对抗起来，甚至怒视咨询者，数落咨询者是一个不懂情感、寡情薄义的人。

（8）来访者本身的人格问题也容易带来阻抗。这种阻抗称为性格阻抗，具有偏执、攻击性、反社会性等人格特点的来访者在心理咨询中较易发生阻抗。

（二）咨询者阻抗的原因

（1）咨询者为满足自身需要而干扰咨询过程。如果咨询者认为来访者具有吸引力或是个值得建立良好私人关系的人，当他既想培养与对方的私人关系又想作为咨询者与对方建立咨访关系时，阻抗就开始发生。有的咨询者因为成就感的驱使，咨询时控制他人的欲望可能会超过帮助他人的欲望，于是就会把自己的意愿强加给来访者而造成来访者的阻抗。

（2）反移情可能造成阻抗。反移情对咨询也有阻碍。咨询者的内心冲突会产生治疗盲点，妨碍对来访者的分析理解；咨询者对来访者的反移情满足了来访者的某些要求，来访者也满足了咨询者，咨询者的立场遭到颠覆，咨询联盟遂被破坏；咨询者的某种焦虑体验也会造成交流障碍。

（3）咨询者自身尚未解决的问题在咨询过程中被触动而造成阻抗。有些咨询者也存在着各种各样的问题，若来访者的问题恰好与之接近或相似，咨询者就可能难以分辨。因为咨询者本人对这些问题也没有足够的认识，也就难以看清来访者的问题所在并提出有效的改进方案。

（4）咨询者在咨询过程中违背了咨询原则，引发来访者的阻抗。有的咨询者未能遵守保密性原则，特别是学校的咨询，咨询教师容易把来访学生的问题透露给他的班主任或家长，引起来访学生的不满。有的咨询者在咨询时过分地自我暴露、自我炫耀，也容易引起阻抗。有的咨询者在咨询时不能保持价值中立，与来访者在价值观上发生冲突或对立，咨询者有意无意产生对来访者的轻视、偏见甚至排斥与指责，引起来访者的阻抗。

（5）咨询者的其他问题干扰咨询过程。例如，咨询者缺乏自信心，特别是新手咨询者，这种情况比较多见。这种不自信使咨询者对来访者无原则地迁就，咨询过程被来访者所控制。有时咨询者在生活中形成了对人的某些固定看法，在咨询中先入为主，对来访者产生偏见，严重影响咨询。

第三节　处理阻抗的策略

阻抗的出现是正常、普遍的，阻抗的处理是必需的。能否克服阻抗是心理咨询成败的关键。

一、处理阻抗的必备能力

在处理来访者的阻抗时，咨询者应该具备几种基本能力：（1）正确诊断与分析的能力；（2）建立良好咨访关系的能力；（3）解除来访者戒备心理的能力；（4）发动来访者积极参与解除阻抗的能力；（5）把移情的处理与阻抗的处理结合起来的能力。

二、处理阻抗的具体策略

（一）正确认识阻抗，真诚面对，消除来访者的戒备心理

咨询者要明白来访者的阻抗是必然的，因为这是人正常的普遍反应，也是心理咨询中经常会碰到的情况，不必大惊小怪，也不要把来访者这种行为个人化，因为这是来访者面临可能的改变时表现出的自然反应。阻抗对咨询者而言，是学习的机会，也是很好的挑战。阻抗不仅出现在治疗或咨询初期，在整个咨询过程中都可能出现，所以咨询者接纳自己和来访者的阻抗非常重要。有时咨询者对来访者的阻抗会非常恼怒，想放弃咨询甚至可能在咨询中以微妙的方式进行报复。这时咨询者尝试使自己超越对疗效和来访者进展的思考，可能会有助于更好地接纳自己和来访者，尤其是在自己的期望没有达到的时候。对于阻抗行为的最好应对之道就是真诚面对，用咨询者的真诚打动来访者，消除其戒备心理，使对方能开诚布公地谈论自己的问题。

（二）敏锐觉察，正确判断阻抗行为

咨询者对来访者的问题要正确地判断和分析，正确的判断有助于减少阻抗

的产生。咨询者对阻抗的行为要十分敏锐，最重要的是察觉出什么样的行为可能是阻抗的表现，发现阻抗背后的因素，与来访者一同处理，而不是因为来访者的阻抗而有情绪上的反应。

（三）积极反馈，讨论阻抗本身

多数来访者无法意识到自己在阻抗，也不会承认，甚至当咨询者指出他们在阻抗咨询时，他们会感到委屈和不满。咨询者发现来访者出现阻抗时，应该向来访者积极反馈这种信息。要消除阻抗，就要讨论阻抗本身。讨论阻抗本身不是更深入地探究其背后的冲突或焦虑，经典精神分析治疗师称之为对防御的解释，我们称之为注意阻抗。钟友彬的认知领悟疗法中对待阻抗就是用同样的内容反复向病人解释，使他们首先达到知识上的领悟并承认他们心理症状的幼稚性，从而放弃阻抗。讨论阻抗的另一种方法是直接指出来访者的阻抗表现。

在讨论阻抗时，应该鼓励来访者积极参与。根据心理阻抗理论，如果在他人促使自己发生改变，而个体感到自己所拥有的自由降低或减少的时候，他就更可能会阻抗他人试图改变自己的努力。鼓励来访者参与，首先，增强来访者的控制感；其次，来访者更可能选择那些更适合自己的生活策略和任务；最后，比起受到控制的治疗环境，来访者在合作的环境中更能遵从和减少阻抗。征得来访者的同意再让他去做某事，要比直接要求他做某事更不容易引起阻抗行为。

（四）把握时机和控制进程，减少阻抗

时机和步伐关系到咨询的进展。如果咨询进展太快，阻抗就可能发生。减少由时机和步伐导致的阻抗的方法包括：改变步伐，暂时离开敏感话题，或降低咨询中的情绪强度。咨询者根据来访者的反应调整步伐或策略。如果咨询者坚持使用不适当的方法或策略，就存在阻抗增强或可信度下降的危险。恰当使用时机和步伐的另一个方面是避免过早地采取某一立场。咨询者必须首先评估来访者对问题、治疗和效果的看法，然后提供可能适合来访者的建议。阻抗能提供一种保护性功能，而来访者是对自己改变的准备程度的最佳判断者。

（五）把阻抗的解除与移情的处理结合起来

有意识的直接阻抗容易克服，而间接的阻抗常以移情的方式呈现。有些情况下，咨询没有移情就不会有良好的效果，所以克服阻抗并不是消除移情。阻抗的解除必须与移情的处理结合起来。只有在妥善处理移情以后，咨询者才能最后解除阻抗，使来访者得到领悟，症状消失。

（六）承认对自身能力的焦虑和不安

如果缺乏经验的咨询者在面对来访者时担忧自己的能力，那么阻抗有可能变得更强。一个有效的方法是向你的一名同行、同事或督导表达你的焦虑，这会使焦虑程度降低，并能减少你对自己的过分关注。另一种方法是确立你在咨询中的界限，区分哪些是你负责的事情，哪些是来访者必须负责的事情，避免替来访者做他应该做的事。

（七）关怀自己，避免同情的疲劳

当咨询者过度工作并感到疲劳时，当他们忙于关心他人的生活而忽略了自己的需要时，咨询者的阻抗就会变得严重起来，甚至会出现身心耗竭。身心耗竭的信号包括：对来访者取消或推迟某次咨询感到如释重负，对于咨询缺乏精力，对来访者的疗效缺乏兴趣，持久、重复地考虑自己是否选对了职业或试图改换工作等。疲惫和过度工作的咨询者可能以各种方式表现出阻抗，如迟迟不回来访者电话，不重新安排暂时取消的咨询，对咨询效果显示出悲观主义，以及对来访者表现出更少的热情。来访者对于咨询者是否愿意见他们十分敏感，阻抗行为很容易传递给来访者，甚至通过电话就可以传递。于是，来访者表现出迟到、推迟或取消约定好的咨询，这更多的是对咨询者的阻抗做出的反应，而不是来自来访者自身的阻抗。避免由于疲劳、过度工作所带来的阻抗的最佳方式就是预防。适当安排工作和环境条件，可以减少疲劳的发生。例如：在会见不同来访者之间安排休息的时间；与其他同事建立支持系统，常常向督导咨询；把办公室布置得赏心悦目；在不工作的时候让自己放松，不把工作带回家。

阻抗是妨碍心理咨询顺利进行的重要现象，贯穿整个咨询的过程。来访者的阻抗表现不尽相同，克服阻抗的特效方法也不存在。在不断克服阻抗的过程中，来访者的问题逐渐得到解决，而咨询者的专业能力也会更上一层楼。

三、咨询者阻抗克服练习

以小组为单位，讨论咨询者的疲劳和身心耗竭带来的阻抗问题；找出你身心耗竭和疲劳的认知和行为信号；描述你可能如何向来访者传递阻抗；找出控制或预防身心耗竭发生的方法。

本章摘要

阻抗是来访者或咨询者干扰咨询过程和结果，或降低其成功可能性的任何行为。阻抗妨碍咨询的顺利进行，但阻抗又是咨询的一部分，具有不可替代的功能：它能客观地反映咨访关系，是咨询的突破口和重要依据，也是咨询者洞察自我的重要参考内容。阻抗可来自来访者，也可来自咨询者。能否克服阻抗是心理咨询成败的关键。要正确认识阻抗，不要认为来访者的阻抗都是针对咨询者的。咨询者应能敏锐地觉察阻抗的行为，正确判断，在阻抗发生时给予积极反馈，与来访者谈论阻抗本身。对于咨询者来说，承认对自身能力的焦虑和不安是非常必要的，要随时关怀自我，避免由于疲劳、过度工作和身心耗竭所带来的阻抗。

复习思考题

1. 如何正确理解阻抗的含义和阻抗在咨询过程中的作用?
2. 如何正确判断阻抗的行为?
3. 结合实际谈谈如何避免和处理阻抗。

推荐参考书

1. 科米尔，纽瑞尔斯.(2004). 心理咨询师的问诊策略(张建新等译). 北京：中国轻工业出版社.

2. 钱铭怡.(1994). 心理咨询与心理治疗. 北京：北京大学出版社.

3. 邱珍琬.(2003). 做个合格的咨询人. 广州：广东世界图书出版公司.

4. 张日昇.(1999). 咨询心理学. 北京：人民教育出版社.

5. R. 萨默斯–弗拉纳根，J. 萨默斯–弗拉纳根.(2001). 心理咨询面谈技术(陈祉妍等译). 北京：中国轻工业出版社.

参考文献

1. 车文博.(2001). 心理咨询大百科全书. 杭州：浙江科学技术出版社.

2. 科米尔，纽瑞尔斯.(2004). 心理咨询师的问诊策略(张建新等译). 北京：中国轻工业出版社.

3. 钱铭怡.(1994). 心理咨询与心理治疗. 北京：北京大学出版社.

4. 邱珍琬.(2003). 做个合格的咨询人. 广州：广东世界图书出版公司.

5. 徐光兴.(2001). 临床心理学. 上海：上海教育出版社.

6. 钟友彬.(1994). 现代心理咨询——理论与应用. 北京：教育科学出版社.

第二十一章　自由联想

引　言

自由联想（free association）是精神分析的一项重要技术。采用自由联想技术进行心理治疗是弗洛伊德的主要贡献之一，弗洛伊德在他以后的研究和工作实践中也坚持使用这一技术。尽管后来人们对自由联想技术进行了一些修改或补充，但它在整个心理学体系中的突出作用是不可否认的。本章结合弗洛伊德和荣格的观点，讨论自由联想技术的产生、基本操作过程、应用以及发展状况等内容。

第一节　自由联想技术概述

一、自由联想技术的产生

19世纪80年代，弗洛伊德在开业行医的过程中，广泛采用了当时流行的一些方法，如电击法、水浴法等治疗各种神经症病人，但疗效都不太令人满意。在这种情况下，他想到了他的老师兼朋友布洛伊尔（J. Breuer）曾经给他讲过的一个病例和催眠疗法。

1880年，布洛伊尔为一名患癔症（hysteria）的女病人安娜做治疗，后来这成了医学史上一个划时代的著名病例。当时的安娜是一位21岁的聪明伶俐的姑娘，她的病是在服侍她所敬爱的父亲时开始发作的。在她发病时，她常会喃喃说出一些从一长串思想中冒出来的词。布洛伊尔发现，如果稍加催眠的话，就可以让她以这些词为起点，重现她思想意识里的一些图景和幻想故事。

在催眠状态下，一个人回想起以前的某一情景，可以达到自由表达其情感或表达原先被压抑的心智行为的效果，从而使症状自然消失，不再重现。这种让患者自己用语言表达幻觉的方法被布洛伊尔称为谈话治疗法或扫烟囱法。后来，布洛伊尔又把这一方法称为催眠净化法。

弗洛伊德也采用这种方法来治疗癔症病人，对于有些病人，使用催眠净化法可以得到比较满意的效果。但是，弗洛伊德逐渐发现，病人病情的好转往往是暂时的，或者一个病症很快被另一个病症所代替，并且这种技术对于许多无法被催眠的人来说根本不起作用。因此，弗洛伊德开始考虑放弃催眠的方法，另外开辟一条新路。

二、埃米夫人的病例

1889年5月1日，弗洛伊德接收了一名约40岁的女患者，即埃米夫人。埃米夫人的家族来自德国中部，但两代人在俄国的柏尔蒂克省定居，在那里拥有大量的财产。她是家庭中14个孩子中的第13个，14个孩子中只有4个孩子存活。虽然她受到精心的抚养，但受到精力旺盛而又严厉的母亲的严格管教。23岁时，她与一位非常有天赋和能干的男士结婚，这位男士是一位显赫的大实业家，但比她年长许多。婚后不久，丈夫死于中风。因此，抚养孩子的任务便落在她一个人身上。她的两个孩子一个14岁，一个16岁，也常生病，并遭受神经过敏方面的困扰，她把这些都归因于自己的疾病。自她丈夫14年前去世以后，她一直患有严重程度不同的疾病。后来经过一个疗程的按摩，并结合电浴治疗，她的情况暂时有所改善。但除此之外，她所有增进健康的努力均告失败。她频繁地旅游，并有许多爱好。

当时埃米夫人住在柏尔蒂克靠近大城镇的一所乡间宅邸里，好几个月以来，她的身体状况相当糟糕，患抑郁和失眠，并遭受着疼痛的折磨。她去了阿巴兹（当时奥地利人的疗养胜地，在欧洲南部的亚得里亚海），希望改善病情，然而无济于事。弗洛伊德注意到，每次有人进入她的房间时，她都会强烈地突然受惊，表现出怪相并惊跳起来。她在讲有关动物的可怕故事时，表现得很恐惧，并说："保持安静！不要说话！不要碰我！"另外，她还会常常出现许多关于动物的幻觉。她感到左腿发冷和疼痛，弗洛伊德用热水浴和按摩对她进行治疗。她还经常有一些谵妄性的突然插话。

弗洛伊德发现，埃米夫人是施行催眠术（hypnotism）的一个很好的被试，她很容易进入催眠状态，而且对她的催眠能够取得比较好的效果。因此，弗洛伊德使用催眠净化法了解她的创伤性体验。

她经常提到动物和死尸的画面。她告诉弗洛伊德，她这么容易受惊吓，是与她幼年时的记忆有关的。她5岁时，弟弟和妹妹经常向她投动物的尸体，那时她就经常晕倒和痉挛；7岁时，她的一个妹妹去世，她看到自己的妹妹躺在棺材里；8岁时，她弟弟经常披着床单，扮成鬼来吓唬她；19岁那年，当她抬起一块石头时，发现石头下有一只蟾蜍，之后的几个小时她都说不出话来。这些事情在她记忆中清晰可见，但她不能很快地回忆起这些儿童时代不同时期的意外事件。每个故事结束时，她都会显出害怕和恐惧的样子，而且她在描述这些可怕经历时出现发音困难，并且伴有气喘的症状，过后她的情绪才能平静下来。

她还讲出了另外一系列同类性质的恐惧事件，这些事件发生在她的青春期后期，并且这些情景经常生动鲜明地展现在她眼前。其中有一件事，是她目睹自己的表妹被送进精神病院（当时她19岁）的过程。当时她想呼救，但是又做不到，随即失去了说话的能力，直至傍晚她才恢复过来。在弗洛伊德的询问之下，她还提到她母亲也曾在精神病院待过一段时间。她继续说着一系列可怕的记忆。在她15岁时，有一次她看到母亲中风躺在地上（她的母亲在这之后又活了4年）。另一次是在她19岁时，有一天她回到家里，发现母亲已去世，脸扭曲着。

在催眠状态中她做了一些可怕的梦，椅子腿和扶手都变成了蛇，一个长着秃鹫嘴的鬼怪撕扯她的身体，其他野兽在她身上跳跃……然后她又转到其他动物的谵妄中，然而她又补充说“那是真的”，并否认那是梦。

从整体上说，催眠净化法颇为成功，可是疗效并不长久。病人在创伤的影响下，仍然可能以类似的方式复发。例如，当要求埃米夫人回忆引发某些症状的创伤性事件时，她经常说不出来。有一次，弗洛伊德请她回忆胃疼是怎么引起的，她带着明显抱怨的口气说不应该向她问这问那，而应该由她把想说的东西告诉弗洛伊德。

埃米夫人的请求给了弗洛伊德很大的启发，他感觉到这很重要，应该让她按照自己的意愿进行下去。她开始谈到她丈夫的死亡，她从这件事开始东拉西扯，最终讲到了夫家亲戚和一位“意图不明的记者”对她的诽谤，大约是说她毒死了自己的丈夫。虽然这与她的胃疼毫无关系，可还是令弗洛伊德想到她为什么会与人隔绝，不爱交际，以及她为什么会讨厌陌生人。以前问这问那并没有问出有价值的东西，后来让她自己随意讲，反而取得了更好的效果。

虽然让病人东拉西扯听起来很乏味，可是让病人想到哪里说到哪里，倒是个比直接诘问更为有效的途径。基于此，弗洛伊德有一个想法，即力图让病人自己恢复病原性经验。同时，弗洛伊德还受到一篇论文的影响，在《精神分析技术前史笔记》一文中，他提到了波恩（L. Borne）写的一篇论文《三天内成为一名有创见作家的艺术》，尤其有下面这段话："下面是实现诺言的实际步骤。取出一些纸并且连续三天不停地写，在没有伪造或虚伪的情况下记下你头脑中想到的每件事情。记下你对于自己的妻子，对于土耳其战争、歌德、冯克的审讯以及末日审判，对于你的长辈和上司等的看法——而当三天过去之后，你将会对所获得的新颖而前所未闻的思想感到无比惊讶。这就是三天成为一名有创见作家的艺术。"

弗洛伊德是在14岁的时候看到波恩的著作的，这是他从童年起就一直保留的唯一的一本书。当弗洛伊德后来重读波恩的论述时，他极为吃惊地发现文章中不仅有关于自由联想的暗示，而且有关于"潜意识压抑力"的暗示，这一可能的隐性记忆不应掩盖这一事实，即弗洛伊德的科学成就不仅仅限于对自由联想进行专门的研究，而且在于用这一方法揭示了病史和情绪失调的病灶（罗恩，1989）。

三、相关理论简介

（一）联想心理学

瑞士著名精神病学家布洛伊勒（E. Bleuler）创立了联想心理学，布洛伊勒还是精神分裂症的命名者。他认为精神分裂症的精神病理核心是联想障碍，并从精神分裂症病人的特殊病理联想方面归纳出诊断该病的主要标准。

（二）自由联想的实验研究

最早在实验心理学领域对自由联想展开研究的是高尔顿（F. Galton）。19世纪末，高尔顿把自己作为被试，采用了75个刺激词，记录了对每个词联想的反应时间，以及每个词最初唤起的两个不同的概念。每隔一个月重复一遍，共做了四遍。对实验结果采用了三种数量化的指标：（1）联想的反应时间；

（2）同一联想内容重复的次数；（3）联想反应的类别及每类联想反应的次数。他的实验结果是：在总共6 600秒的时间内联想起了5 050个观念，平均每联想一个观念所需的反应时间为1.3秒。他的反应词约有五分之一是重复的，有的甚至重复了四次，这些重复出现的词多是在他儿童和少年时期就形成的观念；而只出现一次的多属于他成年后或是最近发生的事情。他的联想反应主要有三类：纯属言语反应的约占一半，属于视觉或其他意象的约占三分之一，其余的是较抽象的词。

继高尔顿之后，很多心理学家也进行了自由联想实验，他们大多都采用高尔顿的数量化方法来处理实验结果。研究发现，自由联想反应的快慢、内容的多少和性质等与被试的智力水平、年龄特点、情绪状况等有密切关系。自由联想能够反映被试思维的敏捷性和灵活性。一般来说，智力高的反应时间短，智力低的反应时间长，因而在智力测验中常有自由联想的项目。

（三）联想测验

荣格最初在联想心理学研究工作中提出了联想测验的方法。联想测验不但对精神疾病的鉴别诊断有很大的实用价值，还可以作为案件侦查中的一种辅助手段，和被试在实验过程中生理指标的变化结合起来，可以为侦查工作提供一定的线索。例如，在鉴别盗窃嫌疑犯时，可以给他们一些与案件无关的刺激词，其间夹杂一些与案件有关的刺激词，让受测者进行自由联想。这时真正的盗窃犯会出现两种情况：一种情况是对刺激词立即进行反应，而这些反应是直接与案件有关的；另一种情况是在联想反应中为了要避开与案件有关的反应词，受测者会把最初联想起来的词隐蔽起来，另换一些无关的词进行反应。这样，他的自由联想的反应时间自然就会延长，因而从受测者对与案件有关和无关刺激词反应时间的差别，就可以发现一些线索。

第二节　自由联想技术的操作过程

一、一般操作过程

采用自由联想时，咨询者通常让来访者自己选择想谈的话题，可以包括多个方面，如家庭、工作、人际交往、爱好或发病经过等，鼓励来访者摆脱意识的束缚，把自己头脑中想到的东西不加掩饰地说出来，不管说出来的彼此之间是否有联系，是否合乎逻辑或幼稚可笑，也不要难为情或怕别人感到荒谬而对自己的想法刻意修改。因为越是荒谬或不好意思讲出来的东西，就越有可能最有意义或对咨询有最大的价值。自由联想方法的最终目的是发现来访者压抑在潜意识内的致病情结或矛盾冲突，把它们带到意识领域，使来访者对此有所领悟，并重新建立现实性的健康心理。

自由联想的一般操作过程如下：第一，在一个安静且光线适当的房间里，让来访者躺在椅子上，并尽可能放松身体和思想；第二，挑选一些重要的意象或是梦的若干片段，开始进行联想；第三，鼓励来访者说出第一个涌入头脑的事物、意象或词语，然后是下一个，再下一个……（如蓝天—白云—河流—水—倒影—云—天空—鸟……）；第四，让思想随着意象自由驰骋，直到出现对于治疗意义重大的意象或念头；第五，如果这些情况没有发生，那么再回到最初的意象，从头开始，或挑选另一个意象重新联想（纳思，2003）。

需要注意的是，在进行自由联想的过程中要以来访者为主，咨询者不要随意打断来访者的话，咨询者的角色应该尽量是被动的，而且不提供任何解释。当然，在必要的时候，咨询者可以进行适当的引导，提出的问题要能够揭示来访者与其症状之间的特殊因果关系。一般来说，咨询者往往鼓励来访者回忆从童年起的一切经历或所遭遇的精神创伤与挫折，从中发现与病情有关的心理因素。

自由联想的疗程较长，一般要进行几十次，持续时间为几个月或半年以上（每周1~2次）。要事先向来访者说明这一点，以取得较好的配合。

自由联想可用于患有各类神经症、心因性精神障碍与心身疾病的人，也可用于部分早期或好转的精神分裂症患者，但不适合用于发病期的精神分裂症患者、躁狂抑郁症患者、偏执性精神病患者。

二、需注意的问题

在咨询刚刚开始的阶段，来访者肯定会考虑自己给咨询者留下什么样的印象，所以，要做到不加掩饰地说出自己心中所想到的东西，这一点对于来访者来说是有一定困难的。但随着咨询者的鼓励和指点，来访者渐渐进入对往事的回忆中，内心深处无意识的闸门不自觉地打开了，所谈到的事情也会越来越多，并且逐渐涉及潜意识中被压抑的内容。在这一过程中，有时来访者会突然停止不语，推说想不起来了，或者绕过所谈的话题而言其他，有时还伴有不适当的冲动行为，甚至说要停止咨询或忘记咨询的预约时间，这些情况表明来访者在咨询过程中出现了阻抗现象。

弗洛伊德把这种阻抗看作是反抗精神分析疗法的主要防御形式，它揭示出在来访者和咨询者的关系中存在着显著的情感失调。

弗洛伊德在治疗过程中还发现了另外一种与移情阻力有关的现象，即来访者重复婴儿行为的倾向。在这种情况下，行为表现取代了回忆，来访者不是重现某种记忆，而是无意识地重复他过去的一部分行为。尽管回忆和行为表现很不相似，但二者都有相同的无意识目标，这就是竭力不让被抑制的驱力转变成意识。

为反对暴露无意识而出现的各种阻抗形式或行为并不会对使用自由联想技术构成不可逾越的障碍，但必须了解的一点是，由于阻抗的影响，联想已经产生了畸变，而且它只能通过迂回的途径间接地将创伤性诱因转变为意识。

三、自由联想技术的应用

弗洛伊德把自由联想技术加以实际运用，取得了较好的治疗效果。1909年，弗洛伊德发表了对一个强迫性神经症患者的分析治疗的部分记录——《对“鼠人”的分析》。“鼠人”这一名字来源于这位患者强迫性神经症的起因。弗洛伊德对该患者的治疗采用的就是自由联想技术（张明，2005，第232页）。

（一）患者的症状

该患者是一名男性，年龄大约30岁，受过大学教育，患强迫症多年。有许多强迫症症状，如担心会有什么不好的事情降临到他父亲和他所爱的女人身上。有时有强迫性意向，例如想用剃须刀割自己的咽喉。他长期和自己的这些强迫症状做斗争，但都无济于事。接受过各种躯体治疗，也没有效果。

在找弗洛伊德进行分析治疗之前不久，他作为预备役军官参加某地的一次军事演习，每天生活非常紧张，症状曾经在短期内有所减轻。有一天在行军途中休息时，听一位军官讲故事，谈到古埃及使用的一种残酷的刑罚，即用一个罐子倒置在犯人的臀部，里面放几只老鼠，老鼠没处跑，就钻进犯人的肛门。自从听了这个故事之后，患者便增加了一个强迫观念，就是要把这个惩罚施加在他的女友和他已经死去多年的父亲身上，这个念头反复出现，为此他很焦急，找到弗洛伊德要求治疗。

（二）治疗过程的开始

在正式治疗之前，弗洛伊德告诉患者自由联想技术的基本原则，患者必须毫无保留地说出所想到的任何事情，不要对联想到的观念有所选择或取舍，即使想到的是一些令人不快的或者无意识的思想，也要说出来，不要对这些发现做任何形式的评价。而且告诉患者，治疗的成功，特别是治疗时间的长短，都取决于他是否遵守自由联想技术的基本原则。

（三）自由联想的内容及其分析

该患者非常了解弗洛伊德的学说，所以他对治疗过程表现得比较配合。一开始，他就进行自由联想，讲述自己幼年的经历。

1. 自由联想一

患者对自己的家庭背景进行了一些联想。他的母亲幼年时是在一个富裕家庭中成长的，父亲结婚后因为母亲的关系而得以享受舒适的生活。患者幼年时，从父母的玩笑中了解到父母相识前，父亲曾爱上一个出身贫穷但非常美丽的姑娘。在他父亲死后不久，有一天，患者的表舅对他说，等他完成学业后和表舅的女儿结婚，这样就可以和一家大公司有联系，将来就业容易。当时他正和一个贫穷的姑娘相爱。是走父亲走过的道路还是和贫穷的姑娘结婚呢？他心里很矛盾，就在这时，他的病情加剧了，休学数年。

弗洛伊德指出，他患病的真正动机是拖延学习时间以逃避不自愿的婚姻。一开始，患者不承认这一点，后来，他逐渐认识到自己患病的根本原因是究竟要照着父亲的样子去做还是遵循自己的爱情去做，这两者之间在进行激烈的斗争。

2. 自由联想二

患者联想到几年前父亲病危时，他去睡觉了，醒来后得知父亲已经去世。他当时不在场，听别人说父亲死前还叫他的名字，之后想起来就很痛苦，甚至把自己当成罪犯，强迫观念也加重了。

患者还想到12岁时爱上了他一个朋友的妹妹，对方没有表示和他要好。当时他曾想，如果他遭到不幸，例如父亲死了，那个女孩就会对他亲热。脑子里一出现这一想法，他就拼命否定，至今也不承认自己希望父亲死。

在对这一联想进行分析时，弗洛伊德指出，要父亲死是他幼年的希望。患者极力否认。弗洛伊德告诉他，按照精神分析的学说，成年的恐惧和幼年时被压抑的愿望是一致的，无意识的想法和意识的想法刚好相反。患者表示不同意这个说法。弗洛伊德认为，正是患者长大后对父亲强烈的爱不允许他幼年时的恨停留在意识里。当然这种恨必然有它的来源。患者还是不认同弗洛伊德的这种解释。于是弗洛伊德让他继续进行自由联想。

3. 自由联想三

患者想起，大约在7岁时，因为弟弟长得比他漂亮、健壮，所以他嫉妒弟弟可能和美丽的女家庭教师要好，曾用玩具枪打过弟弟，对此有过自责感。后来又对他所爱的女孩有过复仇的幻想，因为她表示不爱他。弗洛伊德解释说，这些应谴责的想法来自幼年期，是残存在无意识中的幼儿性格的一部分。

患者承认在他长大后虽然和父亲关系好，但回忆在他小的时候，两人之间也有矛盾。父亲对他性早熟的行为表示过不满。父亲在死前不久，看到他常和贫穷的女友在一起，也曾表示过反对。在父亲死后数年，即他26岁时，第一次有机会和一个女性性交，初次体验到快感时，曾闪过一个念头“多么痛快！一个人真可能为这件事去杀死他的父亲”。弗洛伊德向他指出，这实际上是他儿童期观念的再现。

（四）阻抗的出现及分析

患者幼年时对女子的身体有着非常强烈的好奇心，在他四五岁时，曾在美丽的女家庭教师裙下爬过，并抚摸她的外生殖器和下体，而且曾经偷看女教师入浴。

6岁时，他曾经有阴茎勃起，并有一个奇怪的想法，认为父母已经知道了他在想什么。另外还有一些怪想法，例如，如果想到父亲死，父亲就会死，因此，这时必须想其他事来阻止这个怪想法。

在治疗中，患者第一次讲到“老鼠惩罚”的事件时，吞吞吐吐，表现羞怯，反复声明这些想法不是他自己愿意想的，而是令他厌恶的。弗洛伊德立即向他说明关于治疗中的阻抗问题，并直接指出克服阻抗是治疗的规则，必须遵守。

同时，弗洛伊德对他的自罪感做了分析，指出自罪感是无意识的，事实上他长大后没有犯过什么罪。自责是因为触动了自己的内在道德。道德的自我是意识的，而邪恶的自我是无意识的。患者认为自己是一个有道德的人，但他能回忆起在儿童时期另一个自我所做的事。弗洛伊德告诉患者，无意识与幼儿期有关，无意识的心理活动就是幼儿的心理活动，只不过是在以后的生活中这一部分被压抑了。这些被压抑的无意识动机转化而来的观念构成了他病中的非自愿想法。

（五）移情的出现及分析

患者还联想到幼年时曾有过手淫行为，并受到父亲的惩罚；在三四岁时因为他咬了别人，被父亲打了一顿。从那时起，他的性格就变得怯懦。他还想起幼年时也曾反抗过父亲。患者在这段时期的联想和幻想中，开始用粗俗肮脏的话辱骂弗洛伊德。但病人在慎重考虑的理性行为中，仍表现出尊敬和礼貌。常常一面骂弗洛伊德，一面又说自己的想法不对而责备自己。有时用手捂着头，表情痛苦，说医生宽宏大量，他自己不对。显然，这时他已经产生了移情现象，即把幼年时对父亲的矛盾态度投射到了弗洛伊德身上。

最后，通过长时间的联想和弗洛伊德及时的解释，患者逐渐认识到幼年期对父亲的真实情感，也认识到对父亲和女友用老鼠惩罚的想法实际上是幼年的幻想等。从那以后，尽管其他强迫症状未能完全消失，但用老鼠惩罚的强迫观念逐渐消失了（张明，2005，第232页）。

第三节　荣格对自由联想技术的发展

荣格沿袭了弗洛伊德的自由联想技术，并进行了很大的改进，使自由联想技术成为荣格心理学的一项标准化技术。

一、荣格的边界联想

荣格与弗洛伊德对联想的心理本质的理解有区别。荣格对弗洛伊德的假定——病因（即“丧失的记忆”）可以在自由联想中得到揭示，尽管要通过迂回道路才能办到——持否定态度，而认为联想由情结所决定。

弗洛伊德把所有问题和困难全都归因于患者过去的经验，他把自发观念与过去的原因联系起来，因此受到症状、观念和创伤记忆这一“锁链”的限制。

荣格认为，弗洛伊德的方法无益于揭示观念的意义和无意识精神的发展倾向。他提出新的见解，认为从预期目标和象征内容的角度来研究联想会更加有效。

二、建构性的方法

弗洛伊德的方法是建立在因果还原论的基础上的，它追溯到本能，并且具有一种分裂和破坏的效应，是一种“追溯理解”。在荣格早期的著作中，弗洛伊德因果方法的影响非常明显，也就是说，揭示往昔事件这一目标具有支配地位。但荣格在后来的研究中，就逐渐转向揭示情结的内容，而对往昔的经验关注很少。1914年，在同弗洛伊德正式决裂之后，荣格才把自己的观点公布于众。他脱离了因果还原方法，并开始详尽阐述预期和建构性的观点。

与弗洛伊德的“追溯理解”相反，荣格提出了“预期理解”的方法，这是一种向前看的视角。从因果还原论的观点来看，“为什么”的问题最为重要，因而治疗重点在于试图找出过去精神失调即错误发展、记忆缺陷以及错误支配生命能量的情感努力的病灶。相反，建构性的观点注重理解真实情况，以便找出解决当前冲突的方法。荣格希望，这一方法能对更恰当地理解个体发展的潜力和个体的价值开辟一条新路。

荣格在强调建构性过程的同时，并没有否认探索原因的重要性。他也承认需要追溯往昔的事件，如骇人的经验、躯体病症等情况，尤其当被抑制的记忆再现时更是这样。然而，他认为更重要的是通过对意义和目的的研究，或者对“为什么”等问题的研究来补充原因探讨的不足。

三、在释梦中的运用

荣格把联想的方法运用到释梦的过程中，提出了个人联想的方法，这种联想与弗洛伊德的自由联想是不同的。荣格认为，在自由联想的过程中，做梦者想到的东西常常与梦无关，对梦中意象进行自由联想通常会导致情结。所以，他放弃了自由联想的方法。荣格式的联想其实是一种特定的提问方式，即要求做梦者说出他对梦中的不同部分所自发想到的东西。因此，做梦者的注意力始终集中在对梦中意象的描述和解释上，这样就能够建立起关于梦中意象的完整的背景。但同时荣格也指出，如果对梦中所有的意象都进行联想，需要很长的时间，所以如果不是特别重要的梦，一般只要求做梦者对那些特别令人吃惊的意象进行联想。意象越是具体，则越有可能产生重要的个人联想（施春华，2004）。

第四节　自由联想技术的新发展

在使用自由联想技术时，由于阻抗等原因，有时很难让患者随心所欲地讲出自己想到的事物或观念。基于这种考虑，现代精神分析学家在自由联想技术的基础上发展出一种扩展的新方法，即自由联想式写作（free association writing）。这种方法对于在自由联想过程中阻抗特别严重的患者有显著的疗效，并且对治疗身心疾病的患者，包括进食障碍（eating disorders）和有自伤（self-injury）行为的患者有重要意义，因为这些患者总是用身体行动，而不是用语言来表达自己的情绪。写作具有治疗的作用，它可以解除自由联想过程中的阻抗，并且促进象征性思维的发展。

一、自由联想式写作的由来

前面已经提到，弗洛伊德提出自由联想疗法，其灵感主要来源于自己的治疗实践以及波恩的一篇文章的启发。从15岁起，弗洛伊德就开始不停地进行写作。他认为写作给他带来的乐趣不亚于童年时玩耍的欢乐。同时，在进行自我分析的过程中，作为自由联想技术的补充，弗洛伊德大量运用了写作的方法。这些是自由联想式写作的雏形。

二、自我分析中的自由联想式写作

在精神分析的历史上，曾经有一个鲜为人知的案例。费罗（E. P. Farrow）是一位生态学家，在阅读《梦的解析》的过程中，他开始对精神分析产生兴趣。他本人正遭受着神经症状的折磨，并且做噩梦，这些情况使他相信弗洛伊德的理论对自己具有一定的意义。在接受了两次简短的分析之后，他开始采用写作的方式进行自我分析。

费罗曾接受过两个精神分析师的分析，每个疗程大约三个月，每周五次，目的是要减轻他在军队服役期间形成的抑郁症状以及消除他的一些强迫倾向。

在第一个疗程刚开始的时候，费罗感受到一些想法的困扰，并有一种强烈的冲动要把它们写在纸上，然后带给精神分析师，以便于在分析过程中进行进一步的联想。他希望能够随意联想，并说出“自己想要说”的东西。但遭到了精神分析师的强烈反对，精神分析师认为应该“保持治疗过程的完整性”。

在治疗过程中，精神分析师频繁地插入提问，或者长时间地发表自己的观点，于是费罗开始变得很愤怒，并转而故意忽视精神分析师，在治疗过程中停下来等待他结束自己的言论。后来，费罗被转介给了另一个精神分析师。费罗再次尝试用写作的方法引起这位精神分析师的兴趣，但这位分析师不仅拒绝了他，还声称如果费罗不停止这种做法的话就要结束治疗关系。于是两人展开了一场争夺控制权的战争，其结果是费罗放弃了分析而转向依靠自己的力量来解决问题。

费罗凭借非凡的意志力，对自己所发明的自由联想式写作方法进行了不懈的坚持。他提出了写作方法的基本原则，即每天留出一段确定的时间，把这段时间全部用来进行这项工作，不假思索地写下进入自己大脑中的所有东西。费罗称，他本人已经花了大约450小时的时间来进行这种自由联想式写作，内容追溯到他对自己6个月时被父亲打的回忆。在这一过程中，他处理了阉割情结（180小时），发现了自己对古老的事物（11小时）及天文学（17小时）兴趣的根源，涉及内心的一些偏见（18小时），并解决了自己见到鱼骨就会呕吐的问题（100小时）。

在自由联想式写作中，思维产生的速度往往比书写的速度快得多，刚开始的时候，这一点使费罗很苦恼，他采取了尽量忽视无关思维干扰的方法来应对。后来，他转变了方式，首先写下当时最急切的念头，同时保持思维的持续进行，并暂时把记忆及细节部分搁置一边。他发现，那些被暂时搁置的记忆中印象比较深刻的部分总是会再度出现，而且通常速度很快。

自由联想式写作能起到与自由谈话相同的作用，如使人的心理活动减慢到一个更容易操作的水平，具有治疗的效果，使被屏蔽的记忆重新浮现等。写作可以使混乱的思维和情感条理化，促进自我功能的发展。写作还可以帮助人从一种分离的角度来观察自己。

写作的方法在认知疗法、行为疗法及完形疗法中都有所运用，特别是对于经历过创伤的病人。自由联想式写作成为一种强有力的工具，具有明显的治疗效果，同时又促进了精神分析的进程。

三、自由联想式写作与治疗

许多患者常常用身体表达自己难以用语言表达的情感。许多人曾遭受过严重的创伤，并发展出各种躯体疾病和（或）自伤行为（厌食、暴食、自残肢体等）。他们体验到一种强烈的冲动，要在行为上表现出来。这些行为可以帮助他们暂时缓解压力，但最终会使他们形成一种成瘾的倾向。自由联想式写作对于这类患者的治疗有特殊的意义。

书写本身也是一种行动。不管是暴食、酗酒还是自残身体，都会使人产生一种错觉，认为已经解决了冲突或矛盾。与语言相比，写作更能缓解症状，通过写出自己当时的感受及思想，患者可以分析自己的情绪，从而找出压力的来源，以此来代替不适当的强迫行为。同时，把混乱的思想以文字的形式记录下来起着沟通的作用，可以引起人的反思及与他人的符号化沟通。

下面是一个运用自由联想式写作的临床案例。这是一名肥胖症患者，她抱怨她的朋友以一种令人非常不愉快的方式对待她，使她感到非常伤心和失望，她开始通过大量进食来平息自己的怒气。愤怒已经成了她最难以感受及最难以用语言表达的一种情感。她了解这些感觉，但不知道自己为什么不能体验愤怒的感情。在治疗过程中，精神分析师建议她写下自己的想法和感受。她不加丝毫犹豫地书写了几分钟，同时轻声啜泣着，以粗体字签下了自己的名字，并用力地在自己的签名下面画了好几条线，看起来非常愤怒。当抬起头来看着精神分析师的时候，她告诉精神分析师那些文字涌现的速度是如此之快，以至于她书写的速度都跟不上，这使她感到非常吃惊。她比以前更强烈地感受到了悲伤和失望，并惊讶于自己的感受竟是如此强烈。精神分析师告诉她，她在纸上写字时很用力，并显得很愤怒，好像把笔当作了自己的武器。

这位患者告诉精神分析师，直到最后，她才意识到自己开始愤怒了，并且很奇怪为什么在意识到这一点之前，自己的身体姿势、动作就已经把她的这种情绪传达给了精神分析师。很显然，她需要先在身体上体验这种愤怒，然后才能在头脑中意识到这一点；并且，她需要精神分析师先进行体察，然后再反馈给她，这样她才能够进一步地进行详细的描述，从而转化成她自己的体验。经过一段时间的治疗，这位患者已经能够克服这种抑制了，当她无法体验到自己情感的时候，就告诉自己把它们写下来。她发现，就像讲述自己的感受一样，把自己所写的东西读出来也会达到同样的效果，能够使她体会到真实的情感。她把自己写出来的东西带回家，一遍又一遍地阅读，这种方法帮助她面对真实的自己，完全可以起到和自由联想相同的作用。

本章摘要

自由联想技术是精神分析疗法的重要组成部分。弗洛伊德在自己的工作实践中发展出了自由联想技术，并不断加以完善，使之成为自己理论体系中不可或缺的部分。让来访者任意进行想象，不假思索地说出任何自己想到的东西，这一方法有助于冲破超我的束缚，把压抑在潜意识中的矛盾冲突释放出来，使来访者重构现实性的自我。在运用自由联想技术时，可能会出现阻抗或者移情现象。阻抗是因为来访者和咨询者之间缺乏足够的信任，来访者试图对自己的真实想法进行掩饰的一种现象。而移情阻力则是来访者重复婴儿行为的一种表现，他们以行为代替回忆，不是重现某种记忆，而是重复过去的行为。只有克服了阻抗或移情现象，咨询过程才能够顺利地进行下去。荣格批判地继承并发展了弗洛伊德的理论，在承认探索原因的重要性的同时，又提出了建构性的方法，强调首先要了解实际情况，然后找出解决当前冲突的方法，从而发现个体发展的潜力和个体的价值。荣格还提出了个人联想的方法，这种方法其实是一种特定的提问方式，即要求做梦者说出他对梦中的不同部分所自发想到的东西。自由联想式写作也是在精神分析师的工作实践中发展出来的，它源于传统的自由联想技术，但采取了一种全新的形式——写作。这种方法可以消除治疗过程中的阻抗现象，对某些特殊患者的治疗有着重要意义。

复习思考题

1. 简述自由联想技术的一般操作过程。
2. 使用自由联想技术时应注意哪些问题？
3. 自由联想式写作有哪些优点？它是如何与治疗过程结合在一起的？

推荐参考书

1. 车文博.（2004）. 弗洛伊德文集·癔症研究. 长春：长春出版社.

2. 罗恩.（1989）. 从弗洛伊德到荣格——无意识心理学比较研究（陈恢钦译）. 北京：中国国际广播出版社.

3. 纳思.（2003）. 梦的奥秘（相晓燕译）. 杭州：浙江摄影出版社.

参考文献

1. 罗恩.（1989）. 从弗洛伊德到荣格——无意识心理学比较研究（陈恢钦译）. 北京：中国国际广播出版社.

2. 纳思.（2003）. 梦的奥秘（相晓燕译）. 杭州：浙江摄影出版社.

3. 施春华.（2004）. 神秘的梦. 哈尔滨：黑龙江人民出版社.

4. 张明.（2005）. 揭开无意识之谜. 北京：科学出版社.

第二十二章　梦的解释

引　言

什么是梦？人为什么会做梦？这恐怕是困扰了人类上百万年的一个疑惑。确实，我们每个人每天都会做梦。在梦中，人的思想可以不受任何约束；在梦中，我们可以体验无数离奇的经历；在梦中，我们还可以看到现实中不存在的人或事物……

人们往往惊异于自己梦中的情景，并且想了解自己的梦究竟有什么含义，自己为什么会做这样那样的梦。针对这些疑问，在人类历史发展的长河中出现了对于梦的不同理解及分析。在古代，由于科学技术等条件的限制，人们对梦的理解往往具有神话色彩，认为梦来自某种超自然的力量，如上帝（神）或魔鬼；还有一种观点认为，梦是人在睡眠期间灵魂出窍漫游外部世界的真实体验。到了现代，对于梦的研究做出重大贡献的人首推奥地利著名的精神分析家弗洛伊德。他认为梦是人们被压抑的潜意识欲望的满足，并独创了解析梦的方法，开从心理学角度解释梦的先河。之后的心理学家在此基础上有了进一步发展，分别提出了各自的观点及释梦的方法。本章将分别对这些理论和技术加以说明。

第一节　睡眠与梦

睡眠是人类生活中不可缺少的一个重要部分。人的一生中，至少有三分之一的时间是在睡眠中度过的。古代，人们认为睡眠和死亡是两种接近的状态，在这一过程中，人的灵魂暂时离开了肉体。在一些原始部落中，人们认为不能叫醒睡梦中的人，否则他的灵魂就不能回归肉体。随着生理学和心理学的发展，人们已经对睡眠有了更加深入的了解，知道了睡眠同死亡有着本质的区别。当人从清醒状态进入睡眠状态时，大脑的生理电活动会发生一系列复杂的变化。尽管现代科学使我们不再像古人那样迷信，但人们对睡眠过程的了解仍然非常有限。现今，人们对睡眠过程的一个共同认识就是，人在睡眠过程中都会做梦（尽管有些人声称自己从来都不做梦）。睡眠与做梦是紧密相关的，对睡眠过程的进一步了解，有利于我们对梦的解析。

一、睡眠及其阶段

（一）睡眠

对于睡眠，人们的认识是随着时代的变迁而不断发展变化的。起初，一些国外的学者认为，睡眠是由于人体的需要而使感觉活动和运动暂时停止，如果给予适当的刺激，就能使其即刻醒来。随着脑电技术的发展，人们开始意识到，睡眠是由于脑的活动而引起的动物生理性活动降低，给予适当的刺激，就能使之达到清醒的状态。现代医学则认为，睡眠是一种主动的过程，是恢复体力所必需的休息。睡眠与觉醒分别有专门的神经中枢对其进行管理，睡眠只是人脑换了一种工作方式，使能量得到贮存，有利于精神和体力的恢复。

现代脑电图技术为睡眠的研究提供了更加科学的手段。20世纪30—40年代，研究者认定，在睡眠过程中存在着脑电波的系统变化。1953年，美国芝加哥大学阿塞林斯基（E. Aserinsky）和克雷德曼（N. Kleitman）报告了睡眠中人的眼球在眼皮底下做规则的快速移动，并且所有被试都呈现这种状态，他们断定，这种快速眼动是被试做梦的标志。随后，伯格（R. Berger）发现，颈部肌肉张力的消失总是与快速眼动睡眠相伴。后两项发现将脑电波与眼部、颈部及喉部的肌肉活动相联系，形成了现在世界上广泛应用的记录方法和测评的基础。

心理生理学的研究方法通常是由研究人员在志愿者的头部放置一些仪器，用来记录脑电的变化，同时记录身体各项功能指标的变化，如呼吸、肌肉紧张度、心率、血压等。各种指标的变化将构成研究睡眠的主要信息源。研究发现，人在睡眠时和清醒时的大脑活动有很大不同。

（二）睡眠的阶段

根据脑电图的研究，睡眠可以分为五个阶段，在整个睡眠期间循环出现。

睡眠的第一阶段主要出现的是混合的、频率和波幅都较低的脑电波，同时眼球慢速转动。这一阶段通常会持续1~10分钟。在这个过程中，个体处于浅睡状态，身体放松，呼吸变慢，但可能仍然能觉察到周围的动静，很容易被外界的刺激唤醒，也许还有一些有意识的思维，如愉快地回想着白天经历的某件高兴的事，但并没有固定的思维，无法专心致志地思考那些必须解决的问题。心情不太平静的被试会在第一阶段和清醒状态之间徘徊一段时间，但是一旦进入睡眠，则会相当快地从这个阶段转变到更深一些的睡眠阶段。

睡眠第二阶段的开始是以睡眠菱形波的出现为标志的，这是一种被称为“睡眠锭”（sleep spindle）的脑电波。“睡眠锭”是一种突发的脑电波，其频率较高，波幅较大，通常会持续2秒，幅度增加到50微伏，然后下降，呈菱形趋势。在这一阶段，眼球会慢慢地来回移动，个体可能会做一些模模糊糊的梦，但是心理意象是零散的，这些梦中出现的东西都是转瞬即逝、毫无联系的。在第二阶段，个体较难被唤醒，持续20~30分钟，睡眠便会转入第三阶段。

在睡眠的第三阶段，慢波记录占20%~50%，脑电的频率会继续降低，波幅变大，有时也会有“睡眠锭”出现。人的肌肉完全放松，脉搏、体温及血压进一步下降，一般的动作或响声通常不会惊醒睡眠者。这个阶段通常持续10~20分钟。从第三阶段开始，个体正式进入慢波睡眠阶段。

睡眠的第四阶段是慢波睡眠阶段的继续，也称为深度睡眠阶段。个体的肌肉进一步放松，身体功能的各项指标变慢，脉搏、血压和体温降至整晚的最低水平，脑电波的幅度再度增大，但频率更低。梦游、梦呓、尿床等现象大多发生在这个阶段。第四阶段不会一直持续下去，而是在大概20分钟后返回到前几个阶段。

前面所说的四个阶段需要60~90分钟，之后似乎又进入了第一阶段的睡眠，但这时并不是重复上述的过程，而是进入了一个新的阶段，即快速眼动睡眠阶段。这一阶段的脑电活动与觉醒时的状况很相似，有时就像觉醒时进行剧烈运动或产生强烈情绪时通常产生的状态，但肌肉依然松弛。同时还伴随着睡眠者眼球的移动，但这一阶段眼球的移动不再像第二阶段那样慢速移动，而是快速地上下左右移动。第一次快速眼动睡眠一般持续5~10分钟，之后会重新进入第一阶段的睡眠，开始另一次循环。大约90分钟后，出现第二次的快速眼动睡眠，这次的持续时间通常会长于第一次。在这种周期性的循环过程中，随着黎明的来临，第三阶段和第四阶段的睡眠会逐渐消失。

在人的整个睡眠过程中，以上五个阶段依次反复出现，每个周期一般持续90分钟，每晚都会重复几次。深度睡眠的时间在前半夜要远多于后半夜。大多数快速眼动睡眠发生于睡眠后期，持续时间也会越来越长。

二、梦产生的生理机制

克雷德曼和阿塞林斯基、克雷德曼和德门特（W. C. Dement）分别进行了一系列的实验研究，通过唤醒睡眠中的被试，发现有70%~80%的人在快速眼动睡眠阶段醒来后报告做了梦，而在非快速眼动睡眠阶段醒来后报告做梦的人只有7%。这表明，梦的产生是与快速眼动睡眠阶段密切联系的。但不久以后便出现了非快速眼动睡眠阶段醒来后有关梦的回忆的报告。赫尔曼（J. H. Herman）等人进行了更加深入的研究，发现在更多的相关论文中，从快速眼动睡眠阶段醒来的人报告做梦体验的占74%~100%，而从非快速眼动睡眠阶段醒来的人有这样的报告的则占0~75%。这便引起了人们对于梦究竟是产生于睡眠的哪个阶段的激烈争论。

虽然睡眠阶段根据心理生理学已有了精确的定义，但对于是否做梦的判断是不精确的。赫尔曼等人认为，实验者的事先安排是统计非快速眼动睡眠中做梦数量的重要决定因素，即从非快速眼动睡眠状态醒来的被试所报告的是缺乏精确性的，可能有的被认为是思考，而有的则被认为是做梦，而从快速眼动睡眠状态醒来的被试所提供的自述往往是真实的。

目前我们能够确定的是，精神活动在非快速眼动睡眠阶段是不会停止的，而且快速眼动睡眠并不是做梦的必要条件。

三、睡眠与梦的功能

对于睡眠的功能，人们普遍的观点是睡眠能使人的大脑和身体在一天的工作后得到休息和调整。这种观点似乎是合情合理的，因为我们在睡醒一觉之后，通常会觉得精力充沛，非常舒服。在现实生活中，不同的人每天所需要的睡眠时间是各不相同的，有的人可能每天需要5~6小时的睡眠，而另外一些人则可能需要睡8~10小时，甚至更多。无论怎样，一旦一个人丧失了睡眠，后果将会是非常严重的。长期失眠通常会使个体无精打采、情绪低落、脾气变坏、记忆力下降，严重时还会引起精神失调，如焦虑、抑郁等。心理学家进行了一系列的实验研究，结果发现，在一定限度内减少个体的睡眠时间，并不会对其产生不好的影响，相反，被试的睡眠效率提高了，他们很快便能入睡，而且深度睡眠的比例增大。但是，如果进一步剥夺睡眠，被试困倦思睡的状态将会不断加剧，工作绩效下降。另外，对动物的实验研究发现，剥夺全部睡眠会对实验动物产生灾难性的影响，甚至可能导致死亡。

自从18世纪以来就有一种相当流行的看法，即认为做梦对保持人的心智健康十分重要。德门特发现，被试在丧失快速眼动睡眠后，开始变得多疑——认为实验者有不正当的动机，同时产生各种不合理的怀疑，还会体验到异乎寻常的经历，如幻觉。由此可见，被试在被剥夺快速眼动睡眠后会通过各种尝试来否定这种生活制度。尽管在德门特后来的实验中，被试在被剥夺了快速眼动睡眠之后没有精神病症状，而且他本人也强调，他早期的关于快速眼动睡眠被剥夺效应的观察可能产生了误导作用，但做梦会保持心智健全的思想已经有力地得到了强化。

弗洛伊德的理论认为，梦的功能是让睡眠不受中断地进行下去，同时做梦可以让本来过于不安，或者有违道德的想法以象征的形式出现，从而改变带有明显激烈成分的性内容或侵犯内容。在此之后的许多精神病学家对梦的功能进行了开创性的研究，进一步发展了弗洛伊德的理论，认为做梦可以解决冲突，有利于保持精神平衡。

第二节　不同学者关于梦的理论

梦可以说是人类生活中最神奇、最富有神秘色彩的部分，对于梦的最早记载来自亚述和巴比伦的“梦书”。在公元2世纪，一位名叫阿特米多罗斯的罗马占卜师周游世界，为他的一本巨著《梦的解释》收集资料。在尼尼微的阿休尔班尼鲍国王的书房里，他发现了刻写在黏土板上的梦的记录，后面还注明了日期，时间大约在公元前3000年，甚至更早。古往今来的中外文学作品中，有很多涉及梦的内容，以及对梦的分析和解释。这说明人对于做梦这种现象有着极大的兴趣，同时也出现了很多释梦的学说。

一、弗洛伊德与梦

1895年的一天，弗洛伊德做了一个历史上著名的梦，即“艾玛的注射”。当他回忆这个梦的时候，一个念头突然出现在脑海中，就是这个梦暴露了他要实现某个隐蔽愿望的企图。这种灵感使他确信自己找到了通向潜意识之门的钥匙。在这一信念的支持下，他于1899年完成了自己划时代的作品——《梦的解析》，开心理学界对梦的研究之先河。

（一）关于梦的理论

弗洛伊德对梦的解析是建立在他的无意识或潜意识理论基础之上的。他认为，每个人一生中都会产生无数个梦，绝大部分的梦都来自无意识，又归结于无意识，即梦是通往无意识的康庄大道。在梦的形成过程中，除了无意识中最活跃的信号的作用，意识的作用也会或多或少混合进来，所以梦的出现是意识和无意识的混合，这一点也使对梦的解释变得非常困难。弗洛伊德记录并分析了上千个梦，以说明梦中材料来源的混合情况。尽管至今仍有许多人对它的科学性表示怀疑，但多数证据表明，这项工作无论在方法上还是理论上都具有无与伦比的独创性与科学性。

梦是愿望的满足——这是弗洛伊德最为著名的观点。他认为梦实际上是一种清醒状态下的精神活动的延续，它的唯一目的就是满足人的愿望。最普遍的一个例子就是人在睡眠中若感到口渴，便会梦见喝水。儿童的梦大多简短、清晰，且未经伪装，所以，他们的梦对于“愿望的满足”这一点是很好的例证。弗洛伊德曾举过他3岁的小女儿所做的梦的例子。

> 当时这个3岁3个月的小女孩第一次去游湖，也许她觉得逛得太快，认为在湖上的时间飞快地过去了，不过瘾，所以到了岸边的时候她竟然哭闹着不肯上岸。第二天早上，她告诉自己的父亲：“昨天晚上我梦见在湖上游玩。”很明显，这个小女孩在梦中实现了自己长时间游湖的愿望（杨韶刚，2002，第201页）。

然而有人会对这一点提出疑问：如果说梦是愿望的满足，为什么很多人在梦中会出现不愉快的情感，有时甚至会感到焦虑或者恐惧？另外一些人则会梦到自己的亲人死亡或自己被杀，难道这些也是自己愿望的满足吗？若要回答这一问题，我们就不得不谈到梦的伪装作用。弗洛伊德认为人格结构由三部分构成，即本我、自我和超我。白天人在清醒的状态下，超我的稽查作用占绝对优势，对本我的不道德欲望和冲动进行压制；而在睡眠阶段，本我的力量大大增强，但超我的道德监控作用仍在发挥，所以本我必须小心翼翼地躲过良心参与的意识的检查，以伪装的形式形成梦的显意，从而达到愿望的实现。弗洛伊德曾举过一个女病人的例子对这一点进行说明。

> 一个少女梦见“自己非常喜爱的外甥死了，僵硬地躺在小棺材里，两手交叉平放着，周围插满了蜡烛，情景就像几年前她的另一个外甥死的时候一样”。从表面来看，这不会是满足她愿望的梦，因为她不会盼着她的外甥死，但是仔细分析后便会发现，这只不过是一个经过“伪装”后满足她愿望的梦。原来，这个少女深爱着一个男士，但由于家庭的反对，两人分手了，于是该男士避免到她家里来，只有在上一次她的外甥死的时候，该男士来吊唁，她才得以见到他一面。这个少女的梦要表达的意思是：“如果我的这个外甥也死了，我就可以再见到他了。”为了把自己的愿望进行更周全的伪装，她在梦中还选择了最为悲哀的气氛——丧礼，以掩饰她那与此完全相反的狂热的爱情（张明，2005，第166页）。

弗洛伊德还提到伪装的程度与以下两个因素有关：（1）被检查的愿望越骇人，伪装的程度就越高；（2）检查若越严格，则伪装就越复杂。

弗洛伊德把梦分为显梦（manifest dream-content）和隐梦（latent dream-thought）两种。所谓显梦，是指做梦的人醒来后能明显回忆起来的内容；而隐梦则是指显梦内容掩盖下的东西，反映了做梦者无意识的冲突或欲望。人们进行梦的解析，只能分析那些显梦中出现的材料，进而发掘无意识中深层的东西。

显梦和隐梦之间的关系主要有四种：（1）以部分代替全部；（2）暗喻或暗示；（3）象征关系；（4）造型言语表现（plastic word-representation），即意象。隐梦变为显梦的过程叫作梦的运作（dream-work），而反过来，由显梦回溯至潜在思想（隐梦）的过程，便是我们解析梦的工作，即解析梦的目的在于揭露、解除梦的运作。

弗洛伊德认为，梦的运作包括下面几种。（1）凝缩（condensation）作用。梦的显意简短、贫乏，而梦的隐意则范围广泛，内容丰富。构建集合形象或复合形象是梦的凝缩作用在梦中运作的主要方法之一。（2）替代或转移（displacement）作用。有些梦离开了看似核心的内容而另有中心，即梦的中心发生了转移，以那些不是最为重要的而是出现次数最多的内容为中心，甚至可能以看似毫无关联的内容为中心。梦所表现的不过是存在于无意识中的愿望的一种伪装。（3）象征（symbolism）。梦总是通过把所有材料结合成单一的环境或事件的方法，把那些无可置疑地存在着梦的内容的各个部分之间的联系考虑进去，它们以时间上的同步关系再现逻辑联系，即将梦的隐藏的含义用视觉形象表现出来。（4）润饰（secondary elaboration）作用。人们从梦中醒来之后，往往不自觉地用想象的环节把自己所记得的梦中支离破碎的画面联结起来，并填补其间的巨大裂缝。这是清醒的思想影响梦的建构的重要证据。由此，我们可以知道，我们清醒时所再现的梦并不是睡眠状态中的梦。

（二）释梦的方法

人类对梦的解释由来已久，而且一直存在着两种释梦的方法：一种是符号法，另外一种则是密码法。符号法是将梦作为一个整体来看，尝试以另外一种内容来取代其表面的含义。密码法则把梦视为一种密码，其中每个密码代号都有对应解释。

弗洛伊德认为以上这两种释梦的方法都是不可靠的。符号法在应用上有限制，不能广泛适用于所有的梦。而密码法的可靠性又取决于每个事物的密码代号是否可靠，而事实上密码的真实性根本没有科学性的保证。

弗洛伊德提出了自己的一套方法。他认为梦确实具有某种意义，而找到科学的释梦方法是有可能的。在此基础上，他提出自由联想法。同时，弗洛伊德把梦视为一大堆心理元素的堆砌物，认为释梦过程中无法将整个梦作为注意的对象，而只能针对每个部分进行分析，而同样的梦对不同的人来说，具有不同的意义。

二、荣格与梦

（一）关于梦的理论

荣格曾是弗洛伊德的学生，后来两人因为理论观点上的分歧，最终分道扬镳。荣格在对弗洛伊德理论批判继承的基础上，提出了一系列具有独创性的理论观点，开创了分析心理学派。

同弗洛伊德一样，荣格认为梦是人类潜意识心理活动的产物，但荣格对于潜意识的理解突破了弗洛伊德式的概念，认为潜意识可分为个体潜意识和集体潜意识两种。所谓集体潜意识是指在漫长的历史演化过程中世代积累的人类祖先的经验，是人类必须对某些事件做出特定反应的先天遗传倾向，它在每一世纪只增加极少的变异，是个体始终意识不到的心理内容。集体潜意识是心灵的本体，而个体潜意识和意识只是现象，因此荣格的潜意识理论强调其自主的、创造性的、非个人的性质。在他看来，梦就像其他潜意识现象一样，既表现了潜意识本身的结构，又表现了潜意识和意识的关系。也就是说，梦总是传达着潜意识深层和精神整体的信息，对它的反思可以刺激意识的重新定向。因此，梦可以被理解为一种目标定向事件，具有自己的意义和目的（施春华，2003）。另外，荣格认为，人的日常生活经验也是梦意象的一个重要来源。但他又指出，梦的组成部分的来源并不重要，重要的是具体的意象及其对做梦者的心理意义。因此，荣格认为，梦中意象的一个主要来源是人生的现实经验，分析梦的内容及其对做梦者个人所具有的精神意义应该成为梦的分析的一个基本任务（杨韶刚，2002，第201页）。

与弗洛伊德相同，荣格也认为梦具有补偿功能。梦的补偿并不是简单的心灵对抗，而是具有一定的目的性，或有目标倾向，从而为做梦者提供保持心理平衡所需要的东西。虽然梦具有补偿功能，但并非所有的梦都是补偿性的，梦包括预期性的、创伤性的、超感性的或预言性的。

有一个人与一些丑闻有关，作为某种补偿，他对登山逐渐产生了几乎是病态的狂热。他在寻求“超越自己”。

一天夜里，他梦见自己从一座高山顶峰摔了下来。

荣格听到这个梦后，立即感到他会有危险，想方设法劝他注意那个警告，不要去爬山了，甚至告诫他这个梦可能暗示他会在登山中死去。但荣格的劝告对这个做梦者不起作用。六个月后，做梦者从山上摔下来。登山的向导看到他和他的朋友正在一段危险的地带顺着绳子往下滑，他的朋友暂时找到一块较安全的立脚点，他跟了下去，可是突然他手一松，摔了下去，正好落在朋友的身上，两个人一起摔死了。

在集体潜意识的基础上，荣格提出了原型（archetype）的概念。原型理论是荣格心理学的核心和基石，他对梦的研究同样是基于原型理论的，这构成了他对梦的研究的标志（施春华，2003）。他认为，原型是为我们所熟悉并理解的思想或意象，与人种、性别及信仰无关，因为它包含了普遍适用的基本真理。

荣格对梦的结构进行了严谨的分析，认为梦的结构由四个部分组成：（1）开端。这一部分相当于对梦的一个基本说明，交代了梦中场景的时间、地点、主要角色等。（2）情节的发展。情况开始变得复杂，并具有明显的紧张冲突，做梦者不知道将要发生什么事情。（3）高潮和突变。某一决定性的事件会发生，或某一事件发生了完全性的变化。（4）结局。这一部分描述事情的结果或提供事情的结局。

对梦的结构进行分析有助于将梦意象之间的关系搞清楚。另外，进行结构分析也可以防止分析者忽略梦的细节，譬如由于急于考虑所发生的事件而忽略梦的环境。而且只有注意梦的结构，分析者才能知道是否有遗漏的部分。这是在梦的分析的过程中必须特别注意的。

（二）释梦的方法

荣格认为梦的本质是做梦者内心世界的真实体现，分析者需要理解做梦时无意识状态下所进行的象征性游戏。同时，他还认为并无可行的方法用来分析梦的象征性和意象，因为每个梦本身都是独一无二的，对做梦者本人来说也是独一无二的。两个不同的个体可能有几乎一致的梦，然而，如果用相同的方法去解释就显得有些荒谬了。有如下这样一个案例。

> 一个年轻人和一个老人做了同样的梦。梦中，一群年轻人骑着马在广阔的田野上奔驰。做梦者是个带头的，他越过一条水沟，正好过去。其他人则都掉进了水沟。

很明显，不能以相同的方法来对这两个人的梦进行解释。这个年轻人属于谨慎内向类型，而这个老人则生活得很主动，有冒险精神，他在做这个梦时，正是一个给医生和护士带来麻烦的病人，因为违反医嘱而伤害了自己。

至此已经很清楚了，这个梦告诉年轻人他应该做什么；而对老年人，则是告诉他仍然在做些什么。这个梦鼓励年轻人不要犹豫，而对老年人则不然，冒险精神仍在他心中活动，是他的极大烦恼。这个例子表明，梦和象征的解析在很大程度上依赖于做梦者的个别环境，以及他的心理状况。

梦中的意象可以分为主观的和客观的两种。荣格认为，客观的梦是指“把梦意象与真实事物同等看待”，主观的梦则是“将梦中每一部分和每一角色都返回到做梦者自己身上”。这里所说的主观，并不是指非实在的、个人的、带偏见的或者某个人的意见，而是指梦中的一切人物形象都是做梦者自己人格特征的拟人化形象，或者说，是做梦者自己的潜意识心理投射在梦中的表现（杨韶刚，2002，第201页）。

在梦的分析的技巧中，荣格还强调了对梦的系列进行分析的重要性。如果对单个的梦进行分析时遇到了困难，对一系列梦进行分析就能发挥特别的作用。荣格指出，在一个梦的系列中，梦的个数是不确定的。一般来说，几组有联系的梦，或者含有同一主题的梦，以及在某段时间内所做的梦都属于一个梦的系列。这些梦可以揭示某个特殊时期的共同主题，可以以不同的形式说明做梦者近期主要的心理活动倾向（杨韶刚，2002，第201页）。

荣格在自己多年分析工作经验的基础上，对梦的分析者的素质提出了要求，认为分析梦必须具备一些基本态度：（1）分析者对梦的意义不能做任何事先假设，如果出现了结果与期望相同的现象，就应该引起分析者的警惕，因为这意味着分析者很可能把自己的观点强加到梦的分析中去了。（2）梦不是一种伪装，而是一系列可以与生理事实相对应的心理事实。分析者必须记住，梦是属于做梦者本人的，必须根据做梦者本人的人格来分析梦，万万不可设想做梦者与分析者有相似的心理。（3）不能认为梦告诉了做梦者应该做什么和不应该做什么，对行动有指导意义的东西往往可以通过梦的分析推断出来，但梦主要是显示了做梦者在做梦时的潜意识状态，而不是发布行动指令，让做梦者按照指令去做（杨韶刚，2002，第209页）。

虽然荣格自己认为并不存在普遍适用的治疗技术和原理，并且也从未对自己的理论做过系统的阐述，但从他关于梦的分析的著作中我们可以归纳出一系列步骤（杨韶刚，2002，第218页）。

（1）根据梦的结构说出梦的内容，并考察其完整性。

（2）找出梦的前后联系以及梦赖以发生的背景材料，这些前后联系由下列几方面组成：梦意象的放大，它可以包括两个方面，即个人的联想及原型中相似的东西；与放大相互联系的主题；做梦者当时的和长期的意识情景；这个梦发生时所在的梦系列。

（3）检查进行梦的分析的适当前提条件：对于梦的意义和具体意象不能做任何假设；梦不是伪装，而是心理事实；梦和释梦者的人格特点必须考虑在内；梦可能不会告诉做梦者去做些什么。

（4）区分梦意象的特点是主观的还是客观的。

（5）考虑梦的补偿功能：确定与梦有关的问题或情结；弄清做梦者的有关意识状态；考虑梦意象和做梦者的心理发展是要求进行还原的还是建构的特征分析；考虑梦是不是非补偿性的，如预期性的、创伤性的、超感性的或预言性的。

（6）通过参考做梦者的有关意识状况，翻译梦的语言来假设一种解释，依据梦的事实，对这种解释进行检验，并根据需要加以修改。

（7）通过做梦者的即刻反应或以后发生的事件对解释进行核实。

三、其他学者的观点

（一）弗洛姆与梦

弗洛姆（E. Fromm）认为，梦的语言是一种特异的语言，是存在于人类历史的各个阶段及所有文化中的一种“通用语言”。

弗洛姆指出，梦就像一架显微镜，通过它我们可以透视内心深处潜在的东西。在梦中，我们能得到一种远比在清醒时所能知道的更真实、更清楚的顿悟。在清醒时，我们需要照料自己的生活，为生存而进行斗争，必须按照社会要求的方式来行动。所以从某种意义上来说，只有在睡眠时，我们才是自由的，我们不再被迫参与为生存进行的斗争，不必去征服，不必伪装自己，不必遵从他人，我们思考和感受的就是我们想到的与感受到的。这样，我们就能有机会接近我们清醒时所不知道的东西，进而在梦中获得更深的理解力与更大的智慧。

一个从小就被百般宠爱的独生子做了如下的梦。

> 我正在渡过一条河。我在寻找一座桥，却找不到。我很小，也许只有五六岁。我不会游泳（事实上我在18岁时就已学会游泳）。我看见一个高个子的神秘男人，他表示可以把我抱过河去（那条河大约有5英尺深）。我很高兴，让他抱起我。当他抱着我开始行走时，我突然感到害怕。我知道若不逃脱就必死无疑。这时我们已经到河中央了，我鼓起勇气，从那个

男人怀中跳入水中。起初我以为自己会淹死，可后来我开始游泳，很快到了对岸。那个男人就消失了。

这个梦并不难理解。过河是他从幼年走向成熟必须做的一个决定。那个表示要抱他过河的男人代表许多人——父亲、老师及每个为他的魅力和前途所惑的人。这个梦真实地象征了他真正的内心困扰，以及他以前一再使用的解决问题的方法。但是现在出现了一个新的因素，他清醒地认识到：他所习惯的那种乞求别人帮助的做法最终肯定会毁了自己。更进一步说，他其实会游泳，他所需要的只是跳到水里的勇气（弗洛姆，2001，第122页）。

弗洛姆也提出了梦的象征作用，认为很多梦都是以普遍的象征来体现的，为了更好地理解梦境的每一部分的意义，需要了解做梦者个人的历史。另外，前一日事件和睡前心境也是了解梦的象征意义的重要线索。相似的象征可以有完全不同的意义，而正确的解析只能建立在正确理解做梦者睡前的思想状态之上，因为这种思想状态可以继续在做梦者的睡梦中发挥它的控制作用。下面有两个简单的梦境，它们的内容很相似，它们的意义却大不相同。这两段梦都是一个年轻的同性恋者的梦境，分别如下。

我看见自己手中握着一支手枪，枪筒长得出奇。

我拿着一根又长又重的手杖。我感觉好像在抽打什么人——虽然在我的梦里并没有其他人在。

在做关于手枪的梦的前一天晚上，做梦者见到了另一个年轻人，产生了强烈的性冲动，并且当晚是带着幻想入睡的。很明显，这个梦所表示的是同性恋的欲望。而对第二个梦，做梦者却有非常不同的联想：他曾因自己所受的不公正待遇而对他在大学时的教授颇感愤怒，但在当时未敢提出抗议，不过他在入睡前常常幻想报复行为以消除心头的怒气；另一个联想是一位他非常讨厌的老师，他10岁时，曾见到这位老师用手杖打另一个男孩的手，而对这位老师的恐惧使他一直不敢表示他的愤怒。我们可以看出，在这个梦里，手杖被作为他愤怒的象征（弗洛姆，2001，第110页）。

那些反复发生的，或者根据有些人的回忆连续做了好几年的梦是非常有意义的。这种梦往往表达一个主题，常常是了解这些人的心理病症及重要性格特征的关键。这种梦有时一成不变，有时在细节上有些微妙变化。

一个15岁的小女孩，从小生长在非人的、毁灭性的环境下（父亲酗酒、残暴，常常毒打她；母亲经常和别的男人私奔；家中缺吃少穿，肮脏不堪）。她10岁时自杀过一次，后来又有过5次自杀。自从她记事起，就做过好多次如下的梦：我深陷在一个大坑底下。我一直试着往上爬，而且已经爬了上去。可我的手刚抓住坑沿，就有人走过来踩我的手。我只得放手，重又落入坑里。

这个梦几乎不用解释，它充分反映了这个女孩的生活悲剧——她的遭遇和她的感受。这个梦不断地出现，使我们认识到这就是那个女孩生活环境的真实写照，也帮助我们了解了这个女孩一次又一次自杀的原因（弗洛姆，2001，第131页）。

（二）阿德勒与梦

阿德勒对于梦的理解是建立在他的人格理论基础之上的。他认为所有人在生命之初都是自卑的，因为他们必须依赖成人才能生存。而自卑感又是所有人成就背后的主要推动力，一个人有了自卑感，他就一定会做成某些事来克服它，即追求优越感。

阿德勒将梦视为带有未来导向的问题解决活动。他认为，梦并不是和清醒时的生活互相对立的，它必然与生活的其他动作和表现相符合。假如我们在白天专心致志地追求某种优越感，我们在晚上也会关心着同样的问题。如果我们对于所面临的问题没有解决办法，那么在睡眠中，这种现实也会不断地压迫着我们，我们就会做梦。梦的工作就是应付我们面临的难题，并提供解决之道。

阿德勒认为，个体享有根本的选择自由的权利，但经常因自信或自卑而影响行使选择权。他提出了两个术语，即“自卑情结”与“优越情结”，用来描述这两种情况。与弗洛伊德不同，阿德勒主张梦以及和梦有关的经验、情感能够并应该融入我们的现实生活，通过解析、认识梦，可以识别并解开这些情结。

阿德勒认为，个体的行为像群体的行为一样，个体的梦与其思想、情感、记忆和行为是一致的。每个元素都是独特的，但是主导的元素相同，因此，梦足以证明一个人的心理或情感问题。

（三）佩尔斯与梦

佩尔斯认为，梦是一种存在的信息，其功能在于解决未完成的事及统整人格的各个片段。梦的象征不是具有普遍意义的象征语言，而是做梦者本人的创作，梦中的人和物是我们自身的投射，是我们生活方式的投射，代表了做梦者生活经历中未完成的感情问题。梦象征的内容来源于做梦者本人的经历，而不是本能的或集体的冲动。

佩尔斯在对梦的理解的基础上提出了解梦的方法——“空椅法”。具体的做法是：把两把椅子背靠背放着，做梦者交替坐在两把椅子上，扮演不同的角色，与梦中出现的具有特别意义的人或物进行对话，这个过程一直进行下去，直到特定的问题得以解决，进而澄清和统整人格中的冲突部分。佩尔斯将冲突的两个对立角色分别称为“优狗”（top dog）和“劣狗”（under dog）。“优狗”指的是人格中权威、批判、自以为是的部分，且会对“劣狗”做出不切实际的要求；而“劣狗”则是人格中直率、被操纵的部分。这两个彼此冲突的部分借由演出加以统整，进而形成人格整合的自我。

第三节　梦的象征意义

清晨醒来，回想起梦中的事物，会发现它们古怪而又离奇，人们常常会惊讶于自己梦中的意象究竟从何而来，它们到底又代表了什么，并试图对自己梦中意象的象征意义加以解释，找出它们和自己现实生活之间的联系，甚至想用来指导自己的生活和实践。

一、弗洛伊德的解释

弗洛伊德认为，梦中的各种事物都是一种象征，代表了另外一种意义，它们都有不变的固定解释。在进行梦的分析时，只有想办法弄清楚梦的象征意义，才能挖掘出梦的本质。

弗洛伊德在自己多年的梦的分析工作中总结出大量的关于梦的象征意义的材料，下面对一些常见的情况加以说明。

弗洛伊德认为，在梦中出现的皇帝和皇后通常代表父亲和母亲，而本人则通常由王子和公主来代表。一些梦者所熟知的著名人物，如歌德，也可能象征父亲。所有的长形物体，如棍子、树干、雨伞、手杖、铅笔等，或者有穿透力的武器，如刀子、匕首、长矛、军刀、手枪、炮等，均可代表男性。而女性在梦中则通常由房间或者其他一些有开口的门和封闭空间的物品，如箱子、柜子、炉灶、厨房等来代表。所有复杂的机器和装置一般象征生殖器，通常是男性生殖器。同时，有许多符号同时象征两性的性器官，这是因为留在前意识中的儿童期性意识并不知道男女生殖器的差异，甚至不知道排泄与生殖的差异。如梦中出现的风景、地图，特别是有桥梁和森林的山峦都象征性器官或性行为。

二、荣格的解释

荣格与弗洛伊德在梦的象征意义的观点上存在分歧，他认为，象征是一种有意义的意象，是促使人心理发生转换和变化的工具。象征来源于潜意识，是建立在潜意识原型基础之上的。

荣格的象征概念具有可变动性，并非固定地代表某一种事物。但同时，由于象征所具有的原型根源，他也承认某些象征的意义是相对固定的。另外，荣格还认为，由于人的个别差异，在某个人身上起象征作用的意象或经验对另一个人来说可能并不起作用，所以要根据每个人的具体情况，根据分析这种象征和解释梦境的经验，来发现潜藏在人们心灵深处的奥秘。

按照荣格的解释，梦的象征具有两种功能。第一种是超验功能，指的是梦的象征是一种推动心理发展的力量，而且只有当一个人认识到象征的这种功能时，它的这种力量才能真正地表现出来（杨韶刚，2002，第82页）。在现实生活中，梦象征的这种超验功能也会有所体现。例如，当一个人陷入某种表面上看来不可调和的矛盾冲突中时，他冥思苦想，却怎么也想不出解决矛盾冲突的好办法。这时，在他的梦里可能会突然出现某种意象、思想或情感，它就像一簇闪亮的火花，提供了问题解决的新途径，这些意象、思想或情感就是人们无法预见的起调和作用的象征。荣格认为，这些象征的表现形式是多种多样的，可能是花鸟虫鱼，也可能是飞禽走兽，还可能是其他事物。通过对它们的联想和分析，就能直接或间接地提出解决问题的办法。梦的象征的第二种功能是把各方面整合为一个统一的整体，即自性的象征。荣格发现，最经常出现的一个整体象征是“曼荼罗”。曼荼罗是最古老的宗教象征之一，许多具有宗教象征意义的图案往往都以曼荼罗的圆圈来表示。在心理学意义上，它代表着人的整体精神。它也是整个人格的中心，可以把各种矛盾冲突的力量整合为一个统一的整体（杨韶刚，2002，第85页）。

三、梦中常见的主题

（一）尴尬的梦

如果问及梦的种类，我们会发现人们所做的梦是千差万别的，但有些梦几乎是所有人都做过的，如梦见自己赤身裸体。梦见自己在陌生人面前赤身裸体或者穿得很少，做梦者感到尴尬，想逃避，却发现无法摆脱这一窘态。同时，在这种梦里，自己面对的大多是陌生的面孔，无一定特点，做梦者往往不会因为这件尴尬的事而受到外人的呵斥。“做梦者的尴尬”与“外人的漠不关心”构成了梦中的主要矛盾。

这样的梦境，其实就如同安徒生的著名童话《皇帝的新装》中的情景，梦就有如给皇帝做新衣服的骗子，做梦者本身就是国王，而有问题的事实就是因道德的驱使（希望让别人认为他是诚实的）而被出卖，这也就是梦中的隐意——被禁止的愿望，受压抑的牺牲品。只有在童年，我们才会有那种穿戴很少地置身于别人面前，而丝毫不感到羞惭的经验，甚至感到兴奋，因为小孩子总是有种将自己展示于人前的愿望。童年期的这段天真无邪的日子，在日后回忆起来，总令人“当时有如身在天堂”的感觉，这就是在天堂可以自由释放的裸露本能。但到了成人，由于那些为“审查制度”所不容许的暴露镜头均无法清晰地呈现于梦中，所以我们可以看出，梦所引起的不愉快感觉完全是由于心灵受到“规范和约束”的责备而产生的（张明，2005，第164页）。

（二）考试的梦

很多在学校通过期末考试而顺利升级的人都曾经梦到过自己考场失利，或者甚至重修某一科目。而另外一些在社会上相当成功的人，他们又会梦到自己未能获得博士学位或未能通过公司的招聘考试。弗洛伊德解释说，这是由我们在学生时代这种苦难日子里的考试所带来的记忆的复现，同样，考试焦虑也因这种幼稚的恐惧而加深。在学生时代过去之后，虽然父母或老师不再来惩罚我们，但我们为毫不通融的因果律所支配，所以每当我们自觉某件事做错了，或疏忽了，或未尽本分时，我们便会梦见这些曾经令自己紧张的考试。

另外，种种事实证明，考试焦虑的梦只发生于做梦者隔天即将从事某种可能有风险，且必须负责任的重大事件之时。而梦中所追忆的必是一些过去做梦者曾花费很大心血，而后由其结果看出，这只是杞人忧天的经验。这样的梦会使做梦者充分地意识到梦的内容在醒觉状态下受到多大的误解。

现代研究者延续了弗洛伊德对考试的梦的解释。法拉第（A. Faraday）于1988年指出，从这类考试的梦中醒来后首先就要问，最近是否真要面临一场考试或测验。如果真有的话，那么那个梦就是一个清楚的警告，要我们做练习，更仔细地阅卷。大多数考试梦是隐喻性的，表达了我们内心对目前生活中在某些问题上“经历考试”和“被测验”的感受，通常还带有唯恐达不到理想的恐惧感。毫不奇怪的是，这类梦在我们社会的大多数人的生活中反复出现。因为我们从摇篮里就学会了视人生为“一场大测验”，从得到父母的赞许到整个学生时代经历的真正测验和考试，直至成人的竞争，社会中达到理想目的，这些都是考试。但是，说一个具体的考试梦表明做梦者感到自己的生活笼统地受到考验是不够的，根本的是要将这个梦与具体的环境相联系，这将使他看出某段具体的生活经历对他有何压力，然后指出某些可以消除压力的途径。

（三）飞翔的梦

弗洛伊德把梦见飞翔同性联系起来，认为飞翔的兴奋等同于性兴奋。现代的梦研究者们认为，飞翔的梦与个人的成就感同义，梦中的主要感觉是自信、成功以及自我拥有等积极的方面。

飞翔的梦往往给人带来极大的愉悦感。有些做梦者提到，那是一种奇怪的认识，就好像他们一直有这种飞翔的本领，只不过是因为某种原因忘记了这本领。飞翔的梦极少是不愉快的或恐惧的，这类梦带来的自由感和愉悦感经常可以开启做梦者对生命无限可能性的想象。

有时做梦者和朋友或者陌生人一起飞翔，这表明其他人和做梦者对事物的真正本质有着相同的看法。有时做梦者还和一个动物或者一个物体一起飞翔，这也许象征着个人或职业生活中的某些重要方面。

梦中极少出现由飞翔转为坠落的情形。做梦者一般都是轻轻地飘落，饱览下面世界的全景。偶然有乘降落伞下落，这有时可以解释为某种艰难挑战的安全解决方法。飞翔也可能带有愉快的冒险成分，这暗示着做梦者希望在某些方面多冒点儿险。如果是违反做梦者个人意愿被带到空中，那就说明做梦者被迫去冒险。

（四）坠落的梦

有关研究发现，女性比男性做过更多坠落的梦。弗洛伊德把这类梦和性联系起来，在他看来，性放纵，或者说“堕落的女人”与梦所传达出来的象征信息同义。但弗洛伊德也承认，坠落的梦可能是孩童时代从床上滚落的记忆，或者是一种恐惧感的重现。

现代的梦研究者更倾向于扩大弗洛伊德的性解析，包括对性关系的忧虑与对性道德的关注。里德（R. Read）认为，坠落的梦可能是受自弃心理影响所致，与其说这种梦是害怕失败或者缺乏信心所致，还不如说是身份与尊严的丢失所致。

另外，里德还认为，坠落的梦可能警告某种危险即将发生，或者你生活的某些方面可能潜藏着危险。通过梦见坠落，你的无意识以这种令人震惊的方式告诉你危险的存在，并提醒你要采取行动。

巴西特（B. Bassett）和卡斯特（R. Caster）都认为，梦见坠落可能暗示对某种特定情况的失控，或者你可能仅仅想从困境中“脱身”。巴西特还说，如果坠落是一种兴奋的体验，如感到优雅和舒适，那么你就要脚踏实地，认真对待生活和工作，这样才会有一种安全感。

第四节　梦的记录

一、梦的遗忘

我们每个人都会有这样的经验：早晨醒来后，感觉自己晚上睡眠的过程中做了梦，却想不起来到底做过什么梦。或者刚刚醒来的时候记得自己做过的梦，但很快就会淡忘，即使是那些早晨仍然记忆犹新的梦也会很快遗忘，除了其中一些支离破碎的片段仍在白天的记忆中，其他的都渐渐消失了，即使我们努力地去回想，也不能重新唤起当时的记忆。

对于梦的遗忘，归结起来可能有下面几种原因（张明，2005，第172页）。

（1）我们在白天清醒生活中会忘记无数个感觉和知觉，这是因为它们太微弱或是它们引起的大脑兴奋太小，梦遗忘的原因也许如此。通常的梦太微弱了，而只有那些刺激较强的梦才会被记住。

（2）人们在清醒状态时，容易忘记只发生过一次的事情，而习惯注意发生过多次的事情。大多数的梦只发生过一次，是一种独一无二的经历，所以人们忘记梦似乎也是合情合理的。

（3）彼此之间保持着适当的联系和组织、有顺序的事情容易在记忆中保持。一般来说，记住一些混乱而无序的东西和记住一些没有意义的东西同样是困难的。即使是一句简短的诗句，在被打乱顺序后也会让人难以记住。白天发生的各种各样的事在记忆中通常是有意义的，而梦却是无序的，缺乏可辨认性，组成梦的内容的东西因为缺乏实际意义而不易被记住。

（4）大多数人对梦没有什么兴趣，所以容易把它们忘掉。

（5）梦的结构与人在清醒时的认识结构不同，梦极少从现实生活中提取有序的整体，而只是从中挑选一些细枝末节。这样，梦的组成在心灵的精神秩序的组织中就难以找到位置。因此，人们也就没有可以帮助记忆它们的东西。

弗洛姆认为，我们之所以常常忘记梦，是因为绝大多数的梦不可能适合我们清醒时的生活，它们只会扰乱我们，刺激我们。在梦中，我们更为独立，因为我们可以毫无障碍地看和感受，甚至在睡梦中审查自己的梦。我们不敢接受梦给予我们的自由，假如我们要防止别人知道我们真正的意图的话，我们就用改变的方式来隐藏梦的真正信息。

二、记录你的梦

虽然人们可能会忘记自己做过的梦，但是谁都不能抹杀梦的存在，而且梦在人们的生活中起着非常重要的作用。通过分析梦，我们可以了解自己的个性，同时还可以了解自己目前的心理状态，如工作压力来自何方、感情上的问题出在哪里等。但是在变幻莫测的现代社会，人们总是匆匆忙忙，似乎很难找到时间去认真地回想自己的梦，并详细地把它们记录下来，然后慢慢研究其中的奥秘。其实梦的记录并不需要太多的时间，只要能持之以恒，我们就可以从中得到很多收获。下面就是一些记录自己梦境的小技巧（张明，2005，第174页）。

（1）准备一个笔记本和一支笔，放在床头。有人建议最好选用特殊的、专门用来记录梦的本子放在床头，也有人甚至建议摆一台迷你录音机在枕头边。这些准备，目的都是让你在刚刚醒来的时候就能记下你的梦。

（2）睡前自我催眠。睡前你可以做一点儿类似自我催眠的工作，比如告诉自己：我一定要记得今天晚上的梦。怀着这样的信念睡觉，醒来后会比较容易回忆起你的梦境。有人做过尝试，一些自认为很少做梦或梦通常没有什么意思的人采用这个方法后，发现自己“原来也做梦”，而且惊讶地发现，梦其实一点儿也不单调，相反是非常有趣的。

（3）一醒来就立刻回想。每天早上刚醒来的时候，是你记得醒来前最后一个梦最多内容的时间。这个时候，无论你用什么方式记下梦，都会有较好的效果；如果你没有时间，就算是写下几个关键词，也会有助于回忆。一开始回想不起整个梦是正常的，和我们回想许多事情一样，从后面慢慢往前回想，你会发现能慢慢地回想起很多原本想不起来的梦中细节。

（4）习惯的问题。当你经过一段时间的练习，养成习惯后，你记得的梦境内容就会越来越详细。

英国心理学会会员方坦纳（D. Fontana）指出，解析梦时应该首先相信梦带着个性化的信息。他提醒，尽管一开始可能不成功，但你要坚持，因为梦的日记对自我分析和个人成长是一种有用的帮助。

本章摘要

梦与睡眠密不可分，现代生理学研究了人类睡眠的阶段，发现梦大多产生于快速眼动睡眠时期，且与外界刺激有关。心理学对梦的研究始于弗洛伊德，他对梦的解析建立在无意识理论的基础之上，认为梦是愿望的满足，但在很多时候，这种满足并不是直接在梦中表现出来的，而是通过伪装的形式完成的。弗洛伊德总结了梦的几种主要来源，把梦分为显梦和隐梦两种。释梦的目的就是揭露、解除梦的运作，发现显梦掩盖下的隐意。在释梦的过程中，弗洛伊德提出了自由联想的方法。荣格虽然也认为梦是人类潜意识心理活动的产物，但他的潜意识内容包括了个体潜意识和集体潜意识两种，他还提出了原型理论。荣格对梦的结构进行了严谨的分析，提出了个人联想的方法，把梦中意象分为主观的和客观的两种，强调对梦的系列进行分析的重要性，同时还在自己工作经验的基础上，对梦的分析者的素质提出了要求。之后的许多心理学家，如弗洛姆、阿德勒等，都对梦进行了研究，并提出了自己关于解析梦的方法。人们的梦虽然各有不同，但大多数人都曾做过一些常见主题的梦，如飞翔的梦、考试的梦以及令人尴尬的梦等，这些梦对于不同的人可能具有不同的意义。梦对人们的现实生活具有相当大的意义，所以分析梦是一件非常有意义的工作。梦常常会被人所遗忘，为了保存我们的梦，以便于进行进一步的分析，我们要注意对梦进行有效的记录。

复习思考题

1. 睡眠分几个阶段？梦大多产生在睡眠的哪个阶段？
2. 简单总结弗洛伊德关于梦的理论及释梦的技术。
3. 梦中常见的主题有哪些？它们分别有什么意义？
4. 简要说明如何进行梦的记录。

推荐参考书

1. 阿德勒.(2005).超越自卑（黄国光译）.北京：国际文化出版公司.
2. 弗洛姆.(2001).被遗忘的语言（郭乙瑶，宋晓萍译）.北京：国际文化出版公司.
3. 弗洛伊德.(1996).梦的解析（罗生译）.南昌：百花洲文艺出版社.
4. 荣格等.(2001).人类及其象征（张举文，荣文库译）.沈阳：辽宁教育出版社.

参考文献

1. 弗洛姆.(2001).被遗忘的语言（郭乙瑶，宋晓萍译）.北京：国际文化出版公司.
2. 施春华.(2003).神秘的梦.哈尔滨：黑龙江人民出版社.
3. 史蒂文斯.(2002).人类梦史（杨晋译）.海口：海南出版社.
4. 杨韶刚.(2002).精神追求：神秘的荣格.哈尔滨：黑龙江人民出版社.
5. 张明.(2005).揭开无意识之谜——精神分析.北京：科学出版社.

第二十三章　共　情

引　言

在心理咨询与治疗领域，荣格等人早就发现了咨询者和来访者的心意可以在无形中相通的奥秘。这种奥秘与心理咨询的一个重要技术——共情——密切相关。罗杰斯曾说：有共情就叫心理咨询。咨询者要有共情，咨询过程要体现共情，咨询结果也是要来访者发现共情。本章主要介绍共情的定义、分类、功能、使用技巧等。

第一节　共情概述

一、共情的定义

在心理咨询中，共情是指咨询者设身处地从来访者的参照标准去体会其内心感受，领悟其思想、观念和情感，从而达到对来访者境况的准确理解。按照罗杰斯的观点，它本质上是一个替代性情绪情感反应能力，其突出表现为能够将自身投射到他人的心理活动中去，分享其对外界事物的心理反应。梅耶鲁夫（M. Mayeroff）将之解释为，关怀一个人，必须能够了解他及他的世界，就好像我就是他，我必须能够好像用他的眼看他的世界及他自己一样，而不能把他看成物品一样从外面去审核、观察，必须能与他同在他的世界，并进入他的世界，从内部去体验他的生活方式及他的目标与方向（张明，2005，第96页）。

共情不同于普通的了解（understanding）。了解是人们对一些事物的主观认识，共情则不仅要对来访者有一定的认识，而且要能体会他的感受、思想，了解他如何看自己和周围的世界。这就要咨询者不仅依据客观、外在的参考标准或自己的参考标准去看待事物，而且要根据来访者的参考标准去看待事物。共情不是指与来访者认同。共情是指咨询者在感受来访者的内心世界时犹如感受自己的内心世界一样，而此时咨询者却不一定认同来访者的感受、信念等（陆根书，徐晓雯，1994）。

有些人将心理咨询看作一种简单的同情和宽慰，或者是泛泛的说教，或者是把大事化小、小事化了。其实，心理咨询的目标是鼓励对方自助，帮助他经历痛苦、战胜痛苦、走出困惑。同情指的是给予对方感情上的安慰和物质上的帮助。共情是要进入对方的精神世界，理解和分担他的各种精神负荷，是精神帮助（张明，2005，第96页）。心理咨询不需要同情，需要共情。两者的差别还在于前者包含对来访者处境的怜悯，是一种居高临下的、类似恩赐的反应，而后者完全从对方角度看问题，因而是平等的、类似共鸣的反应。

共情在咨询中实际表现了体验和反应这两种活动。作为一种态度，共情是指咨询者愿意放弃外界客观的或个人主观的参照标准，排除个人偏见和主观臆断，站在来访者的立场上去深入地体验、感受来访者的内心世界；作为一种能力，共情是指咨询者能借助于自身的知识经验，把握来访者的体验与其经历、行为和人格之间的关系，并运用有关的咨询技巧将自己的共情感受传递给来访者，以影响来访者并取得反馈。它对于强化咨询者和来访者之间的融洽关系及后者的积极的自我袒露起着至关重要的作用。

二、共情的层次

作为一种技巧，不同的咨询者所表达的共情有层次的差异。自然，不同层次的共情会产生不同的咨询效果。

（一）二层次说

伊根把共情分为两个层次：初层次共情（primary empathy）、高层次共情（advanced accurate empathy）。初层次共情主要运用倾听技巧，重在对来访者内心体验的理解并反馈这种理解；高层次共情则对咨询者的要求更高一些，如解释、指导等影响性技巧都常结合使用（李正云，2002，第80页）。下面的例子可以较好地说明两个不同层次共情的差别。

一个高中女生对咨询者说：“我很喜欢在合唱队里，不想退出。但一回到家里，父母就开始唠叨说不努力学习就考不上好大学，所以最近我都没跟他们说话。”

咨询者（初层次共情）：你很想待在合唱队，但又知道父母会反对，所以你很苦恼，不想跟他们说话。

咨询者（高层次共情）：我很理解你现在的感受。一方面你觉得在合唱队里很有意思；另一方面你又面临父母的反对，毕竟考个好大学才是最重要的。你现在一定想找个两全其美的办法，可想不到，所以很苦恼。

（二）四层次说

加兹达（G. M. Gazda）等人归纳了四个层次的共情，并设立4点记分的评分量尺，最高层次（第四层次）记4分，最低层次（第一层次）记1分；

咨询者没有抓住来访者表达内容的重点，或是咨询者对来访者做出不恰当的共情（第一层次）；

咨询者共情的内容只反映来访者表面想法和感受的一部分（第二层次）；

咨询者全面理解来访者表面上的想法和感受，并向来访者传达这种信息（第三层次）；

咨询者共情的内容是来访者深层次想法的反映，并做出了超过当时来访者所理解程度的应答（第四层次）。

我们可以用刚才那个例子说明这四个层次共情的差别。

咨询者（第一层次）：你父母的担心未必没有道理，你就听他们的话，从合唱队退出来，好好学习，怎么样？

咨询者（第二层次）：这也没什么好苦恼的，你自己拼命努力学习，问心无愧就好了。

咨询者（第三层次）：其实为了不耽误学业，你已经抓紧每分每秒学习，但父母的不支持、不理解让你很苦恼。

咨询者（第四层次）：其实你已经承担着来自合唱队和学习的压力，你希望两边的时间能合理分配好，你一直都在为此做出努力，但是得不到父母的支持，父母的态度对你又造成了另一层压力，所以你现在才这么苦恼，这都能理解。

三、共情的分类

美国著名咨询心理学家黑文斯（R. L. Havens）认为，共情有主动、被动之分。

（一）主动的共情

主动的共情指咨询者运用解释、澄清和面质等来积极地体验来访者因某种社会、环境因素而产生的情绪反应与精神刺激。例如，某女生与相恋七年的男友分手了，是男方提出的。女生对咨询者大吐苦水，数落男友的不是。尽管如此，她仍表示希望男友回到自己的身边，她觉得自己很矛盾。此时，咨询者问了一句："也许你觉得他还是有许多优点，而你自己也有做得过分的地方吧？"这使得该女生立刻回想起发生在他们之间的一切事情，使她更能全面地分析自己，抱着一种理性的态度而非抱怨的态度来处理问题。

（二）被动的共情

被动的共情指咨询者通过沉默和重复来访者的话来强化来访者的某种认知和情绪情感体验过程。"被动"一词在这里不具有贬义。沉默在罗杰斯的来访者中心疗法中是实现共情的重要手段之一。它在个人体验某种强烈的情绪情感反应时最为重要，并具有相当的暗示作用。例如，某女学生因突然失恋来访，在谈到她与前男友的关系时，她一直伤心落泪，泣不成声。此刻，咨询者没有做出任何语言反应，而是递上一张纸巾，静静地等她平静下来。咨询者此时的沉默反应为对方的感情宣泄提供了充分的时间和空间，其潜在意思是：我知道你很伤心，你可以自己静一静，我不会打扰你的。这是对来访者此时情绪状态的最大共情。当然，沉默也有个火候的问题，时间过长会使人感到冷漠，时间过短又会使人感到贸然。它是一个需要不断实践、提高的技能。

重复来访者的话语旨在表现咨询者对来访者的认知、情绪体验的尊重与重视。特别是对其关键部分加以重复，更会强化来访者的思想表露，使来访者感到对方在全神贯注地听自己讲话。同时，它对于准确地理解来访者的说话意图及认知、情绪基础也十分有用，因而会有效地促进心理咨询过程中的共情。例如，某人在谈论自己与另一人难相处时说"我真拿他没办法"，这时咨询者说"你感到真拿他没办法"则会给人以双方想法一致的感觉，它在客观上表现了两者在认知和意向上的统一。

四、共情的具体手段

共情既是智力过程，又是情感过程。共情是最初情感协调的关键，是一个复杂的情感—认知—经验概念（S.科米尔，B.科米尔，2000）。传递共情的手段主要有以下几种。

（1）表示理解。咨询者不仅要表示能够准确理解来访者的问题，而且要表示愿意站在来访者的角度去理解他的问题，这一点是十分必要的。理解不仅包括对来访者问题的理解，还包括对他的世界观、环境、文化背景的理解（郑希付，2003，第162—163页）。

（2）直指问题所在。咨询者要向来访者表达自己清楚对来访者而言最重要的事情是什么。咨询者的反应要与来访者的最基本问题建立起联系。这一反应要简洁，直指来访者的思想和情感，并与来访者的问题或烦恼关联（郑希付，2003，第163页）。

（3）明确来访者表达的信息。共情也包括理解来访者内心深处的想法和观点，特别是当这些想法没有被说出来或表达得不明确的时候（郑希付，2003，第163页）。

如果咨询者的应答是准确的，来访者往往会以两种方式来给予确认：点头，或给出一些其他的非言语线索；使用表示赞同的措辞（诸如“说对了”或“正是这样”）。

来访者：我真的想不到他会这样想，其实我不是这个意思。

咨询者：你有些气愤，更多的是伤心，对吗？

来访者：是的，当时是有些生气，后来越想越觉得伤心，连我最亲近的人都不理解我，我怎么会不伤心呢？

当应答不准确时，来访者常常以不同的方式让咨询者知道：停下来不说话；语言不连贯；转换话题，说“这并不是我的意思”。

来访者：我与母亲的关系一直都不好。

咨询者：你一直耿耿于怀，对吗？

来访者：我才不呢，反正我快要出嫁了，关系不好就少回家！

（4）做出简洁的语言反应。咨询者以最简洁的语言反应，诸如“嗯”“是”“我明白”“我理解”“啊”“哦”等，表达承认、认同和理解。这不仅仅可以传递初步的共情，也可以让来访者进一步自我探索（李正云，2002，第83页）。

（5）重复关键字词或语句。重复来访者话语中的关键字词或语句，表明咨询者在倾听与尝试理解，可以促使来访者就所强调的部分进一步展开话题。重复还具有强调、核实的作用。不过，传递共情时，这种手段不可多用，以免来访者认为咨询者在鹦鹉学舌（李正云，2002，第84页）。

（6）概括性重复。咨询者将来访者陈述中的关键内容言简意赅地表达出来。概括性重复特别有助于传递高层次的共情。“你感到……因为……”句式可以帮助咨询者进行快速概括（李正云，2002，第84页）。

来访者：我昨天跟我父母说了我的真实想法，他们非但没有站在我的立场上考虑，还批评我的想法太幼稚，我觉得他们根本不能成为我倾诉心事的对象，他们根本不关心我，我好难受。

咨询者：你现在很难受也很失望，因为你觉得父母没能站在你的角度去理解你、关心你。

（7）非言语表达。非言语表达是咨询者对来访者表示认同、接纳和理解的常用手段。它通常包括目光注视（保持自然的视线接触）、点头示意、面部表情（自然而富于变化，但不显夸张）、身体姿势（自然松弛，适当倾向来访者）、语音语调、相隔距离（人际距离大致0.8米）等。用非言语的方式表达共情时，咨询者应注意来访者的性别、年龄、文化背景等，以免产生不当或相反的效果（李正云，2002，第84—85页）。

五、共情的功能

（一）建立良好的咨访关系

咨询者的初层次共情不涉及对来访者的建议、批评或安慰，而是让来访者体验被了解、被支持的温馨与感动。来访者久被问题困扰，正在万念俱灰之时，突然发现自己的想法与感觉竟能得到咨询者的理解，在感动之余，自然愿意敞开心胸，与咨询者建立良好关系，携手面对问题（陈金定，2003）。

（二）咨询者更好地了解来访者

当咨询者共情的内容跟来访者的感觉与想法不符时，来访者就会纠正。透过来访者的纠正，咨询者能够更好地了解来访者（陈金定，2003）。

（三）协助来访者了解其内在深层次的想法与感受

咨询者使用高层次共情反映来访者隐含的感觉与想法，可以引导来访者觉察未觉察或逃避的经验，协助来访者进一步了解自己（陈金定，2003）。

第二节　共情的表达与促进

共情要做到准确，确实是件不容易的事。在心理咨询过程中，有些咨询者不太容易判断自己的共情效果如何，这时怎么办呢？罗杰斯建议，咨询者应在心理咨询过程中经常查验自己的共情是否准确，以便随时做出调整。

一、共情的步骤

一般认为，共情包括三个步骤：（1）咨询者从来访者的参照系出发，深入对方内心去体验他的情感和思想；（2）咨询者借助自己的知识经验，对来访者的问题进行整体性考虑，以掌握其实质；（3）咨询者以自己的言行准确地表达对来访者内心感受的理解，引导来访者对其感受进行进一步的思考，并留意对方的反馈。

二、共情的要领

要达到准确的共情，咨询者的心理位置互换和倾听整理等都很重要（李正云，2002，第82—83页）。

（一）心理位置互换

咨询者应走出自己的参照框架，把自己放在来访者的位置和处境上，以来访者的参照框架来感受、体会对方的认知、情感和言语行为及其所面临的心理压力。这就要求咨询者放下自己的习惯标准，尽可能地排除自己的知识经验、兴趣爱好、价值观和个性特点等干扰，以一颗客观、敏感的心去接触、感受来访者的内心世界。

（二）倾听整理

咨询者应该全神贯注地倾听来访者，不仅要注意其言语所表达的内容，更要注意其非言语行为所传递的情感信息。在倾听的过程中，为获得尽可能详细的信息，咨询者可以适当地运用部分倾听的技巧与来访者进行沟通。在倾听来访者的同时，咨询者还应将所获得的信息在头脑中进行整理，找出来访者所讲的事实是什么，各事实之间是否有逻辑关系，来访者所流露的情感有哪些，情感与事实之间的关系是怎样的。为保证所整理信息的准确性，咨询者还应向来访者求证。

三、共情的使用时机

在咨询初期，或是在咨询者和来访者没有建立良好咨访关系时，咨询者应使用初层次共情。初层次共情是顺着来访者的思考方向，反映来访者的感受与想法，让来访者感到被支持、被了解，所以能够帮助咨询者和来访者建立良好关系（陈金定，2003）。

在咨询的中后期，或当咨询者和来访者已有良好关系时，咨询者应使用高层次共情。高层次共情有利于协助来访者探讨问题的根源。在咨询中后期，咨询者使用共情的目的是协助来访者觉察未觉察或逃避的想法与感受（陈金定，2003）。

四、共情对咨询者的要求

咨询者在使用共情时，应做到以下四点。

（一）站在来访者的立场看问题

咨询者应走出自我参照系，放弃所谓客观的外部参照系，进入来访者的内在参照系，从来访者的立场、利益、处境出发，去了解和把握来访者的内心世界，体验其思想、情感。有些新手咨询者因为抛弃不了主观性，从自身出发以所谓的普遍法则去揣摩来访者，于是不能进行精确的共情（张明，2005，第98页）。所以，新手咨询者在咨询中要多提醒自己："我是否站在他的角度想问题？""我是否在用自己的立场、想法处理他人的问题？"

（二）与其他会谈技术结合使用

咨询中的共情需要一系列会谈技术才能完成，这里的会谈技术如倾听、叙述、情感反映等。同时，共情还要通过言语和非言语行为来体现，非言语行为包括目光、面部表情、手势、音调等。咨询者必须熟练地掌握并且灵活地运用这些技术（张明，2005，第98页）。

（三）做到"进得去，出得来"

"进得去"是指咨询者能进入来访者的内心世界去理解、表达来访者的思想和情绪；"出得来"则指咨询者在整个咨询过程中应有客观公正的立场，能把握自身的角色。

（四）保持距离

咨询者既要从来访者的认知特点出发看待来访者的问题，理解来访者的行为，又要保持距离，以便在行为上引导他们做得更好。例如，对于学生由于学习带来的情绪紧张问题，既要让他们明白这是同年龄段学生普遍的，又要让他们懂得如果任其发展下去会带来危害，促使他们自觉调节紧张的情绪（张明，2005，第98页）。

五、使用共情的注意事项

在咨询初期，咨询者须尽量使用初层次共情，以便与来访者建立良好关系。即使咨询者已看到来访者问题的症结，或是觉察到来访者的逃避、隐瞒行为，仍然只能使用初层次共情。而在咨询的中后期，咨询重点放在协助来访者探讨问题的根源，通常以高层次共情为主。但是，有时候为了配合来访者的进度与状况，仍然可以配合使用初层次共情（陈金定，2003）。在咨询过程中，使用共情的注意事项具体如下。

（一）因人而异、适时适度

共情的表达应因人而异、适时适度，否则会适得其反。一般来说，情绪反应强烈的与情绪稳定的，表达比较杂乱的与表达清楚的，对前者应给予更多的共情。此外，共情不宜在来访者谈话中间随便插入，否则容易破坏情绪。还有就是共情的程度应该与来访者的问题程度、感受程度成正比，过度共情会让人感到咨询者小题大做，而共情不足则会让人觉得理解不够（李正云，2002，第85页）。

使用共情应考虑到文化背景以及来访者的某些特点。例如，西方的咨询者有时用拥抱、抚摸表达共情，但在中国的文化背景中一般不这样做。同性别的咨询者和来访者之间可以有某种身体接触，如咨询过程中咨询者握住来访者的手或拍拍他的背，以传达自己的关切和共情，但异性之间应慎重（李正云，2002，第85—86页）。

（二）应避免的问题

咨询者使用共情时一定要记住的是，给自己留有一定的思考时间。咨询者“过快”接来访者的话，意味着没有给自己足够的时间去考虑来访者的话。即使是专家，也要停顿一下，以便自己消化来访者所说的话。此外，还需要注意避免以下问题（李正云，2002，第86页；郑希付，2003，第166页）。

（1）一言不发。通常在来访者说了一些重要的事之后，咨询者应该给出应答，哪怕只是简要的，否则来访者可能会认为自己刚才说的话不值得回答。

（2）不当提问。提问式的应答表明咨询者忽视来访者所说的话和他的情感，将注意力集中在自己想要获得更多信息这一目标上。

（3）陈词滥调。如“许多人都会有这样的烦恼……”，这样的话使咨询者看起来更像一个说教者，而且听起来好像来访者根本没有必要来咨询。

（4）同情和赞同。同情、可怜、怜悯、体恤和安慰，这些是人类的特性，但在咨询中它们并不是特别有用的。

（5）空洞的说教和劝解。例如，“学生不应该早恋”，“不必太伤心，天涯何处无芳草”。

（6）贴标签。例如，“你有恋父情结”，“你有自卑情结”。

（7）简单的判断和评价。例如，“你这人太自私”，“那样做是错误的”。

（8）妄下保证。例如，“不必担心，一切都会变好的”，“你一定会实现你的目标”。

（9）直接指导和引导。例如，“你应该……”，“你不应该……”。

本章摘要

在心理咨询中，共情是指咨询者设身处地从来访者的参照标准去体会其内心感受，领悟其思想、观念和情感，从而达到对来访者境况的准确理解。共情有不同的层次。伊根提出了二层次说：初层次共情和高层次共情；加兹达提出了四层次说。共情分为主动的共情和被动的共情两种。准确而有效地传递共情的手段有：表示理解；直指问题所在；明确来访者表达的信息；做出简洁的语言反应；重复关键字词或语句；概括性重复；非言语表达。要达到准确的共情，咨询者应该做到心理位置互换、倾听整理。共情有助于建立良好的咨访关系，有助于咨询者更好地了解来访者，可以协助来访者了解内在深层次的想法与感受。

复习思考题

1. 心理学上是如何定义共情的？
2. 共情的具体手段以及步骤是什么？
3. 如何准确表达并促进共情？
4. 共情有什么功能？

推荐参考书

1. 陈金定.（2003）. 心理咨询技术. 广州：广东世界图书出版公司.

2. 科里.（2004）. 心理咨询与治疗的理论及实践（石林等译）. 北京：中国轻工业出版社.

3. 张明.（2005）. 成为合格的教师——心理健康教育. 北京：科学出版社.

4. R. 萨默斯-弗拉纳根，J. 萨默斯-弗拉纳根.（2001）. 心理咨询面谈技术（陈祉妍等译）. 北京：中国轻工业出版社.

参考文献

1. 陈金定.（2003）. 心理咨询技术. 广州：广东世界图书出版公司.

2. 李正云.（2002）. 学校心理咨询. 北京：中国轻工业出版社.

3. 陆根书，许晓雯.（1994）. 心理咨询原理与方法. 北京：高等教育出版社.

4. 张明.（2005）. 成为合格的教师——心理健康教育. 北京：科学出版社.

5. 郑希付.（2003）. 心理咨询原理. 广州：广东高等教育出版社.

6. S. 科米尔，B. 科米尔.（2000）. 心理咨询师的问诊策略（张建新等译）. 北京：中国轻工业出版社.

第二十四章　建　议

引　言

尽管有一些咨询者不赞同使用建议技术，如非指导型咨询者，他们反对操纵和支配来访者，很少提问题，避免代替来访者做决定，从来不回答来访者的问题，在任何时候都让来访者自己确定讨论的问题，不提出需要矫正的问题，也不要求来访者执行推荐的活动，但是多数咨询者仍然经常使用建议技术，认为它是最有助于影响来访者的技术。本章将针对建议的概念、意义、种类和使用建议的注意事项等问题进行详细介绍。

第一节　建议概述

建议（propose）是心理咨询与治疗过程中的一种谈话方式，指咨询者根据来访者的心理问题和人格特点，对其行为提出具体办法和意见（车文博，2001，第24页）。建议不同于命令，它是用比较委婉的态度和协商的语气向来访者说明克服其心理障碍的必要性、可行性和具体措施，必须符合来访者的理解水平和实际情况。来访者面对危机、疾病或心理问题，常手足无措，不知如何处理。咨询者在倾听其诉说、分析其情况后，应根据具体问题，提出一定的建议。这种建议包括对其所存在的危机及心理问题的认识、态度以及如何去适应、消除、脱离的具体方法等，促使来访者恢复常态。给出建议是一种以咨询者为中心的活动，它明确地赋予咨询者以专家的角色。

一、建议与相关概念的区别

作为指导性行为反应中的一种，建议的主要目的是提供给来访者新的行为、思考或感受方式的意见。但如果建议不成熟，可能无效并损害咨询者的可信赖度。因此，有必要对建议与其他指导性行为反应如说明、暗示等加以区别。

在指导性行为反应中，说明是最温和的，用于使某事更明白易懂。在会谈情境中，说明描述的常常是以下内容之一：咨询的过程、某一症状的含义、某种建议或治疗策略的实施。说明常常是描述性的和补充性的，对问题解决的帮助较为间接，也较少突出咨询者的主导力量和专家作用，而建议则是问题解决性的，是咨询者主导力量和专家作用的典型体现。

暗示和建议是两种不同的会谈技术。两者之所以被认为可相互交替至少有两个原因：第一，它们常在一起使用；第二，在英文中，“suggestion”一词有时是当成“建议”的含义来使用的。虽然两者可以互换，但它们仍有不同的含义。暗示指间接地或不通过明确表达使人知道，而建议是直接给出忠告，提供值得听从的意见或提议。显然，建议比暗示更具有指导性。

另外，提供信息和建议也是有区别的。建议是给来访者推荐一个具体的解决方法或行动途径，并让他照着去做。相反，提供信息则是交代与主题或问题相关的信息，由来访者自己决定最后的行动途径（科米尔，纽瑞尔斯，2004）。

二、建议的方式

（一）指导性建议

指导性建议是一种直接给出建议的方式，分为两种：一种是对会谈过程中行为的建议，另一种是对会谈以外行为的建议（Gelso & Fretz，2001）。对会谈过程中行为的建议如下列例子。

咨询者：现在请你深呼吸，试着放松自己。

咨询者：当你想起你母亲的时候，我希望你能告诉我闪过你脑袋的想法。试着别去组织语言，不用担心你所感觉到的东西有多么不合理与愚蠢。

而对会谈以外行为的建议如下列例子。

咨询者：我觉得你真的应该在这次谈话后好好地跟吉姆谈谈。

咨询者：我觉得你应该将上星期你在数学测验中遇到的问题跟你的数学老师谈谈。

咨询者：作为家庭作业，我希望你能记录下来你每天究竟会有多少次感到焦虑，并且记录当时正发生着什么事情让你感到焦虑。

（二）开放性建议

从字面上就可以解释开放性建议的含义，咨询者没有特定的某个建议，而是给来访者设定一个范围，让来访者自行思考。例如：

咨询者：为你的家务活动订一个时间表可能是一个好办法，你觉得怎么样？

通过这种方法提供建议，咨询者可以获得来访者对建议的反馈。来访者的反馈有助于完善建议，或选择更好的建议。

三、建议的注意事项

给出建议是容易的，而且是很平常的。如果简单的建议就是来访者所需要的，那么来访者在来咨询之前没有得到这些是令人奇怪的。通常，朋友和亲戚会给出许多有用或不太有用的建议。你可能会奇怪，如果建议在除咨询者之外的人那里可以得到，那么咨询者还使用它干什么？答案非常简单：有时建议是有用的，因此有些咨询者会把它作为一项改变技术（R. 萨默斯－弗拉纳根，J. 萨默斯－弗拉纳根，2001）。那么，在会谈中咨询者使用建议技巧时应注意些什么呢？

一般来说，在会谈的初期阶段，咨询者应避免给出建议，应该在试图解决问题或提供建议之前与来访者仔细探讨某一具体问题。一个基本原则是在给出建议之前先了解来访者自己已经尝试的所有努力（R. 萨默斯－弗拉纳根，J. 萨默斯－弗拉纳根，2001，第150页）。

在许多案例中，来访者会要求咨询者给出建议，这时咨询者应进行说明和提出一个开放性的问题。例如，咨询者说："我会给你建议，但不是现在。因为不同的人对待同一件事情会有不同的想法和感受，我必须先了解你的想法和感受后才能给出较准确的建议。所以，你可否先谈谈你在发现你老公有外遇时有什么想法和感受吗？"或者，咨询者也可用一个简单的开放性问题来应对："那你自己想过什么处理方法吗？"

来访者常常比咨询者认为的更加复杂、善思考。因此，如果不了解他们已经尝试过解决自己问题的各种方法，就向他们提供具体建议是不合适的。而且，提出其他人已经提过的，或者来访者自己已经用过的建议会损害你的可信赖程度。为避免这种损害，咨询者要询问来访者从朋友、家人和以前的咨询者那里已获得了哪些建议（R. 萨默斯－弗拉纳根，J. 萨默斯－弗拉纳根，2001，第151页）。

提出建议有几种危险，因而会成为咨询者的潜在陷阱。（1）来访者如果采纳了咨询者的建议，而依照这一建议所采取的行动却失败了，或者由于误解了咨询者的建议而使行动失败，则可能将失败归因于咨询者，并过早地终止咨询。（2）来访者如果按照建议去做，并对行动的结果感到满意，则会变得过于依赖咨询者，也会期望咨询者在以后的会谈过程中提供更多的建议。（3）来访者如果拒绝了咨询者提出的某条建议，则更有可能拒绝咨询者提出的其他建议，这对建立良好的咨访关系是不利的。

第二节　建议在各治疗理论中的应用

过去，建议曾被认为是咨询者非常有指导性的行为，被动力取向和来访者中心取向的咨询者所蔑视。近来，认知行为咨询者倾向于在家庭作业中提供建议。以下分别介绍建议在精神分析疗法、理性情绪疗法、行为主义疗法和格式塔疗法中的应用。

一、精神分析疗法

建议是针对原因而展开的，如精神分析中咨询者指导来访者进行自由联想，以寻求深层的乃至潜意识的思想，挖掘问题的深层根源。自由联想作为精神分析的常用技术在前面已有专章阐述。此外，在精神分析疗法的想象技术中也有建议的应用。

二、理性情绪疗法

建议也有针对思维方式和内容进行的，如采用理性情绪疗法的咨询者针对来访者不合理、非理性的想法进行质疑、对抗、驳斥，指导其改变不合理的观念，调整认知结构，用合理的观念代替不合理的观念。在理性情绪疗法中，评估和咨访关系的建立过程是紧密结合的。埃利斯认为，建立关系的最好方法是解决来访者现在的问题。

三、行为主义疗法

更多的建议是针对行为的，特别是行为主义疗法基本上都是行为指导性方法，如系统脱敏法、满灌法、放松训练、自信训练等。这里主要介绍两种。

（一）放松训练

放松训练逐渐成为教导人们如何应对日常生活中压力的流行方法，这种方法被用于放松肌肉和心境，而且很容易学习。来访者学会放松的基本过程之后，需要天天练习，才能收到最大的效果。

放松训练的步骤由沃尔普详细描述过。咨询者用一种轻柔、愉快的声调教导来访者进行渐进的肌肉松弛，并引导来访者想象自己处于令人轻松的情境中，例如，静坐在湖边或者漫步在一片美丽的田野上。对于来访者来说，达到一种安静平和的状态是很重要的。然后，来访者想象身体的各部分肌肉是怎样放松的。先放松胳膊上的肌肉，然后放松头部的肌肉，接着是颈部和肩膀、背部、腹部和胸部，最后是下肢。放松训练含有几个要素：给来访者一套指令，要求他们放松；在安静的环境里，来访者以被动及放松的心情做收紧和放松肌肉的交互练习；来访者进行深度及有规律的呼吸；来访者学习心情的“释放”，如把注意力放在愉快的想法或影像上。在练习中，来访者要注意肌肉逐渐缩紧，接着保持这种紧张状态并充分加以体验。其间，体验紧张与松弛状态的差异是极为有用的。

（二）系统脱敏疗法

沃尔普认为，系统脱敏疗法是治疗神经性焦虑症的方法之一，是一种渐进式的方法。它的实施步骤包括：（1）引导来访者进行肌肉放松，从而达到抑制焦虑的生理状态。（2）给来访者一个引起焦虑的微弱的刺激，持续几秒钟。刺激重复多次，就会逐渐失去引起焦虑的作用。（3）以类似的方式给来访者施以逐渐增大的刺激。以下是应用系统脱敏疗法的节选。

咨询者：今天的放松练习之后，我将开始进行与你的等级层次有关的工作。我会让你体验等级层次中最低的那个项目，即令人愉快的那一项。现在你休息一下。之后，我再给你描述下一项，你来想象。我会教你一种方法，这样便于我知道你是否感到焦虑。如果你感到焦虑，我会告诉你停止想象，并进行放松。在我给你下一个项目之前，你将有一段时间用来放松。我说清楚了吗？

来访者：清楚。

咨询者：另外，在想象进行的任何时候，如果你感到焦虑或不安，请举起食指向我示意，并像过程结束时那样，你还要告诉我想象中焦虑的主观感觉程度。

来访者：好的。

咨询者：好，首先我们进行放松。让自己坐得舒服些，闭上眼睛，放松……紧张开始从你的身体中流出……听到“放松”这个词，你的胳膊变得软弱无力……现在让你的面部放松……使你脸上和脖子上的肌肉松弛下来……当我说到每一个肌肉群时，你就自己说“放松”，使所有的紧张都化解掉……如果你想到一个令人愉快的场景，你会更加放松……想象一下，冬天的晚上你坐在篝火旁……与好朋友相伴，唱着歌，烤棉花糖（第一个项目，给来访者30秒的时间想象）。现在请你想象一下你在自己房间里的书桌旁做作业……

四、格式塔疗法

格式塔学派也称完形学派，此学派的咨询者习惯于提出有关角色扮演的建议与指导，使来访者体验不同角色的思想、情感、行为。以下是凯里（J. Carey）与来访者会谈的节选。

凯里：露丝，把我当成珍妮弗，用你怨恨我的方式，继续同我谈话。

露丝（变得更加情绪激动）：对我来说，和你谈话太困难了。你和我还没有这么长时间没交谈过。（眼泪涌出了眼眶）我一再给予，你也的确一再索取，没完没了。

凯里：告诉珍妮弗你想要什么。

露丝（停顿，然后像爆发一般喊道）：我想更像你，我嫉妒你。但愿我也能像你一样敢作敢为、生气勃勃……哇，这是我说的话！

凯里：继续同珍妮弗谈话，告诉她你此刻的感受。

处于情绪高涨时，露丝能对珍妮弗说一些她想说却从未说过的话。在这一治疗时段中，她给咨询者许多启示：她自责的感受更多是怨恨，她对珍妮弗的愤怒是基于嫉妒和羡慕，她不喜欢珍妮弗的地方正是她希望拥有的。

使用建议技巧时，咨询者应十分明了自己对来访者建议些什么，效果怎样，叙述应清楚，应让来访者真正理解建议的内容。同时，不能以权威的身份出现，强迫来访者执行建议的内容。建议时的言语与非言语行为都会对来访者产生影响。

本章摘要

建议是心理咨询与治疗过程中的一种谈话方式，指咨询者根据来访者的心理问题和人格特点，对其行为提出具体办法和意见。建议不同于命令，它是用比较委婉的态度和协商的语气向来访者说明克服其心理障碍的必要性、可行性和具体措施，必须符合来访者的理解水平和实际情况。建议是指导性行为反应中介乎温和与强烈之间的行为反应。建议与说明、暗示和提供信息有区别。建议分为指导性建议和开放性建议。指导性建议是一种直接给出的建议，它又可以分为两种：一种是对会谈过程中行为的建议，另一种是对会谈以外行为的建议。开放性建议是指由咨询者提出建议的方向，并与来访者进行讨论。咨询者在给出建议之前必须了解来访者自己已经尝试的所有努力，以及询问来访者从朋友、家人和以前的咨询者那里已获得哪些建议。建议在精神分析疗法、理性情绪疗法、行为主义疗法和格式塔疗法中都有应用。

复习思考题

1. 心理咨询中对建议的定义是什么？建议与说明、暗示以及提供信息等技术是什么关系？

2. 有哪几种不同的建议方法？

3. 咨询者对来访者提出建议时应注意什么？

4. 建议对咨询的意义是什么？

推荐参考书

1. 科里.（2004）. 心理咨询与治疗经典案例（石林等译）. 北京：中国轻工业出版社.

2. 科米尔，纽瑞尔斯.（2004）. 心理咨询师的问诊策略（张建新等译）. 北京：中国轻工业出版社.

3. 雅洛姆.(2004).给心理治疗师的礼物——给新一代治疗师及其病人的公开信(张怡玲译).北京:中国轻工业出版社.

4. R. 萨默斯-弗拉纳根,J. 萨默斯-弗拉纳根.(2001).心理咨询面谈技术(陈祉妍等译).北京:中国轻工业出版社.

[参考文献]

1. 车文博.(2001).心理咨询大百科全书.杭州:浙江科学技术出版社.

2. 科米尔,纽瑞尔斯.(2004).心理咨询师的问诊策略(张建新等译).北京:中国轻工业出版社.

3. R. 萨默斯-弗拉纳根,J. 萨默斯-弗拉纳根.(2001).心理咨询面谈技术(陈祉妍等译).北京:中国轻工业出版社.

4. Gelso, C. & Fretz, B.(2001). *Counseling psychology*. Fort Worth, TX: Harcourt College Publishers.

第二十五章　角色扮演

引　言

“角色”（role）一词源于戏剧，指的是演员扮演的剧中人物。每个人都在社会舞台上扮演一定的角色，并通过对所扮演的角色的认识和理解，在社会互动中表现自己，整饰自我形象，达到一定目的。在心理学领域，角色是个体的行为方式与心理状态的反映。通过对角色的理解与应用，个体可达到改变目前状态的目的，由此衍生了各式各样与角色相关的心理疗法，如心理剧、固定角色疗法、行为演练等。本章就个体咨询时所使用的角色扮演技术进行介绍。需要指出的是，这里的角色扮演是一个统合的概念，并非特指某种技术，而是对各种需要扮演的技术的统称。

第一节　角色扮演概述

一、角色扮演的起源

角色扮演（role playing）是指咨询过程中，咨询者为了协助来访者觉察与疏解情绪、体验相关人物的感觉与想法、学习新行为与语言，由来访者扮演相关人物，重演或预演事件，来达到以上目的的技术。角色扮演作为一种心理咨询与治疗的形式，其理论的形成及技术的发展主要受到三种治疗方法的影响，分别为心理剧（psychodrama）、固定角色疗法（fixed-role therapy）、行为演练（behavioral rehearsal）。

（一）心理剧

1. 简介

心理剧起源于维也纳——一座连空气都充满了艺术味道的音乐之都。在那里，莫雷诺（J. L. Moreno）用舞台表演来探索不同环境下如何发展人的自发性和创造性。1921年，他创办了“自发剧院”，宣告了心理剧的诞生。随后，莫雷诺移居美国，投身于集体心理治疗，并于1941年在华盛顿圣伊丽莎白医院建立了心理剧剧场，进一步确立了心理剧的地位。在与托依曼（Z. Toeman）结婚后，两人更是为心理剧做了大量工作，出版了很多相关的著作，宣传心理剧。目前，心理剧已成为心理治疗的重要组成部分，这一形式已为许多理论学派的治疗家所用。

2. 理论依据

角色理论是心理剧的核心。莫雷诺认为，除了出生不久尚未具备自我意识的婴儿之外，人类都在扮演着不同的角色。就个体而言，角色是其于特定的场景中所采用的功能性形式，它的作用在于进入并塑造、调整个体的社会无意识；就社会而言，角色则是特定的场合、特定的任务下的行为模式，犹如编写好的程序，规定了不同情况下需要演绎的行为、态度、感受等。当然，角色的社会性并不是千篇一律的，由于个体差异的存在，同样的角色也允许有不同的演绎。

人人都在角色扮演，然而正如戏剧表演一样，角色当中还包含演员本身的人格。在舞台角色的掩盖下，还潜伏着一个隐藏的人格角色，能帮助主角将自我和所扮演的角色相分离，形成角色差距（role distance），以便从原先的困境中找到更多的出路，由此改变以前对事态的认识，重新看待人和事。

在角色扮演过程中，个体的问题越来越具体化，一些常用于掩饰问题的抽象托词在剧中淋漓展现，并且个体通过扮演使得心理能量得到释放。角色间的灵活转换和不同层次角色的扮演，使来访者从中学习，重建条件反射，发现自己的内在创造力，强化自我，增强改变处境的信心与能力。与以往的心理治疗不同，心理剧关心的重点不在于来访者的症结，而是找到问题后，坚定改变环境的信心，使来访者勇于冒险、探索自我，使整个治疗充满乐趣。

（二）固定角色疗法

1. 简介

固定角色疗法的创始人为凯利（G. Kelly）。在形成该疗法的构想之前，凯利主要使用精神分析方法进行临床治疗工作。随着经验的累积，他发现许多产生于社会、经济或教育领域的心理问题，使用精神分析方法不能很好地解决，甚至是无法解决。对精神分析方法经济性的质疑，使得凯利投入于研发“一种适用于任何人，无论他们来自什么地方，无论他们将会成为什么样的人”的理论与方法。1939年，凯利在自己的临床观察经验基础上，开始收集对柯日布斯基（A. H. Korzybski）和莫雷诺作品的解释并从中受到启发，得出“在进行调整时，人们有这样的倾向，或者依赖于一个‘虚构的’角色，或者依据一个给予的标签”的结论，形成了固定角色疗法最初的构想（郑希付，2005）。

2. 理论假设

凯利认为个体行为的基础是结构，个体在对待任何事物的时候都有相应的结构。对于一个人而言，他拥有的往往是一个结构系统，而非一个或几个孤立的结构。人的心理出现问题往往是其结构上的原因，包括结构系统问题和结构过程问题两个方面。

人的行为的根本功能是预测，个体根据不同的结构形成各种假设并进行检验，因此人人都是科学家，一生都在进行实验。心理治疗也是一个实验过程，但它具备了齐全的保护措施，避免很多危险，来访者可以大胆地进行实验，如使用角色扮演去发现具有问题的结构，然后认识这个结构的系统问题，并形成新的、有效的结构。固定角色疗法的作用就在于让来访者熟悉并形成新的结构，使扮演的角色成为自己的角色。这里，扮演为来访者新角色的形成涂上了一层保护色。因为这是在扮演另一个人，消除了来访者“自己以后要变成另外一个什么人”的担心，防止其敌视该实验，有利于来访者大胆进行实验，形成新的结构、新的预测。

（三）行为演练

1. 简介

行为演练是一种在咨询情境中使用角色扮演的方式演练新的行为模式的技术，以某人或某团体的行为作为一种刺激（示范），使观察者发展近似的想法、态度与行为，利用人类通过模仿学习获得新的行为的反应倾向，帮助具有异常心理和行为的人以适当的反应取代不适当的反应，或帮助某些缺乏某种行为的人学习这种行为。在行为演练中，来访者处于一个安全、开放的场景中，且不需经过尝试错误的学习，由此也就更勇于尝试并熟悉新的行为，进而将其推广到生活中演练，在不断的强化、联结中形成新的行为模式，解决当前的问题。

2. 理论依据

行为演练是行为主义应用于心理治疗的结果。根据行为主义的观点，异常行为可能在三种情况下产生：在机缘巧合之下，某些无关刺激可能会转变为特殊信号，如火灾现场听到的音乐，可能会因与火灾同时发生而日后让来访者产生强烈的反应（如恐惧）；一个人在反击或逃避使自己不愉快的限制和惩罚时会遇到各式各样的刺激，这些刺激可能在原来的情境中引发诸如恐惧、焦虑、抑郁、愤怒之类的情绪，通过条件反射，这些刺激会在今后相似的情境中引发相同的情绪反应；一些能使个体充分满足并产生愉快情绪的行为得不到强化，或者一些不良行为得到了强化，那么个体也会在情绪、行为上表现出各种异常。

既然多数行为（尤其是异常行为）是由学习而产生的，那么通过学习也可以对行为进行调整、改变。因此行为主义主张，治疗异常心理不必去寻找个体内部的智力或情绪问题。当外部行为和环境获得改善时，内部困扰的想法或体验也会得到改善。在当代的行为治疗技术中，任何能改变行为的技术都可以纳入治疗计划中，行为演练便是其中之一。

二、不同治疗派别中的角色扮演

（一）沟通分析理论

沟通分析理论最初是由心理学家伯恩提出的。他认为，人们在成长的过程中，由于与父母的互动而受到影响，因此在以后与其他人的互动过程中形成三种不同的自我状态，包括父母自我、成人自我和儿童自我。咨询者需要帮助来访者分离不同自我状态的想法、感受及行为。通常咨询者会邀请来访者区分他的三个自我状态，让他分别用三把椅子代表他的三个自我状态，然后选择一把椅子，大声地讲出属于该状态的心声。当来访者以不同的自我状态说话时，他可以自由地在椅子间移动，形成自我状态间的对话。

父母自我与儿童自我的对话往往会主导整个对话过程，此时需要咨询者介入，将来访者周期性地移动到成人自我的位置进行总结和干预。该方法能够让来访者了解到什么样的影响会保留下来并且继续影响自己，具有澄清的功能；它可以让来访者听到内心的声音，这种冲击就像偷听其他人谈论自己时产生的冲击一样，使其停下脚步思考并质疑。这一方法在沟通分析理论中被称为自我状态的对话，实质为空椅子技术与独白技术的结合。

（二）完形学派

在完形学派的咨询中，咨询者常常让来访者的内在矛盾显现出来，再让其交替地处于两极（即两种力量的冲突状态）中，体验两极的对话过程，借由这个过程整合来访者的冲突，使之接受这种对立并且与之并存，最终获得高层次的统整，达到重建个人天生和谐的整体的目的。为了达到这一目的，在完形治疗中经常使用空椅子技术。完形学派的咨询者在使用空椅子技术时会因不同情况而有所调整。一般而言，其步骤可以分为：找出两极；让两极接触；陷入僵局；两极协调；统整两极于人格中。

（三）认知疗法

认知疗法十分重视对事件的评价在个体情绪产生中所起的作用。同样的事情，不同个体的评价可能是千差万别的，由此而引起的情绪也有所不同。例如失恋，有的人会满足于“曾经拥有”，坦然处之，期待下次的“天长地久”，而有的人则会执着于“付出要有收获”，以致无法放手，久久不能释怀。另外，认知疗法强调观念的转变在咨询中的重要作用，甚至咨询的目的，也是在于改变来访者内在的不合理信念。通过角色扮演，来访者有机会置身于他人的位置上看待问题，以修正对他人的误解、偏见；有机会重新回到事件当中，尝试从另一个角度体验并形成新的合理的评价，改变不适当的原则、观念，使不良的情绪状态得到改善。此外，它也可以用来揭示自动思维，发展理性反应，改变核心信念。

（四）行为疗法

行为疗法的基本假设是：人是由社会和文化因素所形成的。它强调心理咨询是一个持续的过程，咨询者根据来访者的主述问题进行分析并判断其产生的前因后果，对来访者在某些情境中行为的频率和强度做出记录和分析，以此作为制订治疗计划的依据。同时，该疗法也十分注重心理咨询中的存在理论，认为心理咨询主要是关注现在，而不是拘束于过去，特别注意来访者是如何适应当前情境的。采用行为疗法的咨询者注意观察来访者那些可确认的、能辨别的和可定量的行为，从中找出问题的症结。行为疗法的咨询工作是让来访者消除不恰当的行为和获取建设性的能力，如果来访者在实际生活中愿意做出改变或尝试、练习新行为，往往角色扮演便会成为其重要的治疗技术，尤其是行为演练技术以其安全有效的练习方式而成为练习新行为的首选。

第二节 角色扮演的基本过程与规则

一、基本过程

（一）信息收集

戏剧表演需要剧本，而剧本的撰写则建立在创作者的亲身经历的基础之上。与戏剧相似，咨询者在使用角色扮演技术之前，也须先收集资料。咨询者通常会使用对话的方式，以问题为主（如从小到大哪件事让你印象最深刻）来获得充分的资源。一般而言，咨询者需要了解的资料包括：来访者的问题是什么，问题由什么事件引起，其中是否存在关键人物等。除此之外，还应注意来访者的文化信仰、种族敏感性、个性特点等方面的信息，以免触及某些忌讳，产生相反的效果。根据所收集的材料，咨询者便可以构思扮演场景、内容、人物等。

（二）进行角色扮演

咨询者确定剧本后，来访者根据剧本中的描述开始表演。首先，咨询者需要向来访者介绍所使用的角色扮演技术，说明扮演的角色及要求（尤其要强调来访者的投入），并征得来访者同意。接着，以问题情景描述作为进入角色扮演的铺垫（这是通常的做法，可以视情况而改变）。通常，咨询者会向来访者提这样的问题："当时是怎样的，人多吗？""当时你坐在哪里，姿势和表情是怎样的？他呢？""如果是这样的话，那将会是怎样的一种景象呢？"然后抓住来访者所描述情景中的某一点，引入角色，如"现在由你来扮演他，把他的声音、动作、表情都表演出来，就好像你是他一样"。

剧本中有多少个关键人物，来访者就需要扮演多少个角色。来访者应根据当时事件的情景或预想中的情景来表演，即使它包含了怪异的行为、丑恶的想法、猥亵的言语。必要时咨询者也可以扮演其中的角色，协助来访者获取有效的信息。

（三）协助体验感受

来访者投入角色之中，即进入每个角色的内心世界后，咨询者需要协助来访者体验该角色的感觉与想法。咨询者在此处的处理效果，将在很大程度上决定角色扮演技术成功与否。一般而言，咨询者会在以下几种情况下提示来访者体验角色的感觉：（1）来访者模仿角色的举止动作后（“保持这一姿态，感受一下你在那个位置的感觉”）；（2）来访者说完某句能引起强烈情绪反应或与其面对的冲突相关的话语之后［“×××（角色的名字），你为什么要说这话，本意是什么”］；（3）来访者将事件中自己的行为动作或言论表演完毕后（“你是怎么反应的？做做看，体验一下那个姿态的感觉”）；（4）来访者情绪发生变化时（“你刚刚在想什么”）。

（四）总结

这是角色扮演中一个必要的信息反馈环节。在来访者扮演完一个角色，或整个扮演过程结束后，咨询者需要对此次扮演做出一定的评价，包括：总结来访者的感受；强化来访者之前未觉察到的情绪或重新获得的对自己行为、感觉、想法的认识；指出来访者对他人评价的偏差，强调其对评价的修正；巩固来访者获得的新行为；等等。尤其是用于行为演练目的的角色扮演，咨询者要对来访者在扮演中表现出的新的适宜行为进行多次强化，并鼓励其尝试把这种新行为运用到实际生活中去，也可以以作业的方式要求来访者练习新学习的行为。

此外，咨询者还应指出来访者在表演中表现好的方面并予以表扬，指出不足的方面，并提出改进建议等。例如，在进行社交技能训练时，一个不知怎样与上司接触的男青年在第一次进行角色扮演时表现得退缩、无助，咨询者在他扮演结束时指出这一点，并提出改进意见和建议，让他重新扮演。在第二次扮演中，来访者掌握了一些新的行为要领，咨询者则及时表扬了他的进步。

为了更好地总结，咨询者在来访者角色扮演过程中可录像，事后播放给来访者看，并据此进行讨论。

（五）障碍的消除

在咨询过程中，并非所有情况都可以顺利应用角色扮演技术。来访者不同的个性特点、情绪状态都可能成为使用这一技术的障碍。如果来访者无法进入某一角色，咨询者应先处理，再让来访者进行角色扮演。

使用角色扮演时遇到的障碍有以下几种。（1）在使用角色扮演技术之初，来访者对此种技术不熟悉，仍未完全适应以致一时难以投入。此时咨询者可以让来访者尽量详细描述当时的情景或即将面对的场面，使其沉浸在回忆或联想之中，在深入事件的状态下扮演。（2）在需要扮演的角色或自我中存在着某些过分的行为和言论，来访者不愿意或耻于为他人所知，以致不肯扮演或有所保留。为此，咨询者需要通过强调咨询过程的保密性给予来访者安心扮演的保证，还可再次说明使用这一技术的重要性来消除障碍。（3）来访者情绪不稳定，思绪紊乱，难以进入角色并获得相应的体验。在这种情况下，咨询者先让来访者的情绪平复下来，协助其整理好思绪后，再让来访者进行角色扮演。如果来访者的情绪问题十分严重，或由于个性原因对所需扮演的角色产生强烈排斥等，咨询者则应考虑放弃使用角色扮演技术，从其他方法着手解决问题。

二、适用时机

（一）探索深层情绪

个人内心常常有许多不同甚至不兼容的观点。那些不被接受的、引起个体不愉快体验的观点会退到背景中，而那些“好的”观点则显露出来。但处于背景中的那些观点会用各种方式来干扰个体，影响个体的一切功能。

在咨询过程中，通过前期的资料收集，咨询者发现来访者所描述的情绪体验并不是问题所在时，或者有明显的迹象表明存在着另一种来访者未觉察的情绪时，均可以使用角色扮演协助来访者察觉自己的情绪。

此外需要指出的是，如果发现来访者有掩饰某种真实感受的行为，同样可以使用这一技术进行探索并鼓励来访者表露。

（二）获得新行为

角色扮演技术可用于改变来访者的不良行为和进行社会技能训练。不良行为多是来访者长期生活中形成的，单以个人的力量有时无法得知其真正的面貌以及形成适当的应对方式，需要他人的协助，指出不足并给予相应的意见。

在咨询的后半阶段，来访者已获知问题的根源所在，对问题有了了解，同时产生改变的需要，想要以新的行为、感觉与想法来面对旧情境。这时咨询者可以应用角色扮演技术，创设来访者需要面对的情境，让其演练与学习新的应对方式。例如，来访者有一定的社会交往障碍，不知如何与异性交往，在与上司或长辈等权威人物相处时无法应对，在某些特定的场合（面试、演讲、聚会等）中表现得不尽如人意，甚至出现怪异行为。经过一段时间的咨询后，他已了解到这主要是由其追求完美的信念所造成的。然而虽已明白了问题的症结，来访者在面对同类情境时，仍较难改进原有的应对模式，咨询者便需要使用角色扮演，给予来访者学习新的、有效的应对行为的机会。

（三）情境预演

情境预演中的情境是来访者未经历过的新情境。当来访者对于未来要面对的新情境感到困扰时，咨询者可以使用角色扮演技术进行情境预演。情境中的不适当行为，往往是由挫折体验所造成的，某次或多次的不愉快经历使来访者对此事产生无助感，并形成一些不良的应对行为，且来访者即将面临类似的挑战。例如，一个向来怕与老师交往的学生刚刚毕业，需要找工作，与上司相处，对此事来访者深感困扰，但自身又难以做出调适、改变。此时咨询者需要设置类似的交往情境，让来访者预演新的应对方式。还有，来访者即将面对一个新的情境，此前他没有任何应对经验，并因而感到焦虑不安，这时咨询者可通过角色扮演技术让来访者掌握应对技巧。

（四）事件重演

有时来访者问题的根源是过去的某一事件。过去在面对未完成事件时，来访者做出不适当的评价，获得创伤性体验，而这些评价与体验延续至今，甚至扩展到其他事件。在这种情况下，咨询者可以通过角色扮演，帮助来访者重新解释事件，理解他人的本意所在。

三、注意事项

（一）准备

在资料收集齐全的情况下，咨询者必须先分析资料并做出相应的准备，包括道具、场景、人物等。还应注意来访者的文化信仰，避免引起某些与问题无关的敏感话题。另外，还有一项非常重要的预备工作——对来访者的精神状态进行评估，以便确定其是否适合进行角色扮演。

（二）人员与时机的选择

角色扮演并非万能的技术，不是在任何时候对任何人都适用。它要求咨询者对时机和来访者做出正确的评估。一般而言，应尽量避免在来访者情绪高度不稳定、思绪紊乱或对咨询者不信任的情况下使用。对以下两类人使用角色扮演也是不适合的：来访者在某一情景下应对技能出现的问题与功能障碍性信念（如“如果我表达了我的观点，我就会遭到抨击”）有关，而与技能缺陷无关；来访者患有严重的心理障碍，如精神分裂、人格障碍（偏执、边缘性人格障碍等）。

（三）反复扮演

角色扮演与真正的戏剧表演的不同之处，在于来访者几乎包揽所有的角色，并且在特定的时刻像录像带回放一样，反复重演某一动作。如果存在多个关键人物，咨询者须让来访者反复扮演自己及相关他人。即使来访者只需扮演一个角色，但由于角色的某些动作、言语能够引起重要的情绪体验，或者其中有关键线索，咨询者可以让来访者反复表现当时情形，直至达到目的。

（四）聆听与观察

与使用其他技术的要求一样，在应用角色扮演时，咨询者要做到心清、眼明、耳灵：清楚自己的立场，清楚角色扮演的目的，清楚角色扮演的每一个步骤；注意观察来访者在角色扮演中的非言语行为，尤其是表情变化；细心聆听来访者的语言表达，除了语言内容外，语调、语速的变化也是聆听的任务。只有这样，咨询者才能获得重要线索，协助来访者觉察即时感觉，达到解决问题的目的。

第三节　角色扮演的常见形式

一、角色互换

角色互换（role reversal）是心理剧最具标志性的技术之一。它最初由莫雷诺提出，现在已推广应用于多个学派的咨询会谈中。对于角色互换的定义，简而言之，即某甲变成某乙，某乙变成某甲。

角色互换要求来访者将角色扮演视为真实情况，置身其中，以他人的身份行动。而且，角色扮演时“假如我是他”“如果他……”“他会……”等语句是禁止使用的，咨询者应强调以第一人称“我”进行角色扮演的原则。只有这样，来访者才可以进入他人的世界，了解他人，从而修正其对他人的看法或对整个事件的理解、评价。

在角色互换中，往往也会有“自己”的一席之地，来访者需要扮演自己，重新体验当时的感受，以便发现隐藏的情感。

二、独白

在咨询过程中，当被问及“你是怎么想的”或“对此你有什么感觉”时，有些来访者会回答“不知道”。碰到这种情况，独白（soliloquy）将是探知其内心世界的一个行之有效的方法。在典型的戏剧表演里，有时候表演者会站立一旁，自言自语，将自己内心所想表达出来，为的是让观众对角色、对剧情有更深入的了解。与之相似，咨询中的独白是让来访者在扮演过程中将自己此时此刻所想所感用语言表达出来，即便是非常肮脏的念头，即便是非常古怪的想法，而咨询者的作用在于鼓励来访者把这些平时只会在内部进行的对话大胆地说出来。通过内部对话的表露，来访者便有可能接触到自己之前不能感知的或刻意隐藏的感觉、想法，有时甚至会有恍然大悟的效果。

由于这是对真实情况的扮演，来访者所感所想如事件发生时一样，因此他的独白能够反映出其内心真正的感受。在某些方面，独白与自由联想具有共同的作用，两者均可以冲破意识的限制，将更深入的部分呈现给来访者，也正因如此，独白的意义更在于自述者本身而不是听众。

三、空椅子法

空椅子法（empty chair）的应用较为广泛。它的操作非常方便，主要是来访者对空椅子说话，把空椅子想象成真实的或虚构的人物，咨询者则给予来访者更多的自我空间，使其具备更高的自发性。

空椅子法的使用使得冲突双方的接触成为可能，双方都有机会表达自己的想法与感觉，某些受压抑的情绪便可发泄出来，从而达到疏解情绪的效果。空椅子法也可以协助来访者超越过去某事件所造成的干扰，让其完成未完成事件。所以，空椅子法往往用于来访者无法觉察自我的情绪，或需要重新体验并修正对过去某一事件的评价之时。

四、照镜子

通过镜子，人可以观察到自己的外貌、表情、行为等，撇开纯主观的想象的角度，从客观上审视自己，照镜子技术的灵感正是源于此。使用这一技术的目的在于令来访者像看到镜子中的自己一样，激发他发生改变。

照镜子属于一种补充性技术。来访者在扮演过程中遭遇阻滞而自身无法觉察时，咨询者可以将其置身于一个旁观者的角度，由他人（往往是咨询者）来扮演来访者，复制或模仿他的言行。为了强调和加深印象，有时甚至将其以比较夸张的形式表现出来，而来访者则像照镜子一样，从他人的模仿扮演中发现问题所在。使用这种技术必须注意的是，此类表演乃为来访者所设，而非体现扮演者的演技，所以扮演的内容必须与来访者的问题紧密结合才能取得提醒的效果。

五、案例

上述几种角色扮演方式在不同的咨询学派中各有偏重。例如，认知学派多采用角色互换，而完形学派更多采用空椅子法。然而更常见的是，在一次咨询过程中几种技术结合使用，具体如下例。

来访者为在读大学生，男性。因前段时间与女朋友分手心情无法平复，脾气变得十分暴躁，常常与周围的朋友、同学发生摩擦。有时候自己也知道理亏，但就是无法控制而乱发脾气。为此，目前人际关系紧张，同学、朋友都不愿与其交往。

…………

咨询者：告诉我发生什么事了？

来访者：那天像平常一样，我们吃完饭就到湖边散步，走着走着，她忽然提出分手，还说什么两个人合不来，不能勉强继续下去。这根本是借口！我有什么不好？我不是自夸，在各个方面我都是挺不错的，每年我都拿奖学金，参加社团活动也得奖，而且我又很专一，对她照顾也十分周到，她还有什么不满意的！搞不好是她喜欢上别人，才拿这个来当借口。

哼，水性杨花！

咨询者：既然情绪不好是由这件事所引起的，我想使用角色扮演的方式，将当时湖边发生的事情重演一次，以便更好地了解整个过程，帮助你解决问题。就像拍电影一样，两个角色都由你来扮演。为了不失真，请你尽量模仿她和你当时的言行，投入角色之中。

来访者：我试试看（表演与女朋友散步的情景）。

咨询者：你现在的感觉怎样？

来访者：没什么特别的感觉，就像平常一样。

咨询者：然后呢，×××（女朋友的名字）接下来发生了什么事？（角色互换）

来访者（站到女朋友的位置，停下来，放开男朋友的手，深深地吸一口气）：你有没有发现，我们一点儿共同之处都没有。

来访者（男朋友）：怎么会呢？你怎么突然间这样说话？

来访者（女朋友）：我喜欢文学，你说这是别人闷慌了憋出来的东西；我收藏漫画，你又认为这很幼稚。每次约会你都离不开时事，可是我对这个一点儿都不感兴趣。为了能跟你有话题聊，我已经逼着自己去关注这方面的新闻了，这样做真的很辛苦……不过这也算了，最让我受不了的是你的大男子主义，什么都是你安排好的，我根本就不能有自己的主意！跟你在一起我真的很难受，我们根本没办法沟通……分手吧，好不好？我们不要再勉强下去了。

咨询者：先暂停一下，将女朋友的表情做出来，将她的内在感觉表达出来。（角色互换）

来访者（重做一次）：我似乎觉得她很伤心，也很无奈。（沉默）其实她一直以来都是顺着我的，有时候我也知道这样不好，可是我就没放在心上。我以为她习惯将就了，原来不是这样的……（哭）

咨询者：看来你已经能够理解她的感受了。

来访者（点点头）：的确我也有不对的地方。

咨询者：现在回到你的位置，扮演自己，听到女朋友这话你有什么感觉？（角色互换）

来访者（呆住了的表情）：我半天没说话。

咨询者：然后呢？

来访者：她哭着说了声“对不起”，然后就跑开了，接着我也不知道怎么回到宿舍的。

咨询者：从她离开你这一幕开始，你在回宿舍的路上心里都想些什么？把它说出来。（独白）

来访者（在咨询室内绕着圈走）：为什么会这样？我对她还不够好吗？我为了成为优秀的男朋友一直在努力啊！各方面我都尽量做得很完美，将来也一定是一个好丈夫，为什么她还不满足呢？为什么还要提出分手呢？（手朝外用力地挥了挥）她怎么可以先提出分手！我是男人，要分手也应该是我先提出来！我怎么可以这么丢脸让她先抛弃我！（音量提高）我可是男人，应该一切都是我说了算，我不能这么没用，被女人抛弃！

咨询者：为什么应该一切由男人说了算？

来访者：因为男人本来就比女人强，无论是身体或者头脑，都是优越于女人的，所以事情都应该让男人主宰。像我这样被女人抛弃真的很丢脸！（沉默）是男人就应该成为强者。

咨询者：重复一遍，大声地对自己说“是男人就应该成为强者”。

来访者：是男人就应该成为强者。

咨询者：再重复一遍，声音再大一点儿。

来访者（再次重复，音量提高）：为什么我一定要成为强者，为什么我就不能比别人弱？我过得很累啊……（哭）

咨询者：告诉我，是谁让你一定要成为强者的？

来访者：是……是妈妈。从小妈妈就对我要求很严格，她要求我每样都很优秀，要比别人强。（沉默）她说我是家里唯一的男人，将来要承担整个家的责任，所以我要变强，我要成为强者。

咨询者：看来母亲的教育对你有相当大的影响，并由此形成如今的观念。一方面，你接受这一观念而不断地严格要求自己；另一方面，它又成为一种压力，使你觉得很辛苦。现在你选出两把椅子，一把代表你，一把代表你母亲。摆好椅子后，你与母亲进行一场对话。当母亲说话时，你就坐在代表母亲的椅子上，模仿母亲的声音和神态，对代表你的椅子说话，好像你就坐在那把椅子上；有话回应或要对母亲说些什么，你就坐在代表自己的椅子上，对着代表母亲的椅子说，就像你可以看到母亲坐在椅子上。明白了吗？（空椅子法）

来访者：好的。（摆好椅子，代表母亲的椅子背对着代表来访者的椅子）

咨询者：为什么要母亲背对着你？把原因告诉她。

来访者：因为我害怕，我不想看到你的脸，只有这样我才敢把心中真实的感受说出来。

…………

本章摘要

角色扮演是指咨询过程中，咨询者为了协助当事人觉察与疏解情绪、体验相关人物的感觉与想法、学习新行为与语言，由当事人扮演相关人物重演或预演事件，来达到以上目的的技术。角色扮演的理论基础主要来源于莫雷诺的心理剧、凯利的固定角色疗法、行为主义学派的行为演练。咨询者首先需要收集角色扮演的相关信息，继而才能让来访者进行角色扮演，并注意协助来访者体验感受，在角色扮演结束后还应进行总结。如果来访者无法进入角色，那么咨询者需先消除障碍。角色扮演的方式多样，常用的有角色互换、独白、空椅子法、照镜子等。

复习思考题

1. 角色扮演的来源是什么？
2. 进行角色扮演有哪些步骤？
3. 角色扮演有哪些方式，分别在什么情况下使用？
4. 请列举几个在生活中应用角色扮演的事例。

推荐参考书

1. 陈金定.（2003）. 心理咨询技术. 广州：广东世界图书出版公司.
2. 林家兴，王丽文.（2003）. 心理治疗实务. 广州：广东世界图书出版公司.

参考文献

郑希付.（2005）. 凯利的个人结构心理学与心理诊断. 湖南师范大学教育科学学报，3（2），65-68.

第二十六章　经验建构

引　言

心理咨询的过程在很大程度上是以咨询者和来访者的对话展开的。咨询者常常发现，来访者在述说与自身有关的经验或故事时，并非真实客观地描绘事实的真相，而是主观地阐述被主流文化过滤后的“客观事实”。换言之，来访者呈现在咨询者面前的各类经验片段（包括情绪感受、想法和行为）都是自身建构的产物，因此尊重来访者在经验建构中的主体性，协助其发现问题建构的方式，对经验进行重构，将有助于咨询目标的实现，这恰恰是后现代心理咨询派别的共识。本章重点介绍后现代心理咨询派别常用的技术与方法，主要涉及叙事疗法的建构策略和焦点解决疗法的建构策略。

第一节　叙事疗法的建构策略

个体通过叙事把零零碎碎的经验组合成有意义的整体，并通过叙事过程理解自己的生活经验以及由叙事衍生出的自我。既然叙事是一种具有普遍性的人类心理活动方式，自然可以从叙事的角度理解来访者的状态，协助其进行更有建设性的叙事，叙事心理治疗由此而生。

一、基本观点

叙事疗法认为真正意义上的心理治疗和心理咨询的知识，应当是关于个体和个别事物的知识。由于每个个体都是特殊的、独一无二的、不可替代的，因此知识的要义不在于找到事件的共性，而是应发现其个性，发现此事物与其他事物的区别。叙事疗法认为每个人的故事都是与众不同的，人们叙述故事的方式也是千差万别的，所以在采用叙事疗法的咨询者看来，在千变万化的叙事中找出共同点和规律是不可能的也是不必要的，要寻找的是故事和叙述方式的独特之处，这才是问题所在，也是建构新意义的出发点。具体而言，叙事疗法的基本观点体现在以下几个方面。

（一）语言建构现实基础

传统观点认为，语言仅是人们表达思维世界的一种工具和中介，思维在先，语言在后。这种观点削弱了语言在人际交往和表达情感上的效用。社会建构论认为，语言不是表达思维，而是规定思维，人们对现实的认识都是借由语言而限定的。换言之，语言建构了现实，而来访者的现实中必然包括困扰自己且需要得到他人的帮助才能解决的问题，所以问题也是被语言建构起来的。既然问题由语言建构，自然人们也可以通过改变语言而使问题消解。

传统心理咨询者认为来访者所描述的是其生活的真实写照，来访者的语言就是其现实生活的镜子，但事实上，来访者根本不可能把他全部的生活经历都存进记忆中，同时在有限的时间里用语言叙述出来。每个人的记忆都是有选择性的，来访者在叙述自己经历的时候也是有选择性的，而且事实一经个体通过语言表达出来，必然带有个体的情绪和倾向性。

（二）"问题"是一种叙事方式

叙事疗法把人的一生比作一连串有意义的故事的组合，每个人都不会意识到自己生活中所有的故事，而只是根据自己赋予生活的主题来选择故事。我们把经历的事件按照特别的顺序联结在一起，并找到解释和理解的方式，创造出独一无二的生命故事，即主线故事。我们赋予主线故事以独特的意义，并形成一个固化的自我认同。在以后的经历中，我们不可避免地根据已有的自我认同选择性地将符合主线故事的事件纳入自己的关注范围，而忽略其他的事件，即支线故事。主线故事可能是积极、正向的，也可能是消极、有问题的。

来访者面临的问题很可能是由不恰当的叙事方式引起的，调整叙事方式，问题就可能得到缓解。人们赋予生活消极的主题时，倾向于选择消极的故事，这些消极的故事又反过来影响人们的生活，与消极故事的不良互动使人们产生了更多的无助感。

（三）个体叙事与主流叙事之间的冲突是心理问题产生的原因

采用叙事疗法的咨询者认为自我不是一个客观实在，而是人们在社会生活中通过语言建构出来的。在很多情况下，人们意识到的意义并不是自己真正想要实现的意义，而是由社会的主流叙事代表的“真理”所决定的。这些“真理”的论述透过权力运作，使人接受其“指定的人格与关系的规范”。重新检视生活是叙事心理治疗的关键，个人问题的形成与叙事的压制有关。

主流文化的价值观常常会不知不觉地成为个体生命的主人，指引人们如何思考自己的生活，甚至判定自己是怎样的人，进而削弱自己的生命力。为了找回生命的力量，人们必须解构主流文化对自己的影响，发现什么是有益的和什么是无益的，从而重新去体会、欣赏过去不被主流文化所肯定的独特地方，找回被主流文化压制的独特结果和宝贵的生命力。

（四）咨询者和来访者是平等的关系

在传统的心理咨询过程中，咨询者具有丰富的专业知识而占据权威地位，根据自己的专业知识对访者进行评估，并将问题量化，得出结论。叙事疗法认为传统的咨询方法反映了咨询者和来访者之间是不平等的，这无形中削弱了来访者的能力。

既然自我是主观建构的，就不会有任何一个人比来访者更了解自己的生活故事，更了解自己的过去和现在，更清楚自己的问题叙事的产生和影响。只有来访者才是解决自己问题的专家。所以，咨询者和来访者必须通过共享和互动来达到咨询的目的。咨询者在倾听来访者故事的时候，采用好奇的学习者的态度。来访者被认为是拥有智慧和资源的专家。这种态度使咨询者在咨询过程中与来访者共同构建他们的生活，而不是削弱来访者的能量。

采用叙事疗法的咨询者的定位可以用两个词来说明。第一，去中心化，是指在咨询中咨询者并非处于核心的位置，咨询者并不为来访者的改变设定方向，来访者对人生的理解和意图是咨询的核心所在。第二，有影响力，是指咨询者通过提问为来访者的改变搭建框架，来访者的改变是通过咨询者同来访者的互动而实现的。咨询者影响着来访者的改变，却不为改变设定方向。处于咨询核心位置的是来访者对人生的理解和意图。

二、主要方法

叙事疗法假设人的生活充满故事，无论是个人故事还是社会主流故事都是平等的，没有哪一个比另一个更权威。整个咨询过程首先是让来访者看到自己受到了主流故事的操控和束缚，自己欣赏和追求的经验无法在生活中得到认同和承认，然后咨询者和来访者一起努力把来访者从主流叙事的统治中解放出来，给“被压制的知识”平等的地位。这种解放是从“问题外化”开始，直至找到“独特的结果”并建立起新故事而完成的。在叙事疗法中，以下几种技术常被用到。

（一）故事叙说——编排和诠释故事

叙事疗法主要是让来访者先讲出自己的生命故事，以此为主线，再透过来访者的重写，丰富故事内容。对一般人来说，说故事是为了向他人传达自身经历或听到的、看到的事情。但在采用叙事疗法的咨询者看来，说故事可以改变自己。因为，人们可以在重新叙述自己的故事甚至只是重新叙述一个不是自己的故事的过程中，发现新的角度，产生新的态度，从而产生新的重建力量。简单地说，好的故事可以产生洞察力，或者使得那些本来只是模模糊糊的感觉与生命力得以彰显，为自我强烈地意识到。面对日常生活的困扰、平庸或是烦闷，把自己的人生、历史用不同的角度来“重新编排”，或许可以改变盲目与抑郁的心境。好的故事不仅可以治疗心理疾病和精神扭曲，而且可以提高自信和认同。透过令人愉悦、感动的隐喻故事，人们可以重新找到面对烦恼的现实状况的方法，正视过去，找到继续努力的强大动力。

因此，咨询者要与来访者需建立起良好的咨询同盟，让来访者在温暖的环境中说出自己的故事。这时候，来访者叙述的是他的主线故事，咨询者需要做的是丰富他的主线故事，找到支线故事。若一名来访者的问题恰巧发生在主线故事上，咨询者便要引导他一起寻找被他忽略的一些充满希望和积极力量的经验，将它们再次重构，这便是支线故事。叙事疗法解决问题的方式便是拓宽个体的生活空间，使那些原本处于边缘地位的故事取代原来的主线故事。

（二）问题外化——将问题与人分开

在采用叙事疗法的咨询者看来，大多数心理问题产生的原因是来访者将自我与问题混合，对问题进行了自我认同，形成了一个负面的自我形象。如果问题被看成是和人一体的，要想改变就相当困难。因此，叙事疗法的一个主要技术就是“外化”，将问题与人分离，把贴上标签的人还原，让问题是问题，人是人。

人和问题分离，有助于个体重新看待和应对问题带来的影响，减少自我对抗和逃避，增进自我接纳；人和问题分离，问题就变得更加客观、明了，有助于个体以新的视角看待问题及其影响；人和问题分离，有助于个体主动对问题进行处理，增强应对问题的信心。

（三）由薄到厚——形成积极的观念

叙事疗法认为人们经历的事情众多，人们所讲述出来的只是其中的一小部分，那些没有被讲述出来的故事其实要比我们听到的故事丰富得多。来访者讲述出来的一小部分带有问题的故事就是处于支配地位的主线故事，他们常常忽视那些更为重要的、更具有意义的故事，也即支线故事。

咨询者的工作就是协助来访者重塑生命故事，挖掘那些被忽视的支线故事，将其构建成有意义的、充满力量的、符合自己愿望的新的生命故事。

（四）寻找独特的结果——发现闪光点

生活不可能一直受到消极事件的影响，总会有积极的片段，这就是叙事疗法中特别关注的“独特的结果”。独特的结果可以是过去的被遗漏的生活片段，可以是当下的感受和正在经历的事件，也可以是未来的生活。来访者在问题叙事的影响下，很难对自己的生活故事进行积极意义的诠释，需要咨询者帮助他们找出面对问题的独特的结果。

结合实际咨询效果来看，独特的结果对于来访者具有三个方面的重要意义：首先，寻找独特结果的过程可以帮助来访者重新审视自己的人生故事；其次，独特的结果可以帮助来访者唤醒对抗问题的能量，提高自信心；最后，独特的结果可以帮助来访者开启叙说新问题的空间，帮助来访者建立新的人生故事。

（五）善用文本和仪式——巩固与强化

根据传统的心理咨询观念，咨询者和来访者应尽量回避在咨询室以外的环境中交流。然而，在采用叙事疗法的咨询者看来，咨询未必一定发生在咨询室中，即便是简单的一封书信也会起到意想不到的咨询效果。叙事疗法认为信件不仅能强化新的故事，帮助来访者体会故事的意义，还能使咨询者参与撰写人生故事的过程。贺卡是叙事疗法中被用到的另一种文本形式，常被用来记录来访者在咨询中所获得的重要知识、技能、价值观等。贺卡能带给来访者积极的体验。

受人类学观点启发，叙事疗法也重视仪式的运用。在叙事疗法开展的过程中，咨询者可以运用多种形式的仪式。例如：在咨询取得阶段性进展时，可以给来访者颁发奖状，以资鼓励；在咨询面临结束之际，可以颁发毕业证书，以证明来访者顺利解决问题，即将展开新的人生。在颁发毕业证书时，可以开一个小型庆祝会，请来访者邀请他认为应该见证自己转变、对自己重要的人参加。这个庆祝会的举行，一方面是让他人见证来访者的转变，另一方面也让来访者感受到这种成功的真实感。见证人是与来访者关系密切并对来访者有重要影响的人，如父母、伴侣、朋友、同事、老师、同学等等。见证人对来访者的变化给予客观的评价，更重要的是对来访者的进步做出积极评价。社会建构论认为，个体人格和自我的塑造是在与他人的互动关系中形成的，因此个体自我的重新建构离不开他人的参与，如果有人见证这个过程，新故事就会更加深入地根植于来访者的生活中。

叙事疗法比传统心理咨询方法耗时短，快速、高效的叙事疗法较适应人们快节奏的生活。叙事疗法的理念体现了心理咨询“助人自助”“以人为本”的基本精神，有助于人们重新审视社会主流文化与自身情绪、认知和行为的关系，拓展对自身经验的理解向度。

但叙事疗法也有被人们质疑的地方。在咨询过程中，咨询者引导来访者改变其主流文化下的叙事，重建积极叙事，直至内心发生积极的改变。但是，新叙事的产生并不代表旧叙事的消失，在新旧叙事同时存在的情况下，这种新的动力或者文化支持能支撑多久，旧叙事是否会重新替代新叙事而导致原先心理问题复发仍是未知数。此外，在帮助来访者重述他们经验的过程中，咨询者经常会把消极情绪看作是需要躲避而不是需要探索的烦恼，更像是个体躲避消极情绪的权宜之计，而不是一种直面问题所在的建设性态度，因为来访者的真正心理冲突并不会由于问题外化而消失。

第二节 焦点解决疗法的建构策略

焦点解决疗法（solution-focused therapy，简称SFT），《心理学名词》（第二

版）（科学出版社2014年版）对它的定义是：关注问题的解决方案及其与现有可利用资源的配合的一种治疗模式。

一、基本观点

焦点解决疗法的三个主要特征：以来访者的知觉为中心，尊重和确认来访者的知觉；在共同建构的基础上，转换来访者的知觉；采用特定技术邀请来访者建构愿景，并妥善运用来访者拥有的力量与资源、过去的成功经验，来实现目标。

（一）视来访者为自己生活的专家

诠释学指出，我们永远无法对一个人或事件达到真正理解或最终的诠释，每次叙述都只是真相的一个版本。一个人永远无法完全了解另一个人。因此，咨询者面对来访者要保持“I'm not from around here”（我不是本地人）的态度。这种态度可以让我们意识到来访者是他们自己生活的专家。咨询者可能是创造改变条件的专家，但这方面的知识并不适用于诠释来访者的生活经历。另外，咨询者跟来访者的关系和谈话在来访者的人生中只是短暂存在，咨询者不可能完全了解来访者，往往会面临以自己所知来填补来访者故事中的缝隙或漏失部分的诱惑及相关危险。这并不表示咨询者的专业毫无价值，仅仅意味着咨询者不是来访者生活的专家，来访者自己才是。需要特别指出的是，咨询者可以通过创设恰当的环境促成来访者积极地改变，但不能让它发生。改变是来访者的工作，不是咨询者的。

（二）视来访者为幸存者而非受害者

来访者拥有未被发现的潜能、被忽视的力量、未开发的资源，咨询者能做的就是帮助他们意识到这些。积极心理学运动建议，我们不要聚焦于来访者的遭遇，而要寻找他们的复原力。没有哪个来访者在环境面前是被动的、可怜的、无能的受害者。如果咨询者能坚持寻找来访者身上的力量，就不会被他们的不幸和苦恼所包围。咨询者所做的就是在来访者受伤害的感受和他们的潜能、复原力之间寻找平衡，或者把两者放在一起。

（三）协助来访者找到解决之道

来访者一再叙述自己的困难时，心中会充满负面情绪。抱怨并不能使情况改善，对解决问题没有实质的帮助。咨询者要引导来访者澄清自己的期待，思考改变的可能，寻找自己的着力点，促使改变的发生。实际上，获得问题消失的感觉并不一定要针对一个特定的问题做些什么。例如，人们常说：时间可以抚平一切创伤。这句话并不完全正确。随着时间的流逝，痛苦和创伤记忆的减少可能归因于新的、积极的，甚至是喜悦的记忆的不断累积。心理学家将这种现象称作倒摄抑制。因此，问题本身并不是问题，处理问题的方法才是问题。

（四）阴影之外有光明

我们可以在困境中生存，甚至发现自己在这段经历中成长。当负性事件发生时，我们会感到绝望，但我们能从中学到一些东西，吸取教训。咨询者可以帮助来访者找回当他们还是孩子时体验到的快乐时光，尽管事实上他们真的遭受了童年期虐待。

二、主要方法

焦点解决疗法有一系列独特的咨询方法与技巧，主要包括目标建构、赞美、重新建构、一般化和外化、例外经验、量尺化等。

（一）目标建构

目标建构是指咨询者和来访者合作，确定会谈的方向或解决问题的目标。目标建构对咨询会谈工作具有重要的价值：使会谈有方向；会谈结果可以期待；咨访双方形成共识，建立合作关系；便于评估会谈是否符合来访者的预期。

焦点解决疗法认为，良好的目标需要具备下列条件：

（1）对来访者重要或有意义。这个目标必须是来访者认为重要的、想要达到的，不是咨询者或是其他相关人员（如父母、班主任、朋友等）认为来访者应该达到的。

（2）用正向语言描述。描述目标时，用“会做……”“会想……”这样的叙述，而不是“不会做……”“不要做……”“不想……”这样的叙述，其本质在于表明来访者可以用哪些行为来替代他不希望出现的行为。

（3）具体明确。目标应该明确、具体，具有可操作性。目标描述得越具体，实现起来就越容易。目标如果是可观察和测量的，则有助于评估来访者改变的进展。

（4）小改变/开始的步骤。目标设定适合从小改变开始，而且要描述行动开始的步骤。设定小改变的目标，容易激发来访者的行动力，而小改变会带来大改变。描述行动开始的步骤，便于来访者回到当下，立刻采取行动且持续行动。

（5）合乎来访者的环境现实。确定目标时，需考虑来访者的能力与时间、来访者所处环境可以提供的资源、来访者的助力与阻力等。越合乎来访者环境现实的目标，达成的可能性越高。

（二）赞美

每个人都有优点与长处、良好的意图、为个人问题努力的心意与行动。我们看到他人的正向特质、正向心意、正向行动，并愿意将自己观察到的这些事实表达出来，这就是赞美。

在咨询中，赞美可以使来访者感觉到自己有力量，增强自信，进而愿意调整自己，朝既定目标努力。来访者从他人的真诚赞美中增进对自我的认识，感受到自己有价值、才华和力量，进而选择他想要行动的方向并积极投入。具体而言，咨询者使用赞美可达到以下目的：引发来访者以一种正向角度来看待自己和问题；使来访者远离被批评的恐惧；协助来访者放下对改变的恐惧；提升来访者的责任感；促进来访者的改变意愿和行动。

根据赞美表达者的不同，焦点解决疗法将赞美分为三种：（1）直接赞美。这是最常使用的赞美方式，由咨询者直接说出自己对来访者的夸赞。有些直接赞美比较笼统，如“你很优秀”“你很棒”。有时可以针对特定行为进行赞美，如“我看到你一进门就会跟爸爸打招呼，很有礼貌”。（2）间接赞美。它是指运用与来访者有关的其他人的观点来进行赞美，又可以分为两种方式：一种是咨询者直接说出他人对于来访者的赞美，如“上次我遇见你的语文老师，他说你最近的课堂表现很好”；另一种是咨询者引导来访者思考并说出其他人对他的赞美，如“在奶奶心中，你是一个怎样的人”。使用间接赞美，需要咨询者仔细聆听来访者的故事，从他的经验片段中找到适合的切入点。（3）自我赞美。咨询者引导来访者注意到自己的进步，帮助来访者体会成功经验，就是自我赞美，如“戒酒是一件很不容易的事，你是怎么做到的”。

适当的赞美能够给予来访者正向的力量，而不适当的赞美常常效果大打折扣甚至带来相反的效果。（1）传递期待的赞美。某些人在对他人的一些行为表达赞美时，常常附带着进一步的期待，而期待才是表达赞美者要传达的主要内容，这种赞美的效果将大打折扣，如“你这次数学考得不错，下次争取考到班级前五名”。（2）与来访者价值观不符的赞美。有些行为或事件在表达赞美者眼中是好的或正向的，但来访者可能对其有不同的看法。例如，某个学生在课堂上变得比较沉默，较少说话，教师可能会觉得学生遵守课堂秩序，因而加以赞美，但学生实际上是觉得讲课没意思，于是沉默以对。（3）缺乏具体事实的赞美。模糊的、缺乏具体事实的赞美无法让来访者产生能力感。例如，咨询者对某人说“你很棒”，对方会觉得这种赞美比较虚浮甚至客套、敷衍，如果对方问“我哪些地方很棒”而咨询者回答不上来，那么对方还会感受到挫折。（4）不诚恳的赞美。赞美的内容与事实不符或过于夸大，无法让被赞美者感觉到自己有能力，而且被赞美者往往怀疑表达赞美者是否有其他意图或是在开玩笑。（5）附加表达赞美者其他需求的赞美。有些人会将赞美作为一种策略，在赞美之后紧接着提出自己的要求，比如请对方帮自己的忙等。这样的赞美会让对方怀疑接受到的赞美的真实性。

（三）重新建构

重新建构就是发展不同的观点来解释经验或事件，让个体产生不同的经验，进而影响其后续行为，其核心就是鼓励个人发展看待事物的多元眼光。学习从不同角度来看待他人、情境或事件，可以拓展思考维度，进而引发变通的行动。

在心理咨询中，重新建构具有积极的意义：（1）在认知层面，重新建构的技巧帮助个人拓展眼光，发展对事情的不同看法。当个人的思考变得比较多元时，就不容易钻牛角尖，对事情会有比较符合现实的评估，可以看到成功经验或正向意义。（2）在情绪层面，从多元的角度看事物，较不易陷入负面的情绪之中，看到正向意义或新的可能性则让人感受到力量，较为安心。（3）在行动层面，思考变得有弹性，发展出来的解决策略也就比较多元、有创意，同时个体比较能感受到自身力量，比较有行动力。

如何进行重新建构呢？下列几种方式可供参考：（1）运用不同知识体系的观点重新建构。某些行为从表面上看可能并不符合普遍规范，但是从其他的角度来看，这些行为具有一定的意义。例如，青少年常常提出和成人不同的意见，表面上看似乎是顶嘴、唱反调，但从发展心理学的观点来看，是他们学习独立的表现。（2）发掘来访者思考、情感、行动中的正向意涵进行重新建构。例如：一个人做事犹豫不决，换个角度来看，他可能是做决定时比较审慎；某学生在班上总爱吹牛，换个角度来看，他可能是想在同学面前树立好的形象。（3）从其他人的角度进行重新建构。例如，一个习惯独来独往的人，从群体的角度来看，可能不够合群，从个人的角度来看，却可以减少许多不必要的应酬，可以独立做决定。

（四）一般化和外化

来访者处于困扰中时，往往会被消极情绪淹没，以致无法客观评估事情的严重性或行为的恰当性，看不到解决问题的方向或希望。一般化和外化有助于来访者减轻消极情绪的困扰，进而产生力量，采取行动来解决问题，但两者的侧重点有所不同。

在焦点解决疗法中，一般化技巧有三种做法：去除来访者语言中的负面标签；说明来访者的经验是某些事件发展过程中的常见现象；说明来访者的经验在其他人身上也会见到。一般化技巧的主要作用在于缓解消极情绪的困扰，具体表现在：（1）减轻来访者的焦虑。可以将病态的命名与叙述转化成较为合乎真实情况的描述，避免负面标签、夸大问题的现象，以此减轻来访者的焦虑。（2）减轻来访者的孤单感。来访者若知道其他人也可能遇到类似困扰，也有跟他类似的反应，则会觉得自己的问题并不是最严重的，不会感到孤单。（3）解除来访者的羞耻感。许多来访者在遭遇困难时习惯先自责，认为是自己做错了才会产生困难或问题。如果来访者了解到多数人都会遇到困难，就能降低自己的羞耻感。

外化技巧是帮助来访者将问题与人分开。外化技巧是后现代理论的产物，在叙事疗法中也常用。其作用主要体现在两个方面：一是减少来访者的自责与自贬。避免来访者将遭遇的问题与自身价值和能力进行不恰当、过度的关联，以避免来访者陷入自我责备、自我贬抑、失控感的负向思考中，帮助来访者形成适当的自我评价。有待解决的是问题，而不表示有困扰的个人是糟糕的、无能的。二是增加解决问题的可能性。将问题和人分开，可以将问题具体化、形象化，有澄清与聚焦的功能。来访者比较客观、清楚地看到自己的问题所在，找到着力点。外化技巧的使用分为三个步骤：首先，辨明来访者的问题；其次，把问题与来访者分开；最后，审视问题，进一步了解有待解决的困难是什么。

（五）例外经验

事情一直在变化，个人即使处在有问题的状态中，问题也不是无时无刻都存在。有时问题会发生，有时问题并没有出现；有时问题严重一点儿，有时问题没有那么严重。个人也处于持续变动的状态，没有人无时无刻都处在困扰之中，有时他可能没有采取有效的行动处理其困扰，有时他可能将问题处理得很好。多数处在困扰中的来访者，习惯将注意力放在问题或困扰上，而忽视其生活中的例外经验。焦点解决疗法将例外经验概括为以下几种情形：问题没有发生的时候；问题没有那么严重的时候；来访者有能力处理问题或成功处理问题的时候；来访者期待中的情况出现的时候；来访者的表现符合自己期待的时候。

例外经验的建构意义重大。透过例外经验，来访者可以发现事情没有想象中那么糟糕或严重，其情绪压力就能减轻，对于问题的解决产生希望；将谈话内容聚焦在来访者的能力及成功经验，可以让其产生自我肯定和信心，并且愿意持续采取行动解决问题。

运用例外经验可以参考下列步骤：首先，通过对话引导来访者回想生活中的例外经验；其次，询问例外经验发生的细节，得到更多有助于解决问题的信息；再次，探索例外经验发生过程中来访者扮演的角色，他做了什么，想了什么……；最后，发现来访者的能力或资源，找出符合来访者期待和能力的解决方式，形成行动方案。

（六）量尺化

量尺化（scaling）是指运用量尺的概念，引导来访者对于他所叙述的事物、经验做更具体的描述。最常使用的量尺设定一端为0或1，另一端为10，至于各端所表示的意义视讨论的问题而定。量尺两端的数字可以依照会谈的实际需要而调整，如1—100或1—5等。量尺化技巧的应用非常广泛，可以用来评估来访者的期待、动机、信心、情绪状态或某种关系的质量。其目的在于引导来访者将笼统模糊的描述转化为具体可评量的描述，进而确认来访者的观点、经验与期待，以确定较为明确的会谈目标。它可以运用在咨询的任何阶段，运用的范围较为广泛。

焦点解决疗法有着和叙事疗法类似的优点，强调个人经验的建构与社会互动性，同时也有其自身的独特之处：首先是对来访者的尊重。来访者是自己问题的专家，具有解决问题的能力及潜质。咨询者应以来访者为中心，尊重他们的价值观和个体差异，反对所谓真理的灌输和专家的唯一指导。其次是积极正向的咨询氛围。焦点解决疗法提供咨询者和来访者正向思考的选择，远离过去病理学的问题思考取向，注重开发与激励来访者的力量与才能，邀请来访者共同寻找例外经验，形成问题的解决之道，使得整个咨询氛围更正向。最后是咨询历程的简洁性。焦点解决疗法把每一次咨询会谈都视作最后一次会谈，由此形成了自身独特的咨询流程。

焦点解决疗法也存在一定的局限性。第一，缺乏丰厚的心理学理论基础。虽然焦点解决疗法的创立受到许多观念和思想的影响，但没有办法从哪种理论中能够系统推导出焦点解决疗法所用的这些主要方法，完善地解释整个咨询模式，以至于各主要技术方法之间比较孤立零散，咨询过程显得比较简单化和手段化。第二，在咨询实践中，来访者关心的话题主要集中在两个方面："我为什么会这样"和"我该怎么办"。焦点解决疗法比较好地回应了后者，但对前者关注不够，使得整个咨询过程缺乏深度。毕竟经验是有时间维度的，对问题本身和问题成因的探索同样有助于丰富人们的经验知觉，重构过去、现在和未来。

[本章摘要]

在心理咨询中，来访者的心理困扰从根本上从属于自身的经验，关注来访者的经验建构，协助来访者拓展经验知觉范畴，实现经验重构，有助于咨询目标的达成。以社会建构论等后现代思想为理论支撑的心理咨询体系均以来访者的经验建构为切入点，视来访者为自己问题的专家，咨询者为合作者或协助者，致力于拓展来访者对自身经验的认知，促成来访者对自身的重新理解，在解决心理困扰的同时实现自我的成长。叙事疗法和焦点解决疗法是后现代咨询体系下两种比较有影响的方法。叙事疗法秉持以下基本观点：语言建构现实基础，"问题"是一种叙事方式，个体叙事与主流叙事之间的冲突是心理问题产生的原因，咨询者和来访者是平等的关系。故事叙说、问题外化、由薄到厚、寻找独特的结果、善用文本和仪式等是叙事疗法常用的方法。焦点解决疗法有三个主要的特征：以来访者的知觉为中心，尊重和确认来访者的知觉；在共同建构的基础上，转换来访者的知觉；采用特定技术邀请来访者建构愿景，并妥善运用来访者拥有的力量与资源、过去的成功经验，来实现目标。其基本理念是：来访者是自己生活的专家，来访者是幸存者而非受害者，协助来访者找到解决之道，阴影之外有光明。焦点解决疗法常用的方法包括目标建构、赞美、重新建构、一般化和外化、例外经验、量尺化等。

复习思考题

1. 简述叙事疗法的基本理念。
2. 叙事疗法的主要方法有哪些?
3. 简述焦点解决疗法的基本理念。
4. 焦点解决疗法的主要方法有哪些?

推荐参考书

1. 李明.(2016).叙事心理治疗.北京：商务印书馆.
2. 石国兴，杨绍清，张冬梅.(2016).后现代心理咨询概要.北京：北京师范大学出版社.
3. 许维素.(2019).尊重与希望：焦点解决短期治疗.宁波：宁波出版社.